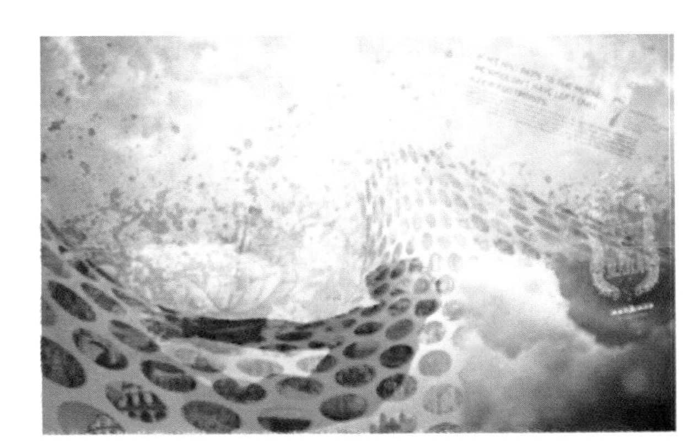

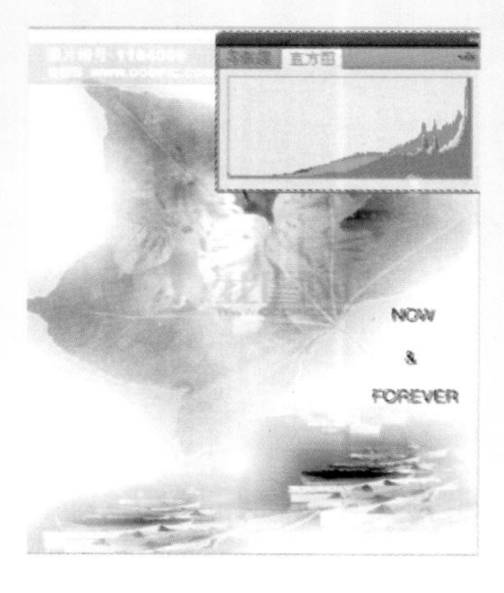
直方图
NOW
&
FOREVER

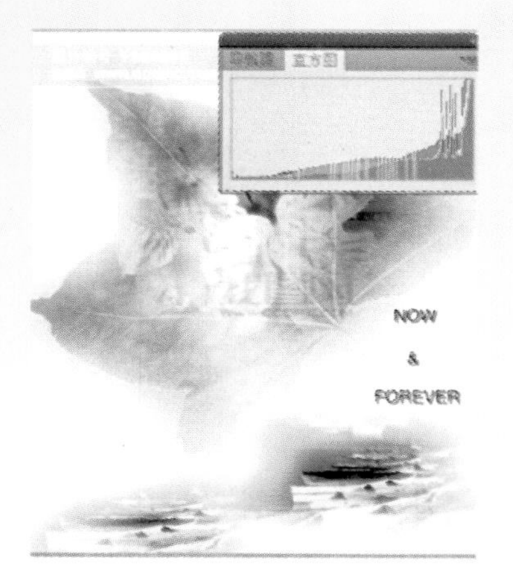
直方图
NOW
&
FOREVER

直方图

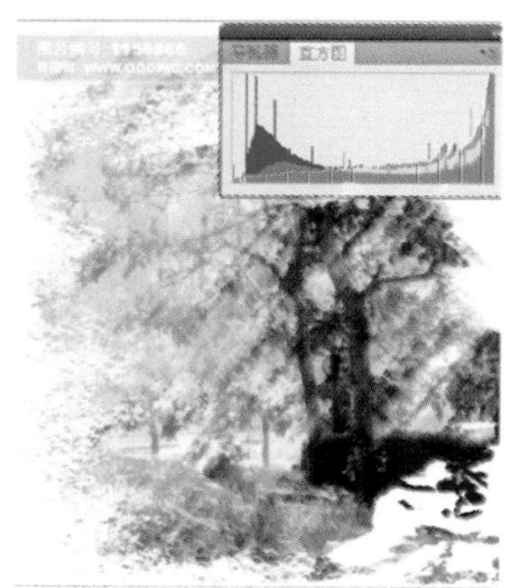
直方图

6 90039 03011 8
CULTURAL DIVERSITY

6 90039 03011 8
CULTURAL DIVERSITY

照片滤镜
使用
滤镜(F):
冷却滤镜 (80)
颜色(C):
确定
复位
预览(P)
浓度(D):
25 %
保留明度(L)
照片滤镜
使用
滤镜(F):
加温滤镜 (85)
颜色(C):
确定
复位
预览(P)
浓度(D):
56 %
保留明度(L)

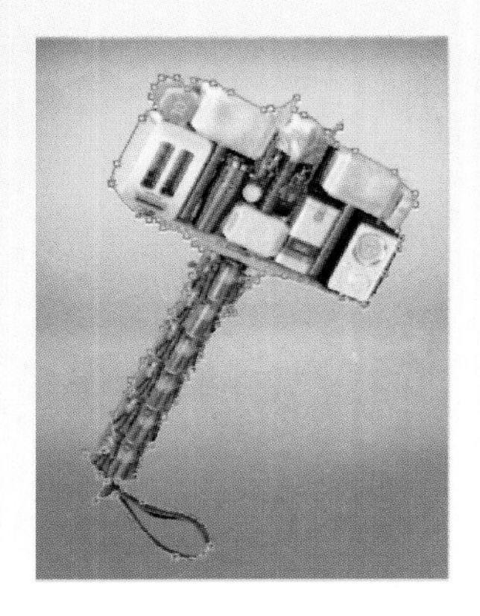

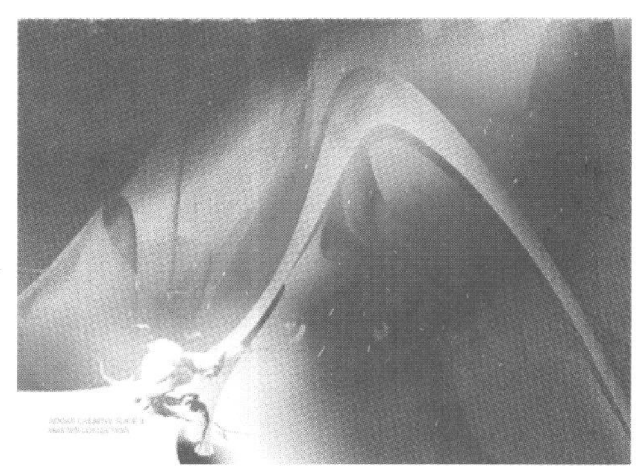

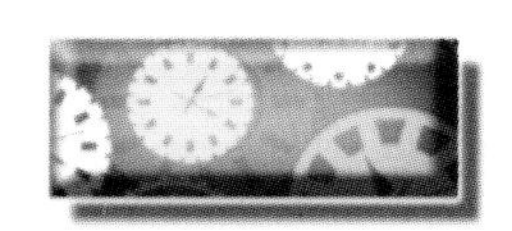

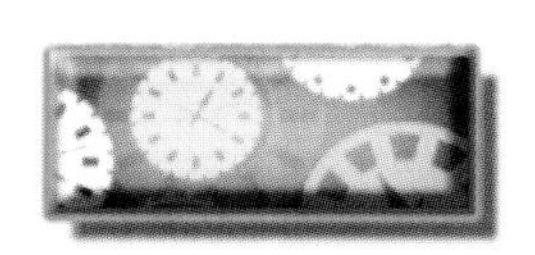

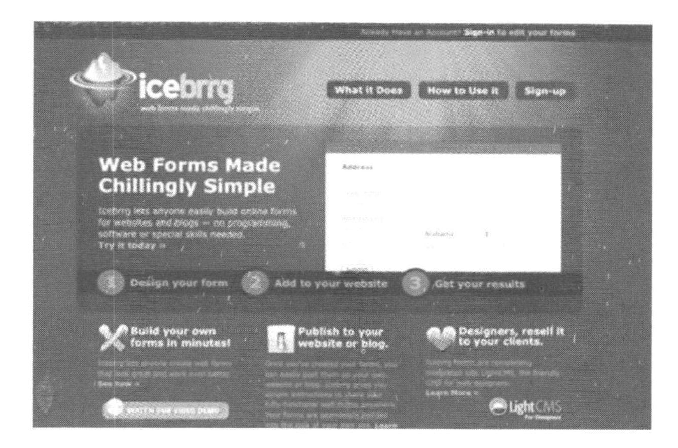
Already Have an Account? Sign-in to edit your forms
icebrrg
What it Does
How to Use it
Sign-up
Web Forms Made Chillingly Simple
Icebrrg lets anyone easily build online forms for websites and blogs — no programming, software or special skills needed.
Try it today »
Address
1 Design your form
2 Add to your website
3 Get your results
Build your own forms in minutes!
Publish to your website or blog.
Designers, resell it to your clients.
LightCMS

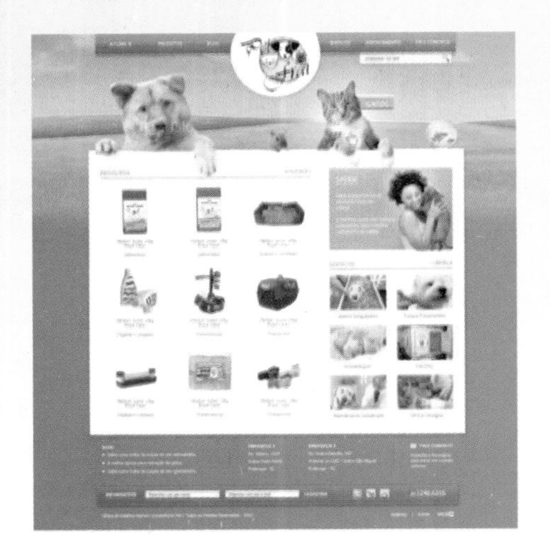

Photoshop

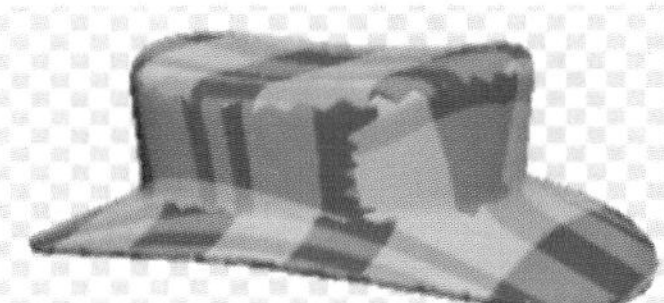

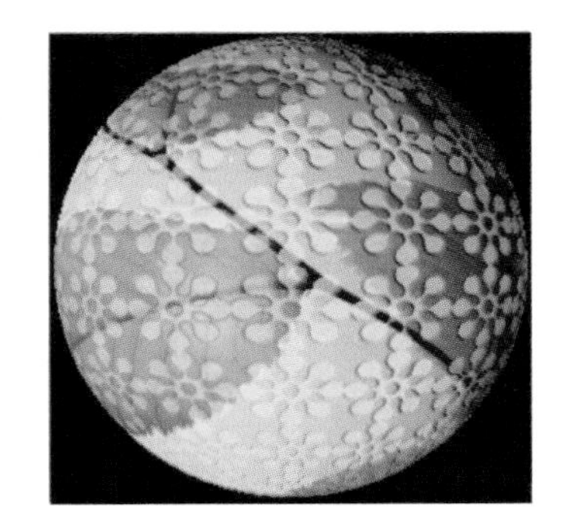

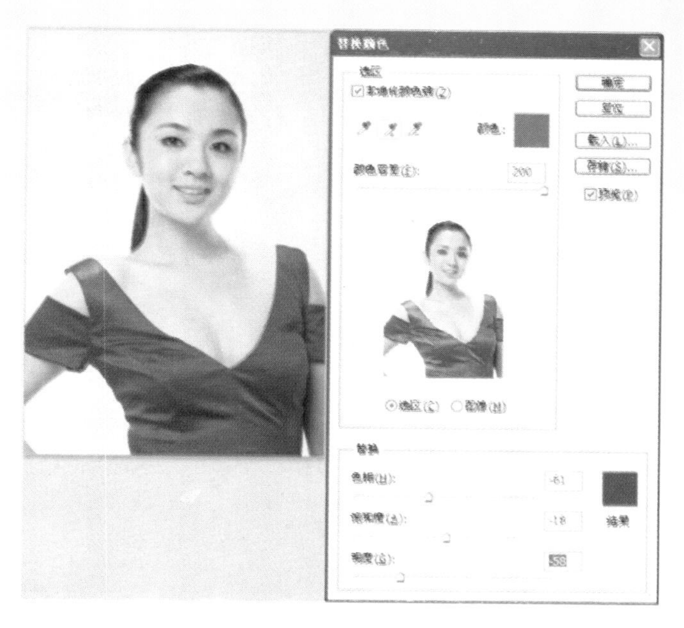
替换颜色
选区
确定
复位
颜色：
载入(L)...
存储(S)...
颜色容差(F)：
200
预览(P)
选区(C)
图像(M)
替换
色相(H)：
-61
饱和度(A)：
-18
结果
明度(G)：
58

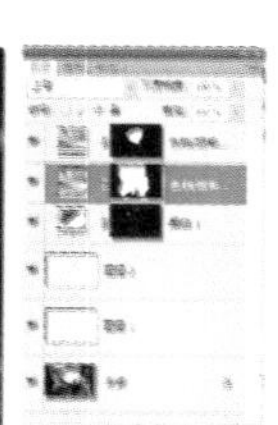

正常
不透明度：100%
锁定：
填充：100%
色相/饱...
图层 0

ゆ
ゆ

Ulf Lundgren 2001

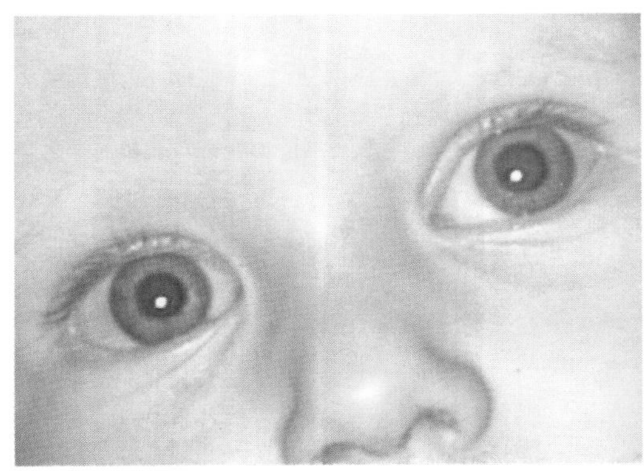

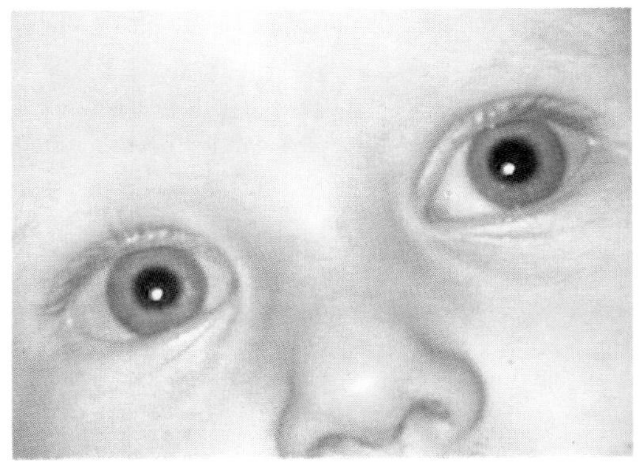

63
63
正常
不透明度：100%
锁定：
填充：100%
图层 1
智能滤镜
动感模糊
图层 0

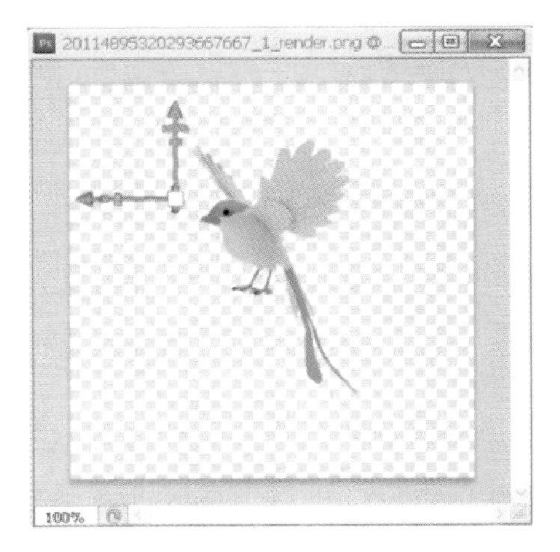
20114895320293667667_1_render.png @...
100%

高等学校艺术设计类“十二五”规划教材

Photoshop CS5 基础教程

主　编　谈飞

副主编　金波　王敏　于芳　梁丹

主　审　邵小孟

西安电子科技大学出版社

内 容 简 介

本书全面系统地介绍了 Photoshop CS5 的基本操作方法和图形图像处理技巧，包括 Photoshop 软件的认识，Photoshop CS5 的初级使用，选区的运用，图像的填充与擦除，绘图工具的运用，修饰与仿制工具的运用，路径与形状的运用，文字处理，图像编辑辅助工具的运用，图像色彩和色调的运用，图层的运用，图层蒙版的运用，蒙版与通道的基本运用，蒙版与通道的高级运用，滤镜的运用，动画、网络与自动化操作，3D 与技术成像，打印与输出等内容。

本书内容翔实、图文并茂、语言通俗易懂，以基本概念和入门知识为主线，全面讲解 Photoshop CS5 的应用方法，并且将案例融入到功能介绍中，力求通过案例讲解与演练，使读者快速掌握软件的应用技巧。

本书可作为高等院校本科设计类(平面设计、环艺设计、动画设计)、摄影、美术、多媒体、广告与传媒、计算机图形图像制作等相关专业的教材，也可作为设计人才培训学校的教材，还可作为相关人员的自学参考用书。

图书在版编目(CIP)数据

Photoshop CS5 基础教程/谈飞主编. —西安：西安电子科技大学出版社，2013.2(2017.10 重印)

高等学校艺术设计类“十二五”规划教材

ISBN 978-7-5606-2986-5

Ⅰ. ① P… Ⅱ. ① 谈… Ⅲ. ①图像处理软件—教材 Ⅳ. ①TP391.41

中国版本图书馆 CIP 数据核字(2013)第 011538 号

策　　划　邵汉平

责任编辑　邵汉平　雷鸿俊

出版发行　西安电子科技大学出版社(西安市太白南路 2 号)

电　　话　(029)88242885　88201467　　邮　　编　710071

网　　址　www.xduph.com　　电子邮箱　xdupfxb001@163.com

经　　销　新华书店

印刷单位　陕西天意印务有限责任公司

版　　次　2013 年 2 月第 1 版　　2017 年 10 月第 3 次印刷

开　　本　787 毫米×1092 毫米　1/16　印　张　23　彩页 4

字　　数　545 千字

印　　数　6001～9000 册

定　　价　42.00 元

ISBN 978-7-5606-2986-5/TP

XDUP　3278001-3

前　言

Photoshop CS5是Adobe公司在2010年4月推出的Adobe Creative Suite 5设计套装软件的核心产品，是对数字图形编辑和多媒体创作平台的一次重要更新。相比于之前Photoshop其他版本，Photoshop CS5不仅完美兼容Vista，更重要的是增加了几十个全新特性，诸如支持宽屏显示器的新式版面、集20多个窗口于一身的dock、占用面积更小的工具栏、多张照片自动生成全景、灵活的黑白转换、更易调节的选择工具、智能滤镜、改进的消失点特性、更好的32位HDR图像支持等。Photoshop CS5可广泛应用于美术设计、平面设计、网页设计、特效设计、图片后期处理等领域。

全书从实用角度出发，系统讲解了Photoshop CS5的所有功能，基本上涵盖了Photoshop CS5的全部工具、面板和菜单命令，是初学者快速入门学习Photoshop CS5的基础教程。全书功能讲解简洁明了，操作步骤简单实用，以典型实例作为演示范例和练习，利于初学者学习和掌握。

本书图文并茂、内容丰富、实用性强，通过实例讲解、针对内容的范例或练习，使初学者能把讲解的方法很快运用到实际操作中，充分提高学习效率，锻炼实践能力。本书每一个实例都是先介绍相关基础知识和关键点，接着再一步步地讲解。只要认真按照书中的实例做一遍，就能在短时间内完全掌握Photoshop CS5的基本功能，熟练应用该软件进行设计工作。

本书凝结了多位高校老师及行业专家的心血，书中文字和图片都是从点滴的教学和设计实际中总结的结晶。因本书正文为黑白印刷，书中有些图片无法体现应有效果，故选取了部分典型图片做成彩色插页，读者在学习过程中可予以参照。

本书由湖北第二师范学院谈飞担任主编，湖北第二师范学院金波、景德镇陶瓷学院王敏、湖北第二师范学院于芳、武汉职业技术学院梁丹担任副主编，湖北第二师范学院邵小孟担任本书主审。本书第1、2、5章由梁丹编写，第3、4章由于芳编写，第6～18章由谈飞编写，全书由谈飞统稿。在本书的编写过程中得到了湖北第二师范学院艺术学院各位领导和老师的大力支持，在此向他们表示由衷的感谢。

由于编者水平有限，加之编写时间仓促，书中不足之处在所难免，恳请广大读者批评指正。

编　者

2012年9月

目　　录

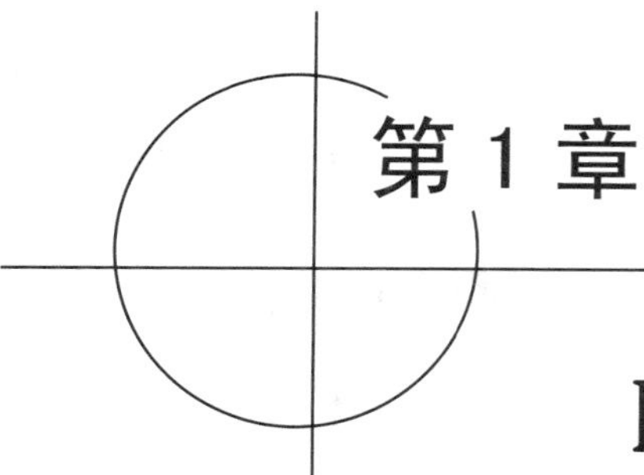

第 1 章 Photoshop 软件的认识

1.1　Photoshop 软件简介

Adobe Photoshop 是当前使用最广泛的图像处理软件。生活中随处可见的精美图片、海报、广告宣传品等，大都离不开 Photoshop 的参与。我们也可以用 Photoshop 处理自己的照片，创作平面作品等。为了适应飞速发展的数字化时代，Adobe 公司在不断地更新 Photoshop，最新推出的 Photoshop CS5 在图像处理方面日臻完美，打开图像的速度非常快，即使是一个 2 GB 大小的图像，在打开时也不会出现等待画面，这样可为我们节省大量的时间。

学习 Photoshop 软件与学习其他软件一样，都要先了解该软件的基础部分。本章首先介绍 Photoshop CS5 的基础知识，包括工作界面、相关概念、文件的基本操作和图像的基础处理等，以便读者在后面章节的学习中能够更好地掌握 Photoshop CS5。

1.2　Photoshop 的应用领域

Photoshop 的应用领域十分广泛，主要体现在以下几个方面：

1. 在平面设计中的应用

Photoshop 的出现不仅引发了印刷业的技术革命，也成为了图像处理领域的行业标准。在平面设计与制作中，Photoshop 已经完全渗透到平面广告、包装、海报、POP、书籍装帧、印刷、制版等各个环节，如图 1-1～图 1-3 所示。

图 1-1　书籍装帧

图 1-2　广告创意

图 1-3　海报

2．在插画设计中的应用

电脑艺术插画作为 IT 时代的先锋视觉表达艺术之一，其触角延伸到了网络、广告、CD 封面甚至 T 恤，插画已经成为新文化群体表达文化意识形态的利器。使用 Photoshop 可以绘制风格多样的插图，如图 1-4 和图 1-5 所示。

图 1-4　书籍插画

图 1-5　艺术插画

3．在界面设计中的应用

从以往的软件界面、游戏界面，到如今的手机操作界面、MP4 与智能家电等界面设计都伴随着计算机、网络和智能电子产品的普及而迅猛发展。界面设计与制作主要是用 Photoshop 来完成的，使用 Photoshop 的渐变、图层样式和滤镜等功能可以制作出各种真实的质感和特效，如图 1-6 和图 1-7 所示。

图 1-6　图标设计

图 1-7　界面设计

4．在网页设计中的应用

Photoshop 可用于设计和制作网页页面，如图 1-8 所示。将制作好的页面导入到 Dreamweaver 中进行处理，再用 Flash 添加动画内容，便可生成互动的网站页面。

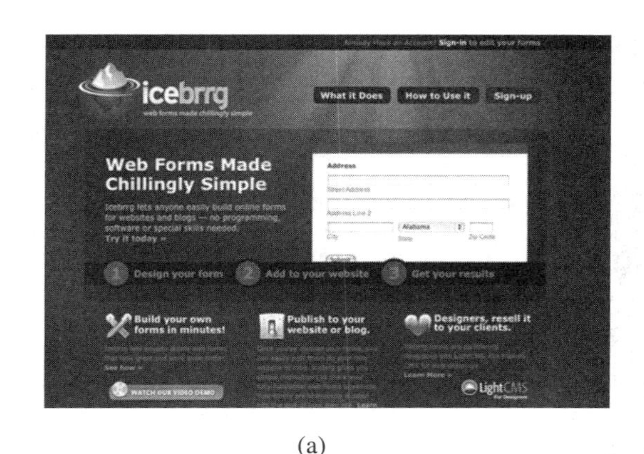

(a)

(b)

图 1-8　Photoshop 在网页设计中的应用

5．在数码摄影后期处理中的应用

作为最强大的图像处理软件，Photoshop 可以完成从照片的扫描与输入，到校色、图像修正，再到分色输出等一系列专业化的工作。不论是色彩与色调的调整，照片的校正、修复与润饰，还是图像创造性的合成，在 Photoshop 中都可以找到最佳的解决方法，如图 1-9 所示。

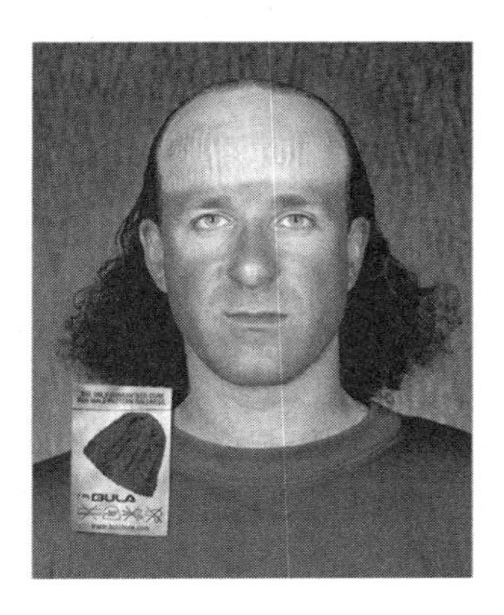

(a)

(b)

图 1-9　Photoshop 在数码摄影后期处理中的应用

6．在动画与 CG(计算机图形)设计中的应用

3DS Max、Maya 等三维软件的贴图制作功能都比较弱，模型贴图通常都要用 Photoshop 制作。使用 Photoshop 制作人物皮肤贴图、场景贴图和各种质感的材质不仅效果逼真，还可以为动画渲染节省宝贵的时间，如图 1-10 所示。

图 1-10　Photoshop 在动画与 CG 设计中的应用

7．在效果图后期制作中的应用

制作建筑效果图时，渲染出的图片通常都要在 Photoshop 中做后期处理。例如，人物、车辆、植物、天空、景观和各种装饰品都可以在 Photoshop 中添加，这样不仅节省渲染时间，也增强了画面的美感，如图 1-11 所示。

(a)

(b)

图 1-11　Photoshop 在效果图后期制作中的应用

1.3　Photoshop 的相关概念

下面介绍 Photoshop 中一些关于图形图像的基本概念。

1. 位图与矢量图的区别

1) 位图

位图也叫点阵图，是由许多不同色彩的像素组成的。与矢量图相比，位图可以更逼真地表现自然界的景物。此外，位图与分辨率有关，当放大位图时，位图中的像素增加，图像的线条将显得参差不齐，这是像素被重新分配到网格中的缘故。此时可以看到构成位图的无数个单色块，因此放大位图或在比图像本身的分辨率低的输出设备上显示位图时，将丢失其中的细节，并会呈现出锯齿。图 1-12(a)所示为原位图图像，图 1-12(b)所示的图像为放大 8 倍后的效果。

(a)

(b)

图 1-12　位图

2) 矢量图

矢量图是使用数学方式描述的曲线，以及由曲线围成的色块组成的面向对象的绘图图像。矢量图中的图形元素叫做对象，每个对象都是独立的，具有各自的属性，如颜色、形状、轮廓、大小和位置等。由于矢量图与分辨率无关，因此无论怎样改变图形的大小，都不会影响图形的清晰度和平滑度。图 1-13(a)、(b)所示的图像分别为原图放大 3 倍和放大 24 倍后的效果。

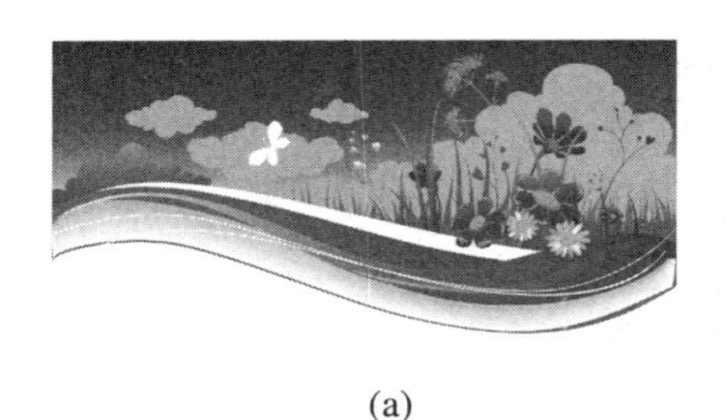

(a)

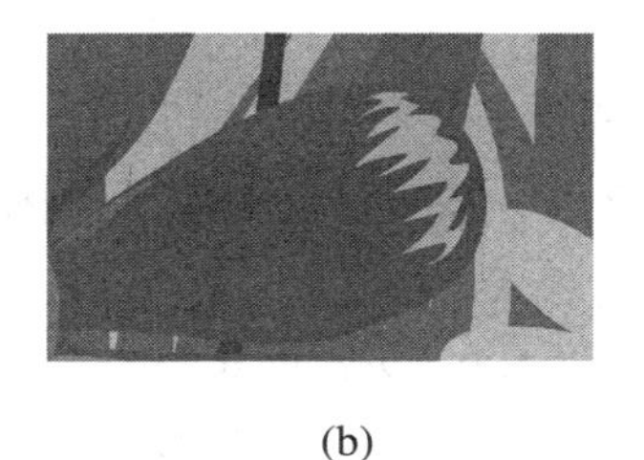

(b)

图 1-13　矢量图

2. 像素

“像素”(Pixel)是由 Picture 和 Element 这两个单词所组成的，是用来计算数码影像的一种单位。如同摄影的相片一样，数码影像也具有连续的浓淡阶调，我们若把影像放大数倍，会发现这些连续色调其实是由许多色彩相近的小方点所组成的，这些小方点就是构成影像的最小单位——“像素”(Pixel)。

3. 分辨率

图像分辨率的单位是 ppi(pixels per inch)，即每英寸所包含的像素点。例如，图像的分辨率是 150 ppi 时，就是每英寸包含 150 个像素点。图像的分辨率越高，每英寸包含的像素点就越多，图像就有更多的细节，颜色过渡也就越平滑。同样，图像的分辨率越高，图像的信息量就越大，文件也就越大。图 1-14 所示的图像为两幅相同的图像，其分辨率分别为 72 ppi 和 300 ppi，套印缩放比率为 200%。

图 1-14　图像分辨率对比

常用的分辨率单位为 dpi(dots per inch)，即每英寸所包含的点，是输出分辨率单位，针对输出设备而言。一般喷墨彩色打印机的输出分辨率为 180 dpi～720 dpi，激光打印机的输出分辨率为 60 dpi～300 dpi。通常扫描仪获取原图像时，设定扫描分辨率为 300 dpi 就可以满足高分辨率输出的需要。要给数字图像增加更多原始信息的唯一方法就是设定大分辨率重新扫描原图像。

打印分辨率是衡量打印机打印质量的重要指标，它决定了打印机打印图像时所能表现的精细程度，它的高低对输出质量有重要的影响。因此在一定程度上来说，打印分辨率也就决定了该打印机的输出质量。分辨率越高，其反映出来可显示的像素个数也就越多，可呈现出更多的信息和更好、更清晰的图像。

4. 颜色模式的各项应用

本小节主要讲解处于不同颜色模式时的图像效果，以及在相应颜色模式下的图像应用。在 Photoshop 中的色彩模式有 8 种，分别为灰度模式、位图模式、双色调模式、索引颜色模式、RGB 颜色模式、CMYK 颜色模式、Lab 颜色模式和多通道颜色模式。

1) 灰度模式

灰度模式由 0～256 个灰阶组成。当一个彩色图像转换为灰度模式时，图像中的色相及饱和度等有关色彩的信息将被消除掉，只留下亮度。亮度是唯一能影响灰度图像的因素。当灰度值为 0(最小值)时，生成的颜色是黑色；当灰度值为 255(最大值)时，生成的颜色是白色。图 1-15(a)所示的图像为彩色图像，图 1-15(b)所示的图像为灰度模式的黑白图像。

(a)

(b)

图 1-15 彩色图像与灰度模式下的黑白图像

2) 位图模式

位图模式包含黑色和白色两种颜色，所以其图像也叫黑白图像。由于位图模式只有黑色和白色表示图像的像素，在进行图像模式的转换时会失去大量的细节，因此，Photoshop 提供了几种算法来模拟图像中失去的细节。在宽、高和分辨率相同的情况下，位图模式的图像尺寸最小，约为灰度模式的 1/7 和 RGB 颜色模式的 1/22 以下。将彩色图像转换成位图模式时，首先要将彩色图像转换成灰度模式来去掉图像中的色彩，在转换成位图模式时会出现如图 1-16 所示的“位图”对话框。

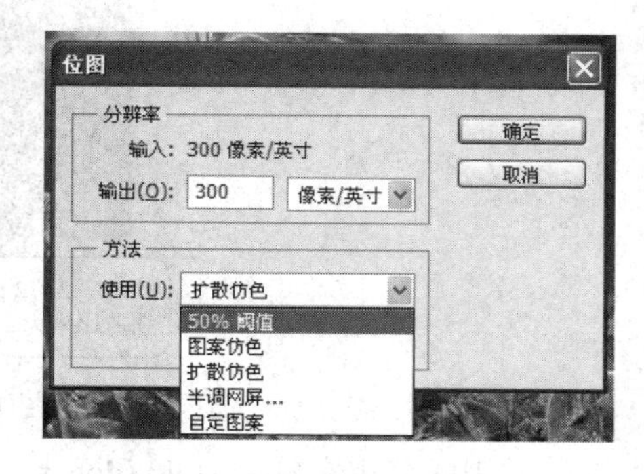

图 1-16 “位图”对话框

“位图”对话框中各项的含义如下：

(1) 输出：用来设定转换成位图后的分辨率。

(2) 方法：用来设定转换成位图后的 5 种减色方法。

- 50%阈值：将大于 50%的灰度像素全部转化为黑色，将小于 50%的灰度像素全部转化为白色。
- 图案仿色：此方法可以使用图案来代表不同灰度。
- 扩散仿色：将大于 50%的灰度像素转换成黑色，将小于 50%的灰度像素转换成白色。转换过程中的误差会使图像出现颗粒状的纹理。
- 半调网屏：选择此项转换位图时会弹出对话框，在其中可以设置频率、角度和形状。
- 自定图案：可以选择自定义的图案作为处理位图的减色效果。选择该项时，下面的“自定图案”选项会被激活，在其中选择相应的图案即可。

3) 双色调模式

双色调模式通过 1～4 种自定油墨创建单色调、双色调(两种颜色)、三色调(三种颜色)和四色调(四种颜色)的灰度图像。在将图像转换成双色调模式时，会弹出如图 1-17 所示的“双色调选项”对话框。

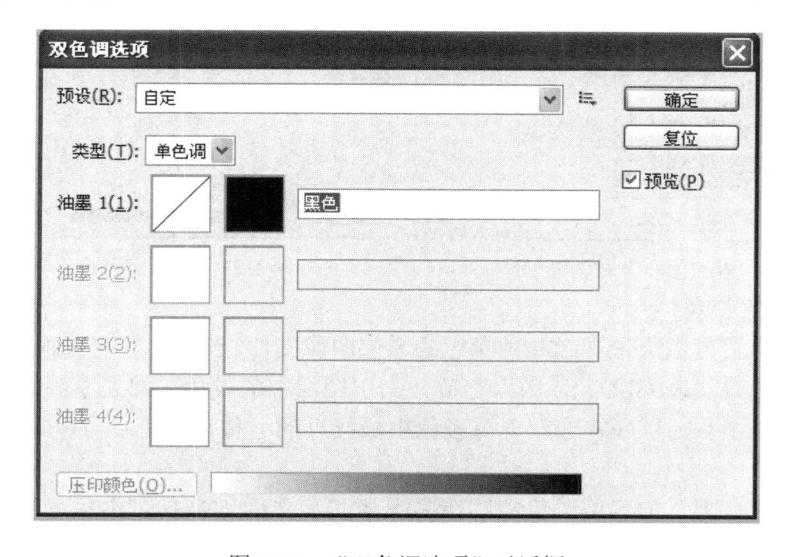

图 1-17　“双色调选项”对话框

“双色调选项”对话框中各项的含义如下：

(1) 预设：用来存储已经设定完成的双色调样式。在下拉菜单中可以看到预设选项。预设选项用来对设置的双色调进行储存或删除，还可以载入其他双色调预设样式。

(2) 类型：用来选择双色调的类型。

(3) 油墨：可根据选择的色调类型对其进行编辑。单击油墨 1 后的曲线图标，会打开如图 1-18 所示的“双色调曲线”对话框，通过拖动曲线来改变油墨的百分比；单击油墨 1 后的颜色图标，会打开如图 1-19 所示的“选择油墨颜色:”对话框；单击油墨 2 后的颜色图标，会打开如图 1-20 所示的“颜色库”对话框。

(4) 压印颜色：相互打印在对方之上的两种无网屏油墨。单击“压印颜色”按钮，会弹出如图 1-21 所示的“压印颜色”对话框，在对话框中可以设置压印颜色在屏幕上的效果。

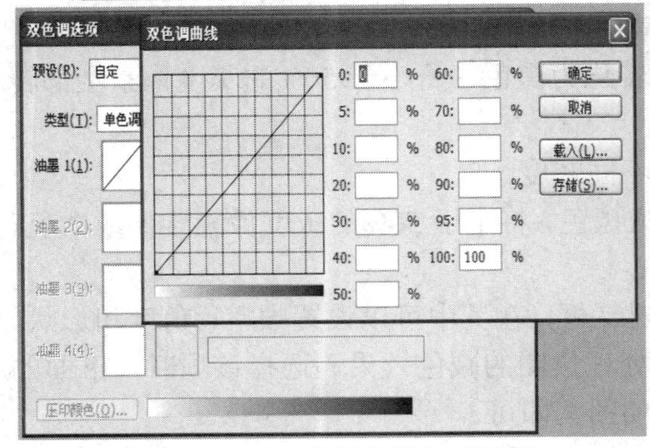

图 1-18 “双色调曲线”对话框

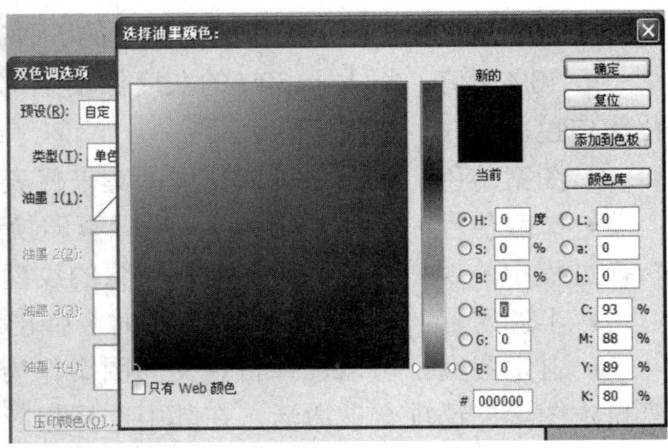

图 1-19 “选择油墨颜色:”对话框

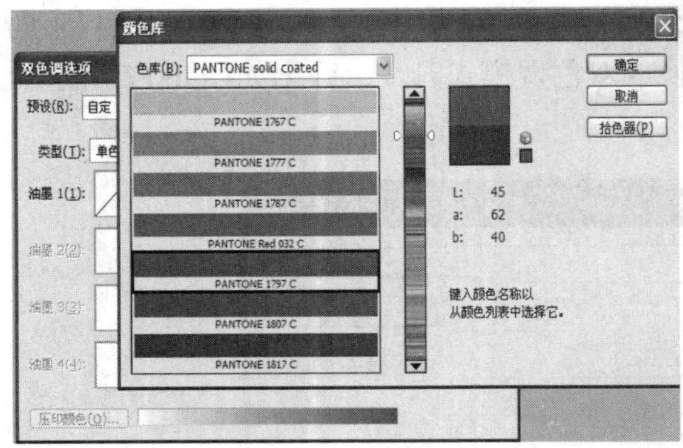

图 1-20 “颜色库”对话框

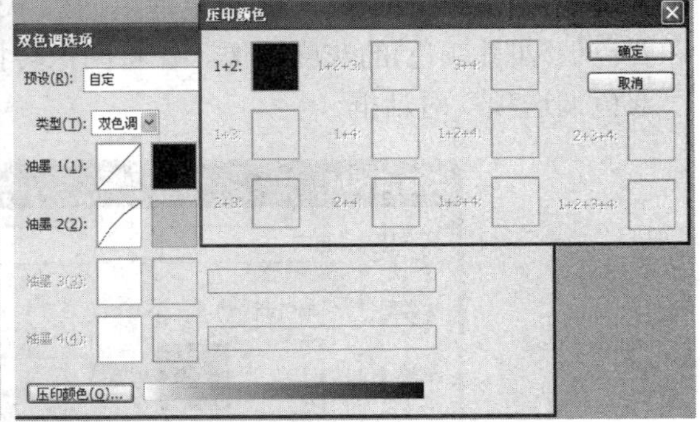

图 1-21 “压印颜色”对话框

4) 索引颜色模式

索引颜色模式可生成最多 256 种颜色的 8 位图像文件。当转换为索引颜色时，Photoshop 将构建一个颜色查找表(CLUT)，用以存放并索引图像中的颜色。如果原图像中的某种颜色没有出现在该表中，则程序将选取现有颜色中最接近的一种，或使用仿色(即以现有颜色来模拟该颜色。)

尽管调色板有限，但索引颜色能够在多媒体演示文稿、Web 页中尽可能保持所需的视觉品质的同时，减少文件大小。在这种模式下只能对图像进行有限的编辑，如需进行大量的编辑，应先临时将图像转换为 RGB 颜色模式。索引颜色文件可以存储为 Photoshop、BMP、DICOM、GIF、Photoshop EPS、大型文档格式(PSB)、PCX、Photoshop PDF、Photoshop Raw、Photoshop 2.0、PICT、PNG、Targa 或 TIFF 等格式。

在将一张 RGB 颜色模式的图像转换成索引颜色模式时，会弹出如图 1-22 所示的“索引颜色”对话框。

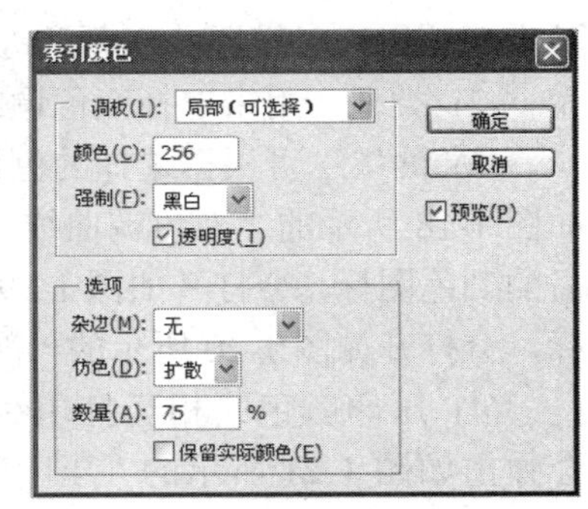

图 1-22 “索引颜色”对话框

“索引颜色”对话框中各项的含义如下：

(1) 调板：用来选择转换为索引模式时用到的调板。

• 颜色：用来设置索引颜色的数量。

• 强制：在下拉列表中可以选择某种颜色并将其强制放置到颜色表中。

(2) 选项：用来控制转换索引模式的选项。

• 杂边：用来设置填充与图像透明区域相邻的消除锯

齿边缘的背景色。

- 仿色：用来设置仿色的类型，包括无、扩散、图案、杂色。
- 数量：用来设置扩散的数量。
- 保留实际颜色：勾选此复选框，转换成索引模式后的图像将保留图像的实际颜色。

5) RGB 颜色模式

RGB 颜色模式使用 RGB 模型为图像中的每个像素分配一个色彩强度值。在 8 位/通道的图像中，彩色图像中的每个 RGB(红色、绿色、蓝色)分量的强度值为 0～255。例如，一种明亮的绿色 R 值为 10，G 值为 250，B 值为 20。当这 3 个分量的值相等时，产生灰色；当所有分量的值均为 255 时，产生纯白色；当这些值都为 0 时，产生纯黑色。RGB 颜色模式是 Photoshop 最常用的一种模式。在 RGB 颜色模式中，三种颜色叠加时会自动映射出纯白色。

6) CMYK 颜色模式

在 CMYK 颜色模式下，可以为每个像素的每种印刷油墨指定一个百分比值。为最亮(高光)颜色指定的印刷油墨百分比较低，而为较暗(阴影)颜色指定的印刷油墨百分比较高。例如，亮红色可能包含 2%青色、93%洋红、90%黄色和 0%黑色。在 CMYK 图像中，当四种分量的值均为 0 时，就会产生纯白色。

在制作要用印刷色打印的图像时，应使用 CMYK 模式。将 RGB 图像转换为 CMYK 时即产生分色。如果从 RGB 图像开始，则最好先在 RGB 模式下编辑，然后在处理结束时转换为 CMYK 模式。在 RGB 模式下，可以使用“校样设置”命令模拟 CMYK 转换后的效果，而无须更改图像数据。也可以使用 CMYK 模式直接处理从高端系统扫描或导入的 CMYK 图像。

7) Lab 颜色模式

Lab 中的数值描述正常视力的人能够看到的所有颜色。因为 Lab 描述的是颜色的显示方式，而不是设备(如显示器、桌面打印机或数码相机)生成颜色所需的特定色料的数量，所以 Lab 被视为与设备无关的颜色模型。色彩管理系统使用 Lab 作为色标，将颜色从一个色彩空间转换到另一个色彩空间。

Lab 颜色模式的 L(亮度分量)范围是 0～100。在 Adobe 拾色器和“颜色”调板中，a 分量(绿色-红色轴)和 b 分量(蓝色-黄色轴)的范围是 +127～-128。

8) 多通道颜色模式

多通道颜色模式图像在每个通道中包含 256 个灰阶，对于特殊打印很有用。多通道颜色模式图像可以存储为 Photoshop、大型文档格式(PSB)、Photoshop 2.0、Photoshop Raw 或 Photoshop DCS 2.0 格式。

当将图像转换为多通道颜色模式时，可以使用以下原则：

(1) 原始图像中的颜色通道在转换后的图像中变为专色通道。

(2) 通过将 CMYK 图像转换为多通道颜色模式，可以创建青色、洋红、黄色和黑色专色通道。

(3) 通过将 RGB 图像转换为多通道颜色模式，可以创建青色、洋红和黄色专色通道。

(4) 通过从 RGB、CMYK 或 Lab 图像中删除一个通道，可以自动将图像转换为多通道颜色模式。

(5) 若要输出多通道颜色模式图像，则要以 Photoshop DCS 2.0 格式存储图像。

5．常用的文件格式

计算机中的图像文件可以保存为多种格式，这些图像格式都有各自的用途及特点。在处理图像时经常用到的文件格式主要有 PSD、JPEG、TIFF、GIF、PNG、BMP、EPS、PDF 和 PSB 格式等。

1) PSD 格式

PSD 格式是由 Adobe 公司提出的位图文件格式。PSD/PDD 是 Adobe 公司的图形设计软件 Photoshop 的专用格式。PSD 格式可以存储成 RGB 或 CMYK 模式，可以自定义颜色数并加以存储，还可以保存 Photoshop 的图层、通道、路径等信息，是目前唯一能够支持全 Adobe 公司软件的图像格式。

2) JPEG 格式

JPEG 格式是一种压缩文件格式，图像文件在打开时自动解压缩。其压缩级别越高，得到的图像品质越低；压缩级别越低，得到的图像品质越高。在大多数情况下，“最佳”品质选项产生的结果与原图像几乎无分别。

JPEG 格式图像保留了 RGB 图像中的所有颜色信息，但通过有选择地去除一些数据来压缩文件大小。

3) TIFF 格式

TIFF 格式支持具有 Alpha 通道的 CMYK、RGB、Lab、索引颜色和灰度图像，以及没有 Alpha 通道的位图模式图像。Photoshop 可以在 TIFF 文件中存储图层。但是，如果在另一个应用程序中打开该文件，则只有拼合图像是可见的。Photoshop 也能够以 TIFF 格式存储批注、透明度和多分辨率金字塔数据。

在 Photoshop 中，TIFF 格式图像文件的位深度为 8 位/通道、16 位/通道或 32 位/通道。可以将高动态范围图像存储为 32 位/通道 TIFF 文件。

TIFF 文档的最大文件可达 4 GB。Photoshop CS 和更高版本支持以 TIFF 格式存储的大型文档。但是，大多数其他应用程序和旧版本的 Photoshop 不支持文件大小超过 2 GB 的文档。

用于印刷中的图像，大多被保存为 TIFF 格式，该格式可以得到正确的分色结果。

4) GIF 格式

GIF 格式(图形交换格式)是在 World Wide Wed 及其他联机服务上常用的一种文件格式，用于显示超文本标记语言(HTML)文档中的索引颜色图形和图像。GIF 是一种用 LZW 压缩的格式，目的在于最小化文件大小和传输时间。GIF 格式保留了索引颜色图像中的透明度，但不支持 Alpha 通道。

GIF 格式支持动画和透明背景，因此被广泛应用在网页文档中。但是 GIF 格式使用 8 位颜色，仅包含 255 种颜色，因此，将 24 位图像转化为 8 位的 GIF 格式时会损失掉部分颜色信息。

5) PNG 格式

PNG(便携网络图形)格式是作为 GIF 的无专利替代品开发的，用于无损压缩和在 Web 上显示图像。与 GIF 不同，PNG 格式支持 24 位图像并产生无锯齿状边缘的背景透明度；但是，某些 Web 浏览器不支持 PNG 图像。PNG 格式支持无 Alpha 通道的 RGB、索引颜色、灰度和位图模式的图像。PNG 保留灰度和 RGB 图像中的透明度。

6) BMP 格式

BMP 是 DOS 和 Windows 兼容计算机上的标准 Windows 图像格式。BMP 格式支持 RGB、索引颜色、灰度和位图颜色模式，但不能够保存 Alpha 通道。由于 BMP 格式的 RLE 压缩不是一种强有力的压缩方法，因此 BMP 格式的图像都较大。

7) EPS 格式

EPS(内嵌式 PostScript 语言文件)格式可以同时包含矢量图和位图，并且几乎所有的图形、图表和页面排版程序都支持该格式。EPS 格式用于在应用程序之间传递 PostScript 图片。当打开包含矢量图的 EPS 文件时，Photoshop 栅格化图像，并将矢量图转换为像素。

EPS 格式支持剪贴路径、Lab、CMYK、RGB、索引颜色、双色调、灰度和位图颜色模式，但不支持 Alpha 通道。DCS(桌面分色)格式是标准 EPS 格式的一个版本，可以存储 CMYK 图像的分色。使用 DCS 2.0 格式可以导出包含专色通道的图像。若要打印 EPS 文件，必须使用 PostScript 打印机。

Photoshop 使用 EPS TIFF 和 EPS PICT 格式，允许打开以创建预览时使用的、但是不受 Photoshop 支持的文件格式(如 QuarkXPress)所存储的图像。

8) PDF 格式

PDF 格式(便携文档格式)是一种灵活、跨平台、跨应用程序的文件格式。基于 PostScript 成像模型，PDF 文件可以精确地显示并保留字体、页面版式以及矢量图和位图。另外，PDF 文件可以包含电子文档搜索和导航功能(如电子链接)。PDF 支持 16 位/通道的图像。Adobe Acrobat 还有一个 Touch Up Object 工具，用于对 PDF 中的图像进行较小的编辑。

9) PSB 格式

PSB 格式可以支持最高达到 300 000 像素的超大图像文件，它可以保持图像中的通道、图层样式、滤镜效果不变。PSB 格式的文件只能在 Photoshop 中打开。

1.4　Photoshop CS5 的新功能

Photoshop CS5 在上一个版本的基础上增加和完善了许多新功能，利用这些新功能不但可以加大对图像的处理力度，还可以大大节省创作者的操作时间。

1. 界面

在 Photoshop CS5 中，将常用工作区按不同的名称排放在“标题栏”中，如图 1-23 所示。

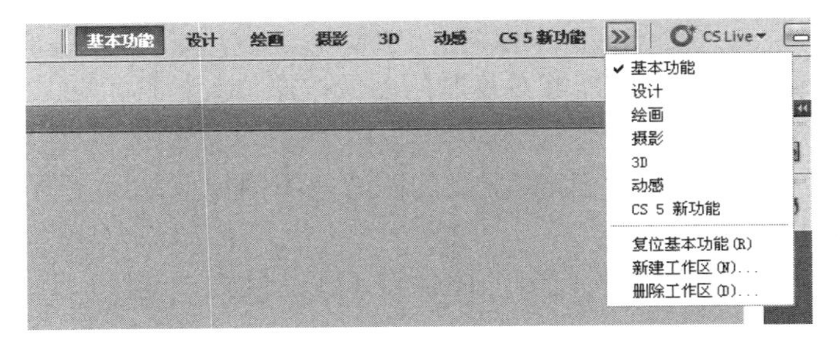

图 1-23　Photoshop CS5 的标题栏

2. 操控变形

操控变形能够在图像中添加变形网格，结合控制图钉便可对网格内的图像进行变形。执行菜单中的“编辑”→“操控变形”命令，对图像添加变形网格，并添加变换图钉后，拖动图钉位置即可对其进行变形，如图 1-24 所示。

原图

变化后的图

图 1-24 操控变形

3. “Mini Bridge”调板

在 Photoshop CS5 中为便于对文件进行管理，新增加了“Mini Bridge”调板，在其中可以完成 Adobe Bridge 的大部分功能，如图 1-25 所示。

4. “画笔”笔触

Photoshop CS5 中，在“画笔”调板和“画笔拾色器”中新增加了一些硬毛刷画笔笔触，如图 1-26 所示。在使用画笔时，可以看到预览时的画笔笔触效果。

图 1-25 “Mini Bridge”调板

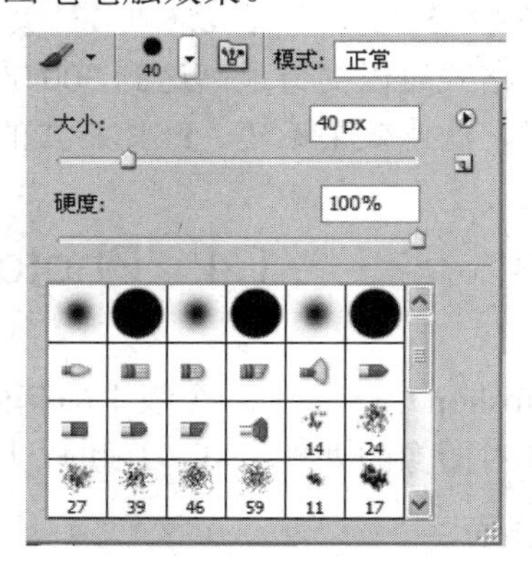

图 1-26 “画笔”笔触

5. 选择性粘贴

使用“选择性粘贴”命令，能够对复制的图像按原位置粘贴、贴入和外部粘贴等方式进行复制。

(1) 原位粘贴：使用该命令可以将复制的图像按照图像原来所在的位置进行粘贴，即使存在选区，仍能按原位置粘贴。

(2) 贴入：使用该命令可以将复制的图像显示在选区内，选区以外的图像会自动出现蒙版，如图 1-27 所示。

图 1-27　使用“贴入”命令产生的蒙版

(3) 外部粘贴：使用该命令可以将复制的图像显示在选区外，选区以内的图像会自动出现蒙版。此命令与“贴入”命令产生的蒙版正好相反，如图 1-28 所示。

图 1-28　使用“外部粘贴”命令产生的蒙版

6. 填充

在 Photoshop CS5 命令的“填充”对话框中新增加了“内容识别”选项，此选项可以使用选区以外的像素对选区内的图像进行融合，如图 1-29 所示。

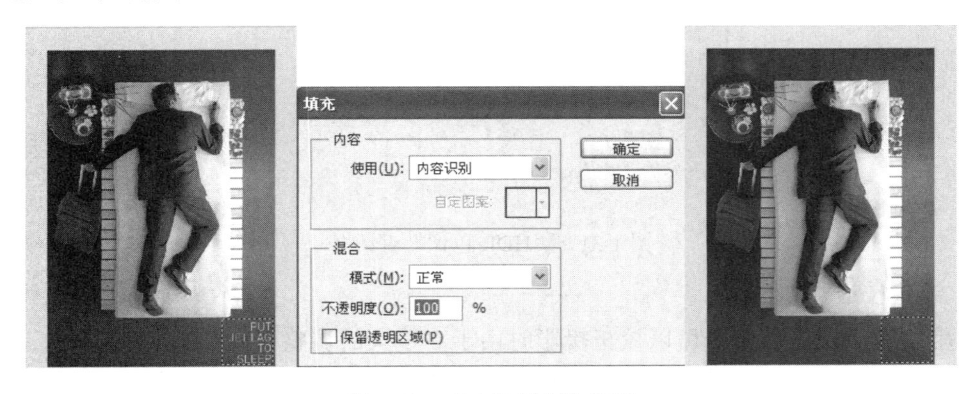

图 1-29　“内容识别”选项

7. 污点修复画笔工具的内容识别修复

使用 (污点修复画笔工具)可以快速对图像中的污渍进行修复。在 Photoshop CS5 中，污点修复画笔工具的功能有所增强，通过“属性栏”中的“内容识别”命令会使修整图像变得更加轻松有趣，如图 1-30 所示。

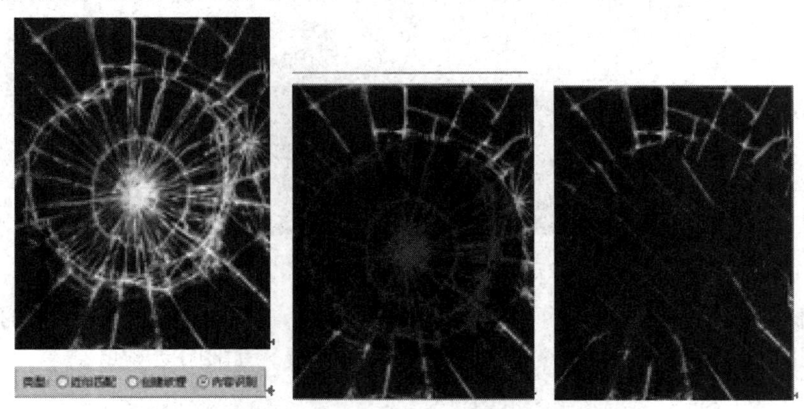

图 1-30 污点修复画笔工具的内容识别修复

8. HDR 色调

使用“HDR 色调”命令可以对图像的边缘光、色调和细节以及颜色进行细致的调整。执行菜单中的“图像”→“调整”→“HDR 色调”命令，即可打开“HDR 色调”对话框，如图 1-31 所示。

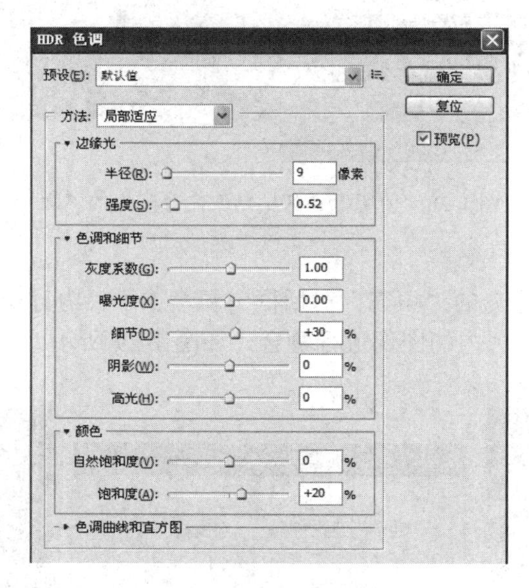

图 1-31 “HDR 色调”对话框

9. 镜头校正

使用“镜头校正”命令可以校正摄影时由于对镜头的调整不慎而造成的缺陷，例如桶形失真、枕形失真、晕影及色差等。执行菜单中的“滤镜”→“镜头校正”命令，即可打开“镜头校正”对话框，如图 1-32 所示。

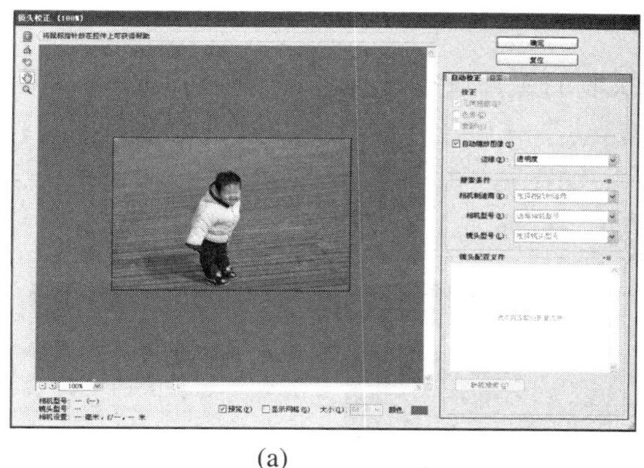

(a)

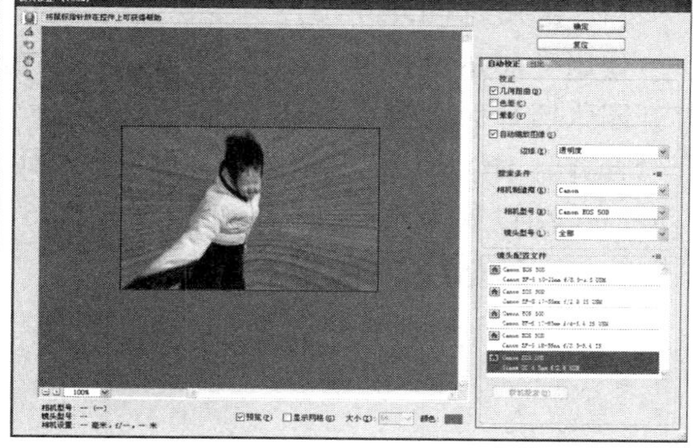

(b)

图 1-32　“镜头校正”对话框

10. 边缘与调整蒙版

使用“调整边缘”命令可以对已经创建的选区进行半径、对比度、平滑和羽化等调整。创建选区后，执行菜单中的“选择”→“调整边缘”命令，即可打开“调整边缘”对话框，如图 1-33 所示，此命令可以十分细致地对已经创建的选区进行调整。图 1-34 所示的图像为生成带蒙版的图层的制作过程。

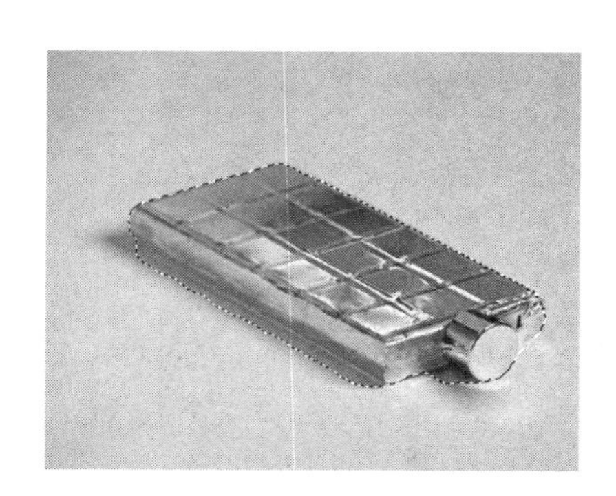

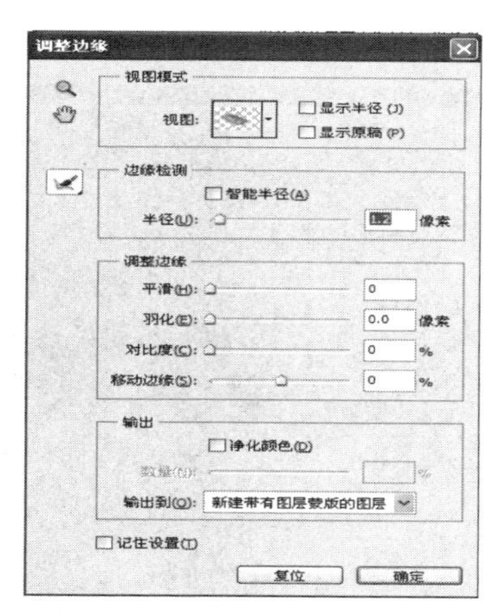

图 1-33　“调整边缘”对话框

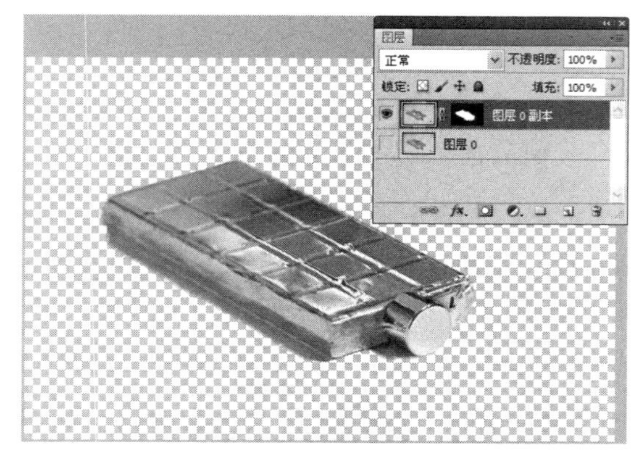

图 1-34　图像生成

11. 合并到 HDR Pro

使用“合并到 HDR Pro”命令可以将事前摄制的照片进行调整，从而得到最好的效果。打开四张照片后，执行菜单中的“文件”→“自动”→“合并到 HDR Pro”命令，即可打开“合并到 HD RPro”对话框，如图 1-35 所示。设置完毕后，单击“确定”按钮，系统会打开“手动设置曝光值”对话框，如图 1-36 所示。

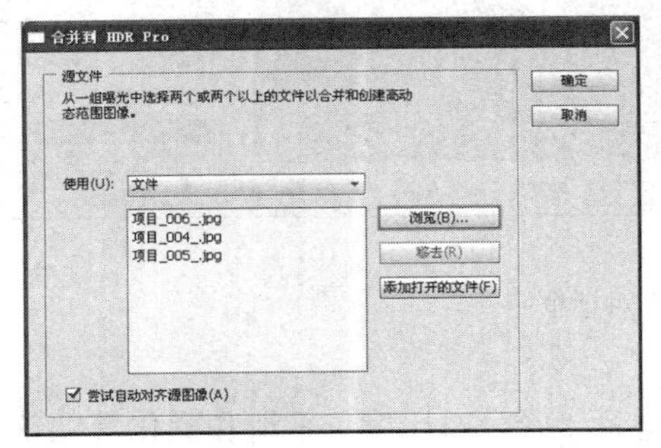

图 1-35 “合并到 HDR Pro”对话框

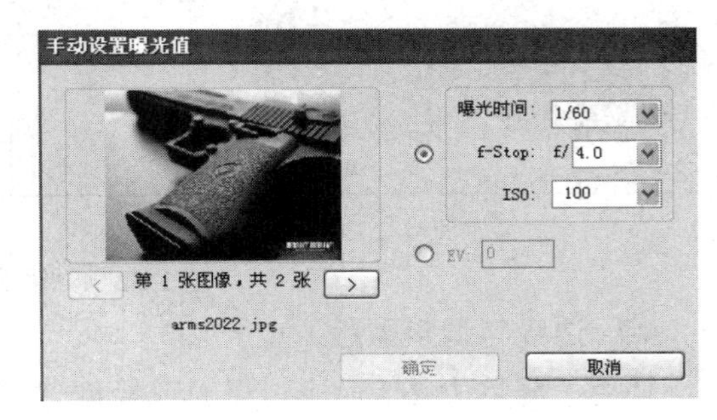

图 1-36 “手动设置曝光值”对话框

设置完毕后，单击“确定”按钮，系统会打开“合并到 HDR Pro”对话框，如图 1-37 所示。在对话框中可以分别对每张图像进行“边缘光”、“色调和细节”及“颜色”等方面的细致调整。调整完毕后，单击“确定”按钮，即可完成操作。

图 1-37 “合并到 HDR Pro”对话框

12. 快速选取颜色

在 Photoshop CS5 中新增加了快速选取颜色功能，选择颜色时，按组合键“Shift＋Alt”，可以弹出“快速颜色选取”对话框。

13. 裁剪功能

在 Photoshop CS5 中，(裁剪工具)能够显示裁剪网格，使图像裁剪得更加精确，能够将透视的图像裁剪成正常效果，如图 1-38 所示。

图 1-38　图像裁剪

14. 拉直功能

在 Photoshop CS5 中，(标尺工具)能够将倾斜的图像快速转换成水平效果并对其进行自动裁剪，效果如图 1-39 所示。

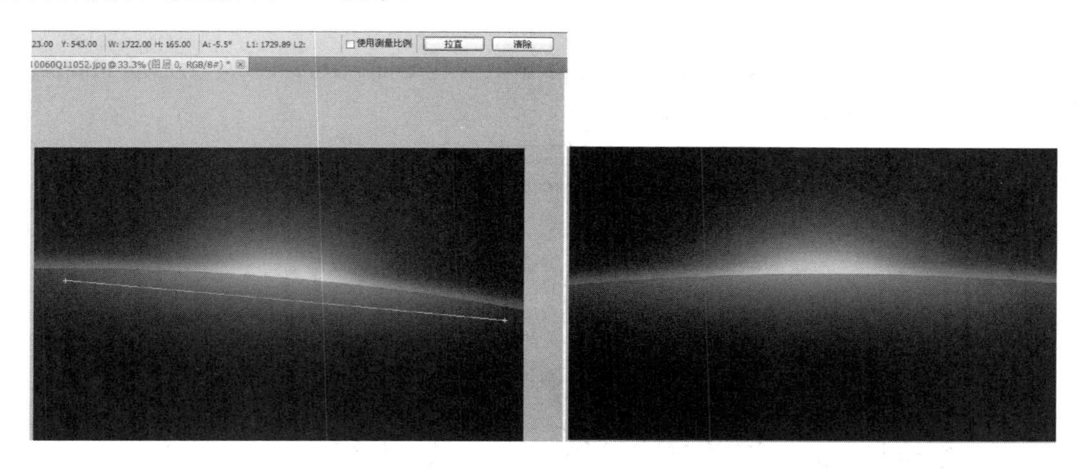

图 1-39　拉直功能

第 2 章 Photoshop CS5 的初级使用

2.1 Photoshop CS5 的工作界面

在学习 Photoshop CS5 软件时，首先要了解其工作界面。图 2-1 所示为启动 Photoshop CS5 软件并打开一个素材文件后的工作界面。

图 2-1 Photoshop CS5 的工作界面

工作界面组成部分各项的含义如下。

(1) 标题栏：位于整个窗口的顶端，显示了当前应用程序的名称和版本图标、快速调整工具栏、对应工作区快速设置项以及用于控制文件窗口的最小化、最大化(还原窗口)、关闭按钮。

(2) 菜单栏：Photoshop CS5 Extended 将所有命令集合分类后，放置在 11 个菜单中，利用下拉菜单命令可以完成大部分图像编辑处理工作。Photoshop CS5 标准版则只显示 9 个菜单，其中不包含“分析”菜单和“3D”菜单。

(3) 属性栏(选项栏)：位于菜单栏的下方。选择不同工具时会显示该工具对应的属性栏(选项栏)。

(4) 工具箱：通常位于工作界面的左侧，Photoshop CS5 Extended 的工具箱由 25 组工具组成，Photoshop CS5 标准版由 22 组工具组成。

(5) 工作窗口：显示当前打开文件的名称、颜色模式等信息。

(6) 工作区域：Photoshop CS5 中所有的操作都在该区域内显示并完成。

(7) 状态栏：显示当前文件的显示百分比和一些编辑信息，如文档大小、当前工具等。

(8) 调板组：位于工作界面的右侧，将常用的调板集合到一起。

2.1.1　工具箱

Photoshop CS5 的工具箱位于工作界面的左侧，共有 50 多个工具，每个工具都有自己的属性和特点。要使用工具箱中的工具，只要单击该工具图标即可。如果该图标中还有其他工具，单击鼠标右键将弹出隐藏工具栏，选择其中的工具单击之即可使用。图 2-2 所示为 Photoshop CS5 的工具箱。

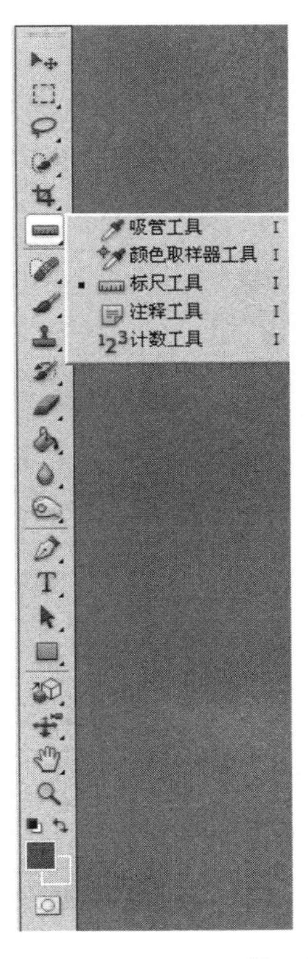

图 2-2　Photoshop CS5 的工具箱

2.1.2　属性栏(选项栏)

Photoshop CS5 的属性栏(选项栏)提供了控制工具属性的选项，其显示内容根据所选工具的不同而发生变化。选择相应的工具后，Photoshop CS5 的属性栏(选项栏)将显示该工具可使用的功能和可进行的编辑操作等。

属性栏一般被固定存放在菜单栏的下方。图 2-3 所示就是在工具箱中单击 (矩形选框工具)后，显示的该工具的属性栏。

图 2-3 矩形选框工具的属性栏

2.1.3 菜单栏

Photoshop CS5 Extended 的菜单栏由“文件”、“编辑”、“图像”、“图层”、“选择”、“滤镜”、“分析”、“3D”、“视图”、“窗口”和“帮助”共 11 类菜单组成，包含了操作时要使用的所有命令。要使用菜单中的某个命令，只需将鼠标光标指向菜单中的某项并单击，此时将显示相应的子菜单。在下拉菜单中上下移动鼠标进行选择，然后再单击要使用的菜单选项，即可执行此命令。如图 2-4 所示的图像就是执行“图层”→“智能对象”命令后的子菜单。

2.1.4 状态栏

状态栏在工作区域的底部，用来显示当前打开文件的一些信息，如图 2-5 所示。单击 (三角符号)打开子菜单，即可显示状态栏包含的所有可显示选项。

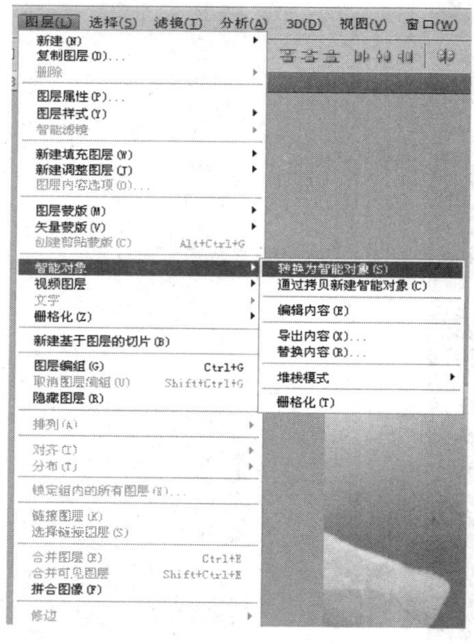

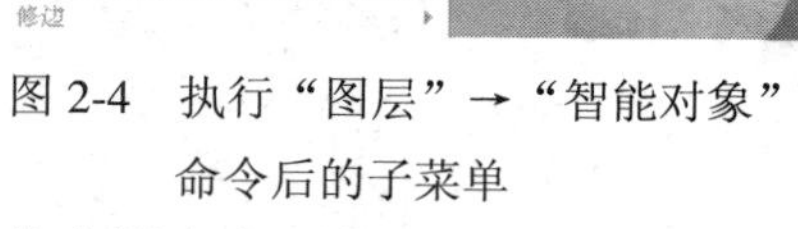

图 2-4 执行“图层”→“智能对象”命令后的子菜单

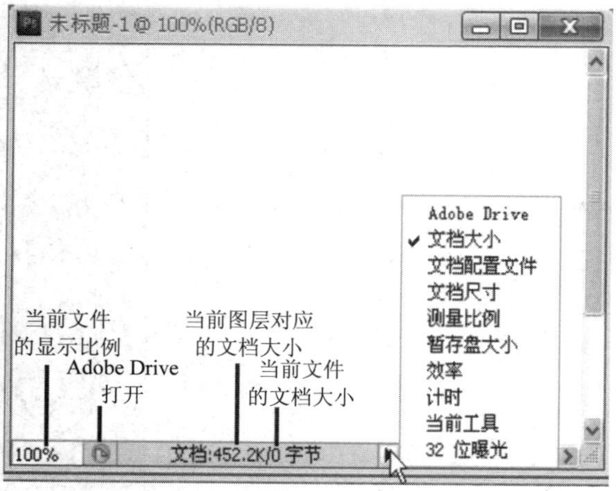

图 2-5 状态栏

状态栏中各项的含义如下：

(1) 100%：当前文件的显示比例。

(2) Adobe Drive：显示文档的 Version Cue 工作组状态。

(3) 文档大小：显示相关图像数据的信息。

(4) 暂存盘大小：显示有关处理图像的内存和 Photoshop 暂存盘的信息。

(5) 状态栏中显示的各选项如下：

- Version Cue：打开嵌入的共享文件。
- 文档大小：在图像所占空间中显示当前所编辑图像的文档大小情况。
- 文档配置文件：在图像所占空间中显示当前所编辑图像的图像模式，如 RGB 颜色、灰度、CMYK 颜色等。
- 文档尺寸：显示当前所编辑图像的尺寸大小。
- 测量比例：显示当前进行测量时的比例尺。
- 暂存盘大小：显示当前所编辑图像占用暂存盘的大小情况。
- 效率：显示当前所编辑图像操作的效率。
- 计时：显示当前所编辑图像操作时所用去的时间。
- 当前工具：显示当前进行编辑图像时用到的工具名称。
- 32 位曝光：编辑图像曝光只在 32 位图像中起作用。

2.1.5　调板组

Photoshop CS5 可以将不同类型的调板归类到相对应的调板组，并将其停靠在右边调板组中，在处理图像时需要哪个调板只要单击标签就可以快速找到相对应的调板，不必再到菜单中打开。Photoshop CS5 在默认状态下，只要执行“菜单”→“窗口”命令，在下拉菜单中选择相应的调板，之后该调板就会出现在调板组中。如图 2-6 所示的图像就是展开状态下的调板组。

图 2-6　展开状态下的调板组

【练习】 设置自己喜欢的工作环境。

在 Photoshop CS5 中可以随意对工具箱进行单长条与短双条转换，并可以将其拖动到其他位置。界面中调板也可以随意折叠或展开，并且可以将其进行拆分和重组。

1. 变换工具箱

(1) 在默认值状态时，只要使用鼠标单击“工具箱”上面的展开与收缩按钮，即可将“工具箱”由单长条变为短双条，再单击该按钮即可将短双条变为单长条，如图 2-7 所示。

(2) 将鼠标移到“工具箱”的图标处，单击鼠标向外移动即可将“工具箱”由固定位置模式变为浮动模式，如图 2-7 所示。

(3) 在浮动“工具箱”的图标处按下鼠标，将其向左或者向右拖动，当出现可停泊的蓝色标示时，松开鼠标即可将“工具箱”放置到固定位置，如图 2-7 所示。

2. 变换调板组

(1) 在打开全部调板后，工作空间就会变小，在处理图像时会感觉非常拥挤，这时就要关闭一些调板组或者将调板以图标的样式停靠在工作界面右边的调板组中。在默认的打开调板组工作界面中使用鼠标单击双三角按钮，即可将该停泊窗内的组调板收缩为图标，如图 2-8 所示；反之，单击双三角按钮会展开调板组。

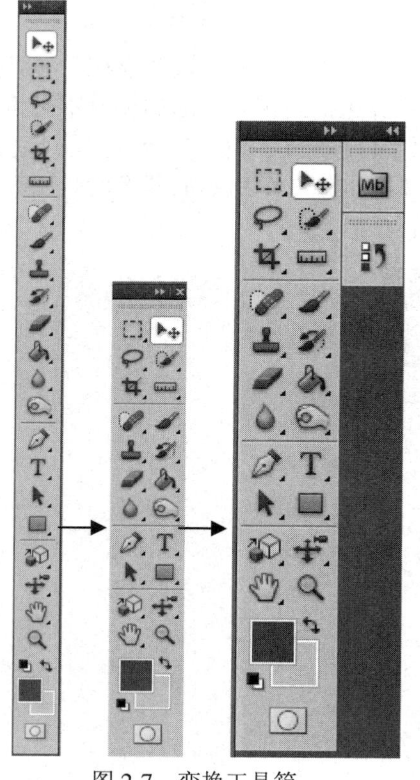

图 2-7 变换工具箱

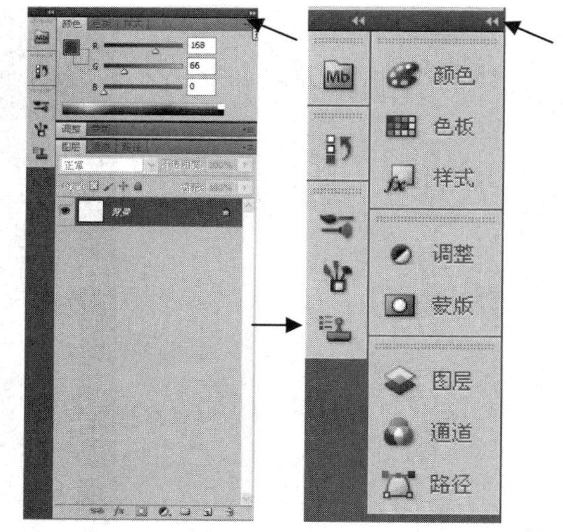

图 2-8 变换调板组

(2) 在收缩的调板组中单击相应调板的名称图标，即可将该调板单独展开，如图 2-9 所示。

(3) 在展开的调板中单击收缩按钮，即可将其收缩到调板组中以图标进行显示，如图 2-10 所示。

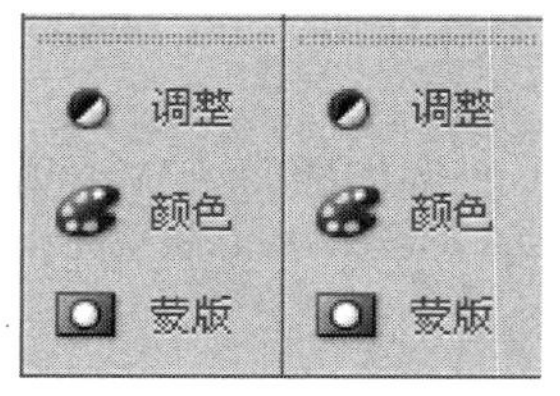

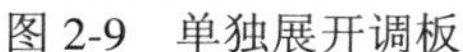

图 2-9 单独展开调板

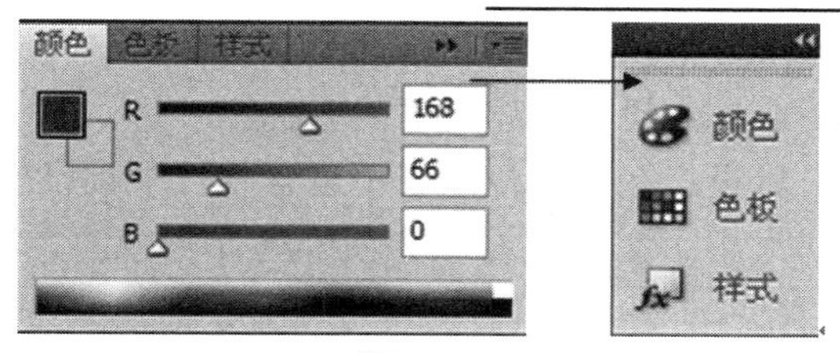

图 2-10

(4) 在调板组中，使用鼠标直接拖动选取的调板标签，可以将其单独与调板组分离，如图 2-11 所示。

(5) 拖动分离后调板重组到其他组中，当出现蓝色切入标示时，松开鼠标即可将其重组到其他组中，如图 2-12 所示。

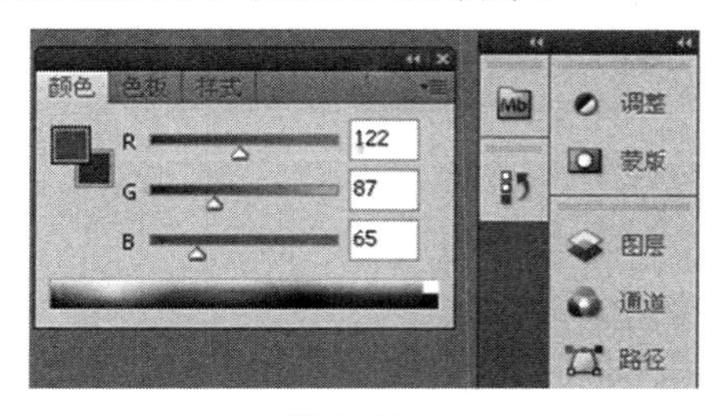

图 2-11

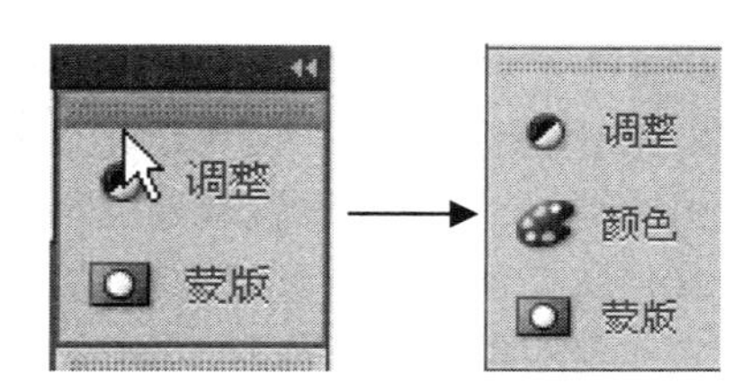

图 2-12

2.2 文件的基本操作

在使用 Photoshop 开始创作之前，必须了解如何新建文件、打开文件，以及对完成的作品进行储存等操作。

2.2.1 新建文件

“新建”文件命令用来创建一个空白文档。执行“文件”→“新建”命令或按组合键 Ctrl+N，可打开如图 2-13 所示的“新建”对话框，在该对话框中可以设置文件的名称、尺寸、分辨率、颜色模式等。

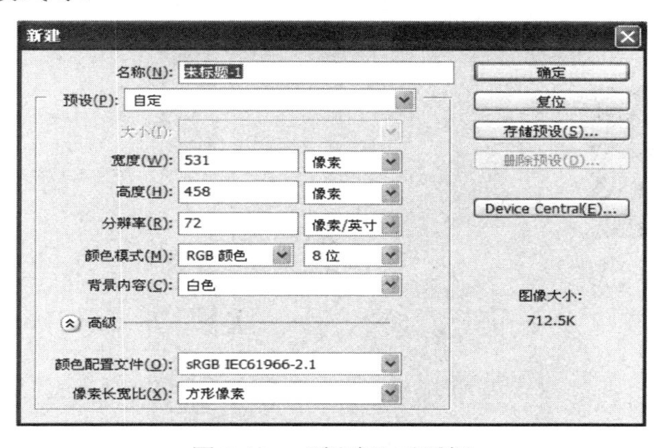

图 2-13 “新建”对话框

“新建”对话框中各项的含义如下。

(1) 名称：设置新建文件的名称。

(2) 预设：在该下拉列表中包含软件中预设的一些文件大小，例如照片、Web 等。

(3) 大小：在“预设”选项中选择相应的预设项后，可以在“大小”选项中设置相应文件的大小。

(4) 宽度/高度：设置新建文档的宽度与高度，单位包括像素、英寸、厘米、毫米、点、派卡和列。

(5) 分辨率：设置新建文档的分辨率，单位包括“像素/英寸”和“像素/厘米”。

(6) 颜色模式：选择新建文档的颜色模式，包括位图、灰度、RGB 颜色、CMYK 颜色和 Lab 颜色。定位深度包括 1 位、8 位、16 位和 32 位，主要用于设置可使用颜色的最大数值。

(7) 背景内容：用来设置新建文档的背景颜色，包括白色、背景色(创建文档后“工具箱”中的背景颜色)和透明。

(8) 颜色配置文件：设置新建文档的颜色配置。

(9) 像素长宽比：设置新建文档的长宽比例。

(10) 储存预设：将新建文档的尺寸保存到预设中。

(11) 删除预设：将保存到预设中的尺寸删除(该选项只对自定义储存的预设起作用)。

(12) Device Central(设备中心)：快速设置手机等移动设备。单击该按钮，系统会弹出用于设置手机等移动设备界面的对话框，在对话框中选择相应的手机模板并设置要创建的界面类型，然后单击“创建”按钮，就可以在 Photoshop CS5 中创建一个预设的手机屏幕墙纸文档，如图 2-14 所示。

技巧：在打开的软件中，按住 Ctrl 键双击工作界面中的空白处同样可以弹出“新建”对话框，设置完成后单击“确定”按钮即可新建一个空白文档。

只要设置好相应的名称、尺寸、分辨率、颜色模式后，直接单击“确定”按钮，即可在工作场景中得到一个新建的空白文档。图 2-15 所示的图像即为名称为“新建文档”，长为 12 厘米，宽为 9 厘米，分辨率为 150 的空白文档。

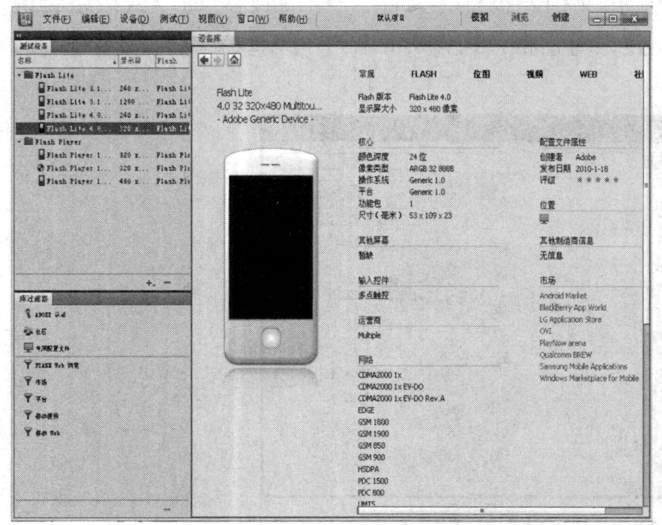

图 2-14　创建的文档

图 2-15　新建的空白文档

2.2.2　打开文件

“打开文件”命令可以将储存的文件或者可以用于该软件格式的图片打开。在菜单中执行“文件”→“打开”命令或按组合键 Ctrl+O，将弹出如图 2-16 所示的“打开”对话框，在对话框中可以选择需要打开的图像素材。

“打开”对话框中各项的含义如下。

(1) 查找范围：在下拉列表中可以选择需要打开的文件所在的文件夹。

(2) 文件名：选择准备打开的文件。

(3) 文件类型：在下拉列表中可以选择需要打开的文件类型。

(4) 图像序列：勾选该复选框，会将整个文件夹中的文件以帧的形式打开到“动画”调板中。

(5) 预览图：选择要打开的图像后，此处会显示该图像的缩略图以便观看。

选择好要打开的文件后，单击“打开”按钮，可将选取的文件在工作区中打开，如图 2-17 所示。单击“取消”按钮，可关闭“打开”对话框。

图 2-16　“打开”对话框

图 2-17　在工作区中打开的文件

技巧：在打开的软件中，双击工作界面中的空白处同样可以弹出“打开”对话框，选择需要的图像文件后，单击“确定”按钮即可将该文件在 Photoshop 中打开。

2.2.3　保存文件

“保存文件”命令可以将新建文档或处理完的图像进行储存。在菜单中执行“文件”→“储存”命令或按组合键 Ctrl+S，如果是第一次对新建文件进行保存，系统会弹出如图 2-18 所示的“存储为”对话框。

图 2-18 “存储为”对话框

“存储为”对话框中各项的含义如下。

(1) 保存在：在下拉列表中可以选择用于储存文件的文件夹。

(2) 文件名：为储存的文件进行命名。

(3) 格式：选择要储存的文件格式。

(4) 储存选项：

• 储存：用来设置储存文件时的一些特定设置。

• 作为副本：可以将当前的文件储存为一个副本，当前文件仍处于打开状态。

• Alpha 通道：可以将文件中的 Alpha 通道进行保存。

• 图层：可以将文件中存在的图层进行保存。该选项只有在储存的格式与图像中存在图层时才会被激活。

• 注释：可以将文件中的文字或语音附注进行储存。

• 专色：可以将文件中的专设通道进行储存。

• 颜色：用来对储存文件时的颜色进行设置。

• 使用校样设置：当前文件储存为 PSD 或 PDF 格式时，此复选框才处于激活状态。勾选此复选框，可以保存打印用的样校设置。

• ICC 配置文件：可以保存嵌入文档中的颜色信息。

(5) 缩览图：勾选该复选框，可以为当前储存的文件创建缩览图。

(6) 使用小写扩展名：勾选该复选框，可以将扩展名改为小写。

设置完毕后，单击“保存”按钮，会将选取的文件进行储存；单击“取消”按钮，会关闭“储存为”对话框，而继续工作。

技巧：在 Photoshop 中，对打开的文件或已经储存过的新建文件进行储存时，系统会自动进行储存而不会弹出对话框。如果想对其进行重新储存，可以执行“文件”→“储存为”命令或按组合键 Shift+Ctrl+S，系统同样会弹出“存储为”对话框。

2.2.4　关闭文件

使用“关闭文件”命令，可以将当前处于工作状态的文件关闭。在菜单中执行“文件”→“关闭”命令或按组合键 Ctrl+W，可以将当前编辑的文件关闭。若对文件进行了改动，则系统会弹出如图 2-19 所示的警告对话框。单击“是”按钮可以对修改的文件进行保存后关闭；单击“否”按钮可以关闭文件而不对修改进行保存；单击“取消”按钮可以取消当前的关闭命令。

图 2-19　警告对话框

2.2.5　恢复文件

在对文件进行编辑时，如果对修改的结果不满意，想返回到最初的打开状态，可以执行“恢复”命令，即可将文件恢复至最近一次保存的状态。

2.2.6　置入图像

在 Photoshop 中可以通过“置入”命令，将不同格式的文件导入到当前编辑的文件中，并自动转换成智能对象图层。

2.3　图像的初步管理

在 Photoshop 中对整体图像的管理主要表现在改变图像大小、改变分辨率、更改画布大小、复制图像、旋转图像等。

2.3.1　改变图像大小

使用“图像大小”命令可以调整图像的像素大小、文档大小和分辨率。在菜单中执行“图像”→“图像大小”命令，系统会弹出如图 2-20 所示的“图像大小”对话框，在“像素大小”或“文档大小”框中输入相应的数字就可以重新设置当前图像的大小。

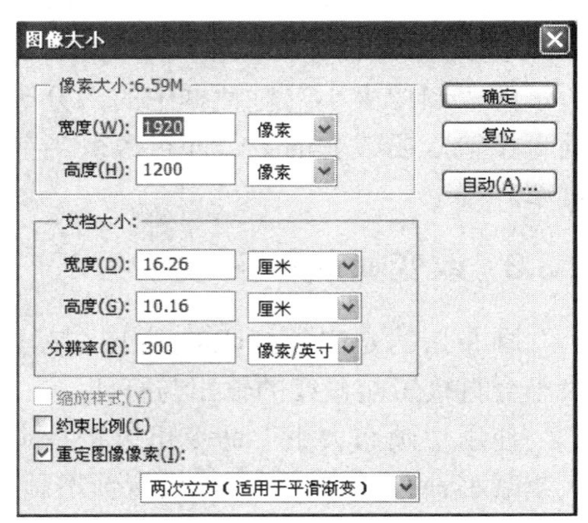

图 2-20　“图像大小”对话框

对话框中各项的含义如下。

(1) 像素大小：用来设置图像像素的大小。在对话框中可以重新定义图像像素的“宽度”和“高度”，单位包括像素和百分比。更改像素尺寸不仅会影响屏幕上显示图像的大小，还会影响图像品质、打印尺寸和分辨率。

(2) 文档大小：用来设置图像的打印尺寸和分辨率。

(3) 缩放样式：在调整图像大小的同时可以按照比例缩放图层中存在的图层样式。

(4) 约束比例：对图像的长宽可以进行等比例调整。

(5) 重定图像像素：在调整图像大小的过程中，系统会将原图的像素颜色按一定的内插方式重新分配给新像素。在下拉菜单中可以选择进行内插的方法，包括邻近、两次线性、两次立方、两次立方较平滑和两次立方较锐利。

• 邻近：不精确的内插方式，以直接舍弃或复制邻近像素的方法来增加或减少像素。此运算方式最快，会产生锯齿效果。

• 两次线性：取上下左右 4 个像素的平均值来增加或减少像素，品质介于邻近和两次立方之间。

• 两次立方：取周围 8 个像素的加权平均值来增加或减少像素，由于参与运算的像素较多，因而运算速度较慢，但是色彩的连续性最好。

• 两次立方(适用于平滑渐变)：运算方法与两次立方相同，但是色彩连续性会增强，适合在增加像素时使用。

• 两次立方较锐利：运算方法与两次立方相同，但是色彩连续性会降低，适合在减少像素时使用。

注意：在调整图像大小时，位图图像与矢量图像会产生不同的结果：位图图像与分辨率有关，因此，更改位图图像的像素尺寸可能导致图像品质和锐化程度损失；相反，矢量图像与分辨率无关，可以随意调整其大小而不会影响边缘的平滑度。

技巧：在“图像大小”对话框中，更改“像素大小”时，“文档大小”会跟随着改变，“分辨率”不发生变化；更改“文档大小”时，“像素大小”会跟随着改变，“分辨率”不发生变化；更改“分辨率”时，“像素大小”会跟随着改变，“文档大小”不发生变化。

2.3.2 改变分辨率

更改图像的分辨率，可以直接影响到图像的显示效果：增加分辨率时，会自动加大图像的像素；缩小分辨率时，会自动减少图像的像素。更改分辨率的方法非常简单，只要在如图 2-21 所示的“图像大小”对话框中的“分辨率”选项处直接输入要改变的数值即可改变当前图像的分辨率。

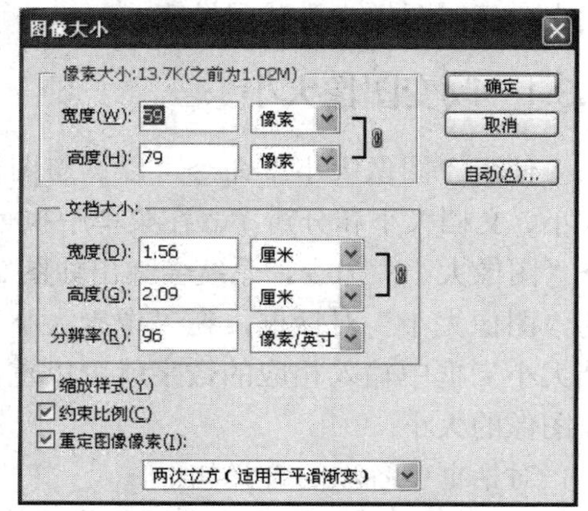

图 2-21 “图像大小”对话框

2.3.3 改变画布大小

画布指的是实际打印的工作区域，改变画布大小会直接影响最终的输出与打印。

使用“画布大小”命令可以按指定的方向增大或减小画布尺寸，还可以设置新增画布的颜色。默认情况下，新增画布的颜色由背景色决定。在菜单中执行“图像”→“画布大小”命令，系统会弹出如图 2-22 所示的“画布大小”对话框，在该对话框中即可完成对画布大小的改变。

“画布大小”对话框中各项的含义如下。

(1) 当前大小：指的是当前打开图像的实际大小。

(2) 新建大小：用来对画布进行重新定义大小的区域。

- 宽度和高度：改变当前文件的尺寸。
- 相对：勾选该复选框，输入的“宽度”和“高度”的数值将不再代表图像的大小，而表示图像增加或减少的区域大小。输入的数值为正值，表示要增加区域的大小；输入的数值为负值，表示要裁剪区域的大小。图 2-23 和图 2-24 所示的图像即为不勾选“相对”复选框与勾选“相对”复选框时的对比图。

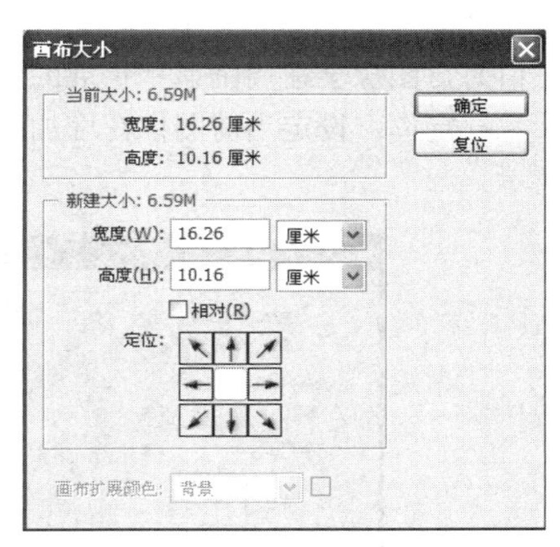

图 2-22　“画布大小”对话框

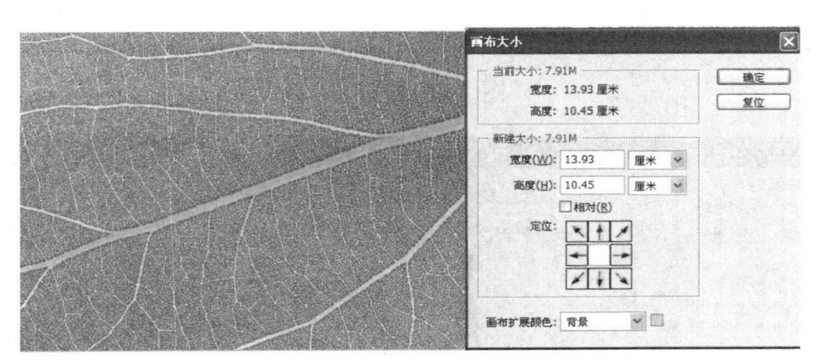

(a) 原图和原图数值

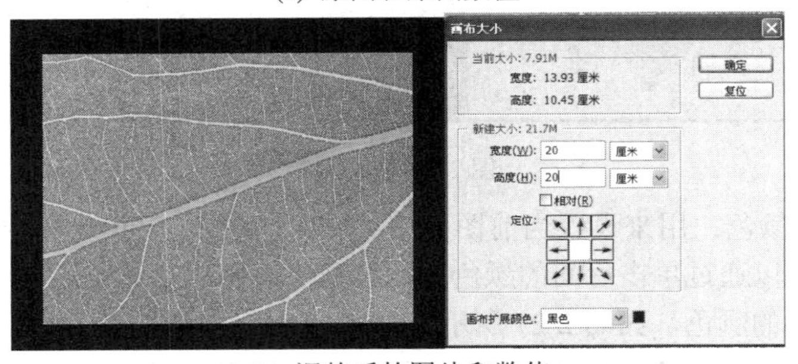

(b) 调整后的图片和数值

图 2-23　未勾选“相对”复选框时的对比图

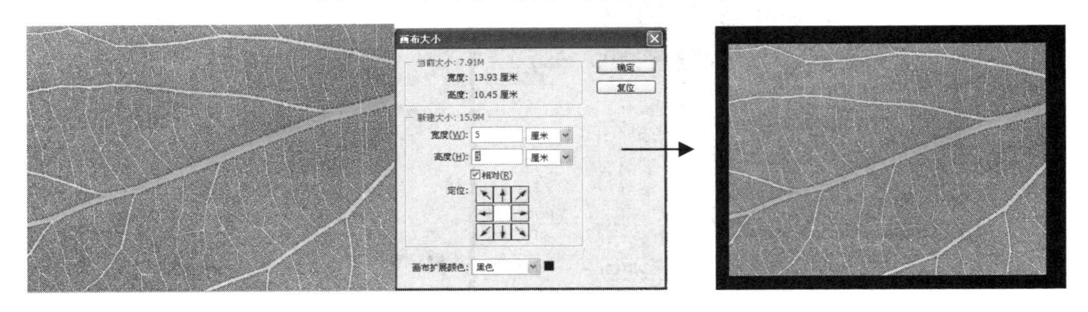

图 2-24　勾选“相对”复选框时更改画布大小

技巧：在“画布大小”对话框中勾选“相对”复选框后，设置“宽度”和“高度”为正值时，图像会在周围显示扩展的像素；为负值时，图像会被缩小。

• 定位：设定当前图像在增加或减少时新增或减少部分的位置，如图 2-25 和图 2-26 所示。

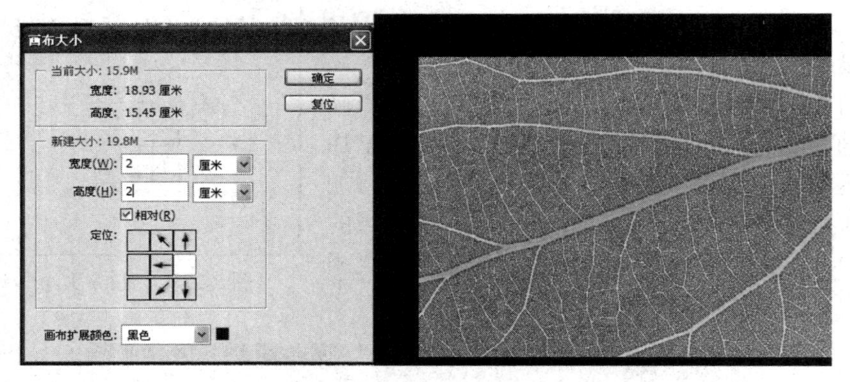

图 2-25　左定位

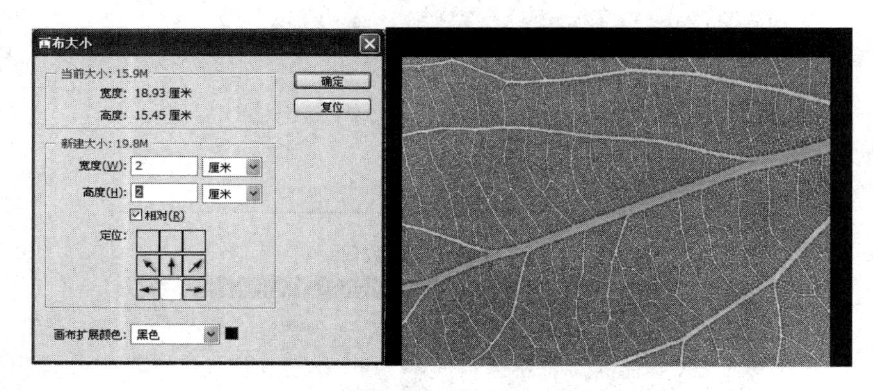

图 2-26　下定位

(3) 画布扩展颜色：用来设置当前图像增大空间的颜色，可以在下拉列表框中选择系统预设颜色，也可以通过单击后面的颜色图标打开“选择画布扩展颜色:”对话框，在对话框中选择自己喜欢的颜色，如图 2-27 所示。

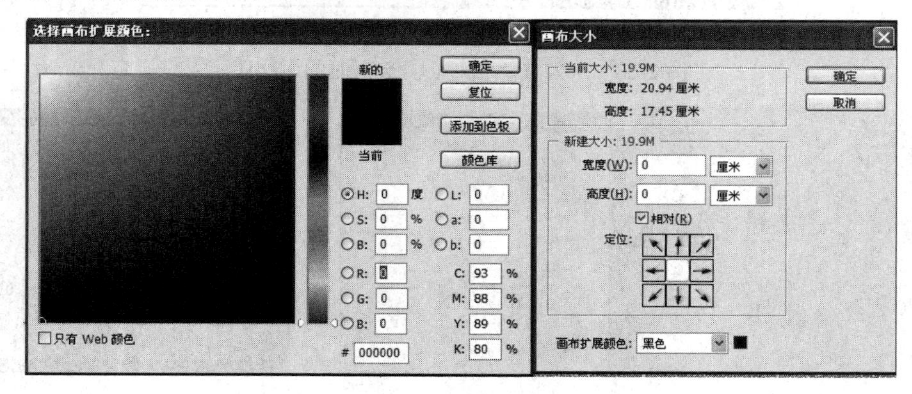

图 2-27　“选择画布扩展颜色:”对话框

【范例】 应用“画布大小”命令制作图像边框效果。

本例中为打开的素材添加一个黑白相间的边框，使用“画布大小”命令两次即可完成边框的制作。本例的主要目的是了解“画布大小”命令的使用。

操作步骤如下：

(1) 在菜单中执行“文件”→“打开”命令或按组合键 Ctrl+O，打开图片素材，将其作为背景，如图 2-28 所示。

(2) 为其添加白色边框。首先在菜单中执行“图像”→“画布大小”命令，系统会弹出“画布大小”对话框，然后在对话框勾选“相对”复选框，设置“宽度”与“高度”为“0.2 厘米”，“画布扩展颜色”为“白色”，如图 2-29 所示。

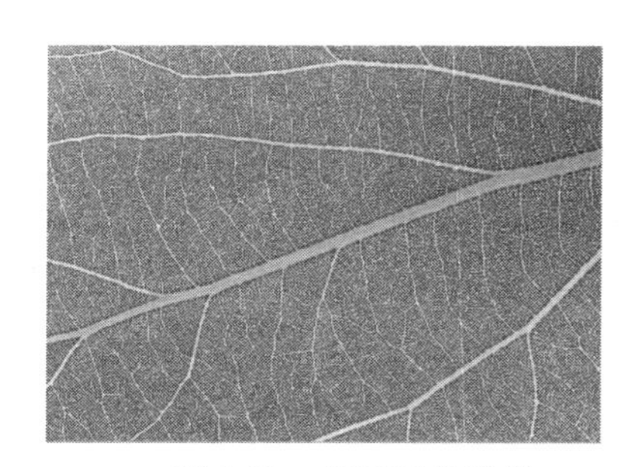

图 2-28　打开图片素材

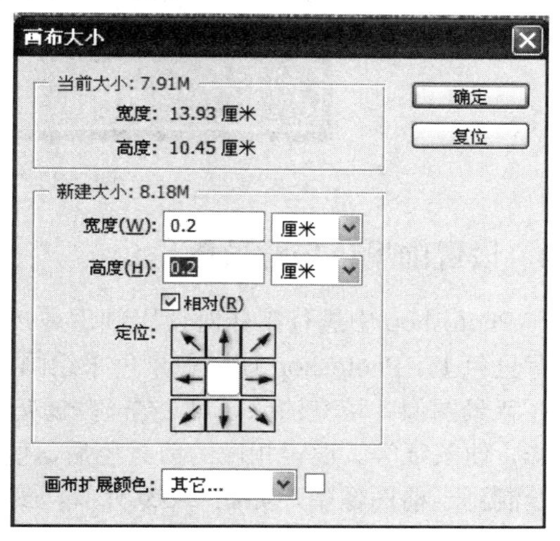

图 2-29　设置画布

(3) 设置完毕后单击“确定”按钮，效果如图 2-30 所示。

(4) 为其添加黑色边框。在菜单中执行“图像”→“画布大小”命令，系统弹出“画布大小”对话框，然后在对话框中勾选“相对”复选框，设置“宽度”与“高度”为“0.5 厘米”，“画布扩展颜色”为“黑色”，如图 2-31 所示。

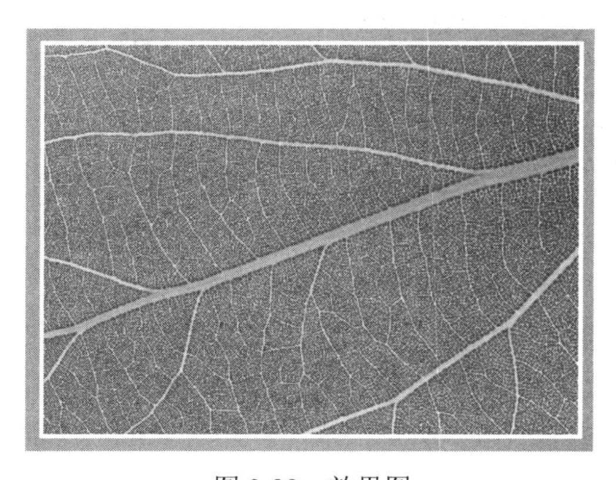

图 2-30　效果图

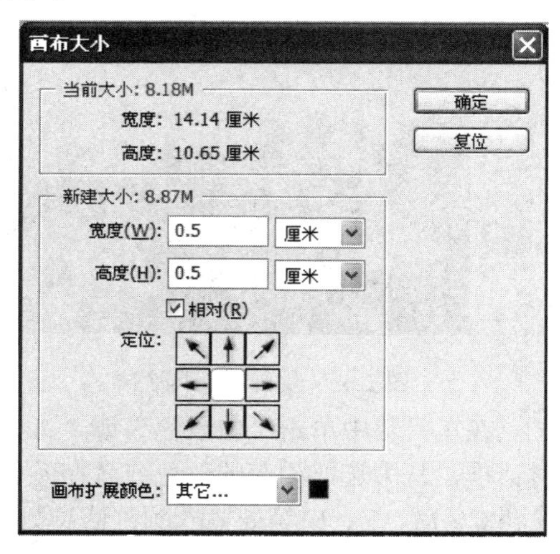

图 2-31　再次设置画布

(5) 设置完毕单击“确定”按钮，即可完成图像单色边框效果，如图 2-32 所示。

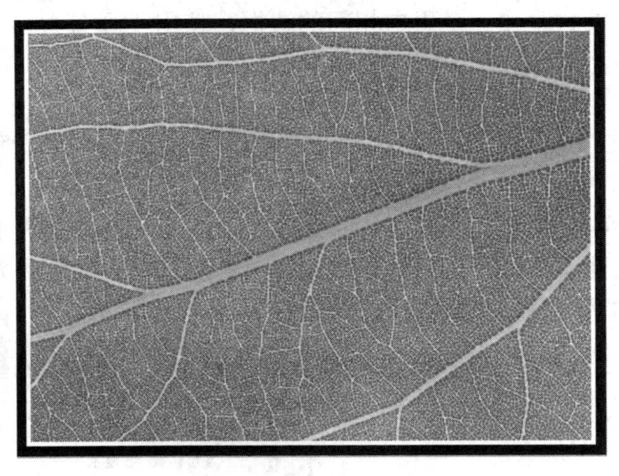

图 2-32　最终效果

2.3.4　设置前景色与背景色

在 Photoshop 中进行工作时使用颜色是必不可少，Photoshop 中的颜色主要应用在前景色和背景色上。Photoshop 使用前景色来绘画、填充和描边选区，使用背景色来生成渐变填充和在背景图像中填充清除区域。在一些滤镜中需要前景色和背景色配合来产生特殊效果，如云彩、便条纸等。设置相应的前景色后，使用 (画笔工具)在页面中涂抹就会直接将前景色绘制到当前图像中，如图 2-33 所示。图 2-34 所示图像为背景色为黑色时在图像中清除选区后的效果。

图 2-33　用画笔工具涂抹

图 2-34　消除选区后的效果

在工具箱中单击“前景色”或“背景色”图标时，会弹出如图 2-35 所示的“拾色器”对话框，从中选取相应的颜色或者在颜色参数设置区设置相应的颜色参数，例如在 R、G、B 和 C、M、Y、K 等处输入颜色信息数值，设置完毕单击“确定”按钮，即可完成对“前景色”或“背景色”的设置。

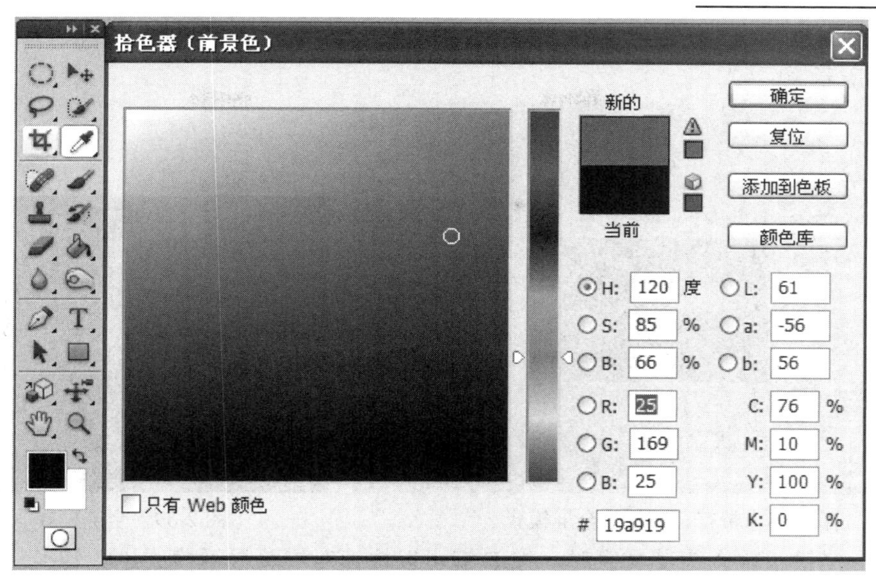

图 2-35　“拾色器”对话框

2.3.5　屏幕显示模式

在 Photoshop CS5 中“最大化屏幕模式”功能被新的“以选项卡方式”功能取代，在新增功能按钮中单击“屏幕模式”按钮，如图 2-36 所示，也可以执行菜单栏中的“视图”→“屏幕模式”命令，其中子菜单中各个显示模式为“标准屏幕模式”、“带有菜单栏的全屏模式”和“全屏模式”。

(1) 标准屏幕模式：系统默认的屏幕模式，在这种模式下系统会显示标题栏、菜单栏、工作窗口、标题栏等，如图 2-37 所示。

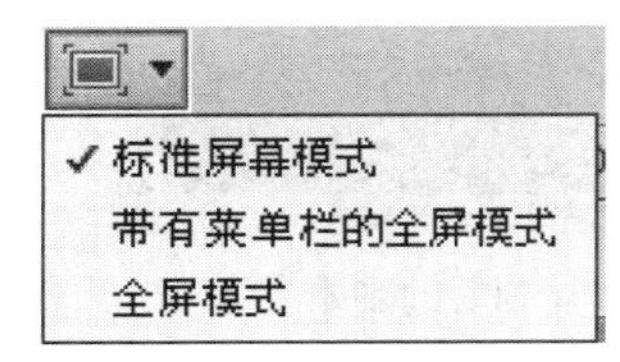

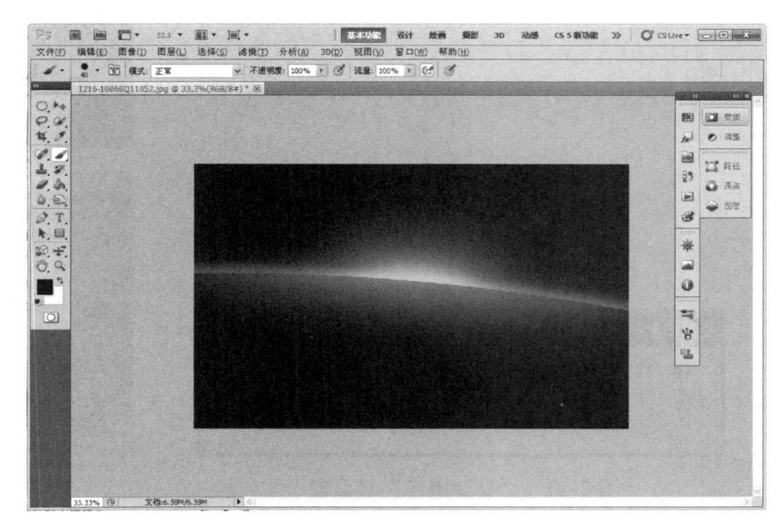

图 2-36　“屏幕模式”按钮　　　　图 2-37　标准屏幕模式

(2) 带有菜单栏的全屏模式：该模式会显示一个带有菜单栏的全屏模式，不显示标题栏，如图 2-38 所示。

(3) 全屏模式：该模式会显示一个不含标题栏、菜单栏、工具箱、调板的全屏窗口，如图 2-39 所示。

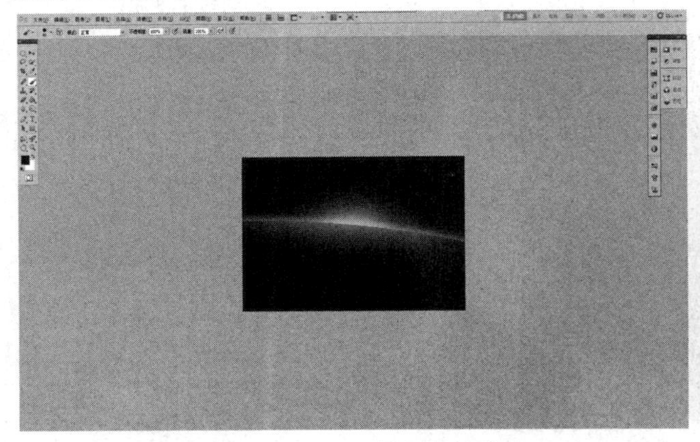

图 2-38 带有菜单栏的全屏模式

图 2-39 全屏模式

技巧：当键盘输入为英文字时，按 F 键可以快速对屏幕显示模式进行转换。进入“全屏模式”后，按 Esc 键可以退出“全屏模式”而进入“标准屏幕模式”状态。

2.3.6 复制图像

使用“复制”命令可以为当前选取的文件创建一个复制品。在菜单栏中执行“图像”→“复制”命令，即可弹出如图 2-40 所示的“复制图像”对话框。在对话框中可为复制的图像重新命名，单击“确定”按钮即可复制一个副本文件，如图 2-41 所示。

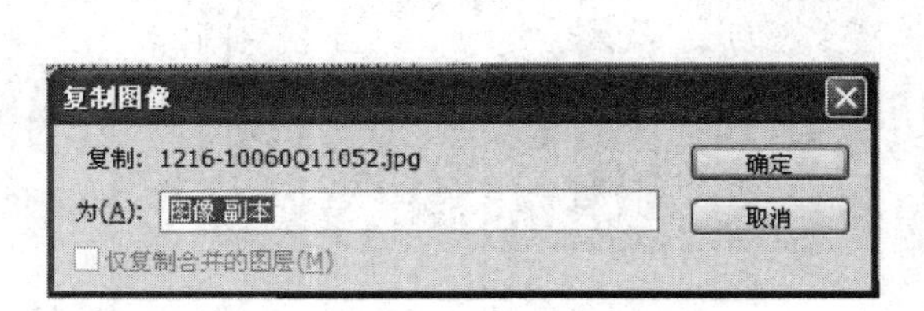

图 2-40 “复制图像”对话框

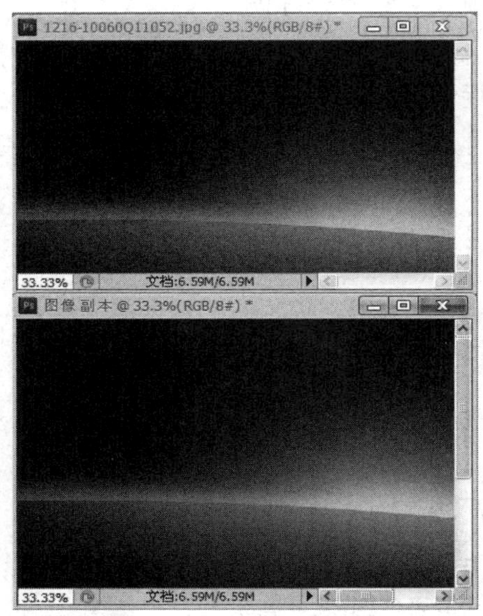

图 2-41 复制后的副本

提示：在“复制图像”对话框中的“仅复制合并的图层”复选框，只有在复制多图层文件时才会被激活。勾选该复选框后，被复制的图像即使是多图层的文件，那么副本也只会是一个图层的合并文件。

2.3.7 裁切图像

当大家将自己喜欢的图像扫描到计算机中时，图像中会有自己不想要的部分，此时就需要对图像进行相应的裁切了。

1. 裁剪

使用“裁剪”命令可以将图像按照存在的选区进行矩形裁剪。在打开的文件中先创建一个选区，再执行菜单命令“图像”→“裁剪”，就可以对图像进行裁剪，如图 2-42 所示。

图 2-42 裁剪后

技巧：即使在图像创建的是不规则选区，执行“裁剪”命令后图像仍然被裁剪为矩形，裁剪后的图像以选区的最高与最宽部位为参考点。

2. 裁切

使用“裁切”命令同样可以对图像进行裁剪。裁切时，先确定要删除的像素区域(如透明色或边缘像素颜色)，然后将图像中与该像素处于水平或垂直的像素的颜色进行比较，再将其进行裁切删除，执行菜单中的“图像”→“裁切”命令，可打开如图 2-43 所示的“裁切”对话框。

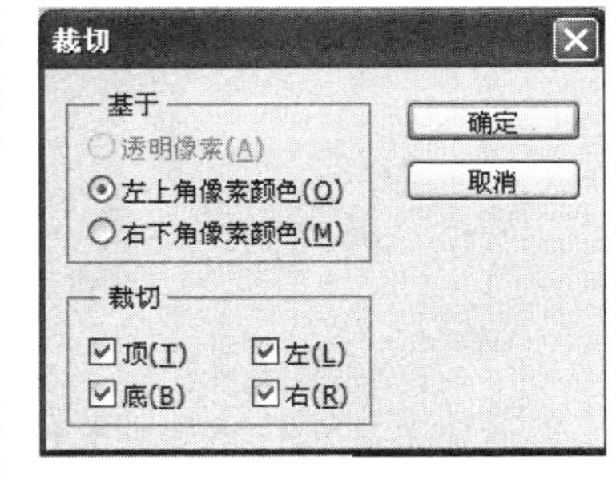

图 2-43 “裁切”对话框

“裁切”对话框中各项的含义如下。

(1) 基于：用来设置要裁切的像素颜色。

- 透明像素：表示删除图像透明像素。该选项只有图像中存在透明区域时才会被激活。裁切透明像素的效果如图 2-44 所示。

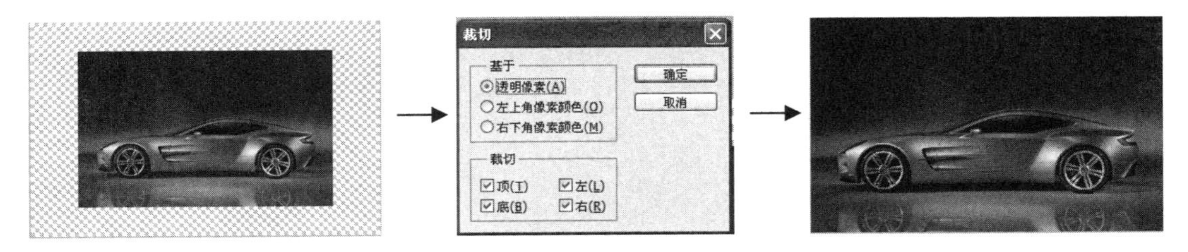

图 2-44 裁切透明区域

- 左上角像素颜色：表示删除图像中与左上角像素颜色相同的图像边缘区域。
- 右下角像素颜色：表示删除图像中与右下角像素颜色相同的图像边缘区域。裁切左上角或右下角像素颜色的效果如图 2-45 所示。

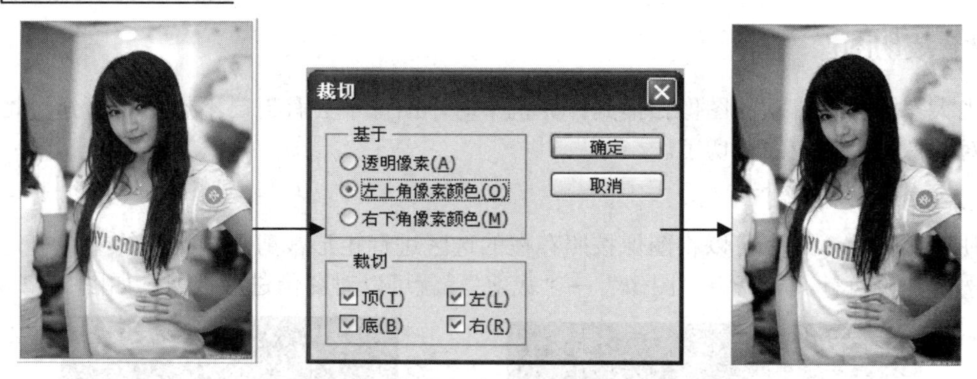

图 2-45 裁切左上角或右下角像素颜色的效果

(2) 裁切：用来设置要裁切掉的像素位置。

2.3.8 旋转画布

在 Photoshop 中打开扫描的图像时，尽管非常小心但还是会发现图像出现颠倒或倾斜，此时只要执行菜单中的“图像”→“旋转画布”命令，即可在子菜单中按照相应的命令对其进行相应的旋转。图 2-46 所示分别为原图和系统默认旋转或者翻转效果。

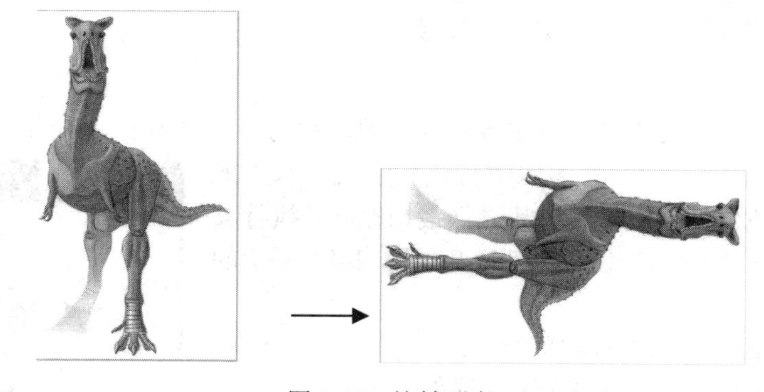
图 2-46 旋转画布

有时需要进行不规则的角度的倾斜，此时只要执行菜单中的“图像”→“旋转画布”→“任意角度”命令，可以打开“旋转画布”对话框，在其中设置相应的旋转角度和旋转方向，就可以进行相应的旋转，如图 2-47 所示。

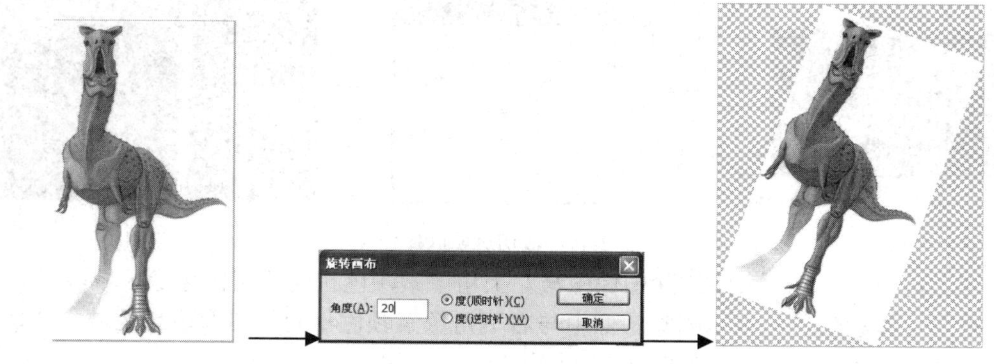

图 2-47 顺时针旋转 20 度

提示：使用“旋转画布”命令可以旋转或翻转整个图像，但不能旋转单个图层、图层中的一部分、选区以及路径。

技巧：如果要对图像中的单个图层、图层中的一部分、选区内的图像或者路径进行旋转或者翻转，可以执行菜单中的“编辑”→“变换”命令来完成。

2.4 辅助工具

在创作中使用绘图或制作的辅助工具可以大大提高工作效率。Photoshop 中的辅助工具主要包括标尺、网格和参考线。

2.4.1 标尺

标尺显示了当前正在应用中的测量系统，它可以帮助我们确定任何窗口中对象的大小和位置。根据可以工作需要重新设置标尺属性、标尺原点以及改变标尺位置。在菜单中执行“视图”→“标尺”命令或按组合键 Ctrl+R，可以显示与隐藏标尺。在可视状态下，标尺显示在窗口的顶部和左侧，如图 2-48 所示。

图 2-48　标尺

默认状态下，标尺以窗口内图像的左顶角作为标尺的原点(0，0)。如果要将标尺原点对齐网格、参考线、图层或文档边界等，只要在菜单中执行“视图”→“对齐到”命令，再从子菜单中选择相应的选项即可。

将鼠标指针移动到标尺相交处，按下鼠标左键，再向另外一点处拖曳鼠标，到达目的地后松开鼠标，此时就会看到标尺原点位置发生了改变，如图 2-49 所示。

图 2-49　更改标尺原点

技巧：如果想恢复标尺的原点坐标，只需使用鼠标在左上角的标尺交叉处双击鼠标即可。

2.4.2 网格

网格是由一组水平和垂直的虚线所组成的，经常被用来协助绘制图像和对齐窗口中的任意对象。默认状态下网格是不可见的。在菜单中执行“视图”→“显示”→“网格”命令或按组合键 Ctrl+’，可以显示与隐藏非打印的网格，如图 2-50 所示。

图 2-50 网格

2.4.3 参考线

参考线是浮在图像上但不能被打印的直虚线，可以移动、删除或锁定参考线。参考线主要用来协助对齐和定位对象。

1．创建与删除参考线

(1) 在菜单中执行“视图”→“新建参考线”命令，可以弹出如图 2-51 所示的“新建参考线”对话框。在其中设置“取向”为“垂直”、“位置”为 4 厘米，单击“确定”按钮，可新建如图 2-52 所示的参考线。

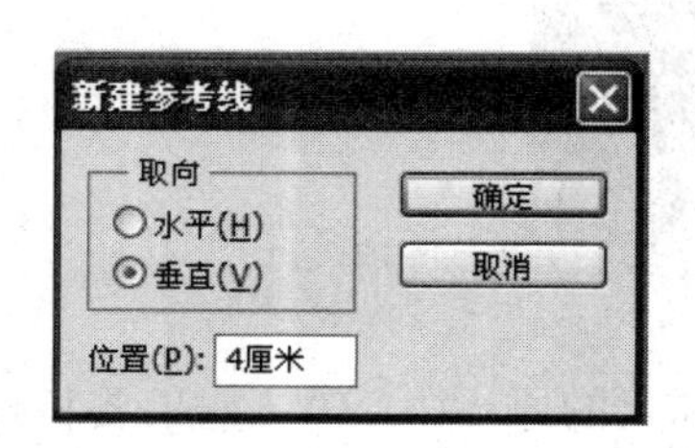

图 2-51 “新建参考线”对话框

图 2-52 新建垂直参考线

(2) 在标尺上按下鼠标左键向工作区拖动可以创建参考线，如图 2-53 所示。

图 2-53 拖出参考线

(3) 如要删除图像所有的参考线，只需在菜单中执行“视图”→“清除参考线”命令即可。

(4) 如要删除一条或几条参考线，只需使用 (移动工具)拖动要删除的参考线到标尺处即可。

技巧：(1) 图像中的参考线只有在标尺存在的前提下才可以使用。

(2) 显示与隐藏参考线：在菜单中执行“视图”→“显示”→“参考线”命令，可以完成对参考线的显示与隐藏。

(3) 锁定与解锁参考线：在菜单中执行“视图”→“锁定参考线”命令，可以完成对参考线的锁定与解锁。

2.5 Photoshop CS5 工作环境的优化设置

在使用 Photoshop 处理图像或者进行设计创作时，环境优化是不可缺少的，本节简单介绍 Photoshop CS5 工作环境优化设置的方法。

2.5.1 常规

执行菜单中的“编辑”→“首选项”→“常规”命令，可以打开如图 2-54 所示的“首选项”对话框，在该对话框中可以对软件的拾色器、图像插值、历史记录等进行相应的设置。

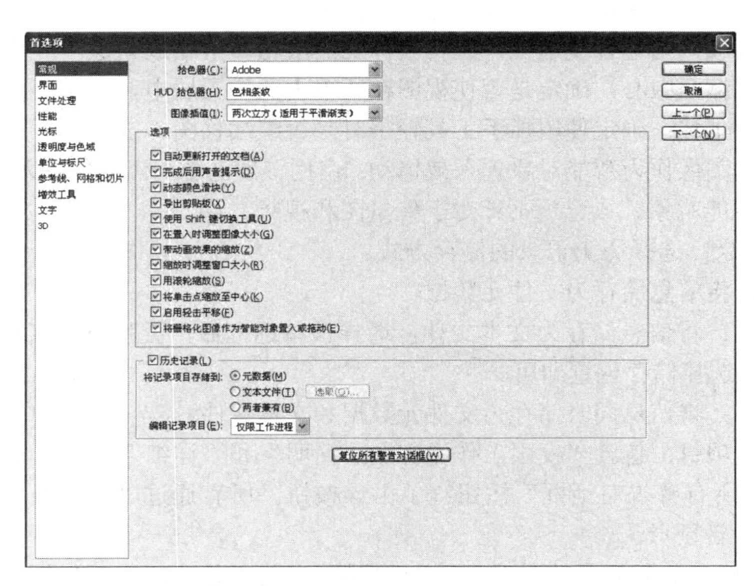

图 2-54 “首选项”中的“常规”对话框

“首选项”对话框中各项的含义如下。

(1) 拾色器：在下拉列表中可以选择 Adobe 拾色器或 Windows 拾色器。如果在 Windows 操作系统下工作，最好选择 Adobe 拾色器，它能根据 4 种颜色模型从整个色谱及 PANTONE 等颜色匹配系统中选择颜色；Windows 拾色器只涉及基本的颜色，而且只允许根据两种颜色模型选出想要的颜色。

(2) HUD 拾色器：用来设置对应的 HUD 拾色器效果，其中包括色相条纹、色相条纹(大)、色相轮、色相轮(中)、色相轮(大)。

(3) 图像插值：用来选择一个图像的像素作为重取样或转换结束进行调整的默认设置模式。当使用自由变换或图像大小命令时，图像中像素的数目会随图像形状的改变而发生变化。此时系统会通过图像插值选项的设置来生成或删除像素。在计算机条件允许的情况下，最好选择“两次立方”选项，它可以获得较为精确的效果。

(4) 选项：用来对软件一些基本的设置进行选取。

- 自动更新打开的文档：勾选该复选框，可以在运行 Photoshop CS5 软件时自动更新在其他程序中改动过的文件。
- 完成后用声音提示：勾选该复选框，可以在完成操作命令后发出声音作为提示。
- 动态颜色滑块：勾选该复选框，设置的颜色会跟随滑块的移动而改变。
- 导出剪贴板：勾选该复选框，关闭 Photoshop 软件后，会将未关闭时复制的内容保留在剪贴板中以供其他软件继续使用。
- 使用 Shift 键切换工具：勾选该复选框，在同一组工具中转换时，必须按住 Shift 键；不勾选，则恢复快捷键转换。
- 在置入时调整图像大小：勾选该复选框，在粘贴或置入图像时，粘贴或置入的图像会根据当前文件的大小自动调整图像的大小。
- 带动画效果的缩放：确定缩放是否带动画效果(要求 OpenGL 绘图)。
- 缩放时调整窗口大小：勾选该复选框，使用快捷键缩放窗口时，可以自动调整大小。
- 用滚轮缩放：勾选该复选框，旋转鼠标上的滚轮即可缩放图像。
- 将单击点缩至中心：确定是否使视图在所单击的位置居中。
- 启用轻击平移：确定使用抓手工具轻击时是否继续移图。
- 将栅格化图像作为智能对象置入或拖动：启用该复选框，当文件置入栅格化图像时，会自动转换成智能对象。该选项不针对于矢量图和视频文件。

(5) 历史记录：选择历史记录的储存方式。

- 元数据：将信息储存为文件元数据。
- 文本文件：将信息储存为文本文件，选择该单选框后，会弹出“储存”对话框，扩展名为(.TXT)，选择储存位置即可。
- 两者兼有：将信息同时储存为文件元数据和文本文件。
- 编辑记录项目：包含“仅限工作进程”、“简明”和“详细”。

(6) “复位所有警告对话框”按钮：单击该按钮，所有通过“不再显示”而隐藏的警告对话框均会重新显示。

(7) “上一个”按钮：单击该按钮，可以跳回当前“首选项”对话框中的设置命令的上一项命令。

(8) “下一个”按钮：单击该按钮，可以跳到当前“首选项”对话框中的设置命令的下一项命令。

2.5.2 界面

执行菜单中的“编辑”→“首选项”→“界面”命令，可以打开如图 2-55 所示的“首选项”→“界面”对话框，在该对话框中可以对软件工作界面进行相应的设置。

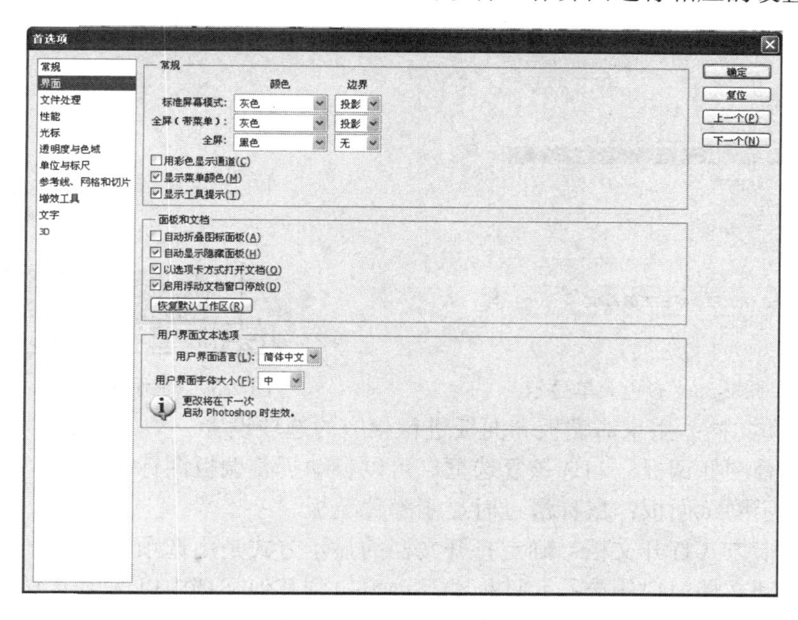

图 2-55　“界面”对话框

“界面”对话框中各项的含义如下。

(1) 常规：对软件的一些常规设置进行选取。

• 标准屏幕模式：用来设置工作界面显示状态为“标准屏幕模式”时的“颜色”和“边界”。

• 全屏(带菜单)：用来设置工作界面显示状态为“全屏(带菜单)”时的“颜色”和“边界”。

• 全屏：用来设置工作界面显示状态为“全屏”时的“颜色”和“边界”。

• 用彩色显示通道：勾选该复选框，可以将通道中的预览框中的图像以通道对应的颜色显示。图 2-56 所示为勾选该复选框时的通道效果；图 2-57 所示为不勾选该复选框时的通道效果。

图 2-56　勾选“用彩色显示通道”

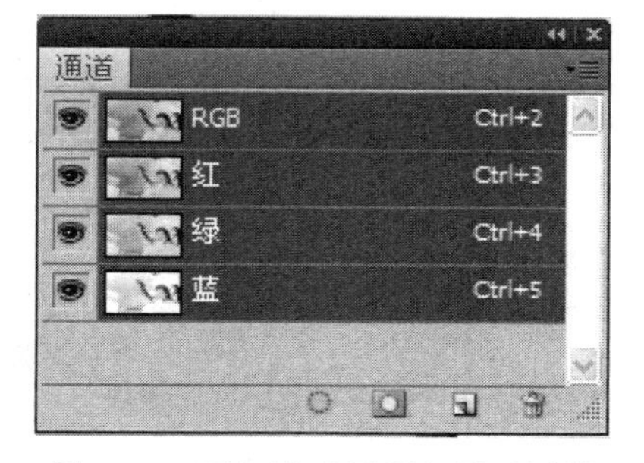

图 2-57　不勾选“用彩色显示通道”

• 显示菜单颜色：勾选该复选框，可以在菜单中以不同颜色来突出显示不同的命令类型，如图 2-58 所示。

• 显示工具提示：勾选该复选框，将鼠标光标移动到工具上时，会在光标下面显示该工具的相关信息，如图 2-59 所示。

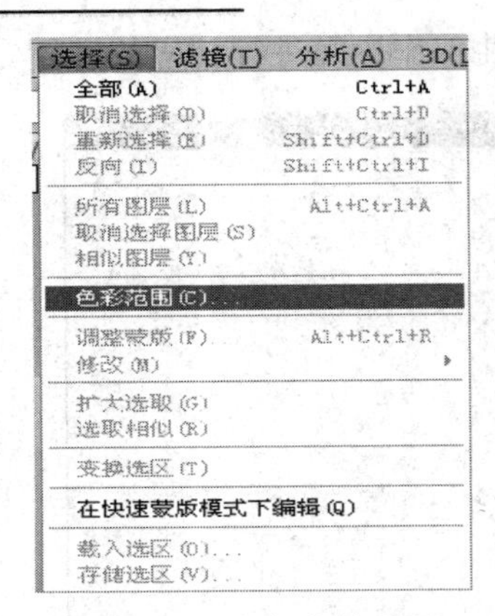

图 2-58 彩色菜单显示

图 2-59 显示工具提示

(2) 面板和文档：用来对调板和面板进行相应的选项设置。

- 自动折叠图标调板：勾选该复选框，可以自动折叠调板图标。
- 自动显示隐藏面板：鼠标滑过时显示隐藏调板。
- 以选项卡方式打开文档：确定打开文档的显示方式是用选项卡还是浮动的形式。
- 启用浮动文档窗口停放：允许拖动浮动窗口到其他文档中以选项卡方式显示。

(3) 用户界面文本选项：用来设置软件显示的语言和字体。

- 用户界面语言：设置使用的语言。
- 用户界面字体大小：用来设置软件中字体的大小。

2.5.3 文件处理

执行菜单中的“编辑”→“首选项”→“文件处理”命令，可以打开如图 2-60 所示的“文件处理”对话框，在该对话框中可以对文件的储存方式和兼容性进行设置等。

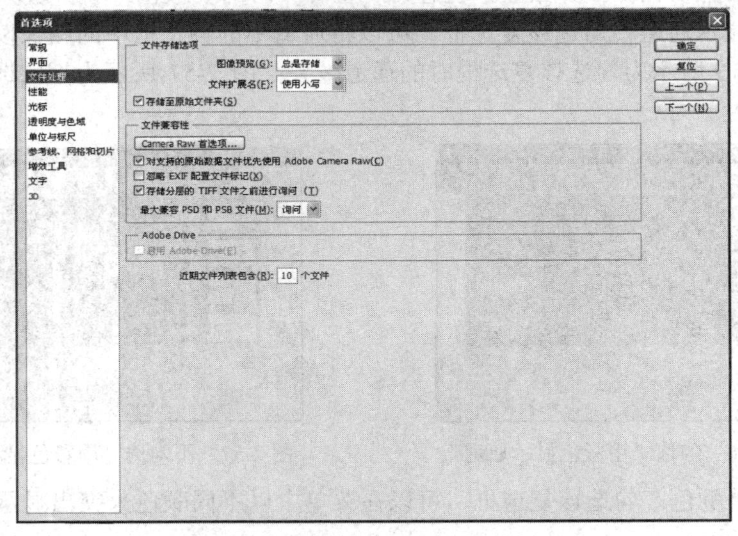

图 2-60 “首选项”中的“文件处理”对话框

“文件处理”对话框中各项的含义如下：

(1) 文件存储选项：对文件的储存进行相应的设置。

- 图像预览：用来选择存储图像时是否保存图像的缩略图，其下拉列表中包含“总不储存”、“总是存储”和“储存时询问”。储存后，再执行“打开”命令时，缩览图会显示在对话框的底部。

提示：使用 Photoshop 另存为图像时，在“存储为”对话框中可以勾选“缩略图”选项来生成图像预览。

- 文件扩展名：选择文件扩展名的大写或小写。

(2) 文件兼容性：对不同文件的兼容性进行设置。

- Camera Raw 首选项：单击该选项会打开“Camera Raw 首选项”对话框，在其中可以设置相应的选项。
- 对支持的原始数据文件优先使用 Adobe Camera Raw：勾选该复选框，默认情况下，系统会优先使用 Adobe Camera Raw 打开原始数据文件。
- 忽略 EXIF 配置文件标记：勾选该复选框，在保存文件时可忽略关于色彩空间的 EXIF 配置文件标记。
- 储存分层的 TIFF 文件之前进行询问：勾选该复选框，在保存 TIFF 文件时会弹出询问对话框。
- 最大兼容 PSD 和 PSB 文件：可以最大限度地将 PSD 和 PSB 文件应用于其他文件或 Photoshop 的其他版本。
- Adobe Drive：勾选该复选框，会自动启用 Adobe Drive 嵌入功能链接。
- 近期文件列表包含：设置近期打开的文件数目。

提示：执行菜单中的“文件”→“最近打开文件”命令，在下拉列表中可以看到最近打开的文件。

2.5.4　性能

执行菜单中的“编辑”→“首选项”→“性能”命令，可以打开如图 2-61 所示的“性能”对话框，在该对话框中可以对软件处理图像时的内存、暂存空间和历史记录进行设置。

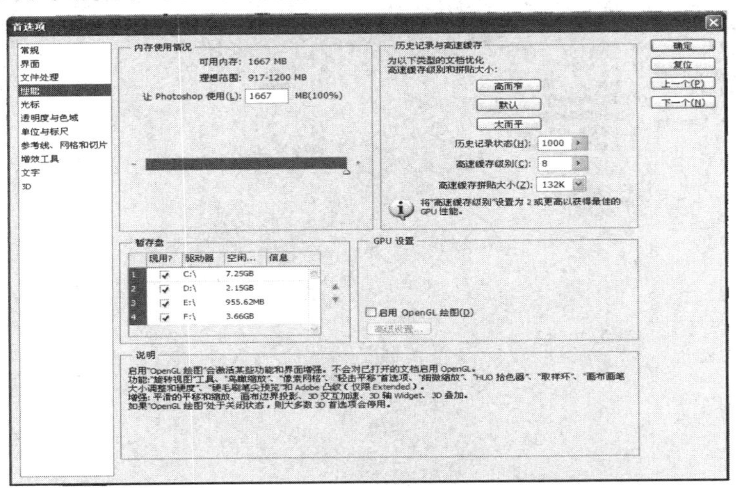

图 2-61　“首选项”中的“性能”对话框

“性能”对话框中各项的含义如下。

(1) 内存使用情况：用来分配给 Photoshop 软件的内存使用量。

技巧：要获得 Photoshop 的最佳性能，可将电脑的物理内存占用的最大数量值设置在 50%～75%。

(2) 历史记录与高速缓存：对工作中的历史记录和快速储存进行设置。

- 高而窄：适用于图层多(几十或几百)、文档小的文档。
- 默认：适用于常规用途。
- 大而平：适用于图层少的大型文档(数亿像素)。
- 历史记录状态：设置“历史记录”调板中可以保留的历史记录的数量，系统默认值为 20，数值越大，保留的历史记录就越多，但是会消耗更多的系统资源。历史记录的数量最大值为 1000。
- 高速缓存级别：用来设置高速缓存的级别。在进行颜色调整或图层调整时，Photoshop 使用高速缓存来快速更新屏幕。

(3) 暂存盘：在处理图像时如果系统没有足够的内存来执行命令，系统会将硬盘分区作为虚拟内存使用。Photoshop 要求一个暂存盘的大小至少是打算处理的最大图像大小的三倍到五倍。可以按照硬盘分区设置多个暂存盘。

技巧：在设置暂存盘时，最好不要将第一暂存空间设置到 Photoshop 的安装盘中，这样会影响 Photoshop 的工作性能。

(4) GPU 设置：用来设置硬件加速设备的使用，可以启动 OpenGL 绘图功能。

提示：GPU 设置区中的“启动 OpenGL 绘图”功能只有显卡达到要求时才可以使用，建议为计算机配置一个好一点的独立显卡。

2.5.5 光标

执行菜单中的“编辑”→“首选项”→“光标”命令，可以打开如图 2-62 所示的“光标”对话框，在该对话框中可以对软件处理图像时光标的形状进行相应的显示设置。

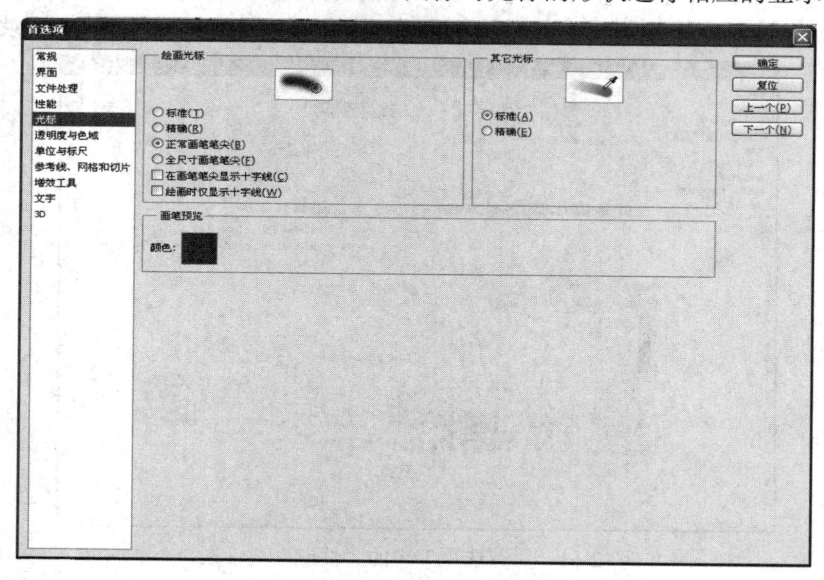

图 2-62 “首选项”中的“光标”对话框

(1) 绘图光标：在绘图光标部分可以设置画笔绘画时的笔尖效果。选择不同选项后，相应的会在右边的预览框中看到画笔笔尖效果，如图 2-63 至图 2-66 所示。勾选“在画笔笔尖显示十字线”复选框时，会在笔尖中心显示一个十字符号，该选项只有在选择“正常画笔笔尖”和“全尺寸画笔笔尖”选项时才会被激活，如图 2-67 所示。

图 2-63　标准　　图 2-64　精确　　图 2-65　正常画笔笔尖

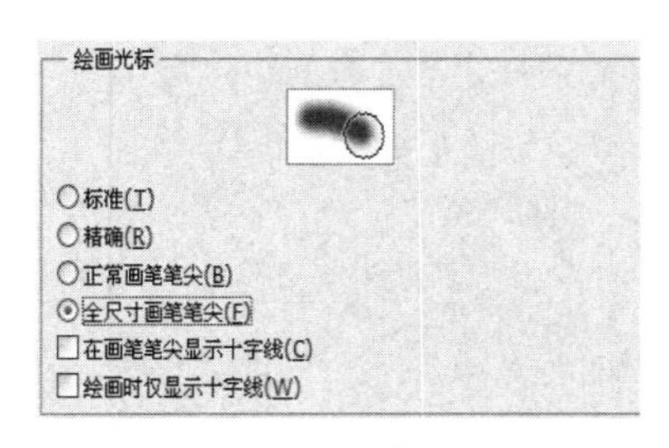

图 2-66　全尺寸画笔笔尖

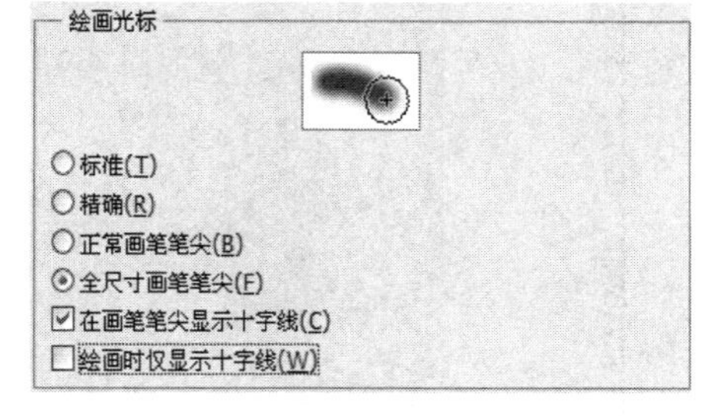

图 2-67　勾选“在画笔笔尖显示十字线”

(2) 其他光标：用来设置其他工具的光标效果，在右边的预览框中可看到选择不同单选框时的效果，如图 2-68 和图 2-69 所示。

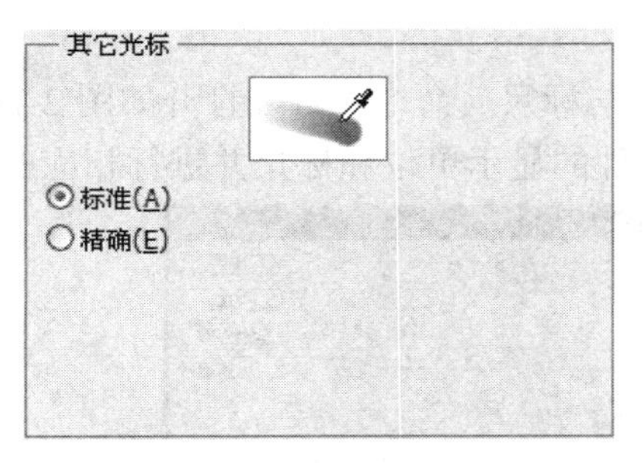

图 2-68　标准

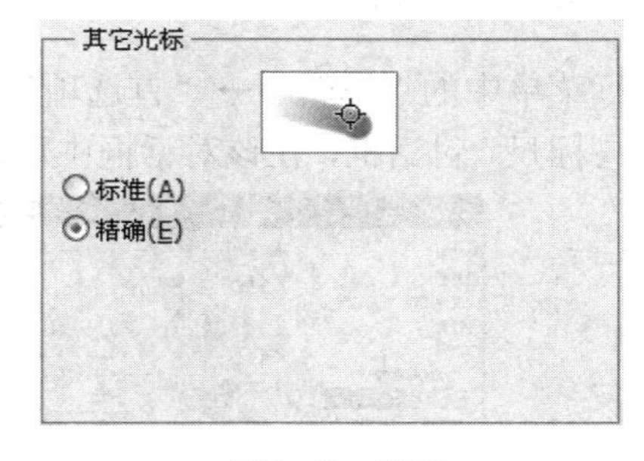

图 2-69　精确

2.5.6　透明度与色域

执行菜单中的“编辑”→“首选项”→“透明度与色域”命令，可以打开如图 2-70 所示的“透明度与色域”对话框，在该对话框中可以对图像的透明区域和色域进行设置。

该对话框中各项的含义如下。

(1) 透明区域设置：对文件中存在的透明区域进行设置。

- 网格大小：用来设置透明背景的网格大小，包含无、小、中和大 4 个选项。
- 网格颜色：用来设置透明背景的网格颜色。可以在下拉列表中选择预设好的网格颜色，也可以通过单击下面的色块后调出拾色器来自定义网格颜色。

(2) 色域警告：对超出的颜色范围进行警告。

- 颜色：用来设置图像中超出色域的颜色。
- 不透明度：用来设置超出色域颜色的不透明度。

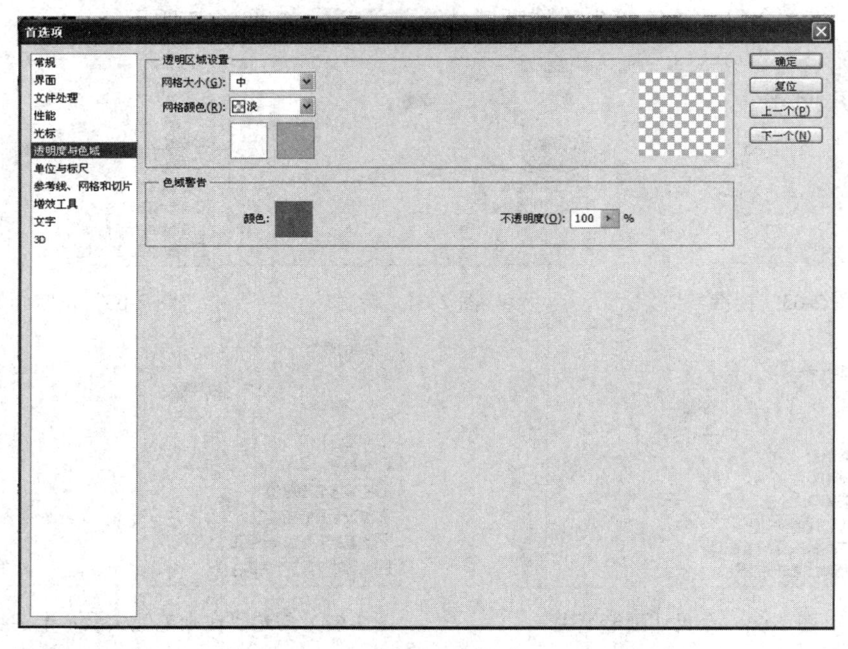

图 2-70 “透明度与色域”对话框

2.5.7 单位与标尺

执行菜单中的“编辑”→“首选项”→“单位与标尺”命令，可以打开如图 2-71 所示“单位与标尺”对话框，在该对话框中可以打开文件的显示单位和标尺并进行相应的设置。

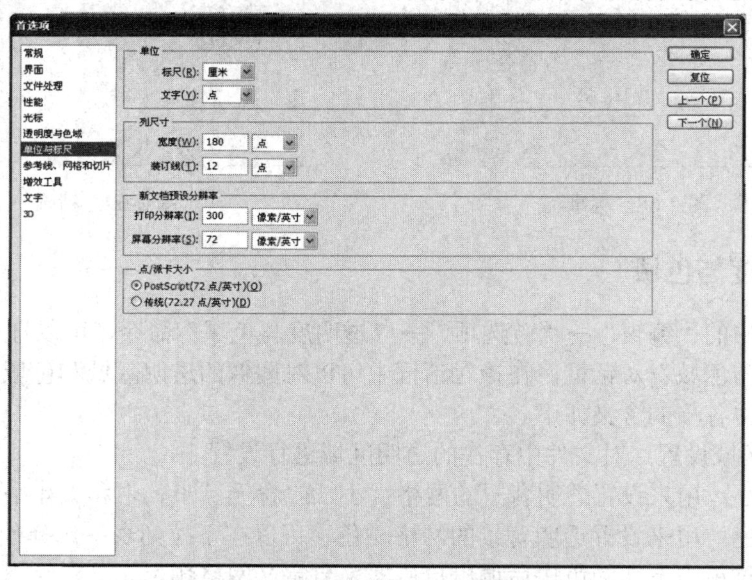

图 2-71 “首选项”中的“单位与标尺”对话框

该对话框中各项的含义如下。

(1) 单位：用来设置标尺与文字的单位。

(2) 列尺寸：用来精确确定图像尺寸。在用于打印或装订时，就需要设置“列标尺”中的“宽度”和“装订线”。

(3) 新文档预设分辨率：用来为新建的文档预设“打印分辨率”和“屏幕分辨率”。

(4) 点/派卡大小：用来选择 PostScript(72 点/英寸)标准还是传统(72.27 点/英寸)标准。

2.5.8 参考线、网格和切片

执行菜单中的“编辑”→“首选项”→“参考线、网格和切片”命令，可以打开如图 2-72 所示的“参考线、网格和切片”对话框，在该对话框中可以对参考线、网格等复制工具进行设置。

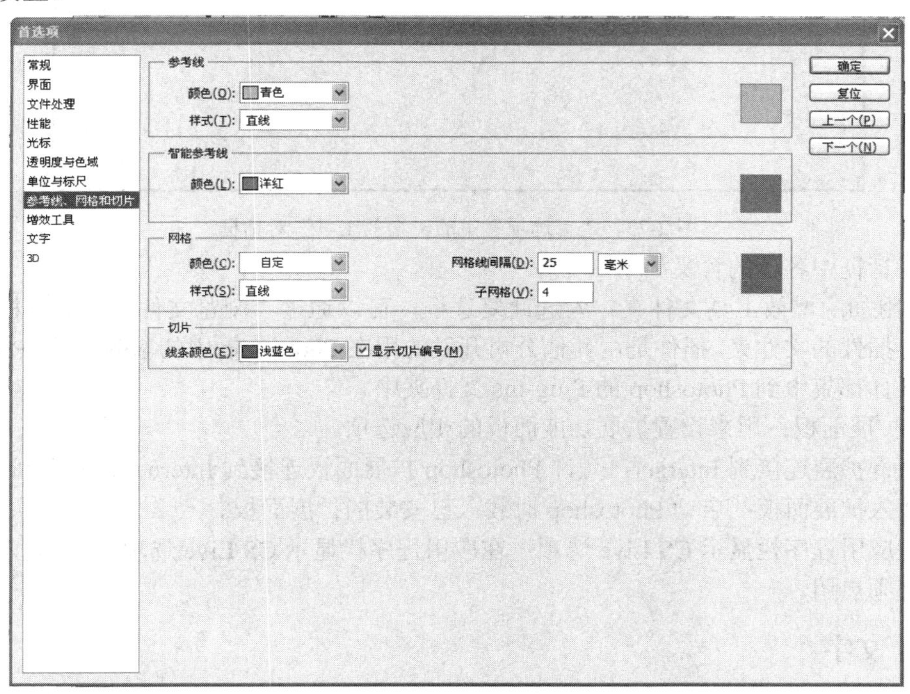

图 2-72　“首选项”中的“参考线、网格和切片”对话框

该对话框中各项的含义如下。

(1) 参考线：用来设置参考线的颜色和样式。

(2) 智能参考线：用来设置智能参考线的颜色。

(3) 网格：用来设置网格的颜色、样式、主网格的间距和子网格的密度。

(4) 切片：用来设置切片线条的颜色和是否显示切片编号。

2.5.9 增效工具

执行菜单中的“编辑”→“首选项”→“增效工具”命令，可以打开如图 2-73 所示的“首选项”中的“增效工具”对话框，在该对话框中可以选择其他公司制作的滤镜插件和设置老版本的增效工具。

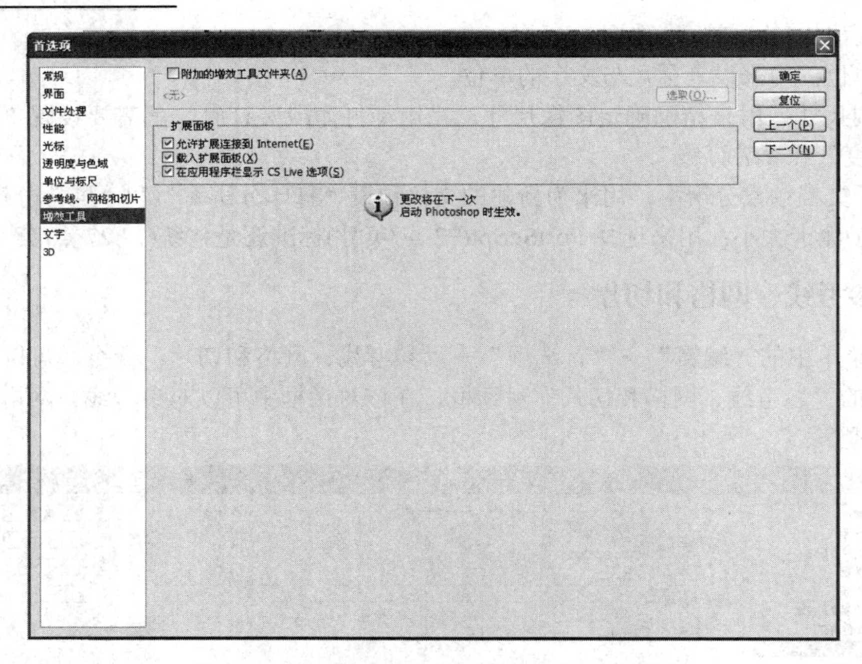

图 2-73 “首选项”中的“增效工具”对话框

该对话框中各项的含义如下：

(1) 附加的增效工具文件夹：勾选此复选框，可以通过“浏览文件夹”对话框选择另一个储存插件的文件夹。插件是由其他公司开发的用在 Photoshop 中的增效滤镜。Photoshop 自带的插件都集中到 Photoshop 的 Plug-Ins 文件夹中。

(2) 扩展面板：用来设置扩展功能面板的相应选项。

- 允许扩展连接到 Internet：允许 Photoshop 扩展面板连接到 Internet 以获取新的信息。
- 载入扩展面板：启动 Photoshop 时载入已安装的扩展面板。
- 在应用程序栏显示 CS Live 选项：在应用程序栏显示 CS Live 选项时，“载入扩展面板”也必须启用。

2.5.10 文字

执行菜单中的“编辑”→“首选项”→“文字”命令，可以打开如图 2-74 所示的“首选项”中的“文字”对话框，在该对话框中可以对文字预览大小进行设置。

该对话框中各项的含义如下：

文字选项：用来对处理图像中的修饰文字进行相应的设置。

- 使用智能引号：勾选此复选框后，输入文本使用弯曲的引号替代直引号。
- 显示亚洲字体选项：勾选此复选框后，可在字体下拉列表中显示中文、日文和韩文的字体选项。
- 启用丢失字形保护：勾选此复选框后，可以自动替换丢失的字体。
- 以英文显示字体名称：勾选此复选框后，在字体下拉列表中显示的字体将用英文来代替。
- 字体预览大小：用来设置字体下拉列表中字体显示的大小。其中包括小、中、大、特大和超大 5 种选项。

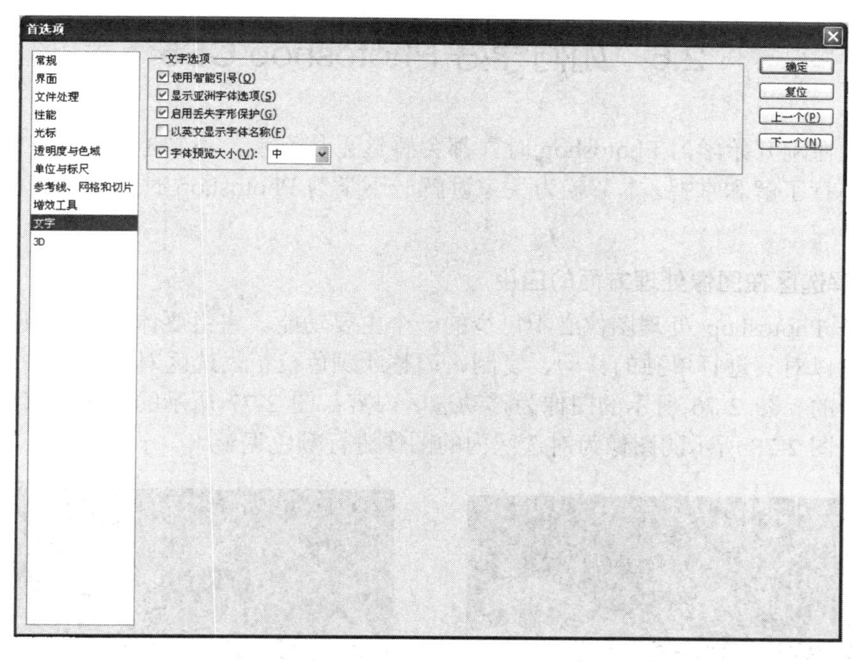

图 2-74 “首选项”中的“文字”对话框

2.5.11 3D

执行菜单中的“编辑”→“首选项”→“3D”命令，可以打开如图 2-75 所示的“首选项”中的“3D”对话框，在该对话框中可以对 3D 选项进行设置。该选项适用于扩展版中。

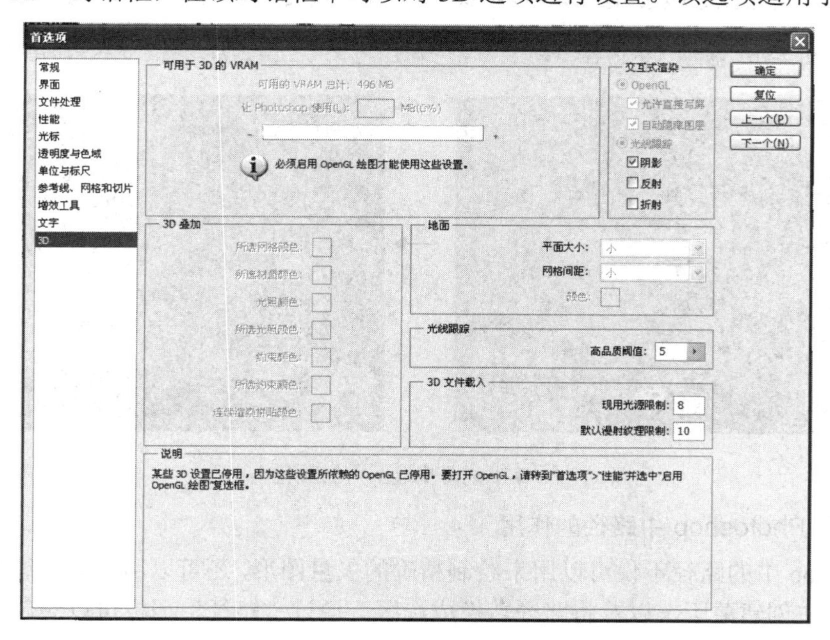

图 2-75 “首选项”中的“3D”对话框

2.6 如何学好 Photoshop CS5

许多人在刚开始学习 Photoshop 时，都会感觉无从下手，不知道应该对 Photoshop 的哪些功能进行了解和掌握。本节就为大家讲解一下学习 Photoshop 时需要掌握的一些核心内容。

1. 了解选区在图像处理方面的应用

选区是 Photoshop 处理图像必不可少的一个主要功能。它主要体现在对图像的局部进行隔离并可以对其进行单独的移动、复制、调整或颜色校正。选区对于处理多个图像合成是必不可少的。图 2-76 所示的图像为移动选区内容；图 2-77 所示的图像为擦除选区内的部分图像；图 2-78 所示的图像为对选区内的图像进行颜色调整。

图 2-76 移动选区内容

图 2-77 擦除选区内的图像

图 2-78 调整选区内的颜色

2. 了解 Photoshop 中路径的作用

Photoshop 中的路径不仅可以用来绘制精确的矢量图形，还可以用来创建编辑区域的轮廓和在图像中创建蒙版，以及将路径转换成选区。通过“路径”调板可以对创建的路径进行进一步的编辑，如图 2-79 所示。

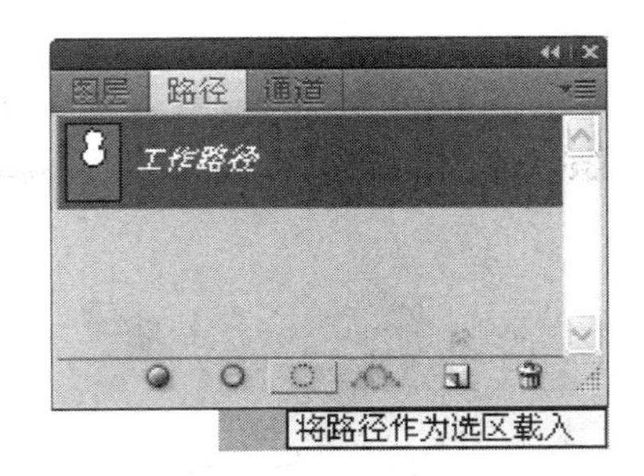

图 2-79　路径调板

3. 了解 Photoshop 中通道的作用

Photoshop 中因颜色模式的不同会产生不同的通道，在通道中显示的图像只有黑、白两种颜色。Alpha 通道是计算机图形学中的术语，指的是特别的通道。通道中白色部分可在图层中创建选区；黑色部分就是选区以外的部分；灰色部分是黑、白两色的过渡产生的选区，会有羽化效果。在图层中创建的选区可以储存到通道中。图 2-80、图 2-81 和图 2-82 所示的图像分别为同一张图像在 RGB 颜色模式、CMYK 颜色模式和 Lab 颜色模式下的通道。

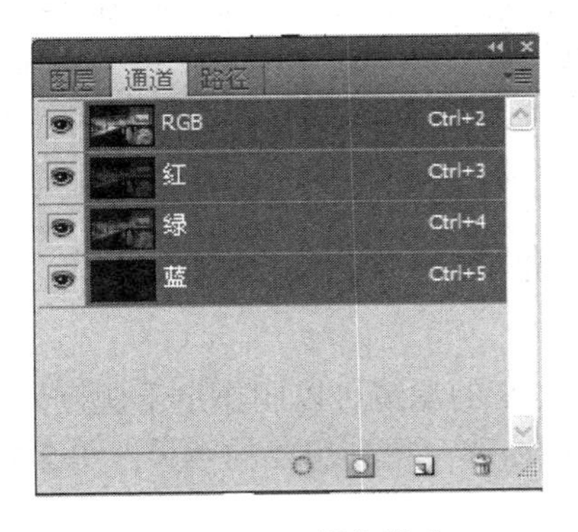

图 2-80　RGB 颜色模式

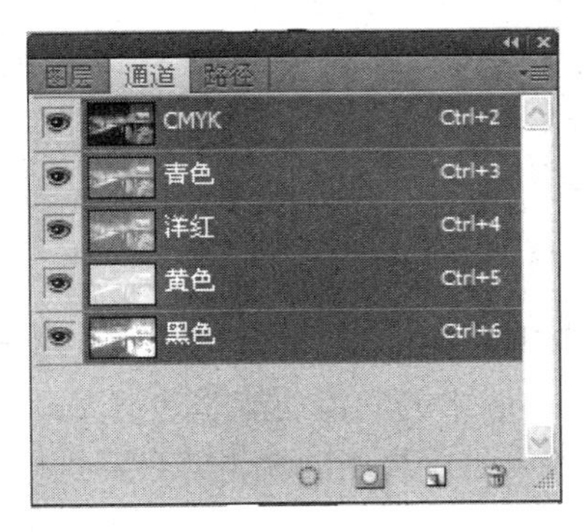

图 2-81　CMYK 颜色模式

图 2-82　Lab 颜色模式

4. 了解 Photoshop 中蒙版的作用

Photoshop 中的蒙版可以对图像的某个区域进行保护，以避免在处理图像时破坏图像，如图 2-83 所示。在快速蒙版状态下可以通过画笔工具、橡皮擦工具或选区工具来增加或减少蒙版范围。在图层蒙版中，蒙版可以隐藏该图层中的局部区域，如图 2-84 所示。

图 2-83 快速蒙版

图 2-84 图层蒙版

5. Photoshop 中的神奇特效——滤镜

Photoshop 中的滤镜功能非常强大，使用软件自带的滤镜可以制作出千变万化的特殊效果，不需要再进行烦琐的编辑，只要执行相应的命令即可得到想要的效果。图 2-85 所示的效果即为应用便条纸滤镜命令得到的效果。

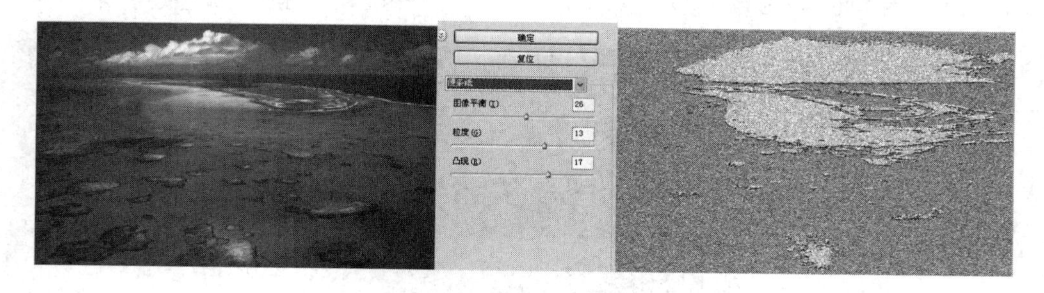

图 2-85 应用便条纸滤镜

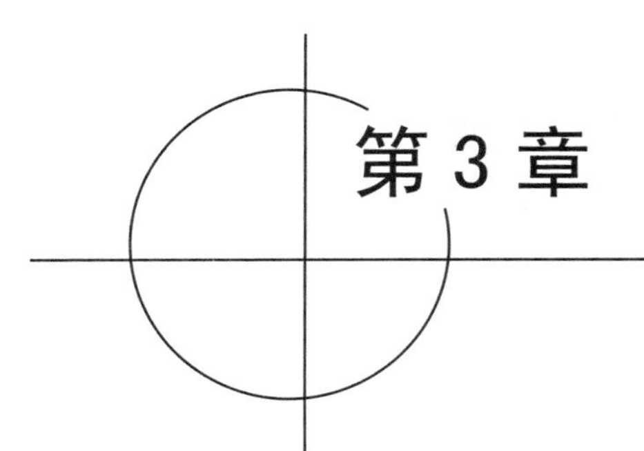

第 3 章 选区的运用

3.1　选取图像中部分区域的方法

本节主要学习在图像中选取部分区域的方法，具体操作中分别应用了选区、路径、蒙版和通道。

1. 通过选区选取

在 Photoshop 中使用选区工具可以对图像中的部分区域进行快速选取。使用选区选取图像的优点主要体现在灵活方便、操作简单，如图 3-1 所示。

2. 通过路径选取

在 Photoshop 中使用路径工具对图像进行选取时主要使用的是 (钢笔工具)和 (自由钢笔工具)，因为只有这两种路径工具可以随意创建路径，所创建的路径可以转换成选区，如图 3-2 所示。使用路径选取图像的优点是可以对图像的圆弧部位进行精确选取。按组合键 Ctrl + Enter 可将路径转换成选区。

图 3-1　使用选区选取局部图像

图 3-2　使用路径选取局部图像

3. 通过快速蒙版选取

在 Photoshop 中进入快速蒙版状态后，使用画笔或橡皮擦工具可对蒙版进行编辑，返回到标准模式后，即可将编辑过的蒙版区域以选区载入，如图 3-3 所示。使用快速蒙版选取图像可以对图像进行直观、精确的选取。

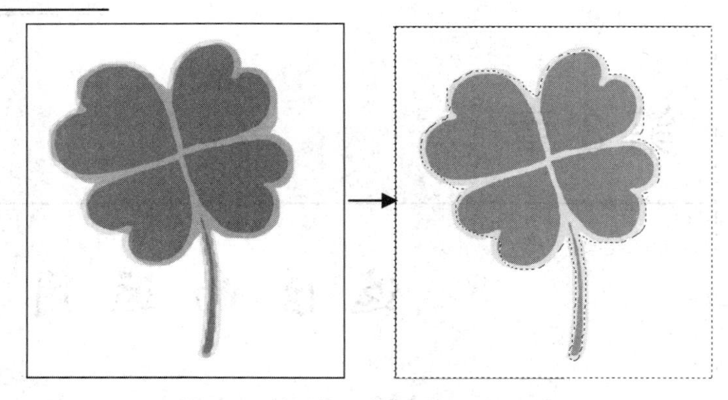

图 3-3　使用快速蒙版选取局部图像

4. 通过蒙版选取

在 Photoshop 中为当前图像添加蒙版后，可使用画笔或橡皮擦工具对蒙版进行编辑，蒙版可以将选区以外的图像隐藏，如图 3-4 所示。使用蒙版选取图像的好处是不会破坏当前的图像。

图 3-4　使用蒙版选取局部图像

5. 通过通道选取

在 Photoshop 的“通道”调板中，可以按不同的颜色通道，在预览中进行图像的选取，转换成选区后在原图中便可创建选区，如图 3-5 所示。使用通道选取图像的好处是可以对半透明的图像进行半透明选取。

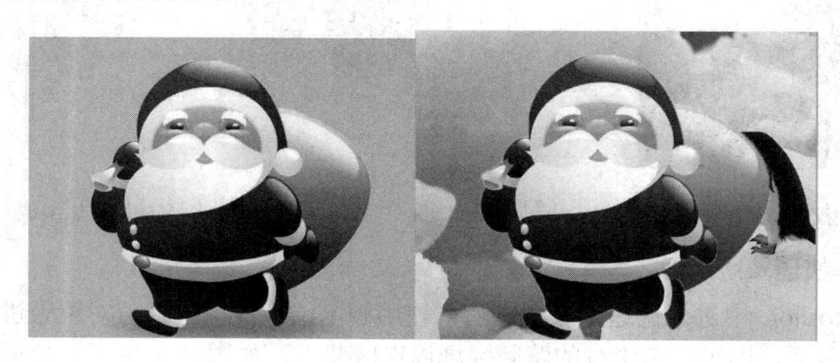

图 3-5　使用通道选取局部图像

3.2 选区的概念

选区是指通过工具或者相应命令在图像上创建的选取范围。创建选区后，可以对选区内的图像进行隔离，以便复制、移动、填充或颜色校正，而不会改变选区外的图像。

设置选区时，特别要注意Photoshop软件是以像素为基础的，而不是以矢量为基础的。在以矢量为基础的软件中，可以用鼠标直接选择或者删除某个对象。而在Photoshop中，画布是以彩色像素或透明像素填充的。当在背景图层中删除选区内的像素时，会自动以“工具箱”中的背景颜色填充删除区域；当在工作图层中删除选区内的像素时，会自动以透明像素填充在该选区内。创建的选区既可以是连续的，也可以是分开的。

在Photoshop CS5中创建选区的工具主要分为创建规则选区与不规则选区两大类，它们分别集中在选框工具组、套索工具组和魔棒工具组以及“色彩范围”命令中。

3.3 创建规则的几何选区

本节主要学习用来创建规则几何选区的工具，使用选框工具组中的工具可以绘制出矩形选区、椭圆选区以及包含一个像素的行与列选区，如图3-6所示。

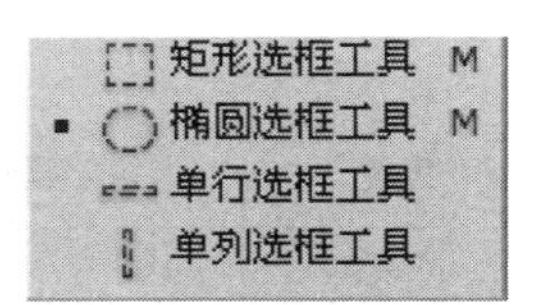

图3-6 选框工具组

3.3.1 创建规则的几何选区

在Photoshop中用来创建矩形选区的工具只有(矩形选框工具)，主要应用在对图像选区要求不太严格的操作中。创建选区的方法非常简单，在图像上选择一点按住鼠标向对角处拖动，松开鼠标后便可创建矩形选区，如图3-7所示。

技巧： 绘制矩形选区的同时按住Shift键，可以绘制出正方形选区。

在“工具箱”中单击“矩形选框工具”后，Photoshop CS5的属性栏会变成“矩形选框工具”对应的属性栏，通过属性栏可以对其选取的属性进行设置，如图3-8所示。

图3-7 创建矩形选区

图3-8 矩形选框工具对应的属性栏

属性栏中各项的含义如下：

(1) 工具图标：用于显示当前使用工具的图标，单击右边的倒三角形图标可以打开“工具预设”选取器。

(2) 选框模式：包括新选区、添加到选区、从选区中减去和与选区相交。

(3) 羽化：将选择区域的边界进行柔化处理，在数值栏中输入数字即可指定羽化的范围，其取值范围为 0 px～255 px，范围越大，填充或删除选区内的图像时边缘就越模糊。图 3-9～图 3-11 所示为“羽化”分别为 0、10 和 40 时清除背景图层选区内容后的效果。

图 3-9 羽化为 0

图 3-10 羽化为 10

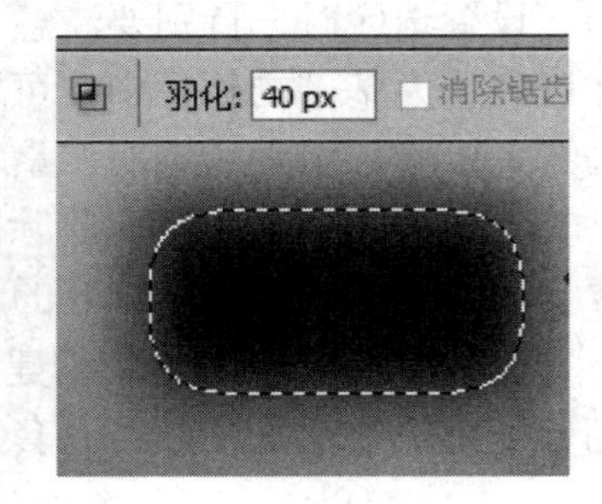

图 3-11 羽化为 40

(4) 消除锯齿：平滑选区边缘，只应用于椭圆选框工具。

(5) 样式：用来规定绘制矩形选区的形状，包括正常、固定长宽比例和固定大小。

• 正常：选区的标准状态，也是最常用的一种状态。拖曳鼠标可以绘制任意的矩形。

• 固定长宽比：用于输入矩形选区的长宽比例，默认状态下比例为 1∶1。图 3-12 所示为 1∶2 时的矩形选区。

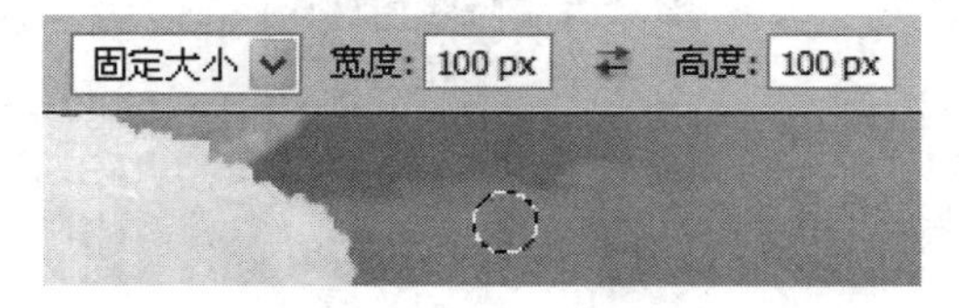

图 3-12 长宽为 1∶2

• 固定大小：通过输入矩形选区的长宽大小绘制精确的矩形选区。图 3-13 所示为长为 100 像素、宽为 100 像素的矩形选区。

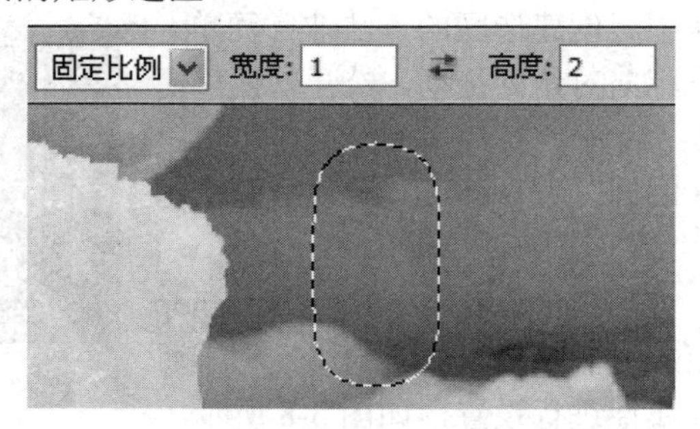

图 3-13 固定大小为 100 像素

(6) 调整边缘：用来对已绘制的选区进行精确调整。绘制选区后单击该按钮，即可打开如图 3-14 所示的“调整边缘”对话框。

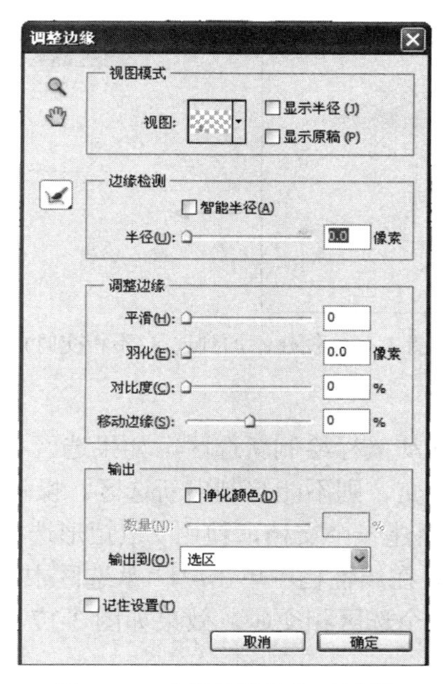

图 3-14 “调整边缘”对话框

技巧：工具箱中的许多工具属性栏的用法大致相同，以后再介绍工具属性时，只介绍该工具特有的属性选项。

【练习】 选区创建技巧——创建不同模式的选区。

本练习主要让大家了解创建多个选区时常用的添加到选区、从选区中减去和与选区相交等选项。

1. 添加到选区

在已存在选区的图像中拖动鼠标绘制新选区，如果与原选区相交，则两者组合成新的选区；如果选区不相交，则新创建另一个选区。操作步骤如下：

(1) 在 Photoshop CS5 中新建一个文档，使用(矩形选框工具)创建一个选区。

(2) 使用(矩形选框工具)，在属性栏中单击“添加到选区”按钮后，在页面中重新拖动鼠标创建另一个选区。两个选区相交时，效果如图 3-15 所示。

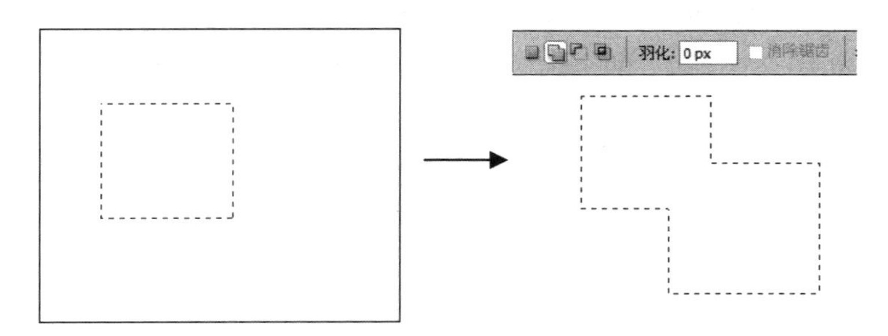

图 3-15 创建添加到选区(相交时)

(3) 再使用(矩形选框工具)，在属性栏中单击“添加到选区”按钮后，在页面中重新拖动鼠标创建另一个选区，两个选区不相交时，效果如图 3-16 所示。

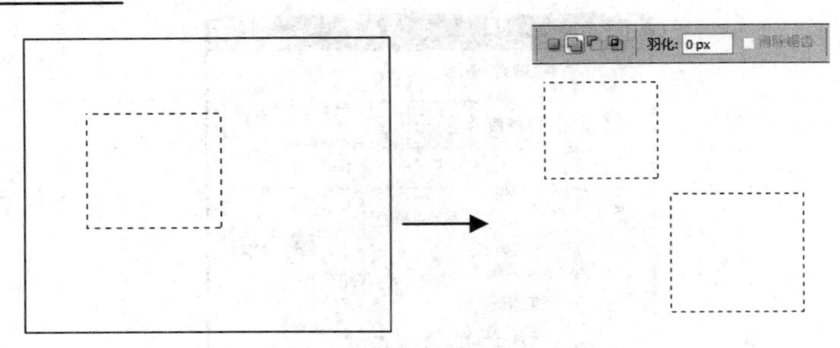

图 3-16 创建添加到选区(不相交时)

2. 从选区中减去

在已存在选区的图像中拖动鼠标绘制新选区，如果选区相交，则合成的选择区域会去除相交的区域；如果选区不相交，则不能绘制出新选区。操作步骤如下：

(1) 在 Photoshop CS5 中新建一个文档，使用(矩形选框工具)创建一个选区。

(2) 使用(矩形选框工具)，在属性栏中单击“从选区中减去”按钮后，在页面中重新拖动鼠标创建另一个选区，两个选区相交时，效果如图 3-17 所示。如果两个选区不相交，那么将不能绘制出新选区。

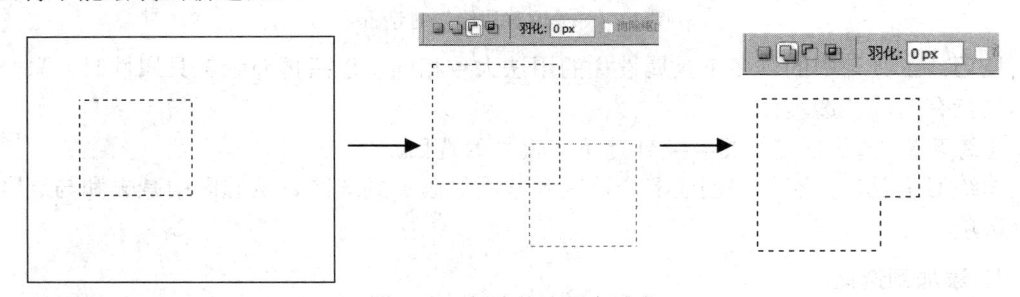

图 3-17 创建从选区中减去

3. 与选区相交

在已存在选区的图像中拖动鼠标绘制新选区，如果选区相交，则合成的选择区域会只留下相交的部分；如果选区不相交，则不能绘制出新选区。操作步骤如下：

(1) 在 Photoshop CS5 中新建一个文档，使用(矩形选框工具)创建一个选区。

(2) 再使用(矩形选框工具)，在属性栏中单击“与选区相交”按钮后，在页面中重新拖动鼠标创建另一个选区，两个选区相交时，效果如图 3-18 所示。如果两个选区不相交，那么将不能绘制出新选区。

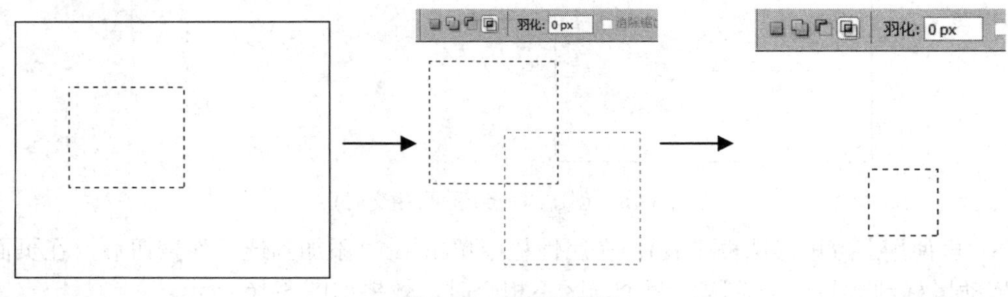

图 3-18 与选区相交

提示：工具箱中的许多工具属性栏的用法大致相同，以后再介绍工具属性时，只介绍该工具特有的属性选项。

3.3.2　创建椭圆选区

在 Photoshop 中用来创建椭圆选区的工具只有(椭圆选框工具)，使用该工具可以在页面中创建正圆或椭圆选区。使用(椭圆选框工具)在图像中绘制椭圆选区的效果如图 3-19 所示。

技巧：使用椭圆选框工具时同时按住 Shift 键，则绘制出的是正圆选区，如图 3-20 所示。

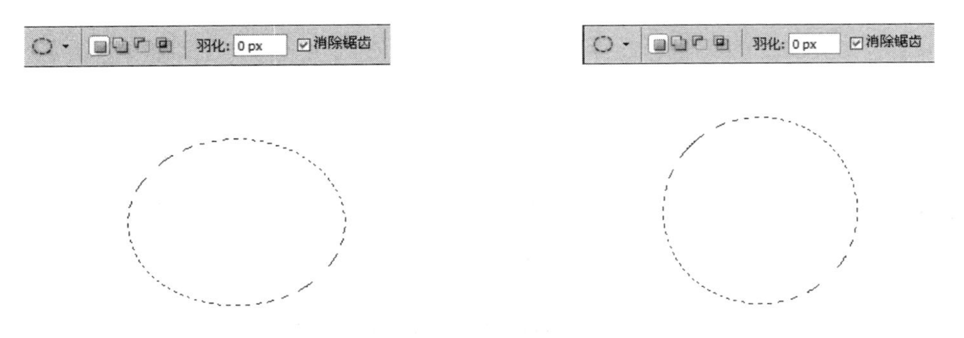

图 3-19　创建椭圆选区　　图 3-20　创建正圆选区

(椭圆选框工具)的使用方法及属性栏与(矩形选框工具)大致相同，此时“属性栏”中的“消除锯齿”复选框被激活，如图 3-21 所示。

图 3-21　椭圆选框工具属性栏

属性栏中各项的含义如下(重复或大致相同的选项设置就不介绍了)：

消除锯齿：选择椭圆选框工具后，“消除锯齿”复选框被激活。Photoshop 中的图像是用像素组成的，而像素实际上是正方形的色块，所以在进行圆形选取或其他不规则选取时就会产生锯齿边缘。消除锯齿的原理就是在锯齿之间填入中间色调，这样就从视觉上消除了锯齿现象，如图 3-22 所示。

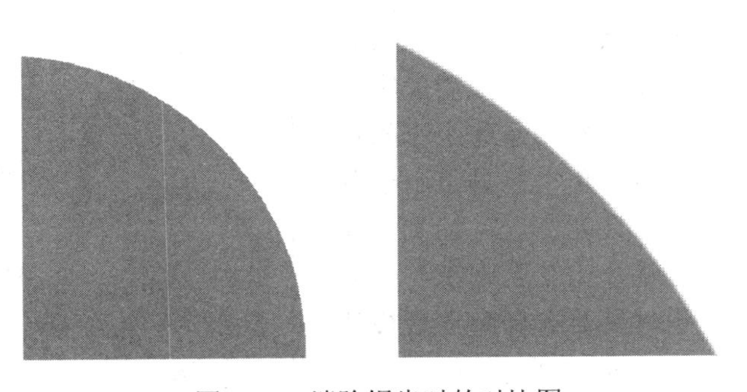

图 3-22　消除锯齿时的对比图

3.3.3 创建单行与单列选区

在 Photoshop 中使用(单行选框工具)在图像中单击或拖动，可在页面中出现一个高度为一个像素的横向选区，如图 3-23 所示；使用(单列选框工具)在图像中单击或拖动，可在页面中出现一个宽度为一个像素的纵向选区，如图 3-24 所示。

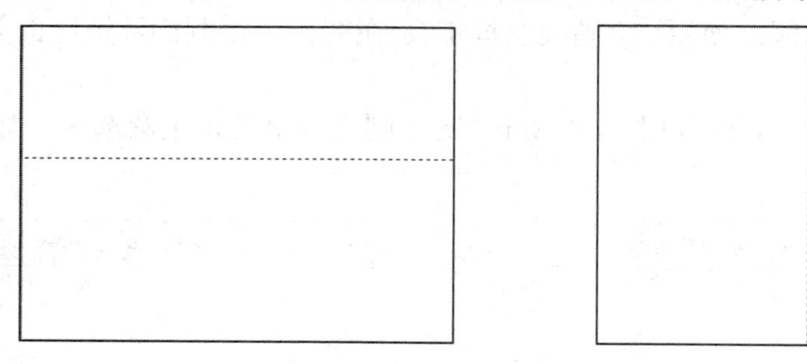

图 3-23 单行选区

图 3-24 单列选区

提示：单行与单列的属性栏与矩形选框工具的属性栏功能一致，只有一点要注意的是，使用单行与单列创建选区时“羽化”值只能为 0。

3.4 创建不规则选区

本节学习创建不规则选区工具的使用与性能。在 Photoshop CS5 中，不规则选区指的是通过工具创建的不受几何形状局限的选区。用来创建不规则选区的工具集中在套索工具组与快速选择工具组内，如图 3-25 所示。

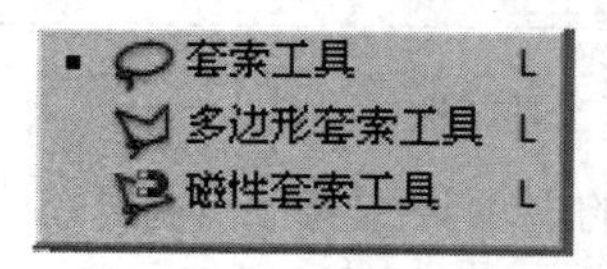

套索工具组

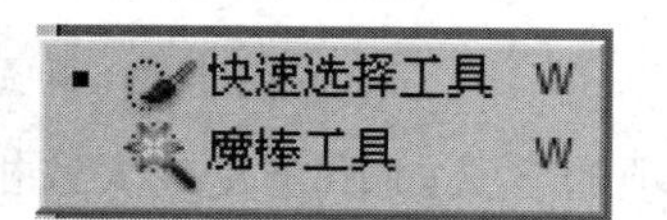

快速选择工具组

图 3-25 创建不规则选区的工具

3.4.1 创建任意形状的选区

在 Photoshop 中创建任意形状选区的工具为(套索工具)，使用该工具可以通过拖动鼠标来创建选区。该工具最大的特点是创建选区时随意性强、操作方便、使用简单。套索工具常用于创建不太精确选区。使用该工具创建选区的方法非常简单，具体的操作方法就好比在手中拿着一支笔在纸上绘制一样，绘制时只要选择起点后按住鼠标左键移动位置，松开后即可创建选区，如图 3-26 所示。

图 3-26 使用套索工具创建选区的过程

技巧：使用套索工具创建选区的过程中，当起点与终点不相交时松开鼠标，此时系统会自动按照选择的起点与当前的终点进行连接，创建封闭选区。

在“工具箱”中选择(套索工具)后，属性栏会变成该工具对应的选项设置，如图 3-27 所示。

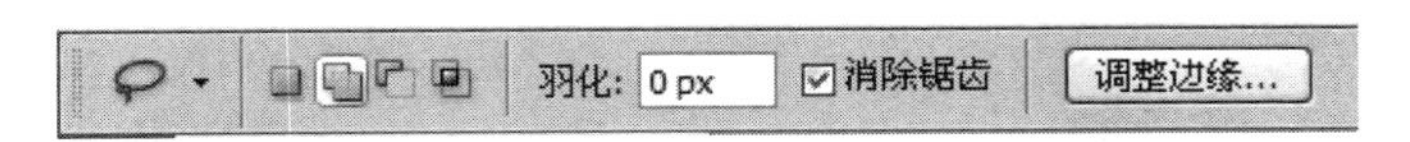

图 3-27　套索工具属性栏

3.4.2　创建多边形选区

Photoshop 中创建多边形选区的工具主要包括(多边形套索工具)和(磁性套索工具)。

提示：当要使用的工具处于工具组中的隐藏状态时，只要使用鼠标在该组显示的工具图标中单击鼠标右键，即可在弹出的工具组中找到要使用的工具。

1. 多边形套索工具

(多边形套索工具)可以在当前的文档中创建不规则的多边形选区。(多边形套索工具)通常用来创建较为精确的选区。创建选区的方法也非常简单，在不同位置上单击鼠标，即可将两点以直线的形式连接，起点与终点相交时单击即可得到选区。使用(多边形套索工具)创建选区的过程如下：

(1) 在 Photoshop CS5 中打开一张自己喜欢的图像作为背景，选择多边形套索工具。

(2) 根据图像的特点选择一点后单击鼠标左键，拖动鼠标到另一点后，再单击鼠标，沿图像中的边缘依次创建选区点，直到最后终点与起点相交时，双击鼠标即可创建多边形选区，如图 3-28 所示。

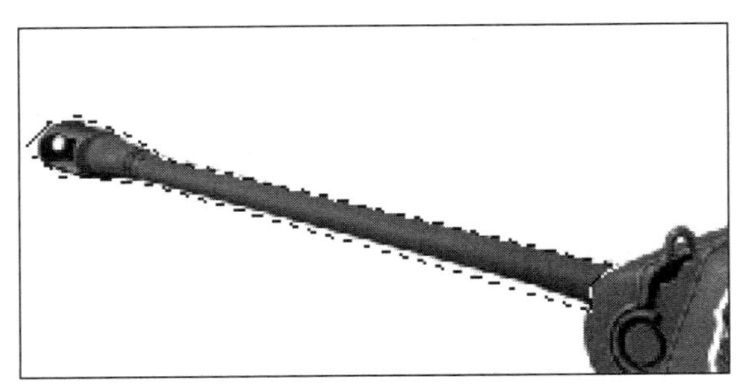

图 3-28　创建多边形选区

技巧：使用多边形套索工具创建选区的过程中，按住 Shift 键时，可以沿水平、垂直或相对成 45 度角的方向绘制选区线；当起点与终点不相交时，双击鼠标或按住 Ctrl 键的同时单击鼠标，即可创建封闭选区，连接虚线以直线的方式体现。

2. 磁性套索工具

(磁性套索工具)可以在图像中自动捕捉具有反差颜色的图像边缘，并以此来创建选区。此工具常用在背景复杂但边缘对比度较强烈的图像。创建选区的方法非常简单，在图像中选择起点后沿边缘拖动即可自动创建选区。使用(磁性套索工具)创建选区的过程如下：

(1) 在 Photoshop CS5 中打开图像，选择磁性套索工具。

(2) 根据图像反差的特点选择一点后单击鼠标左键，沿边缘拖动鼠标，直到最后终点与起点相交时，双击鼠标即可，如图 3-29 所示。

图 3-29　使用磁性套索工具创建多边形选区

在工具箱中选择(磁性套索工具)后，属性栏会变成该工具对应的选项设置，如图 3-30 所示。

图 3-30　套索工具属性栏

该属性栏中各项的含义如下：

(1) 宽度：用于设置磁性套索工具在选取图像时的探查距离。输入的数值越大，探查的图像边缘范围就越广。可输入的数值范围为 1～256。

(2) 对比度：用于设置磁性套索工具的敏感度。数值越大，对边缘与周围环境的颜色反差要求就越高，选区就越不精确。可输入的数值范围为 1%～100%。

(3) 频率：使用磁性套索工具时会出现许多小矩形标记，用来对选区进行固定，以确保选区不变形。输入的数值越大，标记越多，套索的选区范围越精确。可输入的数值范围为 1～100。

(4) 钢笔压力：如果使用绘图板创建选区，则单击该按钮后，系统会自动根据绘图笔的压力来改变宽度。

技巧：使用磁性套索工具创建选区时，单击鼠标也可以创建矩形标记点，用来确定精确的选区；按键盘上的 Delete 键或 BackSpace 键，可按照顺序撤销矩形标记点；按 Esc 键可消除未完成的选区。

【练习】 简单抠图技巧 1——为不规则图像抠图。

本次练习主要让大家了解通过多边形套索工具在图像中进行局部快速抠图的方法。

(1) 打开图片，在工具箱中选择多边形套索工具，如图 3-31 所示。

(2) 在属性栏中设置“羽化”为 1px，在人物的手指部选择起始点单击鼠标。拖动鼠标到另一点后，再点击鼠标，沿图像中人物的边缘依次创建选区线。

(3) 当终点与起点相交时，单击鼠标即可创建首个选区，如图 3-32 所示。

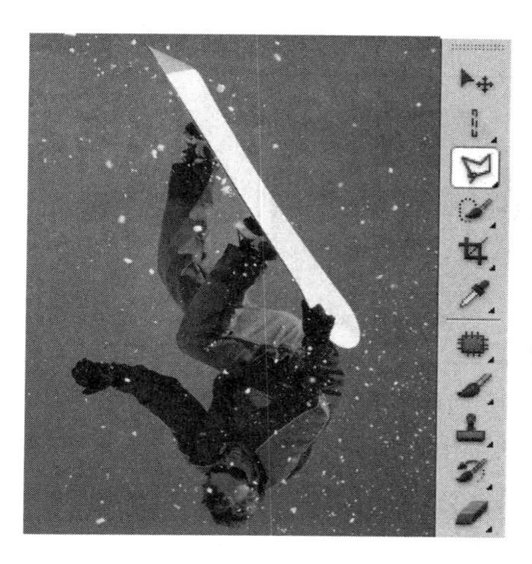

图 3-31　选择工具

图 3-32　创建的选区

(4) 此时抠图的范围包括人物两腿之间的天空部位。现在继续使用 (多边形套索工具)对天空进行去除。首先在属性栏中单击 (从选区减去)按钮，“羽化”设置还是 1，在两腿之间与天空的边缘处选择被去除的选区起点，如图 3-33 所示。

(5) 沿边缘依次创建选区线，当终点与起点相交时，单击鼠标即可创建刨除部分的选区。此时人物部分被抠出，使用 (移动工具)即可将选区内的图像移动，如图 3-34 所示。

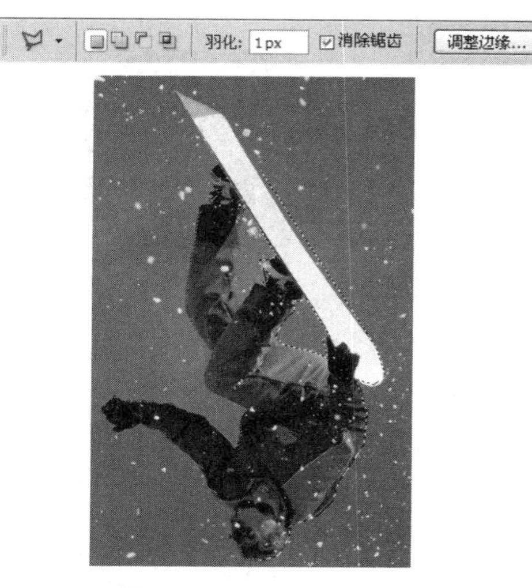

图 3-33　设置刨除部分

图 3-34　完成抠图

技巧：使用多边形套索工具或磁性套索工具创建选区的过程中双击鼠标，可使当前位置与起始点相交，创建封闭选区；按 Ctrl 键单击，同样会使当前点与起始点相连，创建封闭选区。

3.4.3　魔棒工具

(魔棒工具)可选取图像中颜色相同或相近的像素，像素之间可以是连续的，也可以是不连续的。通常情况下使用 (魔棒工具)可以快速创建图像颜色相近像素的选区。创建选区的方法非常简单，只要在图像中某个颜色像素上单击，系统便会自动以该选取点为样本创建选区，如图 3-35 所示。

图 3-35 魔棒创建选区

在“工具箱”中选择魔棒工具后，属性栏会变成该工具对应的选项设置，如图 3-36 所示。

图 3-36 魔棒工具属性栏

属性栏中各项的含义如下：

(1) 容差：设置对相同或相近像素的选取范围，在文本框中输入的数值越小，选取的颜色范围就越小；输入的数值越大，选取的颜色范围就越广。可输入的数值范围为 0～255，系统默认为 32。图 3-36 所示的图像是“容差”为 10 时的选区范围，图 3-37 所示的图像是“容差”为 80 时的选区范围。

图 3-36 选取的范围较小　　图 3-37 选取的范围较大

(2) 连续：勾选“连续”复选框后，选取范围只能是颜色相近的连续区域：不勾选“连续”复选框时，选取范围可以是颜色相近的所有区域，效果如图 3-38 和图 3-39 所示。

图 3-38 选取相连的像素　　图 3-39 选取所有相近的像素

(3) 对所有图层取样：当前文件为多图层时，勾选“对所有图层取样”复选框后，可以选取所有可见图层中的相同颜色像素；不勾选“对所有图层取样”复选框，只能在当前工作的图层中选取相同颜色区域。

【练习】 简单抠图技巧2——快速为复杂图像抠图。

本次练习主要让大家了解通过(魔棒工具)在图像中进行局部快速抠图的方法。

(1) 打开图片，在工具箱中选择(魔棒工具)，如图3-40所示。

(2) 在属性栏中设置“容差”为50，勾选“连续”，在图像中模特的头发部位单击鼠标创建选区，如图3-41所示。

图3-40 打开素材选择工具

图3-41 创建选区

(3) 按住Shift键，依次在面部、衣服和手臂上单击添加选区，如图3-42所示。

(4) 选区创建完毕后，抠图也就成功了，使用(移动工具)即可将选区内的图像移动，如图3-43所示。

图3-42 创建选区

图3-43 抠图效果

3.4.4 快速选择工具

(快速选择工具)可以快速在图像中创建选区。(快速选择工具)通常用来快速创建精确的选区，创建选区的方法非常简单，只要在图像中向下拖动鼠标，鼠标经过的区域就将被创建为选区，如图3-44所示。

提示：当要创建的选取范围较小时，可以在属性栏中将(快速选择工具)的画笔调小再拖动即可。

图3-44 快速选择工具创建选区

在“工具箱”中选择快速选择工具后，属性栏会变成该工具对应的选项设置，如图 3-45 所示。

图 3-45 快速选择工具属性栏

属性栏中各项的含义如下：

(1) 选区模式：用来设置对选取范围的计算方式，模式包括“新选区”、“添加到选区”和“从选区中减去”。

- 新选区：使用该选项创建选区时，鼠标经过的地方会自动形成选区，松开鼠标后，(新选区)模式会变成(添加到选区)模式。重新选择(新选区)时，在图像中拖动时原来的选区会取消，鼠标经过的位置会形成新选区，如图 3-46 所示。
- 添加到选区：使用该选项创建选区时，可以创建多个选区，相交时会自动汇合成一个大选区，如图 3-47 所示。
- 从选区中减去：使用该选项创建选区时，鼠标拖动的位置如果存在选区，将会被刨除，如图 3-48 所示。

图 3-46 新选区

图 3-47 添加到选区

图 3-48 从选区中减去

(2) 画笔：用来设置创建选区时的笔触，单击“画笔”的弹出按钮，会打开画笔选项板，如图 3-49 所示。

- 大小：控制画笔笔尖大小。数值变大，在页面中的画笔笔尖会随之变大。
- 硬度：控制画笔边缘的柔软度。数值越大，画笔边缘越精确。
- 间距：控制画笔笔尖之间的紧密度。数值变大，笔尖间的距离就会随之变大。
- 角度：控制画笔笔尖的角度。随着数值的变化，笔尖会出现倾斜角度。数值范围为 –180°～180°。
- 圆度：控制画笔笔尖的正圆程度。随着数值的变化，笔尖会在正圆与椭圆之间变化。数值范围为 0～100%。
- 大小：在该下拉列表中包括“关”、“钢笔压力”和“光笔轮”，主要用来控制画笔在拖曳时的压力大小。

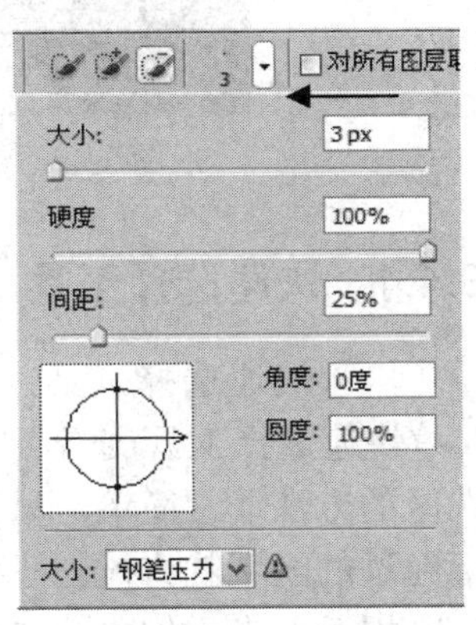

图 3-49 画笔选项板

(3) 自动增强：勾选“自动增强”复选框后，可在拖动鼠标创建选区时增强选区的边缘。

技巧：使用(快速选择工具)创建选区时，按住 Shift 键可以自动添加到选区，其功能与选项栏中的(添加到选区)按钮一致；按住 Alt 键可以自动从选区中减去选取部分选区，功能与选项栏中的(从选区中减去)按钮一致。

3.5　选区的基本操作

本节主要学习对 Photoshop CS5 中用选区选取内容进行单独的编辑操作，其中包括剪切、复制、粘贴、填充、描边等，以及介绍选区的变换操作。

3.5.1　剪切、复制、粘贴选区内容

在 Photoshop 中，剪切命令将选取的图像复制并保留到剪贴板中，源文件中该图像则被去除。如果是在背景图层，则该区域会被背景色代替。在图像中创建选区后，执行菜单中的“编辑”→“剪切”命令或按组合键 Ctrl+X，再执行“编辑”→“粘贴”命令或按组合键 Ctrl+V，可以将剪切的区域粘贴到新图层或新文件中。图 3-50 所示的图像为剪切后粘贴的效果。复制命令是将选取的图像进行复制并保留到剪贴板中，但源文件中该图像还存在。执行“编辑”→“复制”命令或按组合键 Ctrl+C，再执行“编辑”→“粘贴”命令或按组合键 Ctrl+V，可以将选区内的图像进行复制粘贴。图 3-51 所示的图像为复制后粘贴的效果。粘贴命令可以将剪切命令、复制命令或合并复制命令得到的图像进行粘贴，系统会自动新建一个图层，也可以将其粘贴到其他打开的图像中并新建图层。

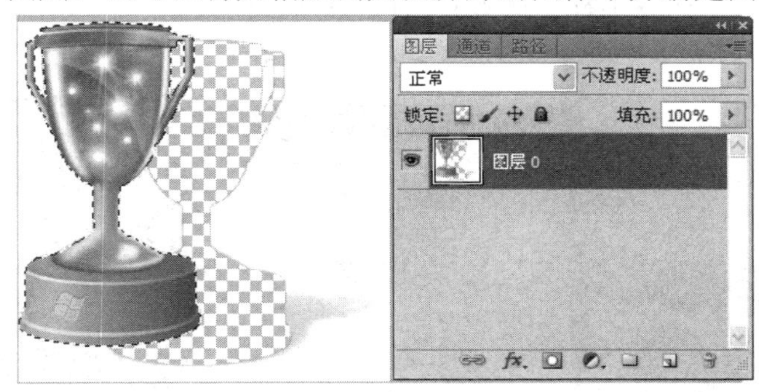

图 3-50　剪切并粘贴

图 3-51　复制并粘贴

提示：剪切、复制与粘贴命令可以应用在不同的文件或不同的图层中。

3.5.2 填充选区

在 Photoshop 中通过“填充”命令可以为图像填充前景色、背景色图案等。如果图像中存在选区的话，那么被填充的区域只局限在选区内。使用“填充”命令填充选区的方法如下：

(1) 打开一个自己喜欢的图像，围绕人物创建选区，如图 3-52 所示。

(2) 在“工具箱”中将前景色设置为“白色”，背景色设置为“淡蓝色”，如图 3-53 所示。

(3) 执行“编辑”→“填充”命令，打开“填充”对话框，如图 3-54 所示。

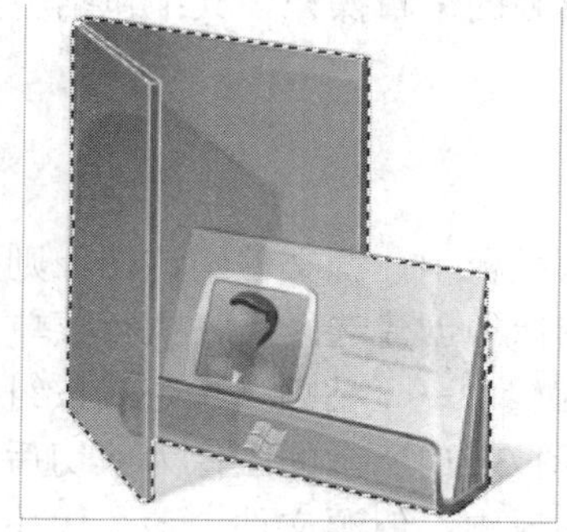

图 3-52 创建选区

图 3-53 设置前景与背景

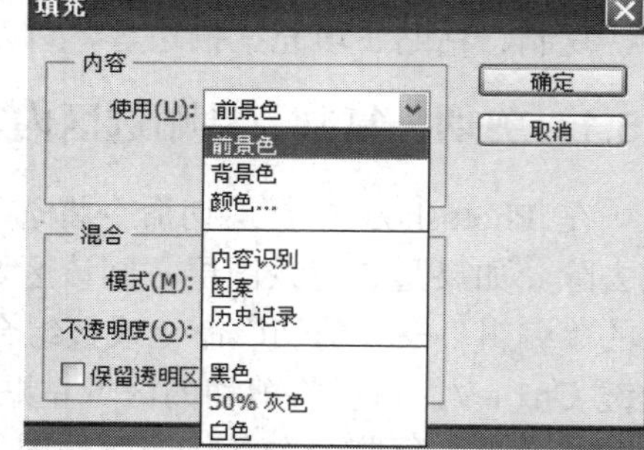

图 3-54 “填充”对话框

对话框中各项的含义如下(重复或大致相同的选项设置就不做介绍了)：

① 内容：包含填充的选项。

- 使用：在下拉列表中选择填充选项，其中“内容识别”选项为新增功能，该功能主要用来对图像中的多余部分进行快速修复(例如草丛中的杂物、背景中的人物等)，修复效果如图 3-55 所示。

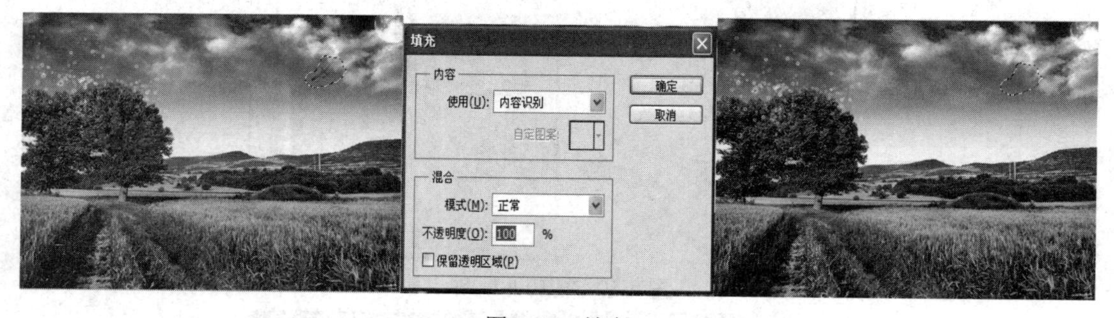

图 3-55 填充

提示：选择“历史记录”选项后，可以将选中的区域恢复到“历史”调板中的任意步骤并完成快速填充。

- 自定图案：用来设置填充的图案。在“使用”选项中选择“图案”后，“自定图案”才会被激活，单击右边的下拉三角按钮会弹出“图案”选项面板，在其中可以选择要填充图案，单击弹出菜单按钮，在弹出的菜单中可以选择其他的图案库进行载入并选择填充，如图 3-56 所示。

提示：在弹出菜单中选择要替换的填充图案后，系统会弹出如图 3-57 所示的对话框，单击“确定”按钮即可替换当前填充图案。

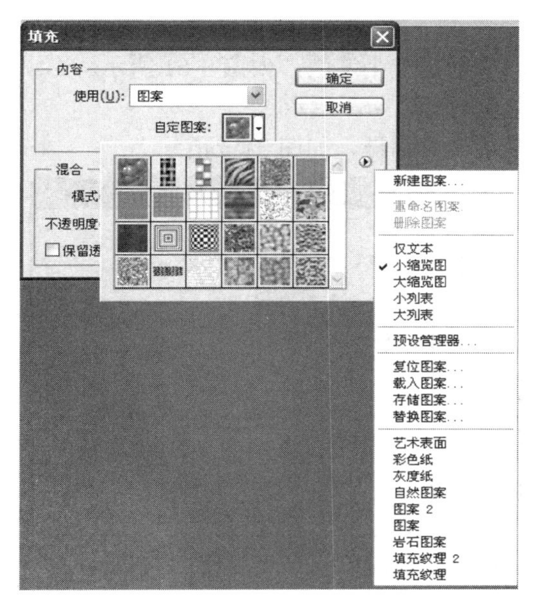

图 3-56 图案选项面板

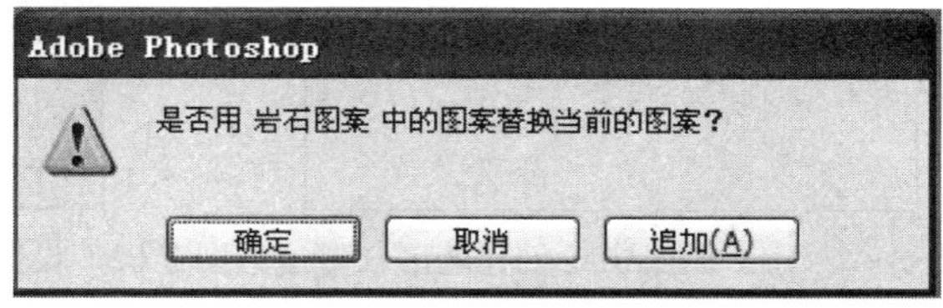

图 3-57 提示对话框

② 混合：设置填充时的混合模式、不透明度等。

- 模式：用来设置填充时的混合模式。
- 不透明度：用来设置填充时图案的不透明度。
- 保留透明区域：勾选此复选框后，填充时只对选区或图层中有像素的部分起作用，空白处不会被填充。

提示：如果在图层或选区内的图像存在透明区域，那么在“填充”对话框中“保留透明区域”复选框才会被激活。

(4) 在“使用”下拉列表中分别选择前景色、背景色和 50%灰色后，单击“确定”按钮会依次得到如图 3-58～图 3-60 所示的填充效果。

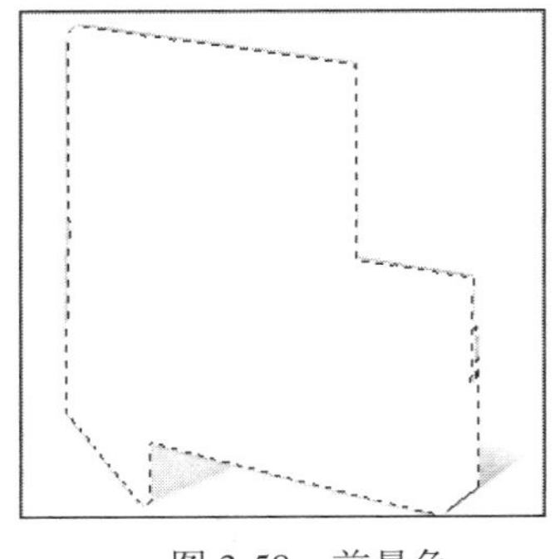

图 3-58 前景色

图 3-59 背景色

图 3-60 50%灰色

技巧：在图层或选区内填充时，按组合键 Alt+Delete 可以快速填充前景色；按组合键 Ctrl+Delete 可以快速填充背景色。

3.5.3 描边选区

在 Photoshop 中通过“描边”命令可以为选区添加居内、居中或居外的描边效果，操作方法如下：

(1) 新建一个空白文档，使用选区工具在页面中创建一个选区，如图 3-61 所示。

(2) 在“工具箱”中将前景色设置为“淡蓝色”，如图 3-62 所示。

(3) 执行“编辑”→“描边”命令，打开“描边”对话框，如图 3-63 所示。

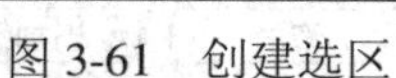

图 3-61 创建选区

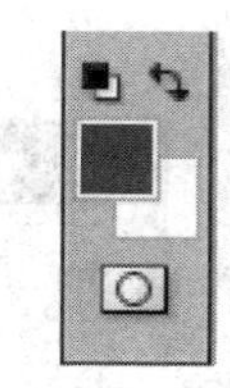

图 3-62 设置前景色

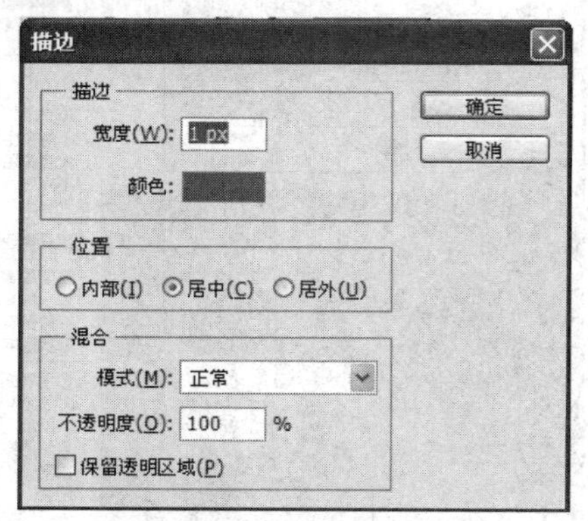

图 3-63 “描边”对话框

对话框中各项的含义如下(重复或大致相同的选项设置就不做介绍了)：

① 描边：设置描边的“宽度”与“颜色”。

• 宽度：设置描边的宽度。

• 颜色：设置描边的颜色，如果想对选区进行自定义颜色的描边，只要单击后面的图标，即可打开“选取描边颜色：”对话框，如图 3-64 所示，在其中即可设置描边的颜色。

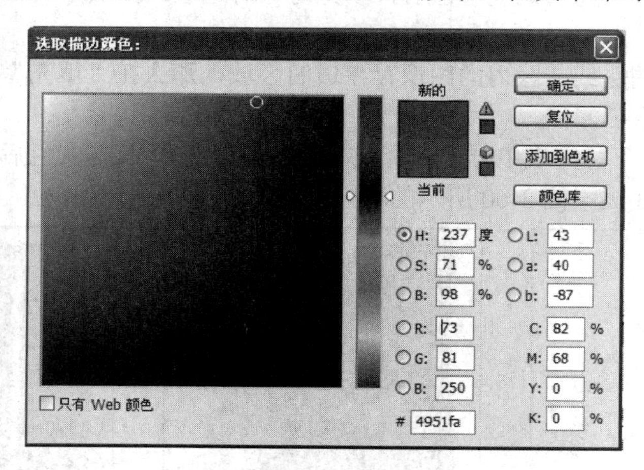

图 3-64 “选取描边颜色：”对话框

② 位置：用来指定描边的位置，包括“内部”、“居中”和“居外”3 个选项。

③ 混合：设置描边时的“混合模式”及“不透明度”。

• 模式：用来设置描边时的混合模式。

• 不透明度：用来设置描边时的不透明度。

• 保留透明区域：勾选此复选框后，描边时如果存在选区的话，则只对选区边缘中有像素的部分起作用，空白处不会被描边。

(4) 在“描边”对话框中分别设置位置为“内部”、“居中”和“居外”时可得到如图 3-65～图 3-67 所示的效果。

图 3-65　内部描边　　图 3-66　居中描边　　图 3-67　居外描边

3.5.4　变换选区、变换选区内容及内容识别变换

Photoshop 中“变换选区”命令与“变换选区内容”命令的变换原理是相同的，但是对应的变换却是不同的：一个只是针对选区的蚂蚁线起到变换作用；一个是对选区内的图像进行变换。“内容识别变换”是 Photoshop CS5 新增的一项功能，它可以按照图像的内容自动设置变换效果。

1. 变换选区

在 Photoshop 中“变换选区”命令指的是对图像中创建的选区的蚂蚁线进行缩放、旋转、变形等操作，在变换过程中不会对选区内的图像起作用。“变换选区”的操作方法如下：

(1) 打开一个喜欢的图像，使用选区工具在页面中创建一个选区，如图 3-68 所示。

(2) 执行“选择”→“变换选区”命令，此时在选区边缘会出现一个变换框，再执行“编辑”→“变换”命令，在子菜单中可以选择相应的变换，或在变换框中单击右键，在弹出的菜单中选择变换命令，如图 3-69 所示。

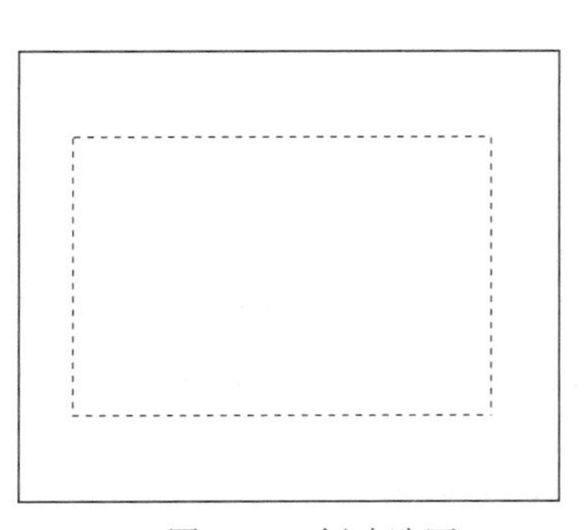

图 3-68　创建选区

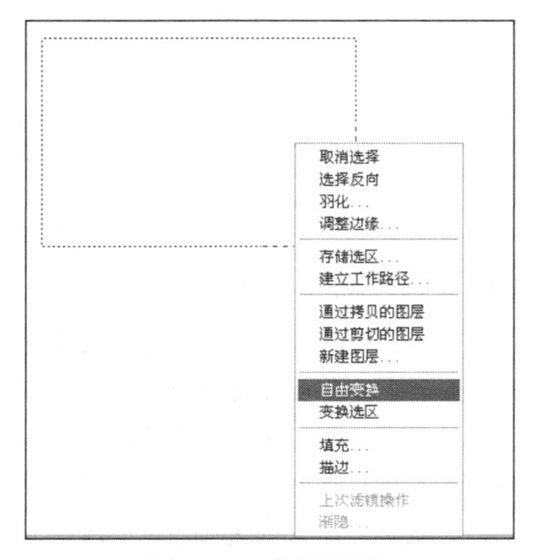

图 3-69　变换选区

(3) 在弹出菜单中选择缩放、旋转、斜切、扭曲和透视选项后，按住 Ctrl 键拖动控制点分别可得如图 3-70～图 3-74 所示的效果。

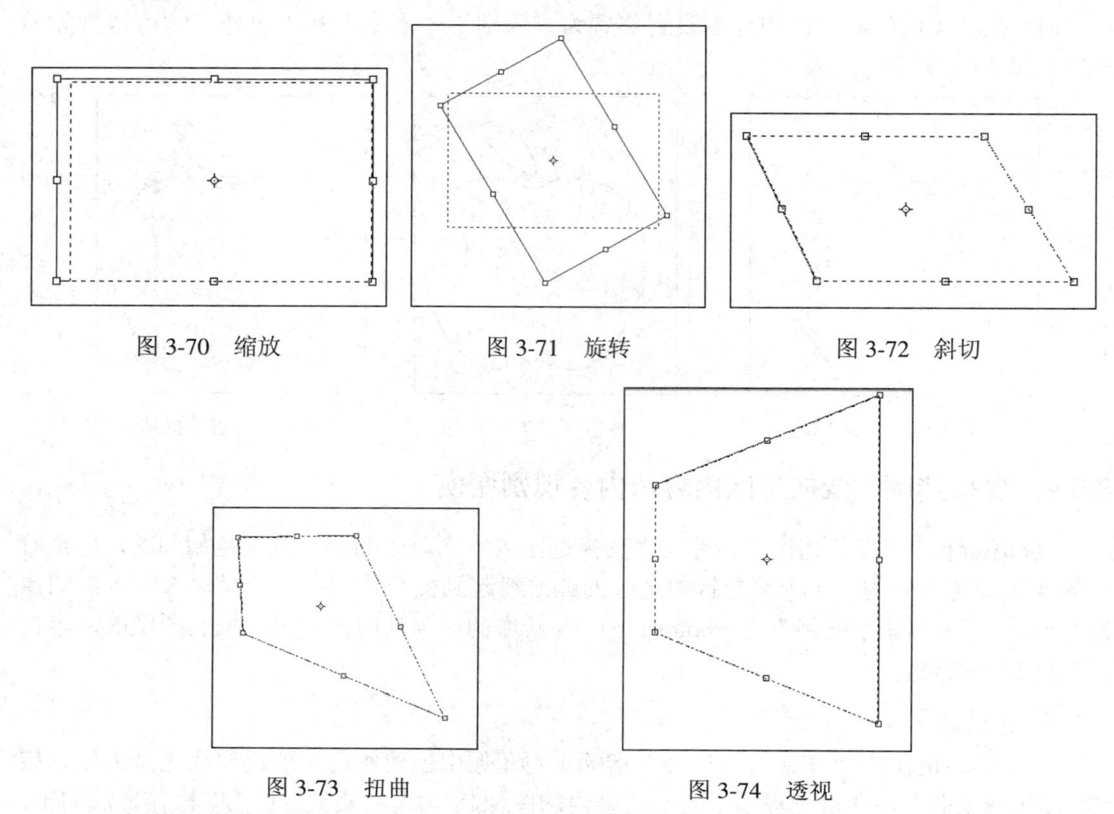

图 3-70 缩放　　图 3-71 旋转　　图 3-72 斜切

图 3-73 扭曲　　图 3-74 透视

(4) 在弹出菜单中选择变形选项后，可以对选区进行变形调整，此时“属性栏”会变成如图 3-75 所示的变形模式。

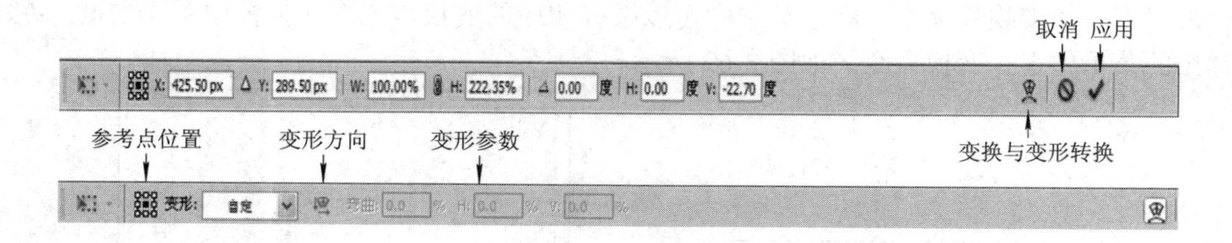

图 3-75 变形属性栏

属性栏中各项的含义如下：

① 参考点位置：用来设置变换与变形的中心点。

② 变形：用来设置变形的样式，单击右边的倒三角按钮即可弹出变形选项菜单，如图 3-76 所示。选择不同变形后，拖动控制点即可完成选区的变形，如图 3-77～图 3-79 所示。

③ 变形方向：将变形的方向在垂直与水平之间转换。

④ 变形参数：在文本框中输入数值后，即可得到相应变形样式的各种效果。

⑤ 变换与变形转换：单击即可将属性栏在变换区域与变形模式下转换。

⑥ 应用：单击即可将变形的效果确定。

⑦ 取消：单击可以将变形的效果取消。

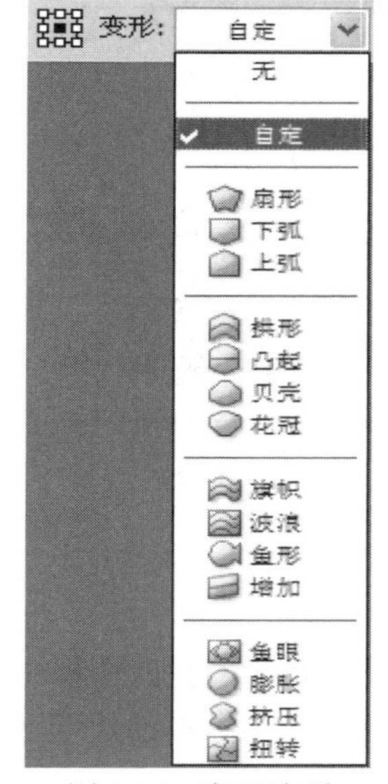

图 3-76 变形选项

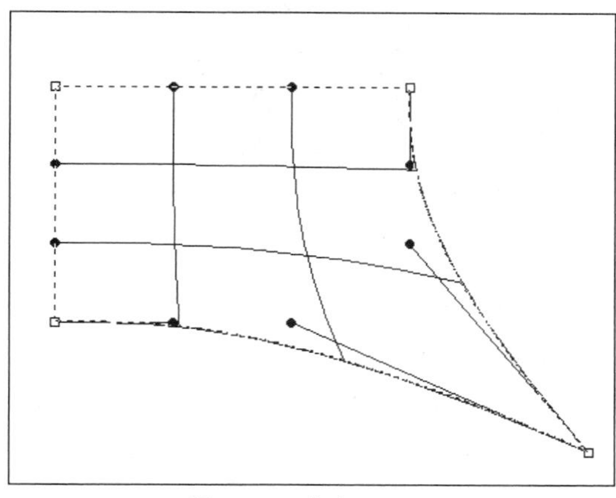

图 3-77 自定

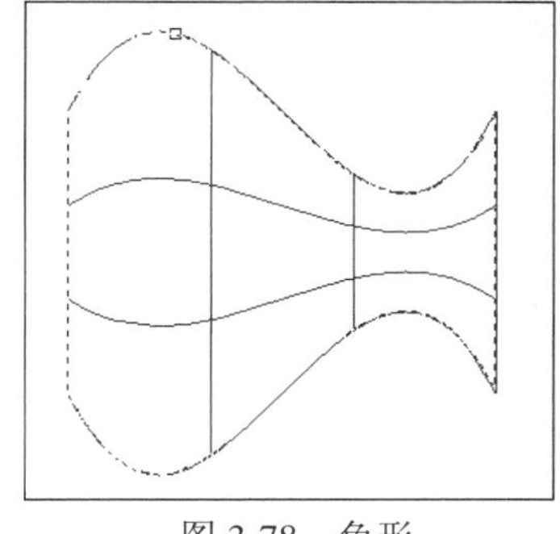

图 3-78 鱼形

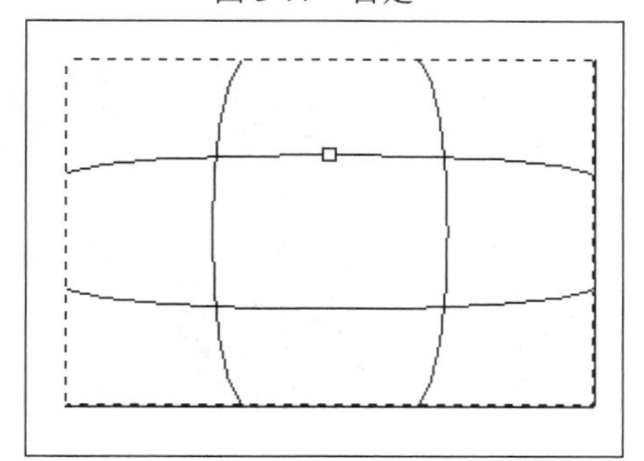

图 3-79 鱼眼

2. 变换选区内容

在 Photoshop 中，“变换选区内容”命令可以将选区内的图像进行变换，变换原理与“变换选区”相同。创建选区后，执行“编辑”→“变换”命令，在子菜单中可以选择相应的变换项目，或在变换框中单击右键，在弹出的菜单中选择变换命令，变换效果如图 3-80～图 3-84 所示。

图 3-80 缩放

图 3-81 旋转

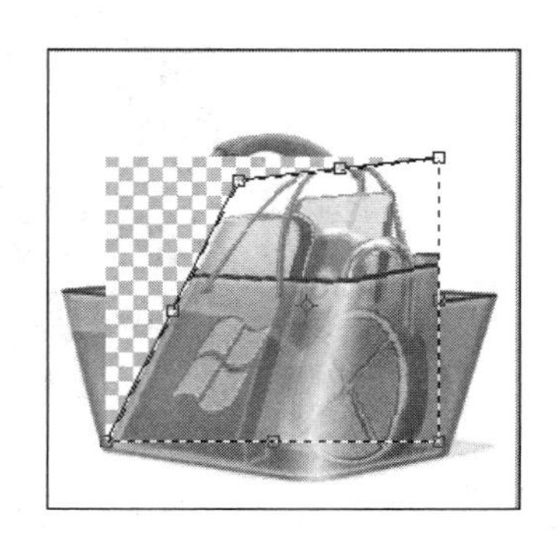

图 3-82 扭曲

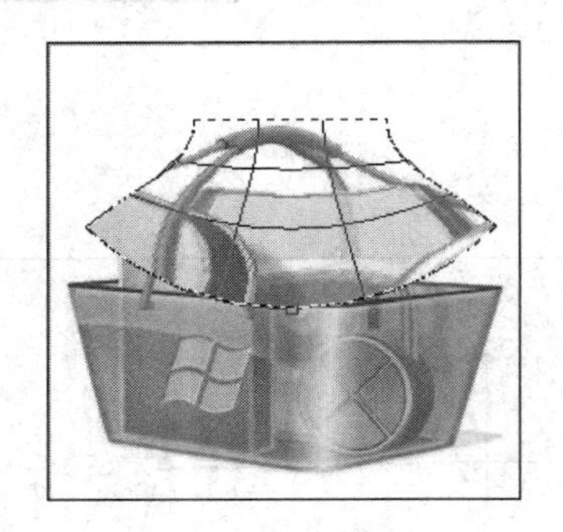

图 3-83　贝壳

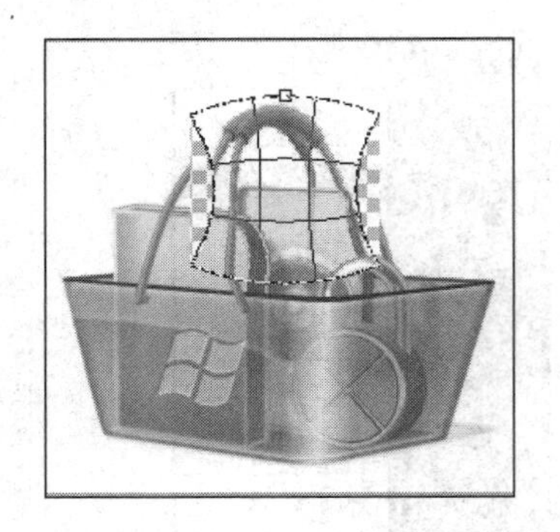

图 3-84　挤压

提示：“变换选区”与“变换选区内容”的属性栏是相同的。

3. 内容识别变换

在 Photoshop 中，“内容识别变换”命令可以根据变换框的变换，相应更改图像中特定像素的大小，应用此命令，系统会根据图像的像素自动调整图像。在图像中创建选区后，执行“编辑”→“内容识别变换”命令，拖动控制点即可进行图像的变换，如图 3-85 所示。

图 3-85　内容识别变换

执行“编辑”→“内容识别变换”命令后，属性栏会变成如图 3-86 所示的效果。

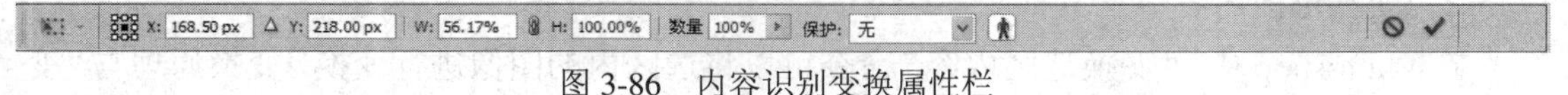

图 3-86　内容识别变换属性栏

属性栏中各项的含义如下(重复或大致相同的选项设置就不做介绍了)：

① 保护：用来设置特定的保护区域，比如通道等，如图 3-87 所示。

图 3-87　保护通道的效果

② 保护肤色：单击此按钮，按 Ctrl＋D 组合键取消选择点击 Alpha 1 通道系统执行“内容识别变换”后，会自动查找图像中与人物肌肤相近的像素并加以保护，如图 3-88 所示。

图 3-88 保护肤色效果

3.5.5 扩大选取范围与选取相似

在 Photoshop 中，通过“扩大选取”与“选取相似”命令可以对已经存在的选区进行进一步的编辑。“扩大选取”命令可以将选区扩大到与当前选区相连的相同像素范围；“选取相似”命令可以将图像中与选区相同像素的所有像素都添加到选区。图 3-89 所示为在模特的肩部创建选区后的原图；图 3-90 所示为执行“扩大选取”命令后的效果；图 3-91 所示为执行“选取相似”命令后的效果。

图 3-89 原图

图 3-90 扩大选取

图 3-91 选取相似

技巧：使用“扩大选取”命令和“选取相似”命令扩大选区时，选取容差范围与魔棒工具的容差值相关，容差越大，选取的范围越广。

3.5.6 反选选区

使用“反向”命令可以将当前选区进行反选。在图像中创建选区后，执行“选择”→“反向”命令，或按组合键 Shift+Ctrl+I，即可将当前的选取范围反选，如图 3-92 所示。

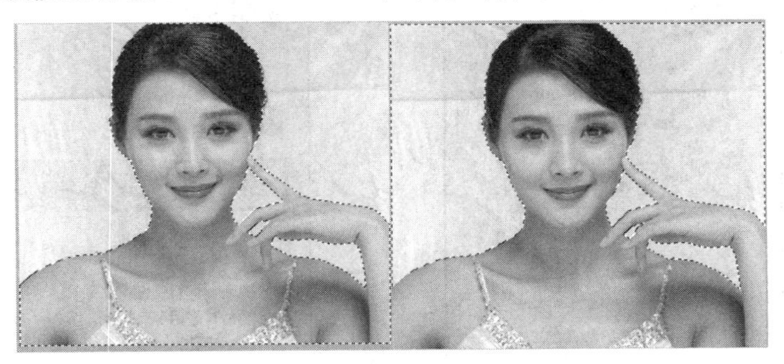

图 3-92 反选选区

3.5.7 移动选区与移动选区内容

在 Photoshop 中一定要了解“移动选区”与“移动选区内容”命令的区别。“移动选区”指的是只改变选区在图像中的位置，移动选区的方法是，使用选区工具在选区上按下鼠标拖动，即可移动选区的蚂蚁线，如图 3-93 所示。“移动选区内容”指的是使用 (移动工具)通过鼠标拖动选区，会发现选区内的图像会跟随移动，如图 3-94 所示。

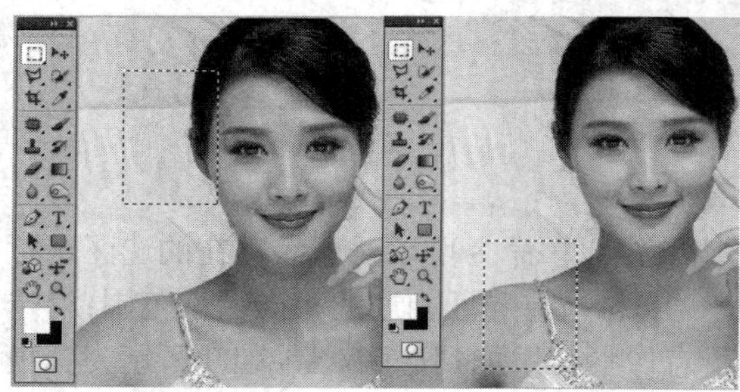

图 3-93 移动选区

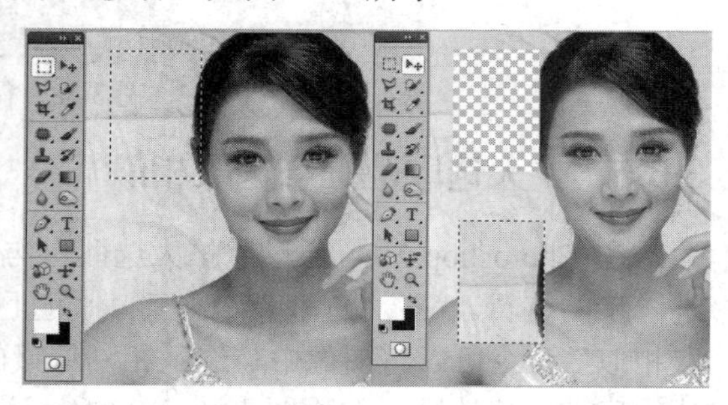

图 3-94 移动选区内容

3.6 选区的修整

本节主要学习对 Photoshop CS5 中创建的选区进行进一步的修饰或修整，使其发挥更好的作用，从而进一步了解选区的神奇所在。

3.6.1 调整边缘

在 Photoshop 中，通过“调整边缘”命令可以对已建立的选区进行半径、对比度、平滑、羽化以及扩展与收缩的综合调整。在图像中创建选区后，执行“选择”→“调整边缘”命令，即可打开如图 3-95 所示的“调整边缘”对话框。

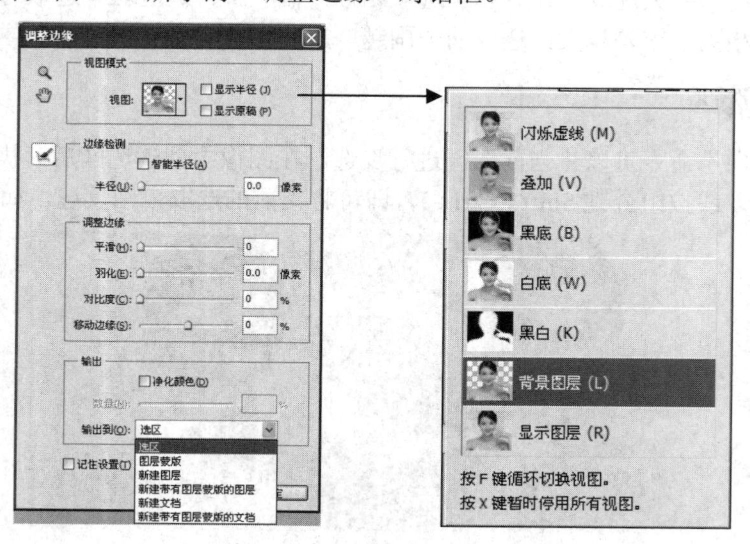

图 3-95 “调整边缘”对话框

对话框中各项的含义如下(重复或大致相同的选项设置就不做介绍了)：

(1) 调整半径工具：手动扩展选区范围，按 Alt 键可变为收缩选区范围。

(2) 视图模式：设置调整时图像的显示效果。

- 视图：单击其下拉按钮，即可显示所有的预览模式。
- 显示半径：显示按照半径定义的调整区域。
- 显示原稿：显示图像的原始选区。

(3) 边缘检测：用来对图像选区边缘进行精细查找。

- 智能半径：使检测范围自动适应图像边缘。
- 半径：设置调整区域的大小。

(4) 调整边缘：对创建的选区进行调整。

- 平滑：控制选区的平滑程度，数值越大越平滑。
- 羽化：控制选区的柔和程度，数值越大，调整的图像边缘越模糊。
- 对比度：用来调整选区边缘的对比程度，结合半径或羽化功能来使用，数值越大，模糊度就越小。
- 移动边缘：数值变大，选区变大；数值变小，选区变小。

(5) 输出：对调整的区域进行输出，可以是选区、蒙版、图层或新建文档等。

- 净化颜色：用来对图像边缘的颜色进行删除。
- 数量：用来控制移去边缘颜色区域的大小。
- 输出到：设置调整后的输出效果，可以是选区、蒙版、图层或新建文档等。

(6) 记住设置：在“调整边缘”和“调整蒙版”中始终使用以上的设置。

技巧：在“调整边缘”对话框中，按住 Alt 键，对话框中的“取消”按钮会自动变成“复位”按钮，这样可以自动将调整的数值恢复到默认值。

3.6.2 边界

在 Photoshop 中，“边界”命令可以在原选区的基础上向内外两边扩大选区，扩大后的选区会形成新的选区。在图像中创建选区后，执行“选择”→“修整”→“边界”命令，即可打开如图 3-96 所示的“边界选区”对话框。

- 宽度：用来控制重新生成选区的宽度。图 3-97 所示的图像为创建选区后应用“宽度”为 15 时的选区效果。

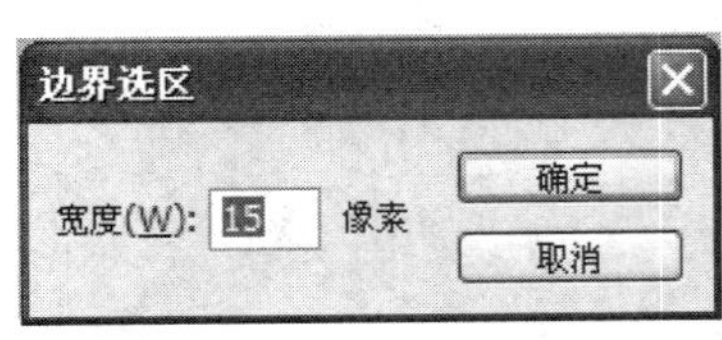

图 3-96 “边界选区”对话框

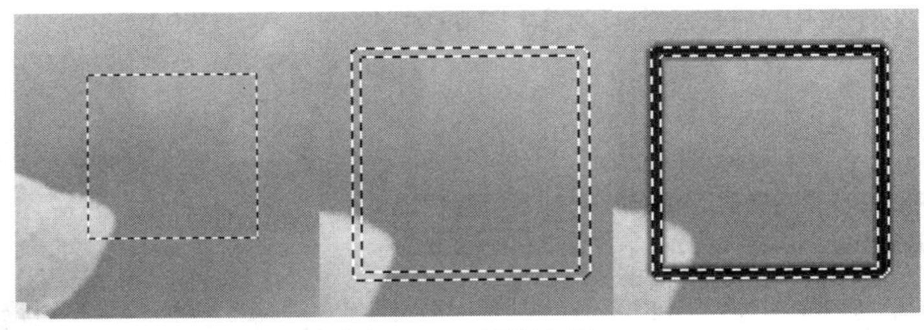

图 3-97 应用边界

3.6.3 平滑

在 Photoshop 中，“平滑”命令可以用来控制选区的平滑程度。在图像中创建选区后，执行“选择”→“修整”→“平滑”命令，即可打开如图 3-98 所示的“平滑选区”对话框。

取样半径：用来设置平滑圆角的大小，数值越大，越接近圆形。图 3-99 所示的图像为创建选区后应用“取样半径”为 15 时的选区效果。

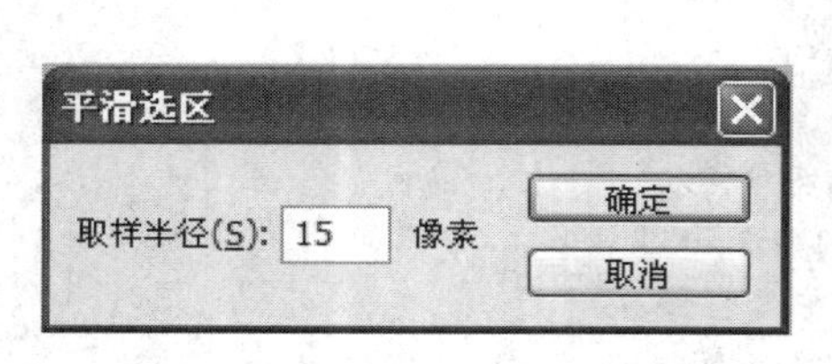

图 3-98 “平滑选区”对话框

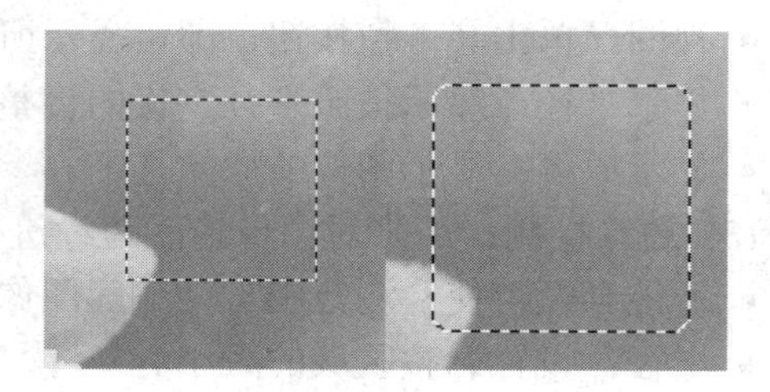

图 3-99 应用平滑

3.6.4 扩展

在 Photoshop 中，“扩展”命令可以扩大选区并平滑边缘。在图像中创建选区后，执行“选择”→“修整”→“扩展”命令，即可打开如图 3-100 所示的“扩展选区”对话框。

扩展量：用来设置原选区与扩展后的选区之间的距离。图 3-101 所示的图像为创建选区后应用“扩展量”为 15 时的选区效果。

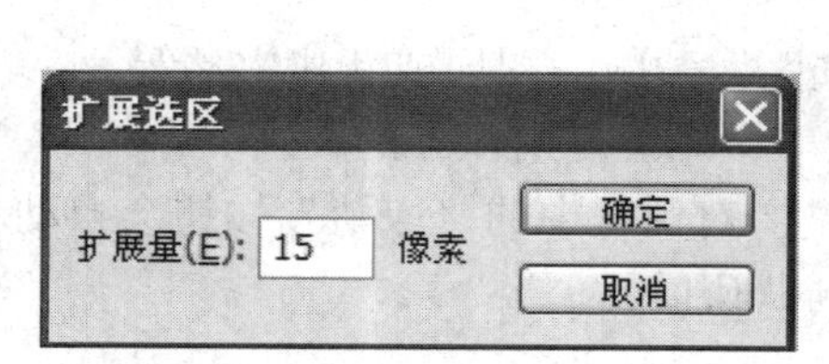

图 3-100 “扩展选区”对话框

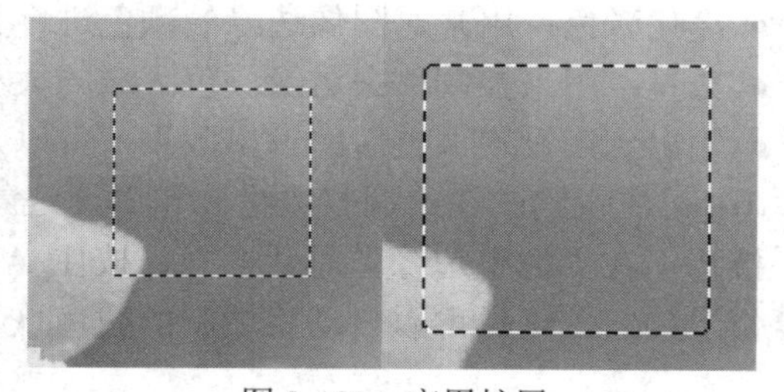

图 3-101 应用扩展

3.6.5 收缩

在 Photoshop 中“收缩”命令用于缩小选区。在图像中创建选区后，执行“选择”→“修整”→“收缩”命令，即可打开如图 3-102 所示的“收缩选区”对话框。

收缩量：用来设置原选区与缩小后的选区之间的距离。图 3-103 所示的图像为创建选区后应用“收缩量”为 15 时的选区效果。

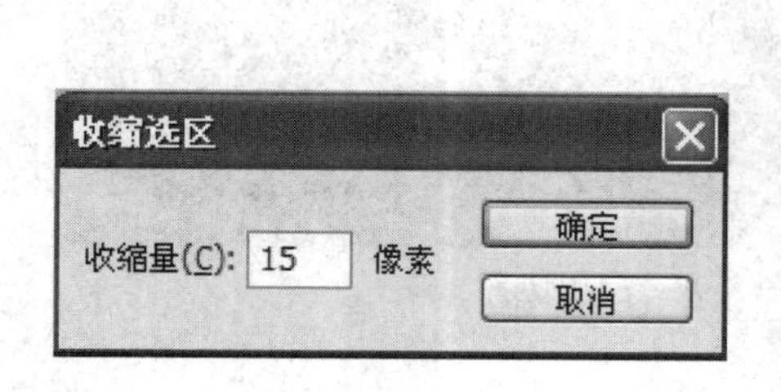

图 3-102 “收缩选区”对话框

原图

“收缩量”为 15 时的收缩效果

图 3-103 应用收缩

3.6.6　羽化

在 Photoshop 中，“羽化”命令可以对选区进行柔化处理，填充羽化后的选区或移动区域边界会进行模糊处理。在图像中创建选区后，执行“选择”→“修整”→“羽化”命令，即可打开如图 3-104 所示的“羽化选区”对话框。

图 3-104　“羽化选区”对话框

- 羽化半径：用来设置选区边缘的柔化程度。图 3-105 所示的图像为创建选区后应用“羽化半径”为 15 时的选区效果。

图 3-105　应用羽化

3.7　色彩范围命令

在 Photoshop 中，使用“色彩范围”命令可以根据图像中指定的颜色自动生成选区，如果图像中存在选区，那么色彩范围只局限在选区内。执行“选择”→“色彩范围”命令，可得到如图 3-106 和图 3-107 所示的“色彩范围”对话框。

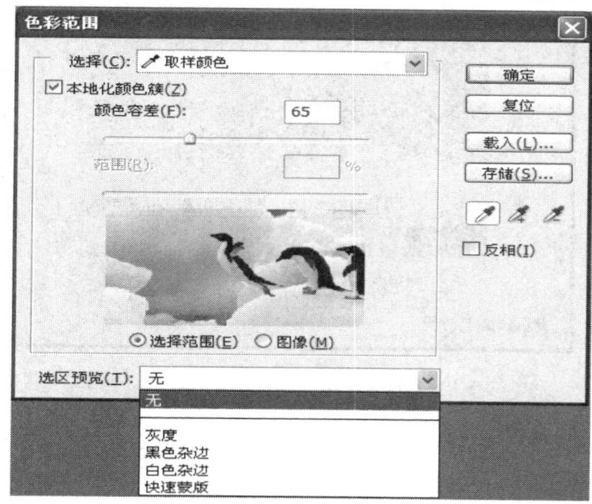

图 3-106　“色彩范围”对话框 1

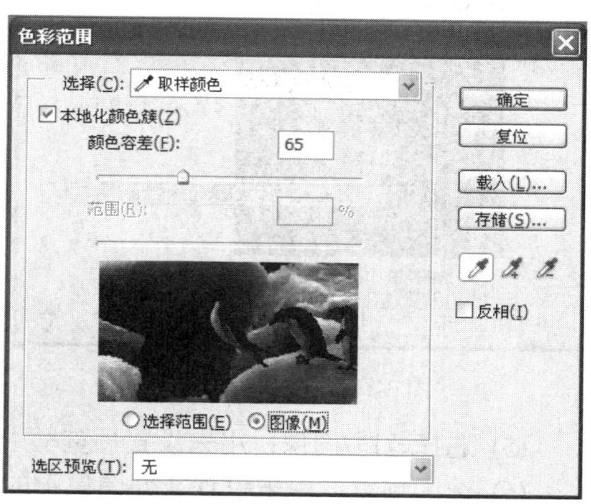

图 3-107　“色彩范围”对话框 2

提示：“色彩范围”命令不能应用于 32 位/通道的图像。

对话框中各项的含义如下(重复或大致相同的选项设置就不做介绍了)：

(1) 选择：用来设置创建选区的方式。在下拉菜单中可以选择创建选区的方式。

(2) 本地化颜色簇：用来设置相连范围的选取，勾选该复选框后，被选取的像素呈现放射状扩散相连的选区，如图 3-108 所示。

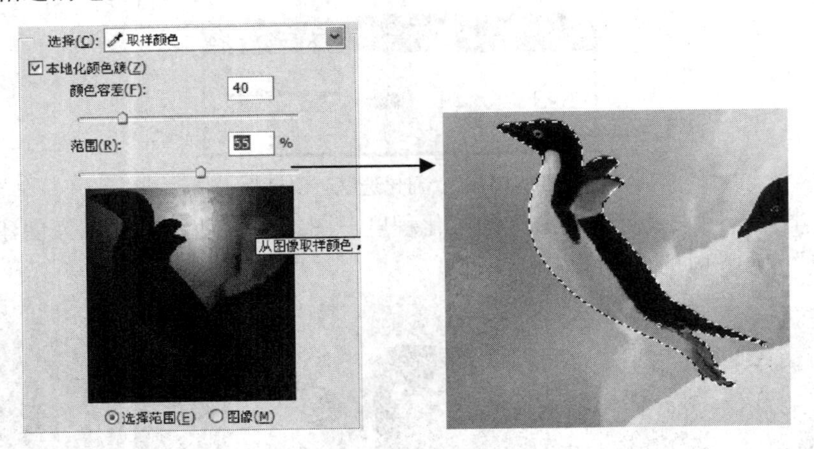

图 3-108　勾选“本地化颜色簇”后得到的选区

(3) 颜色容差：用来设置被选颜色的范围。数值越大，选取的同样颜色范围越广。只有在“选择”下拉菜单中选择“取样颜色”时，该选项才会被激活。

(4) 范围：用来设置(吸管工具)点选的范围，数值越大，选区的范围越广。图 3-109 所示的图像为范围是 10%时的效果，图 3-110 所示的图像为范围是 58%时的效果。只有使用(吸管工具)单击图像后，该选项才会被激活。

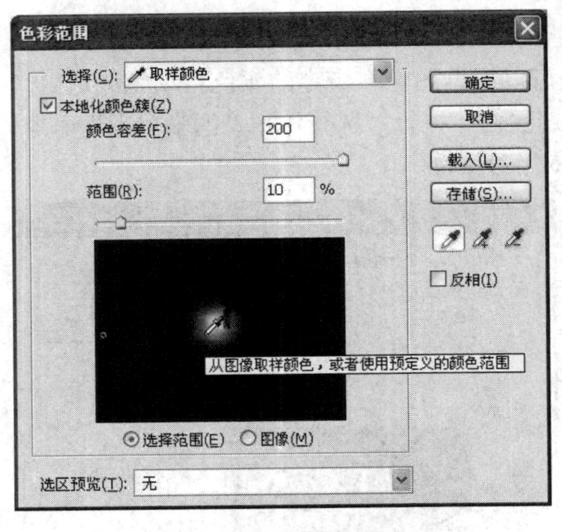

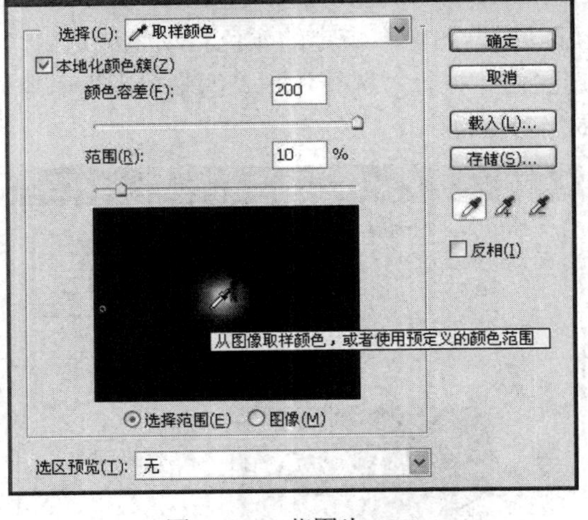

图 3-109　范围为 10%

图 3-110　范围为 58%

(5) 选择范围/图像：用来设置预览框中显示的是选择区域还是图像。

(6) 选区预览：用来设置文件图像中的预览选区方式，包括“无”、“灰度”、“黑色杂边”、“白色杂边”和“快速蒙版”。

- 无：不设置预览方式，如图 3-111 所示。
- 灰度：以灰度方式显示预览，选区为白色，如图 3-112 所示。
- 黑色杂边：选区显示为原图像，非选区区域以黑色斑盖，如图 3-113 所示。

图 3-111 无

图 3-112 灰度

图 3-113 黑色杂边

- 白色杂边：选区显示为原图像，非选区区域以白色搜盖，如图 3-114 所示。
- 快速蒙版：选区显示为原图像，非选区区域以半透明蒙版颜色显示，如图 3-115 所示。

图 3-114 白色杂边

图 3-115 快速蒙版

(7) 载入：可以将之前的选区效果应用到当前文件中。

(8) 储存：将制作好的选区效果进行储存，以备后用。

(9) 吸管工具：使用(吸管工具)在图像上单击，可以设置由蒙版显示的区域。

(10) 添加到取样：使用(添加到取样)在图像上单击，可以将新选取的颜色添加到选区内。

(11) 从取样中减去：使用(从取样中减去)在图像上单击，可以将新选取的颜色从选区中删除。

(12) 反相：勾选该复选框，可以将选区反转。

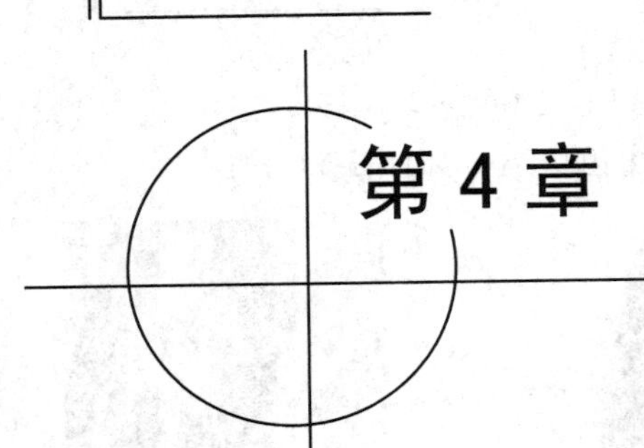

第4章 图像的填充与擦除

4.1 用于填充与擦除的工具

在Photoshop CS5中，用于填充与擦除的工具主要集中在渐变工具组与橡皮擦工具组中。其中用于填充的工具包括(渐变工具)和(油漆桶工具)，如图4-1所示；用于擦除的工具包括(橡皮擦工具)、(背景橡皮擦工具)和(魔术橡皮擦工具)，如图4-2所示。

图4-1 渐变工具组

图4-2 橡皮擦工具组

4.2 填充图像

在Photoshop CS5中，填充图像主要指的是在图层或选区内进行相应的渐变色、前景色、背景色或图案的填充。在Photoshop中用于填充的工具被集中在渐变工具组中，其中包括(渐变工具)和(油漆桶工具)。

4.2.1 渐变工具

在Photoshop中，(渐变工具)可以在图像图层或选区内填充一个逐渐过渡的颜色，可以是一种颜色过渡到另一种颜色，也可以是多个颜色之间的相互过渡，还可以是从一种颜色过渡到透明或从透明过渡到一种颜色。渐变样式千变万化，大体可分为五大类，包括：线性渐变、径向渐变、角度渐变、对称渐变和菱形渐变。渐变工具的使用方法非常简单，只要选择一点后按下鼠标拖动，松开后即可填充渐变色，如图4-3所示。

通常情况下，(渐变工具)常用于创建绚丽的渐变背景、填充渐变色或创建渐变蒙版效果。(渐变工具)不能在智能对象中使用。

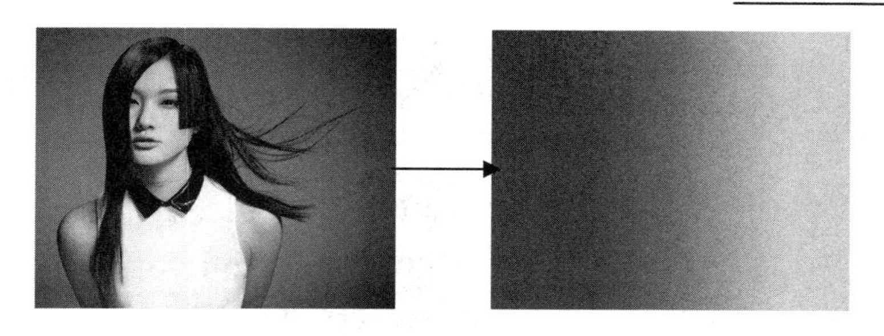

图 4-3　渐变填充

在“工具箱”中选择 (渐变工具)后，属性栏会变成该工具对应的选项效果，如图 4-4 所示。

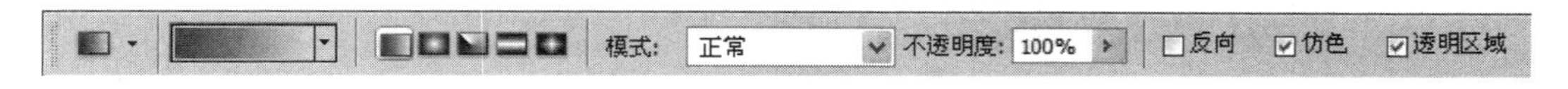

图 4-4　渐变工具属性栏

属性栏中各项的含义如下(重复或大致相同的选项设置就不做介绍了)：

(1) 渐变类型：用于设置不同渐变样式填充时的颜色渐变，可以是从前景色到背景色，也可以由一种颜色到透明，或者自定义渐变的颜色。只要单击“渐变类型”图标右面的倒三角形按钮，即可打开“渐变拾色器”列表框，从中可以选择要系统预设或自定义的填充渐变类型；单击列表框中的弹出按钮，可以在弹出菜单中选择其他渐变类型，如图 4-5 所示。

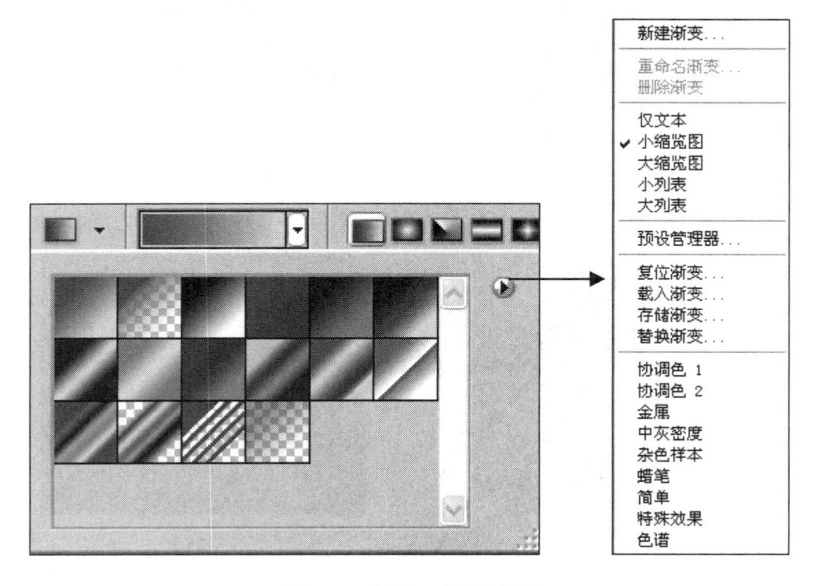

图 4-5　渐变工具属性栏

(2) 渐变样式：用于设置填充渐变颜色的形式，包括线性渐变、径向渐变、角度渐变、对称渐变和菱形渐变。

(3) 模式：用来设置填充渐变色与图像之间的混合模式。图 4-6 所示的效果为在图像中以“强光”的模式进行菱形渐变填充。

图 4-6　“强光”模式下的菱形渐变

(4) 不透明度：用来设置填充渐变色的透明度。数值越小，填充的渐变色越透明，取值范围为 0～100%，如图 4-7 所示。

不透明度为 100%

不透明度为 50%

图 4-7　不同透明度渐变填充

(5) 反向：勾选该复选框后，可以将填充的渐变颜色顺序翻转，如图 4-8 所示。

从蓝色到白色

翻转

图 4-8　翻转渐变色

(6) 仿色：勾选该复选框后，可以使渐变颜色之间的过渡更加柔和。

(7) 透明区域：勾选该复选框后，可以在图像中填充透明蒙版效果。

技巧：“渐变类型”中的“从前景色到透明”选项，只有在选项栏中勾选“透明区域”复选框时，才会真正起到从前景色到透明的作用。如果勾选“透明区域”复选框，而使用从前景色到透明功能，填充的渐变色会以当前“工具箱”中的前景色进行填充。

4.2.2　渐变编辑器

在 Photoshop CS5 中使用渐变工具进行填充时，很多时候都想按照自己创造的渐变颜色进行填充，此时就需使用渐变编辑器对要填充的渐变颜色进行详细的编辑。渐变编辑器的使用方法非常简单，只要在渐变工具属性栏中单击“渐变类型”颜色条，就会打开“渐变编辑器”对话框，如图 4-9 所示。

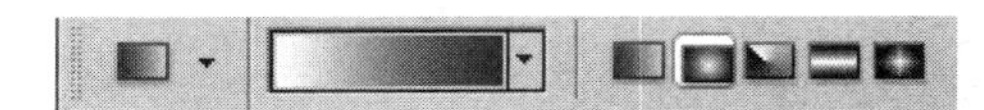

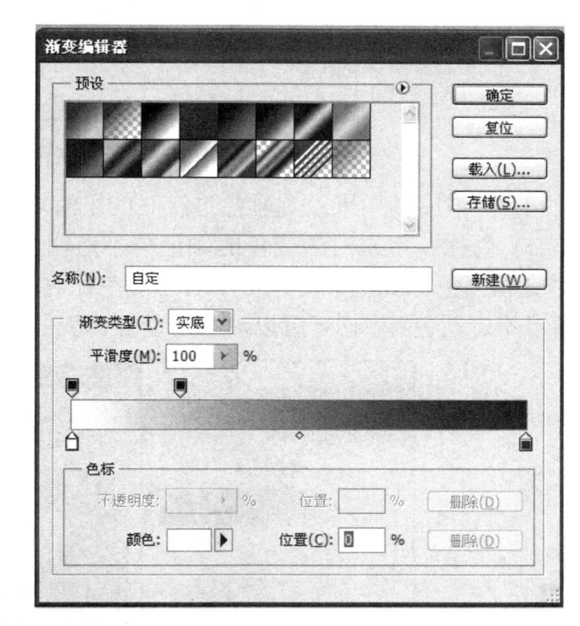

图 4-9　“渐变编辑器”对话框

对话框中各项的含义如下(重复或大致相同的选项设置就不做介绍了)：

(1) 预设：显示当前渐变组中的渐变类型，可以直接选择。

(2) 名称：当前选取渐变色的名称，可以自行定义渐变名称。

(3) 渐变类型：在渐变类型下拉列表中包括“实底”和“杂色”。在选择不同类型时，参数和设置效果也会随之改变。选择“实底”时，参数设置的变化如图 4-10 所示；选择“杂色”时，参数设置的变化如图 4-11 所示。

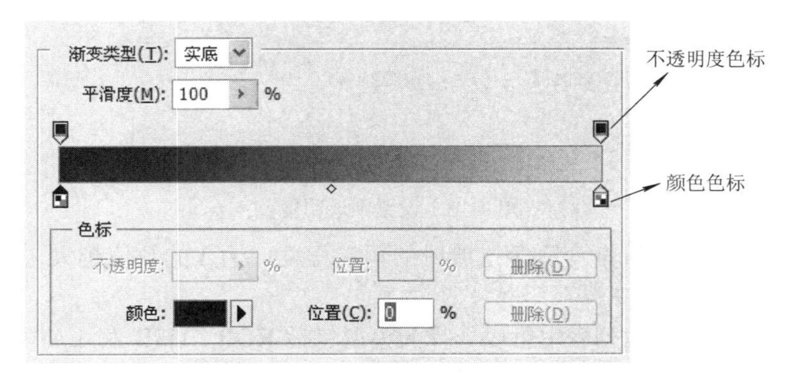

图 4-10　选择“实底”时的设置选项

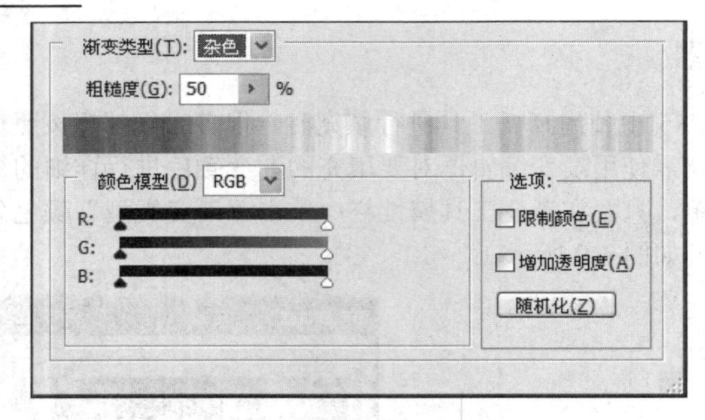

图 4-11　选择“杂色”时的设置选项

(4) 平滑度：用来设置颜色过渡时的平滑均匀度，数值越大，过渡越平稳。

(5) 色标：用来对渐变色的颜色与不透明度以及颜色和不透明度的位置进行控制的区域。选择“色标颜色”时，可以对当前色标对应的颜色和位置进行设定，如图 4-12 所示；选择“不透明色标”时，可以对当前色标对应的不透明度和位置进行设定，如图 4-13 所示。

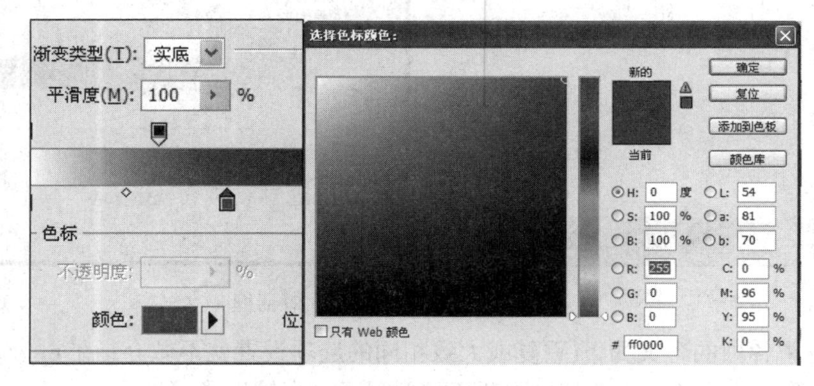

图 4-12　设置颜色

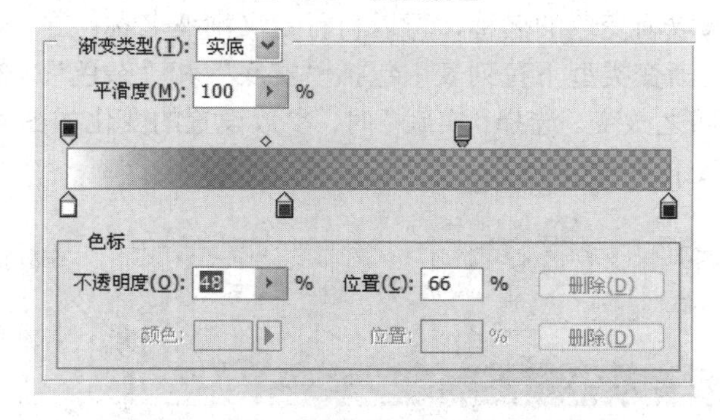

图 4-13　设置不透明度

(6) 粗糙度：用来设置渐变颜色过渡时的粗糙程度。输入的数值越大，渐变填充就越粗糙，取值范围是 0～100%。

(7) 颜色模型：在下拉列表中可以选择的模型包括 RGB、HSB 和 LAB 三种。选择不同模型后，通过下面的颜色条来确定渐变颜色。

(8) 限制颜色：可以降低颜色的饱和度。

(9) 增加透明度：可以降低颜色的透明度。

(10) 随机化：单击该按钮，可以随机设置渐变颜色。

4.2.3　油漆桶工具

在 Photoshop 中，使用(油漆桶工具)可以将图像颜色相近的区域填充前景色或者图案，也可以将填充的区域局限在选区或图层内。

通常情况下该工具常用于快速对图像进行前景色或图案填充。使用方法非常简单，只要使用该工具在图像上单击就可以填充前景色或图案，如图 4-14 所示。

原图

单击填充前景色

单击填充图案

图 4-14　油漆桶工具填充

在“工具箱”中选择(油漆桶工具)后，属性栏会变成该工具对应的选项设置，如图 4-15 所示。

图 4-15　油漆桶工具属性栏

属性栏中各项的含义如下(重复或大致相同的选项设置就不做介绍了)：

(1) 填充：用于为图层、选区或图像选取填充类型，包括前景和图案。

- 前景：填充时会以前景色进行填充，与“工具箱”中的前景色保持一致。
- 图案：以预设的图案作为填充对象。只有选择“图案”选项时，后面的图案拾色器才会被激活。填充时，只要单击倒三角形按钮，在打开的“图案拾色器”中选择要填充的图案即可，如图 4-16 所示。

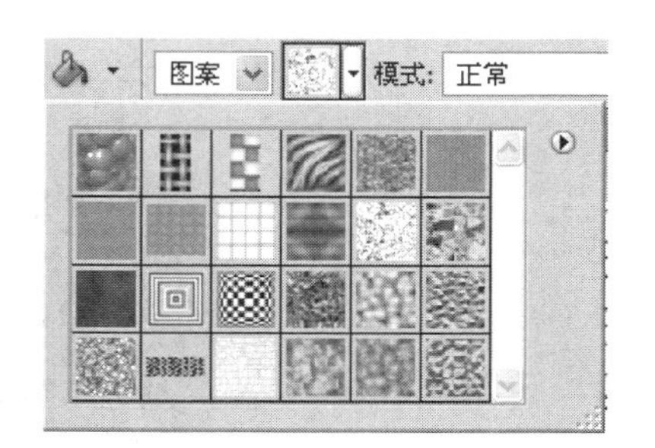

图 4-16　选择图案

提示：如果想要以其他的预设图案进行填充，只要在“图案拾色器”选项面板中单击弹出按钮，在弹出菜单中选择要替换的预设图案即可，如图 4-17 所示。

(2) 容差：用于设置填充前景色或图案的区域范围。在文本框中输入的数值越小，选取的颜色范围就越接近；

输入的数值越大，选取的颜色范围就越广。取值范围是 0～255。图 4-18 所示的图像是容差分别为 10 和 30 时的填充效果。

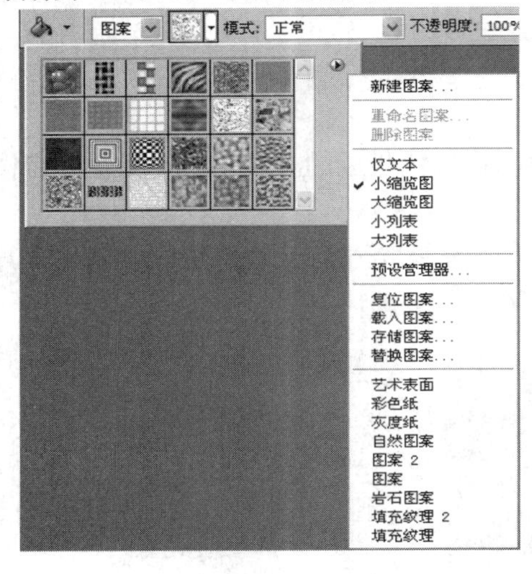

图 4-17 弹出菜单

容差为 10

容差为 30

图 4-18 不同容差时的填充效果

(3) 连续的：用于设置填充时的连续性。勾选“连续”复选框时的填充效果为相连的像素，如图 4-19 所示；不勾选“连续”复选框时的填充效果为所有与单击点像素相似的范围，如图 4-20 所示。

图 4-19 勾选“连续”复选框

图 4-20 不勾选“连续”复选框

(4) 所有图层：勾选该复选框，可以将多图层的文件看做单图层文件一样填充，不受图层限制。

技巧：如果在图层中填充但又不想填充透明区域，只要在“图层”调板中锁定该图层的透明区域就行了，如图 4-21 所示。

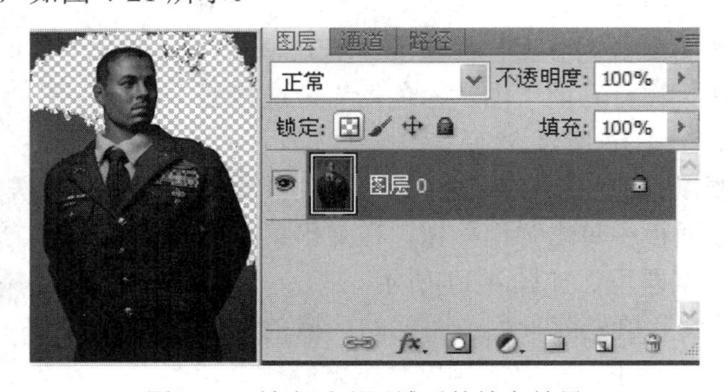

图 4-21 锁定透明区域后的填充效果

工具上手处

在 Photoshop 中，使用(油漆桶工具)最多的地方是为图像快速着色或替换整体与局部背景，如图 4-22 所示。

图 4-22　为图像快速着色

4.3　擦除图像

擦除图像指的是将图像的整体或局部删除。在 Photoshop CS5 中，用于擦除的工具被集中在橡皮擦工具组中，使用该组中的工具可以将打开的图像整体或局部擦除，也可以单独对选取的某个区域进行擦除。在“工具箱”中用鼠标右键单击(橡皮擦工具)图标，便可显示该组工具中的所有工具，如图 4-23 所示。在其中可以看到除(橡皮擦工具)以外的(背景橡皮擦工具)和(魔术橡皮擦工具)。

图 4-23　橡皮擦工具组

4.3.1　橡皮擦工具

在 Photoshop CS5 中使用(橡皮擦工具)可以将图像中的像素擦除。该工具的使用方法非常简单，选择(橡皮擦工具)后，在图像上单击并拖动鼠标即可将鼠标经过的内容擦除，并以背景色或透明色来显示被擦除的部分，如图 4-24 所示。

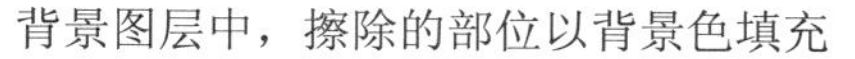

背景图层中，擦除的部位以背景色填充

普通图层中，擦除的部位以透明显示

图 4-24　橡皮擦擦除图像

提示：在背景图层或在透明图层被锁定的图层中擦除时，像素会以背景色填充橡皮擦经过的位置。

在“工具箱”中选择(橡皮擦工具)后，属性栏会变成该工具对应的选项设置，如图 4-25 所示。

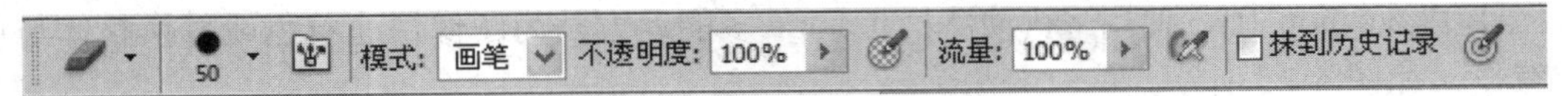

图 4-25 橡皮擦工具属性栏

属性栏中各项的含义如下(重复或大致相同的选项设置就不做介绍了)：

(1) 画笔：用来设置橡皮擦的大小、硬度和选择画笔样式。

(2) 模式：用来设置橡皮擦的擦除方式。单击“模式”后面的倒三角按钮，在弹出的下拉列表中将显示“画笔”、“铅笔”和“块”。应用不同模式擦除后的结果如图 4-26 所示。

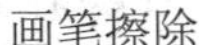

画笔擦除　　铅笔擦除　　块擦除

图 4-26 不同模式的橡皮擦擦除图像

(3) 不透明度：用来控制橡皮擦在擦除时的透明度，数值越大，擦除的效果越好。数值范围是 0～100%。

(4) 流量：控制橡皮擦在擦除时的流动频率，数值越大，频率越高。数值范围是 0～100%。

(5) 抹到历史记录：用来设置编辑图像时不同步骤的擦除效果。可以在“历史记录”调板中确定要擦除的操作，再勾选“抹到历史记录”复选框，在图像上涂抹时会将在“历史记录”调板中选择的步骤选项擦除，如图 4-27 所示。

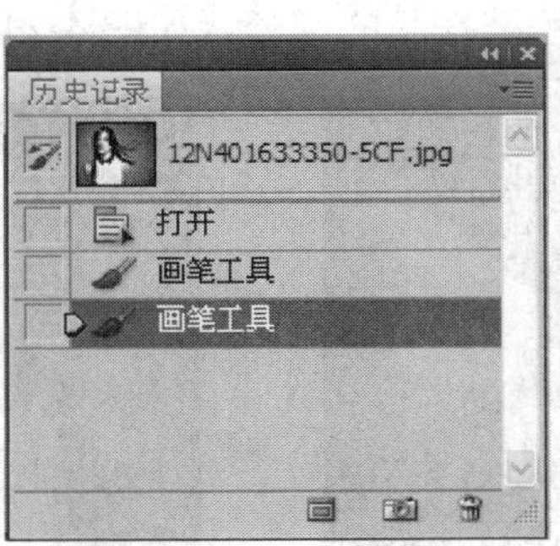

擦除　　设置历史记录

图 4-27 擦除历史记录

技巧：使用橡皮擦工具时，按住 Shift 键，可以以直线的方式擦除；按住 Ctrl 键，可以暂时将橡皮擦工具换成移动工具；按住 Alt 键，系统会将擦除的地方在鼠标经过时自动还原。

工具上手处

在 Photoshop 中，经常使用(橡皮擦工具)将编辑图像时产生的多余部位擦除，可使图像更加完美，如图 4-28 所示。

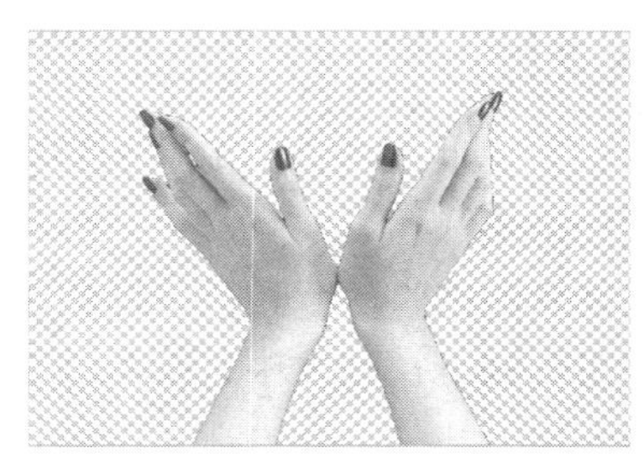
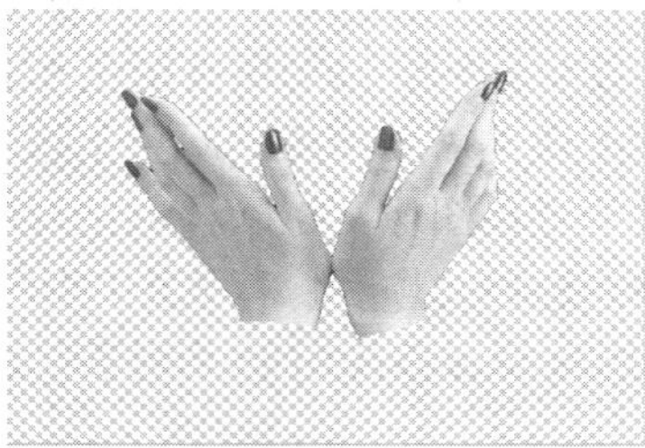

图 4-28　橡皮擦的使用

4.3.2　背景橡皮擦工具

在 Photoshop CS5 中，使用(背景橡皮擦工具)可以在图像中擦除指定颜色的图像像素，鼠标经过的位置将会变为透明区域。即使在“背景”图层中擦除图像后，也会将“背景”图层自动转换成可编辑的普通图层，如图 4-29 所示。

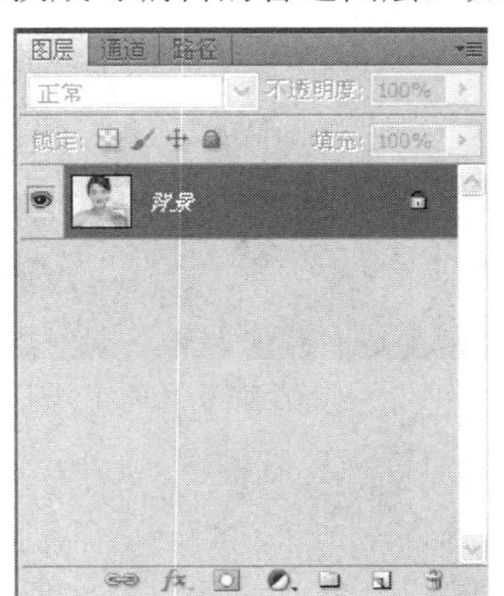

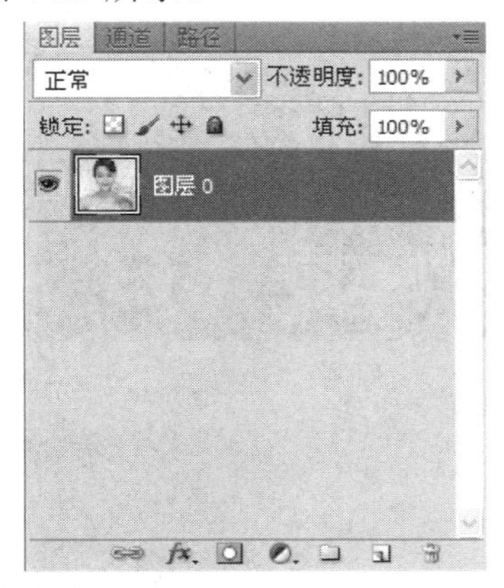

转换为普通图层

图 4-29　背景橡皮擦擦除自定颜色像素

在“工具箱”中选择(背景橡皮擦工具)后，属性栏会变成该工具对应的选项设置，如图 4-30 所示。

图 4-30 背景橡皮擦工具属性栏

属性栏中各项的含义如下(重复或大致相同的选项设置就不做介绍了):

(1) 取样：用来设置擦除图像颜色的方式，包括连续、一次和背景色板。

- 连续：可以将鼠标经过的所有颜色作为选择色并对其进行擦除。
- 一次：在图像上需要擦除的颜色上按下鼠标，此时选取的颜色将自动变为背景色，只要不松手即可一直在图像上擦除该颜色对应的像素。
- 背景色板：选择此项后，背景橡皮擦工具只能擦除与背景色一样的颜色区域。

(2) 限制：用来设置擦除时的限制条件。在限制下拉列表中包括不连续、连续和查找边缘选项。

- 不连续：可以在选定的色彩范围内多次重复擦除。
- 连续：在选定的色彩范围内只可以擦除一次，也就是说必须在选定颜色后连续擦除。
- 查找边缘：擦除图像时可以更好地保留图像边缘的锐化程度。

(3) 容差：用来设置擦除图像中颜色的准确度，数值越大，擦除的颜色范围就越广，可输入的数值范围是 0～100%。图 4-31 所示的图像为不同容差时的擦除范围。

原图

容差为 10%

容差为 60%

图 4-31 不同容差时的擦除效果

(4) 保护前景色：勾选该复选框后，图像中与前景色一致的颜色将不会被擦除掉。

工具上手处

在 Photoshop 中，背景橡皮擦工具常用于擦除指定图像中的颜色区域，也可以用来为图像去掉背景，如图 4-32 所示。

图 4-32　背景橡皮擦的使用

4.3.3　魔术橡皮擦

在 Photoshop CS5 中，(魔术橡皮擦工具)的使用方法与(魔术棒工具)相类似。不同的是，(魔术橡皮擦工具)会直接将选取的范围清除而不是建立选区。

(魔术橡皮擦工具)常用来快速去掉图像的背景。该工具的使用方法非常简单，只要选择要清除的颜色范围，单击即可将其清除，如图 4-33 所示。

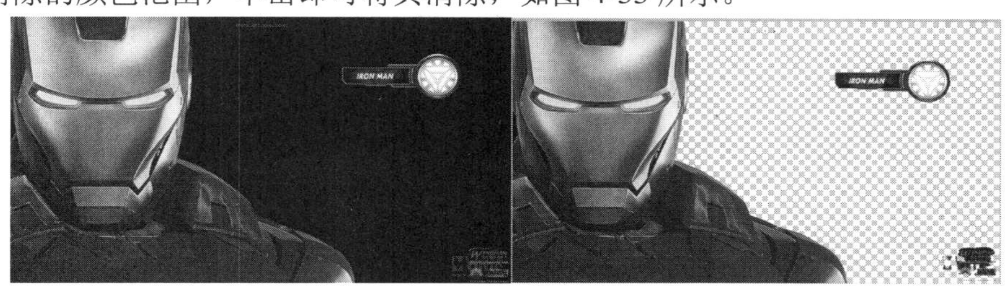

图 4-33　魔术橡皮擦

在“工具箱”中选择魔术橡皮擦工具后，属性栏会变成该工具对应的选项设置，如图 4-34 所示。

图 4-34　魔术橡皮擦工具属性栏

工具上手处

在 Photoshop 中，魔术橡皮擦工具常用于快速清除图像的背景，从而得到抠图效果，如图 4-35 和图 4-36 所示。

图 4-35　去掉背景

图 4-36　去掉背景

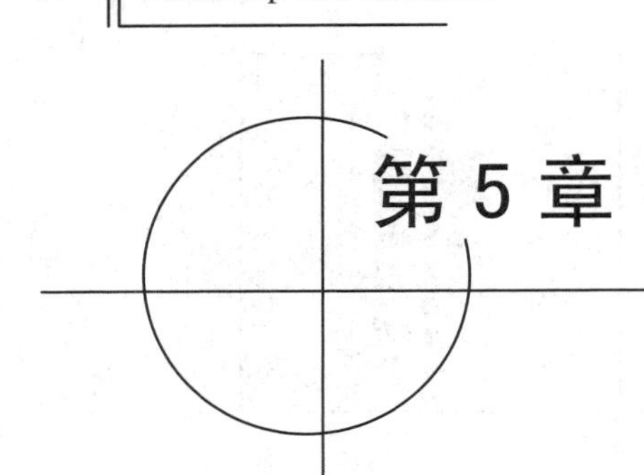

第 5 章 绘图工具的运用

5.1 用于绘制图像的工具

在 Photoshop CS5 中，用于绘图的工具被集中在画笔工具组中，其中包括(画笔工具)、(铅笔工具)、(颜色替换工具)和(混合器画笔工具)，如图 5-1 所示。

图 5-1 画笔工具组

5.2 直接绘制工具

在 Photoshop CS5 中，能够直接绘制图像的工具包括(画笔工具)和(铅笔工具)。

5.2.1 画笔工具

(画笔工具)可以将预设的笔尖图案直接绘制到当前的图像中，也可以将其绘制到新建的图层内。(画笔工具)常用来绘制预设画笔笔尖图案或绘制不太精确的线条。该工具的使用方法与现实中的画笔较相似，只要选择相应的画笔笔触后，在文档中按下鼠标拖动便可以进行绘制，被绘制的笔触颜色以前景色为准，如图 5-2 所示。

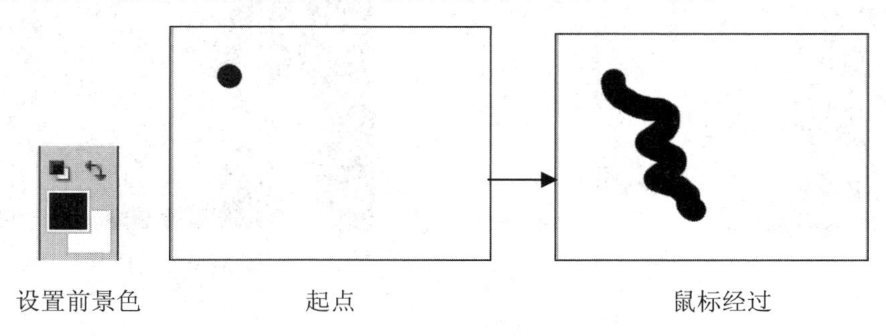

图 5-2 画笔工具

技巧：使用(画笔工具)绘制线条时，按住 Shift 键可以以水平、垂直的方式绘制直线或者相对于水平与垂直绘制 45 度角的直线。

在“工具箱”中选择(画笔工具)后，属性栏会变成该工具对应的选项效果，如图 5-3 所示。

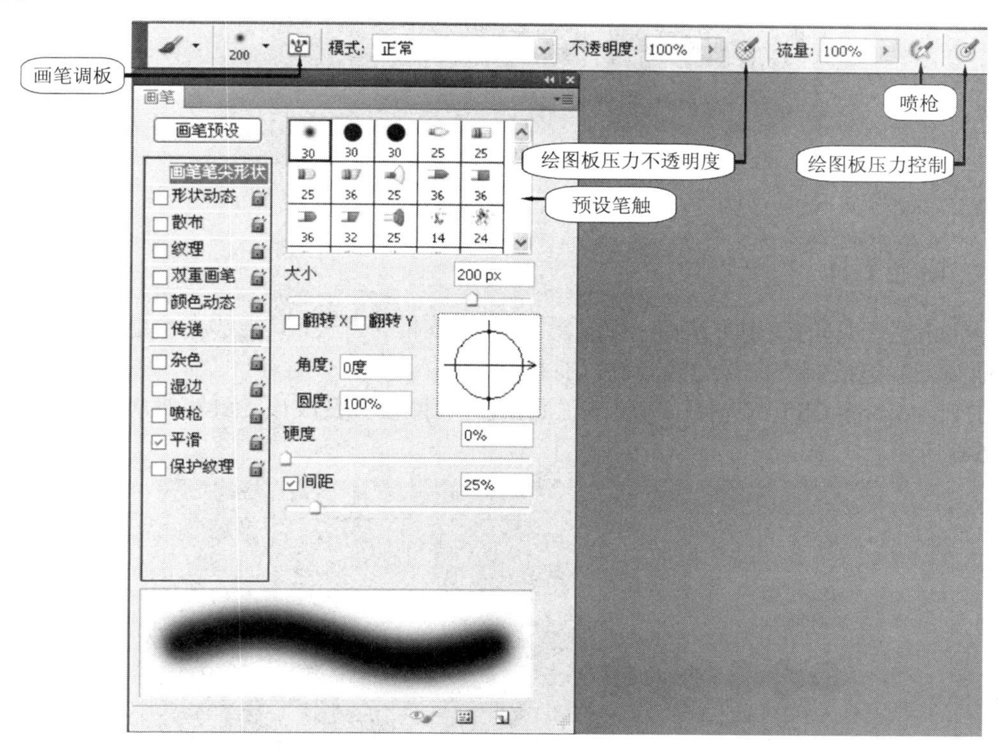

图 5-3　画笔工具属性栏

属性栏中各项的含义如下：

(1) 主直径：用来设置画笔的大小。

(2) 硬度：用来设置画笔的柔和度，数值越小，画笔边缘越柔和。取值范围是 1%～100%。

(3) 绘图板压力不透明度：通过连接的绘图板和绘图笔来控制擦除的不透明度。

(4) 喷枪：使擦除图像具有一种喷枪效果。

(5) 绘图板压力控制：自动根据绘图笔与绘图板之间的受力程度，对图像进行擦除力度的调整。

(6) 画笔调板：单击该按钮后，系统会自动打开如图 5-4 所示的“画笔”调板，从中可以对选取的笔触进行更精确的设置。

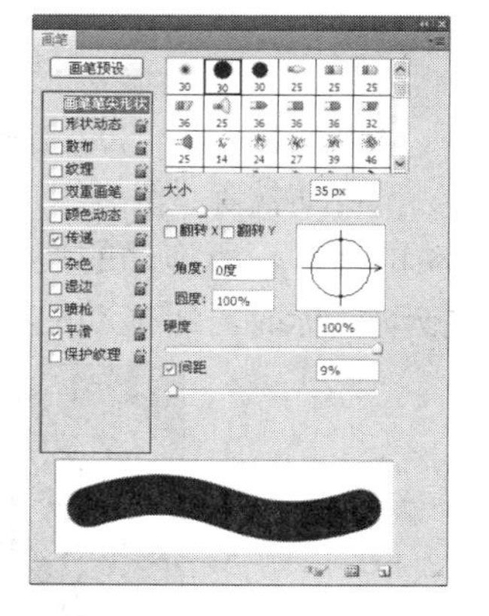

图 5-4　“画笔”调板

工具上手处

在 Photoshop 中，使用画笔工具最多的是手绘图像，或通过画笔对结合的图像进行精确的蒙版调整，如图 5-5 所示。

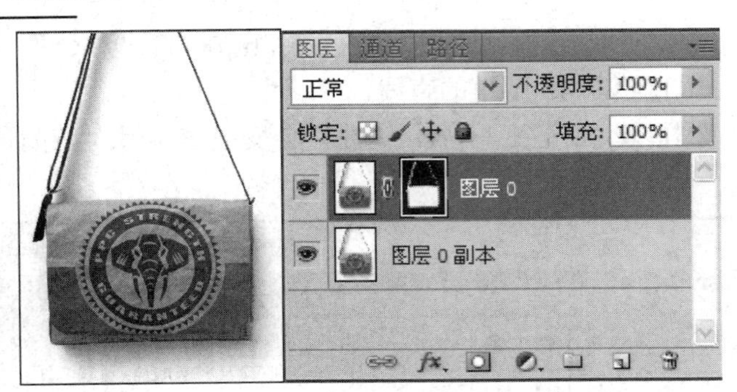

图 5-5 画笔运用

5.2.2 铅笔工具

(铅笔工具)的使用方法与(画笔工具)大致相同，该工具能够真实地模拟铅笔绘制出的曲线，铅笔绘制的图像边缘较硬，有棱角。

在 Photoshop CS5 中选择(铅笔工具)后，属性栏会变成该工具箱对应的选项设置，如图 5-6 所示。

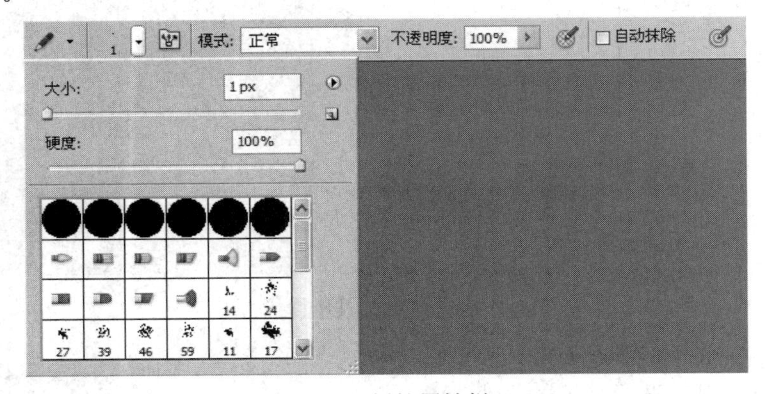

图 5-6 铅笔属性栏

属性栏中各项的含义如下(重复或大致相同的选项设置就不做介绍了)：

自动抹除：铅笔工具的特殊功能，当勾选该复选框后，在与前景色一致的颜色区域拖动鼠标时，所拖动的痕迹将以背景色填充，如图 5-7 所示；在与前景色不一致的颜色区域拖动鼠标时，所拖动的痕迹将以前景色填充，如图 5-8 所示。

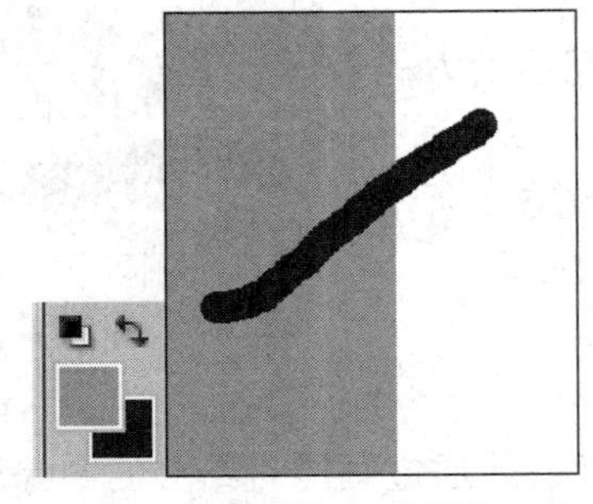

图 5-7 自动涂抹(与前景色一致)

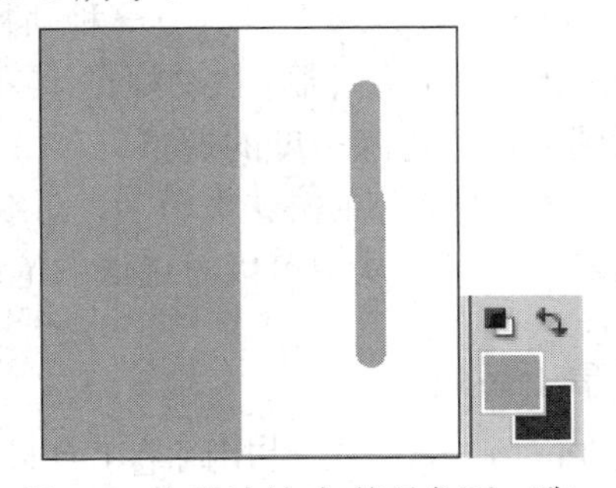

图 5-8 自动涂抹(与前景色不一致)

工具上手处

在 Photoshop 中，使用铅笔工具最多的地方是为手绘图像绘制草图轮廓，如图 5-9 所示。

图 5-9　铅笔运用

5.3 替换颜色

在 Photoshop CS5 中，能够直接在图像中按指定颜色对图像局部替换颜色的工具为(颜色替换工具)，该工具被放置在画笔工具组中。

使用(颜色替换工具)可以十分轻松地将图像中的颜色按照设置的“模式”替换成前景色。该工具常用来快速替换图像中的局部颜色。

在“工具箱”中选择(颜色替换工具)后，属性栏会变成该工具对应的选项效果，如图 5-10 所示。

图 5-10　颜色替换工具选项栏

属性栏中各项的含义如下：

模式：用来设置替换颜色时的混合模式，包括色相、饱和度、颜色和明度。

【练习】 使用不同模式替换颜色时的效果。

本次练习主要让大家了解使用(颜色替换工具)在不同模式下对图像局部进行替换后的效果。

1. 色相

(1) 执行“文件”→“打开”命令或按组合键 Ctrl+O 打开素材，如图 5-11 所示。

(2) 在“工具箱”中选择(颜色替换工具)，在“属性栏”的“模式”下拉列表中选择“色相”，单击“取样”中的“一次”按钮，设置“容差”为“54%”，设置“前景色”为“黄色”，在图像中的婴儿车上拖曳鼠标，如图 5-12 所示。

图 5-11　素材

图 5-12　色相替换

2．饱和度

(1) 按 F12 键恢复素材。

(2) 在“工具箱”中选择(颜色替换工具)，在“属性栏”的“模式”下拉列表中选择“饱和度”选项，单击“取样”中的“一次”按钮，设置“容差”为“54%”，设置“前景色”为“蓝色”，在图像中的婴儿车上拖曳鼠标，如图 5-13 所示。

3．颜色

(1) 按 F12 键恢复素材。

(2) 在“工具箱”中选择(颜色替换工具)，在“属性栏”的“模式”下拉列表中选择“颜色”选项，单击“取样”中的“一次”按钮，设置“容差”为“54%”，设置“前景色”为“绿色”，在图像中的婴儿车上拖曳鼠标，如图 5-14 所示。

图 5-13　饱和度替换

图 5-14　颜色替换

5.4　混合器效果

通过混合器功能可以将打开的图像进行溶解处理，使图像的效果就像是还未晒干的油漆，只要涂抹便会改变像素的显示效果。

使用(混合器画笔工具)可以通过选定的不同画笔笔触对选定的照片或图像轻松地进行描绘，使其产生具有实际绘画的艺术效果。(混合器画笔工具)为 Photoshop CS5 新增的一个工具，该工具不需要使用者具有绘画基础就能绘制出艺术画作。该工具的使用方法与现实中的画笔比较相似，只要选择相应的画笔笔触后，在文档中拖曳鼠标便可以进行绘制，效果如图 5-15 所示(如果使用数位板，效果会更好)。

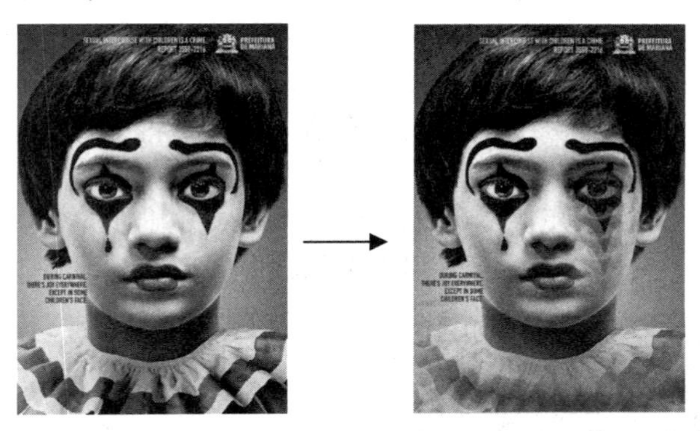

图 5-15　混合器画笔工具

在工具箱中单击混合器画笔工具后，Photoshop CS5 的选项栏会自动变为混合器画笔工具所对应的选项设置，通过选项栏可以对该工具进行相应的属性设置，使其更加好用，如图 5-16 所示。

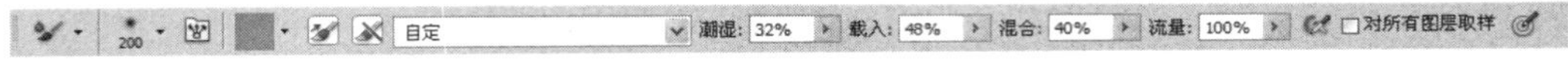

图 5-16　混合器画笔工具选项栏

选项栏中各项的含义如下：

(1) 当前载入画笔：用来设置使用时载入的画笔与清理画笔。下拉菜单中包括载入画笔、清理画笔和只载入纯色，如图 5-17 所示。

(2) 每次描边后载入画笔：选择此功能，每次绘制完成松开鼠标后，系统自动载入画笔。

(3) 每次描边后清理画笔：选择此功能，每次绘制完成松开鼠标后，系统自动将之前的画笔清除。

(4) 有用的混合画笔组合：用来设置不同混合预设效果，其中包括如图 5-18 所示的选项。

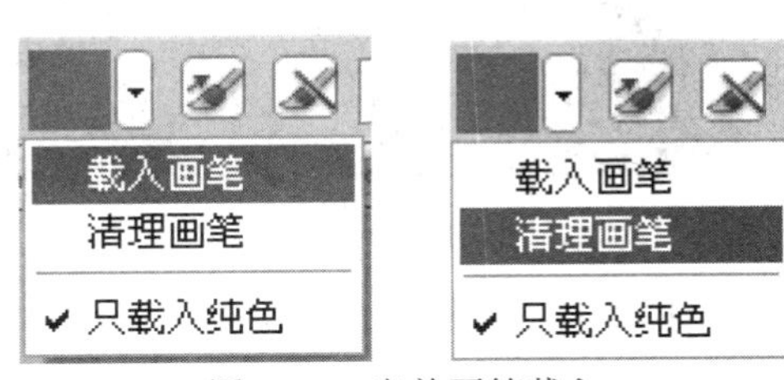

图 5-17　当前画笔载入

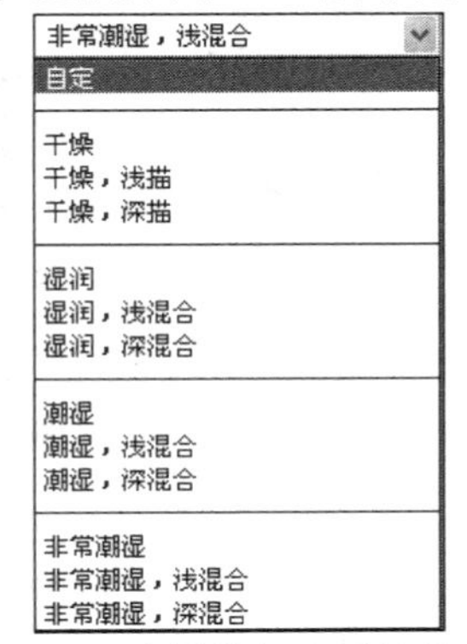

图 5-18　有用的混合画笔组合

(5) 潮湿：用来设置画布拾取的油彩量，数字越大油彩越浓。

(6) 载入：用来设置画笔上的油彩量。

(7) 混合：用来设置绘画时颜色的混合比。

(8) 流量：用来设置绘画时画笔流动速率。

(9) 对所有图层取样：勾选该复选框后，画笔会自动在多个图层中起作用。

技巧：输入法处于英文状态时，按 B 键可以在(画笔工具)、(铅笔工具)、(颜色替换工具)和(混合器画笔工具)之间转换；按组合键 Shift+B 可以在(画笔工具)、(铅笔工具)、(颜色替换工具)和(混合器画笔工具)之间转换。

【范例】 通过混合器画笔工具制作绘画效果。

本范例主要让大家了解在图像中使用混合器画笔工具将图像转换成绘画作品的具体操作方法。操作步骤如下：

(1) 执行“文件”→“打开”命令或按组合键 Ctrl+O 打开素材，如图 5-19 所示。

(2) 单击“图层”调板中的“创建新图层”按钮，新建“图层 1”，如图 5-20 所示。

图 5-19　素材

图 5-20　新建图层

(3) 在工具箱中选择(混合器画笔工具)，在选项栏中选择画笔笔触为“干画笔尖浅描”选项，选择“每次描边后载入画笔”选项和“每次描边后清理画笔”选项，设置“有用的混合画笔组合”为“湿润，深混合”如图 5-21 所示。

(4) 在属性栏中勾选“对所有图层取样”复选框后，使用(混合器画笔工具)在图像中进行涂抹，效果如图 5-22 所示。

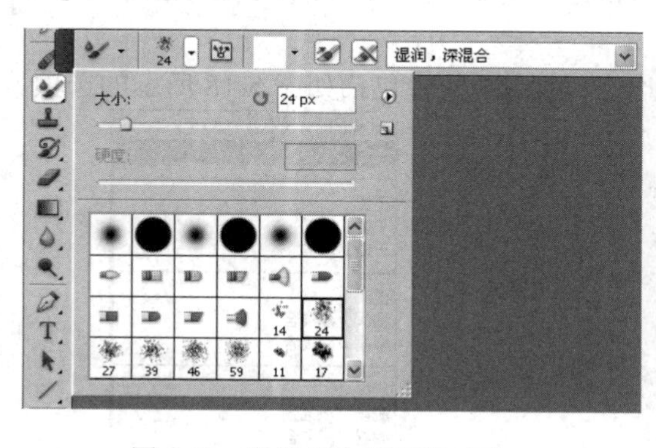

图 5-21　设置混合器画笔工具

图 5-22　涂抹

(5) 使用(混合器画笔工具)在图像中细致涂抹，涂抹过程如图 5-23 所示。

(6) 在将整个图像都涂抹一遍后，完成本例的制作效果如图 5-24 所示。

提示：在使用混合器画笔工具制作图像时，可以根据图像的大小程度，适当对工具的画笔直径进行调整，这样可以得到更好的效果。

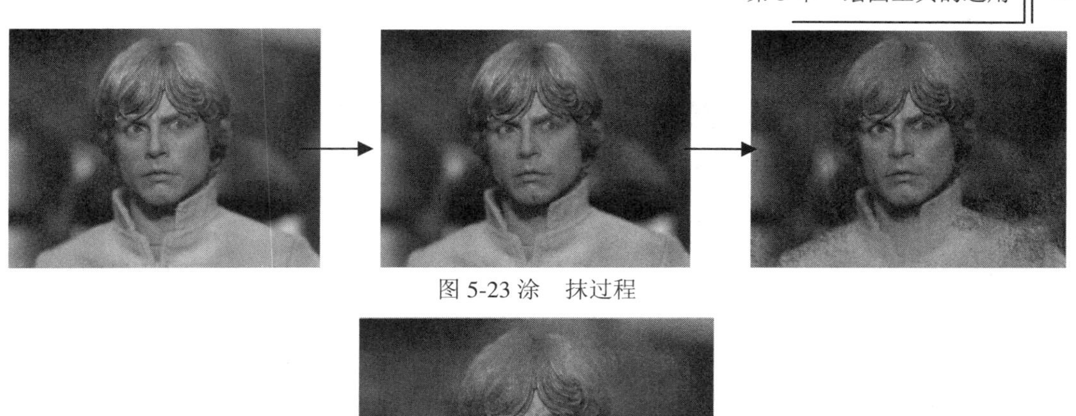

图 5-23 涂　抹过程

图 5-24　最终效果

5.5　画 笔 调 板

在“画笔”调板中不但提供了画笔的各种预设，还可以在调板中对预设的画笔进行进一步的调整，应用这些功能，可以绘制出许多意想不到的绘画效果。按 F5 键可快速打开“画笔”调板。

提示：当选择可以应用“画笔”调板的不同工具时，“画笔”调板左侧的样式选项会根据选择工具的不同而激活可使用选项。

5.5.1　画笔预设

在“画笔”调板中选择“画笔预设”选项时，在调板的右侧会显示当前画笔预设组中的画笔笔触，如图 5-25 所示。

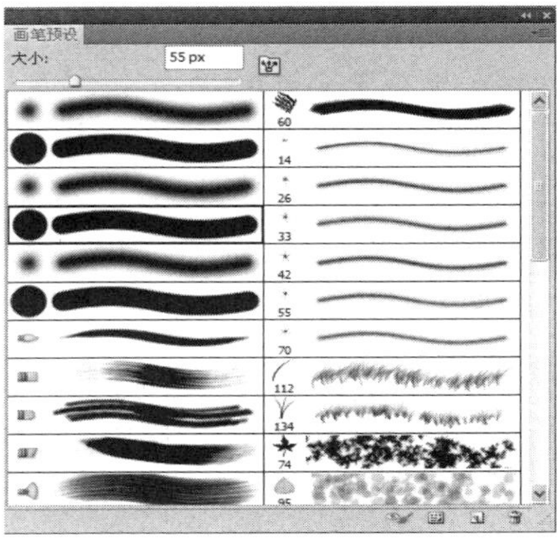

调板中各项的含义如下：

(1) 画笔笔触列表：显示当前画笔预设组中的所有笔触，在图标上单击即可选择该笔触。

(2) 大小：用来设置画笔笔触大小。

图 5-25　画笔预设选项

5.5.2　画笔笔尖形状

选择“画笔笔尖形状”选项后，调板中会出现画笔笔尖形状对应的参数值，如图 5-26 所示。调板中各项的含义如下：

(1) 大小：用来设置画笔笔尖大小。

(2) 画笔预设：单击该按钮，可以将画笔笔尖直径以预设的大小显示。

(3) 翻转 X 和翻转 Y：将画笔笔尖沿 X 轴和 Y 轴的方向进行翻转，如图 5-27 所示。

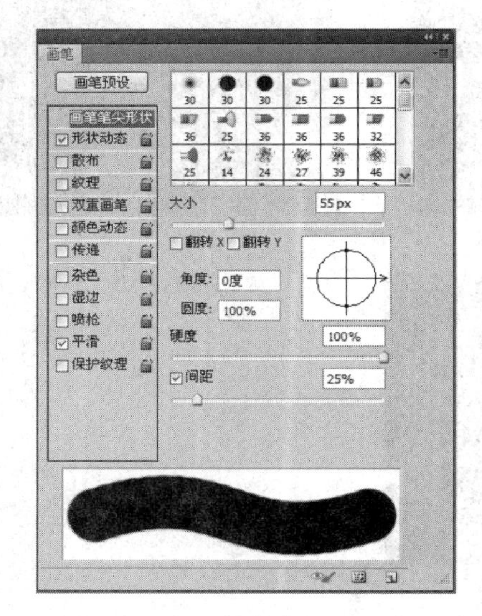

图 5-26 “画笔笔尖形状”选项

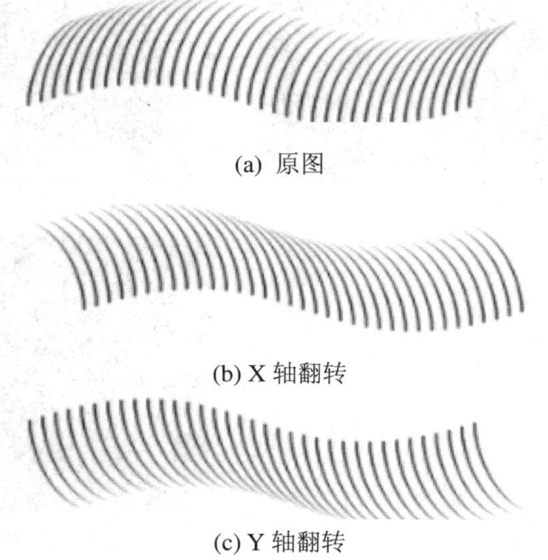

(a) 原图

(b) X 轴翻转

(c) Y 轴翻转

图 5-27 翻转效果

(4) 角度：用来设置画笔笔尖沿水平方向上的角度。

(5) 圆度：用来设置画笔笔尖长短轴的比例，当圆度值为 100%时，画笔笔尖为圆形；当圆度值为 0 时，画笔笔尖为线性；当圆度值在 0～100%时，画笔笔尖为椭圆形。

(6) 硬度：用来设置画笔笔尖硬度中心的大小，数值越大，画笔笔尖边缘越清晰，取值范围是 0～100%。

(7) 间距：用来设置画笔笔尖之间的距离，数值越大，画笔笔尖之间的距离就越大，取值范围是 1%～1000%，如图 5-28 所示。

图 5-28 不同间距的绘制效果

5.5.3 形状动态

选择“形状动态”选项后，调板中会出现形状动态对应的参数值，如图 5-29 所示。调板中各项的含义如下：

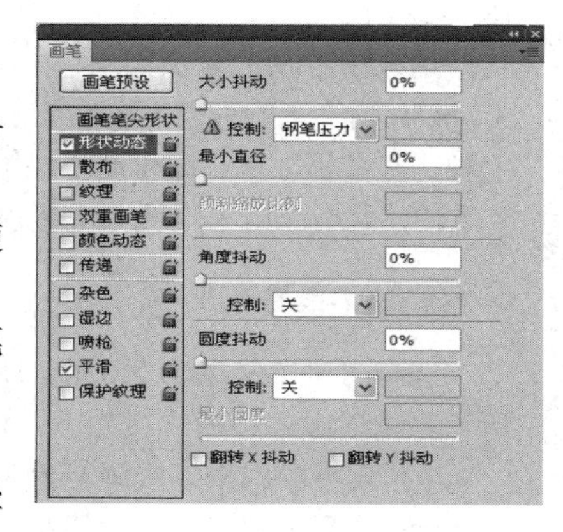

图 5-29 “形状动态”选项

(1) 大小抖动：用来设置画笔笔尖大小之间变化的随机性，数值越大，变化越明显。

(2) (大小抖动)控制：在下拉菜单中可以选择改变画笔笔尖大小的变化方式。

- 关：不控制画笔笔尖的大小变化。
- 渐隐：可按指定数量的步长在初始直径和最小直径之间渐隐画笔笔迹的大小。每个步长等于画笔笔尖的一个笔尖。取值范围是 1～9999。图 5-30 所示的图像分别是渐隐步长为 5 和 10 时的效果。

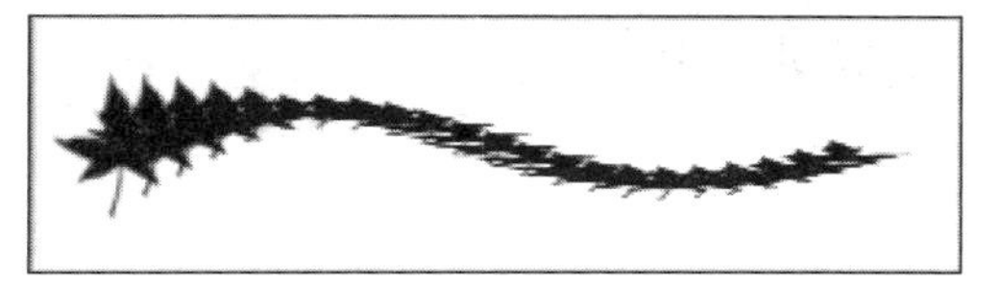

(a) 步长为 5

(b) 步长为 10

图 5-30　渐隐

• 钢笔压力、钢笔斜度和光轮笔：基于钢笔压力、钢笔斜度、钢笔拇指轮位置来改变画笔笔尖的大小。只有安装了数位板或感压笔时才可以产生这几项的效果。

(3) 最小直径：指定当启用“大小抖动”或“控制”选项时画笔笔尖可以缩放的最小百分比。可通过输入数值或使用拖动滑块来改变百分比。数值越大，变化越小。

(4) 倾斜缩放比例：在“控制”下拉菜单中选择“钢笔斜度”后此项才可以使用，可通过输入数值或使用拖动滑块来改变百分比。

(5) 角度抖动：设置画笔笔尖随机角度的改变方式，如图 5-31 所示。

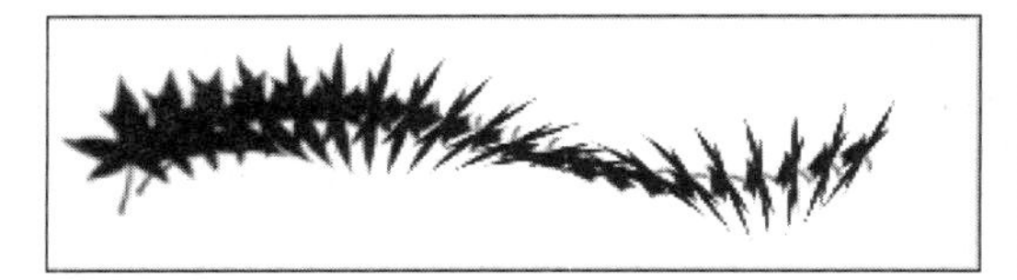

(a) 角度抖动为 0

(b) 角度抖动为 40%

图 5-31　角度抖动

(6) (角度抖动)控制：在下拉菜单中可以选择设置角度的动态控制。

• 关：不控制画笔笔尖的角度变化。

• 渐隐：可按指定数量的步长在 0 度到 360 度之间渐隐画笔笔尖角度。图 5-32 所示的图像从左到右分别是渐隐步长为 1、3 和 6 时的效果。

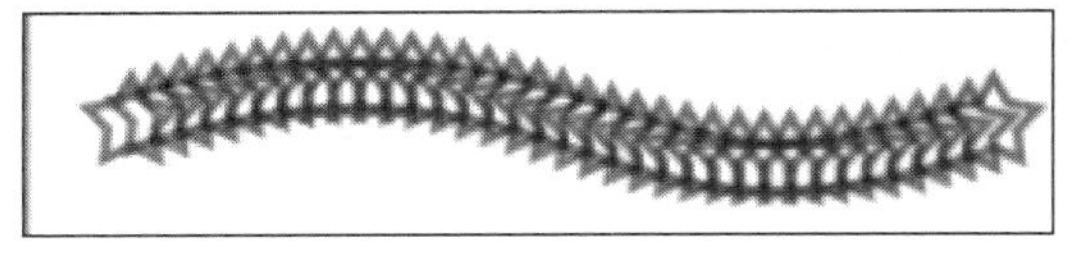

(a) 步长为 1

(b) 步长为 3

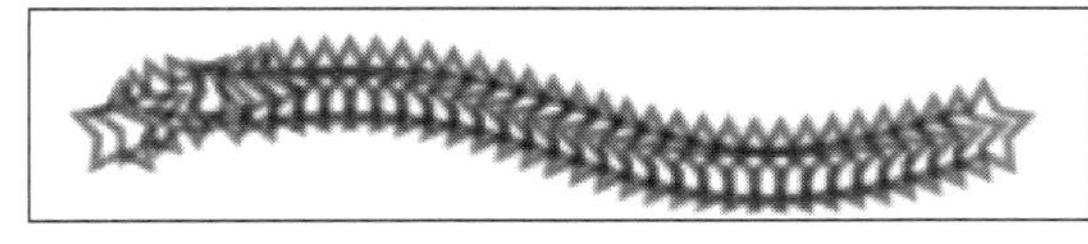

(c) 步长为 6

图 5-32　角度渐隐

• 钢笔压力、钢笔斜度、光轮笔和旋转：基于钢笔压力、钢笔斜度、钢笔拇指轮位置或钢笔的旋转在 0 度到 360 度之间改变画笔笔尖角度。这几项只有安装了数位板或感压笔时才可以产生效果。

• 初始方向：使画笔笔尖的角度基于画笔描边的初始方向。

• 方向：使画笔笔尖的角度基于画笔描边的方向。

(7) 圆度抖动：用来设定画笔笔尖的圆度在描边中的改变方式，如图 5-33 所示。

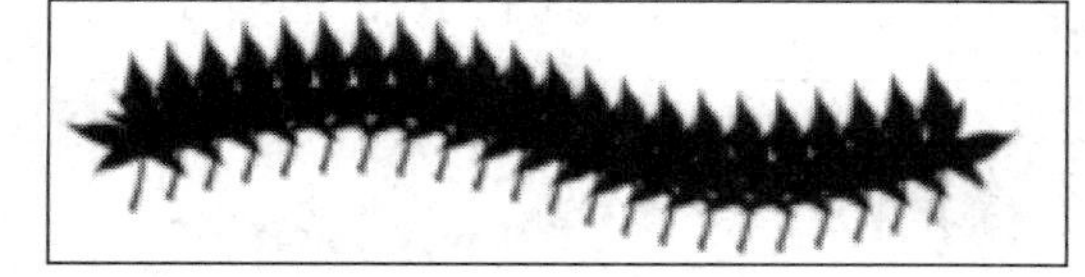

(a) 圆度抖动为 0

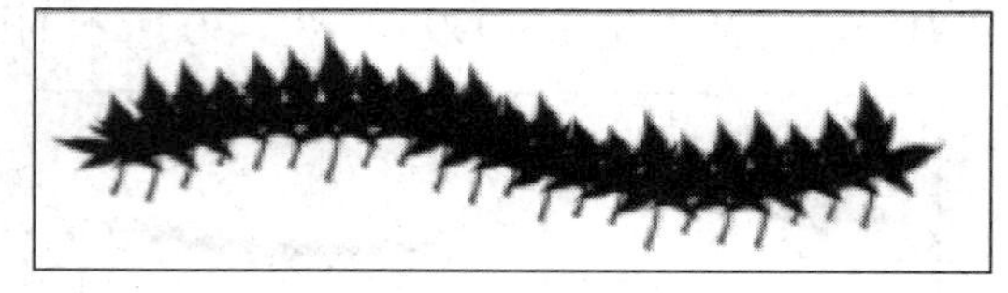

(b) 圆度抖动为 50%

图 5-33 圆度抖动

(8) (圆度抖动)控制：在下拉菜单中可以选择设置画笔笔尖圆度的变化。

- 关：不控制画笔笔尖的圆度变化。
- 渐隐：可按指定数量的步长在 100%和“最小圆度”值之间渐隐画笔笔尖的圆度。图 5-34 所示的图像分别是渐隐步长为 1 和 10 时的效果。

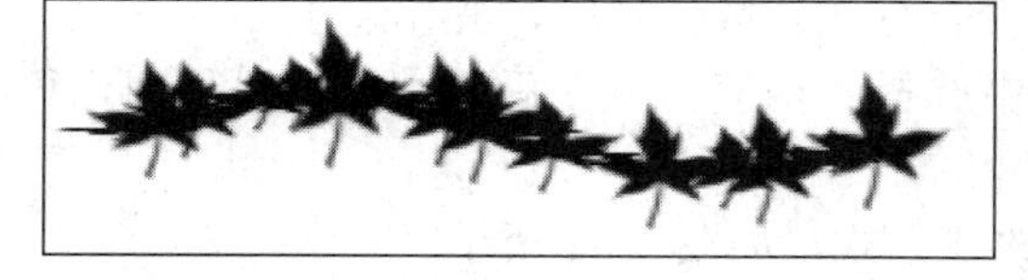

(a) 步长为 1

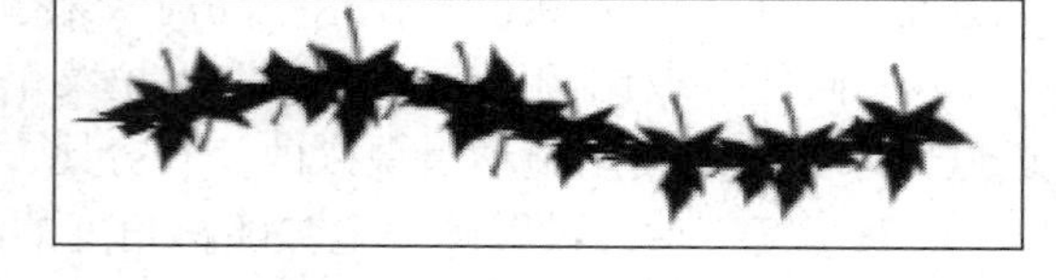

(b) 步长为 10

图 5-34 圆度渐隐

- 钢笔压力、钢笔斜度、光轮笔和旋转：基于钢笔压力、钢笔斜度、钢笔拇指轮位置或钢笔的旋转在 100%和“最小圆度”值之间改变画笔笔尖圆度。这几项只有安装了数位板或感压笔时才可以产生效果。

(9) 最小圆度：用来设置启用“圆度抖动”或“圆度控制”时画笔笔尖的最小圆度。

5.5.4 散布

“散布”选项用来设置画笔笔尖散布的数量和位置，选择该选项后，调板中会出现散布对应的参数值，如图 5-35 所示。

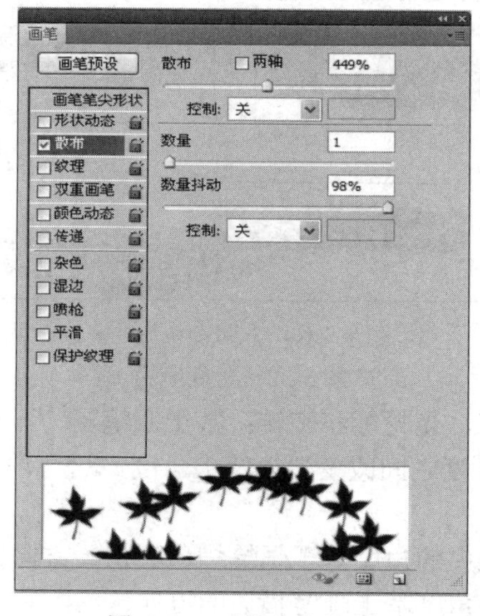

图 5-35 “散布”选项

调板中各项的含义如下：

(1) 散布：用来设置画笔笔尖垂直于描边路径的分布，数值越大，散布越广，如图 5-36 所示。

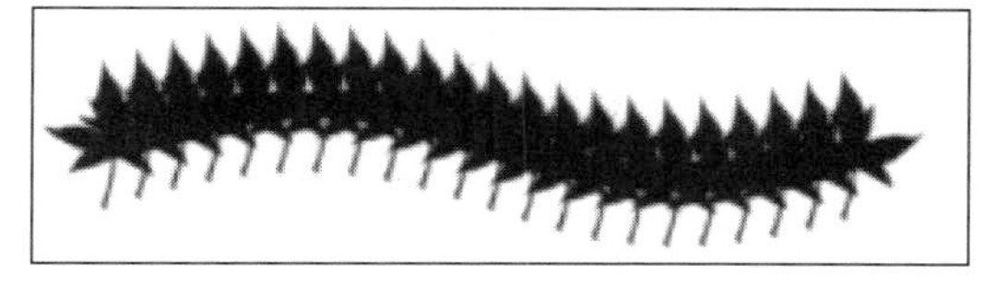

(a) 散布为 0

(b) 散布为 200%

图 5-36　散布

(2) 两轴：画笔笔尖按径向分布，如图 5-37 所示。

图 5-37　勾选“两轴”复选框

(3) 控制：在下拉菜单中可以选择改变画笔笔尖的散布方式。

- 关：不控制画笔笔尖的散布变化。
- 渐隐：可按指定数量的步长将画笔笔尖的散布从最大散布渐隐到无散布。图 5-38 所示的图像分别是渐隐步长为 5 和 20 时的效果。

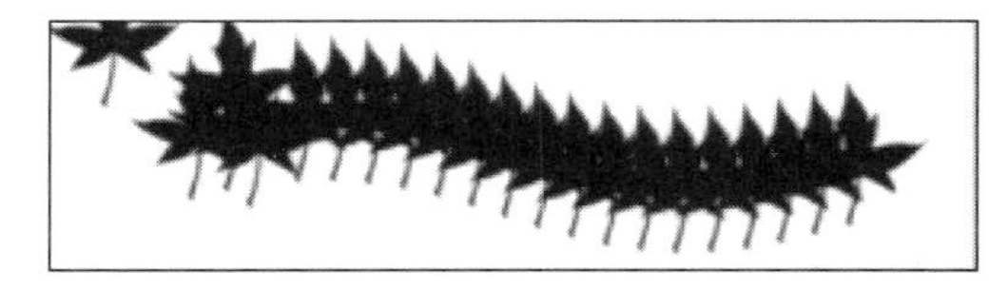

(a) 步长为 5

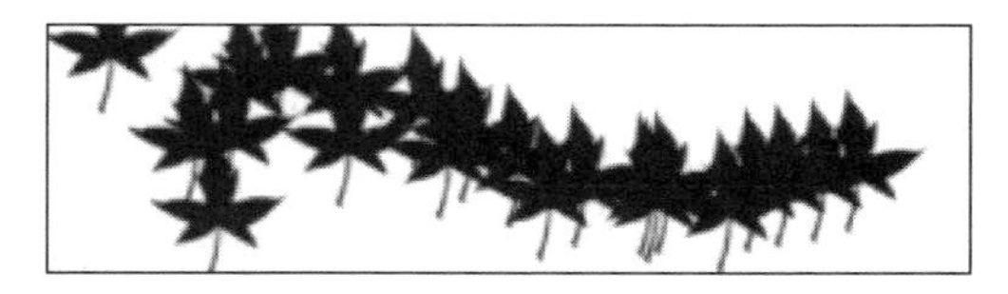

(b) 步长为 20

图 5-38　渐隐

- 钢笔压力、钢笔斜度、光轮笔和旋转：基于钢笔压力、钢笔斜度、绘图笔位置或钢笔的旋转来改变画笔笔尖的散布。这几项只有安装了数位板或感压笔时才可以产生效果。

(4) 数量：设置在每个间距应用的画笔笔尖数量，数值越大，笔尖越多，如图 5-39 所示。

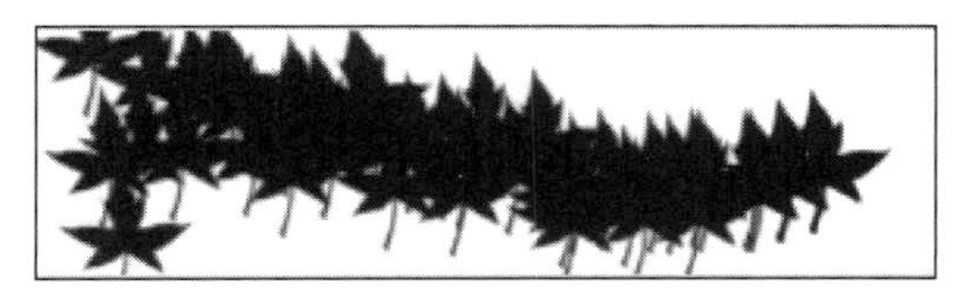

(a) 数量为 2

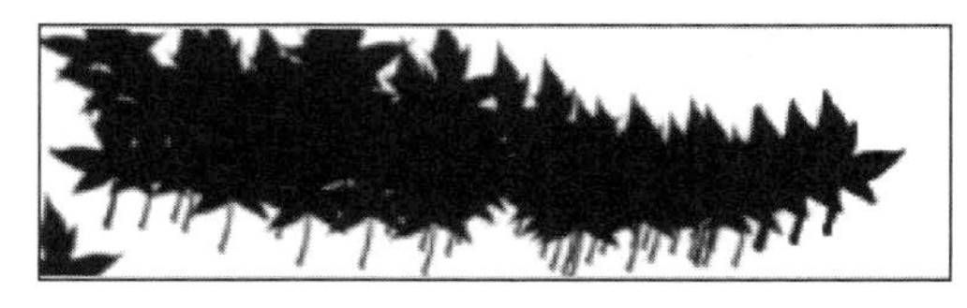

(b) 数量为 4

图 5-39　数量

提示：在不增大间距值或散布值的情况下增加数量，绘画性能可能会降低。

(5) 数量抖动：设置画笔笔尖的数量针对各种间距而发生的随机变化，数值越大，笔尖越多。

(6) (抖动)控制：在下拉菜单中可以选择改变画笔笔尖的数量方式。

- 关：不控制画笔笔尖的数量变化。
- 渐隐：可按指定数量的步长将画笔笔尖数量从“数量”值中渐隐，如图 5-40 所示。

(a) 步长为 1

(b) 步长为 2

图 5-40 数量

- 钢笔压力、钢笔斜度、光轮笔和旋转：基于钢笔压力、钢笔斜度、绘图笔位置或钢笔的旋转来改变画笔笔尖的数量。这几项只有在安装了数位板或感压笔时才可以产生效果。

5.5.5 纹理

“纹理”选项用来设置画笔笔尖的纹理效果，选择该选项后，调板中会出现纹理对应的参数值，如图 5-41 所示。

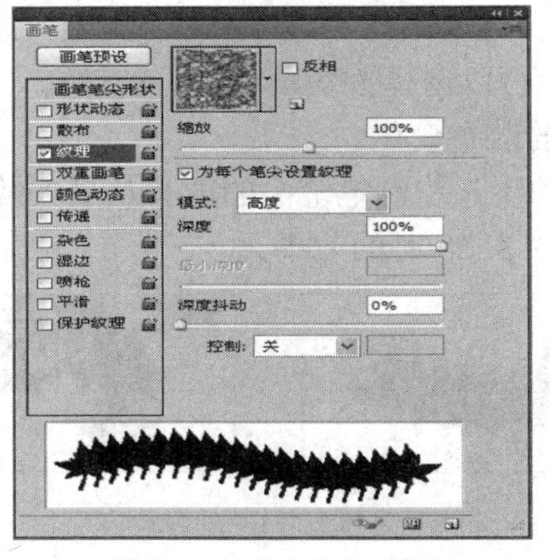

图 5-41 “纹理”选项

调板中各项的含义如下：

(1) 选择纹理：在调板中单击纹理缩览图右边三角形按钮，可弹出如图 5-42 所示的图案选项板。单击下拉图案列表中的任意图案，就会将该图案的纹理添加到画笔笔尖上；勾选右边的“反相”复选框，可以将图案纹理反转。

(2) 缩放：用来控制每个笔尖中添加图案的缩放比例，如图 5-43 所示。

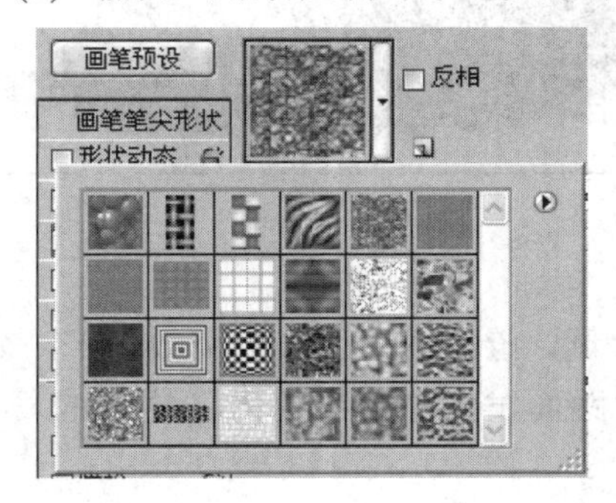

图 5-42 选择纹理

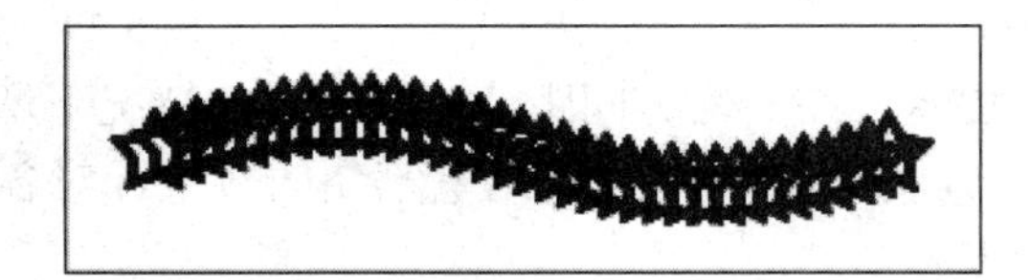

图 5-43 缩放

(3) 为每个笔尖设置纹理：勾选此复选框后，可以在绘画时分别渲染每个笔尖。此时调板中的“最小深度”和“最深抖动”选项才被激活。

(4) 模式：用来设置组合画笔和图案的混合模式。

(5) 深度：指定油彩渗入纹理中的深度。如果深度为100%，则纹理中的暗点不接收任何油彩；如果深度为0，则纹理中的所有点都接收相同数量的油彩，从而隐藏图案，如图5-44所示。

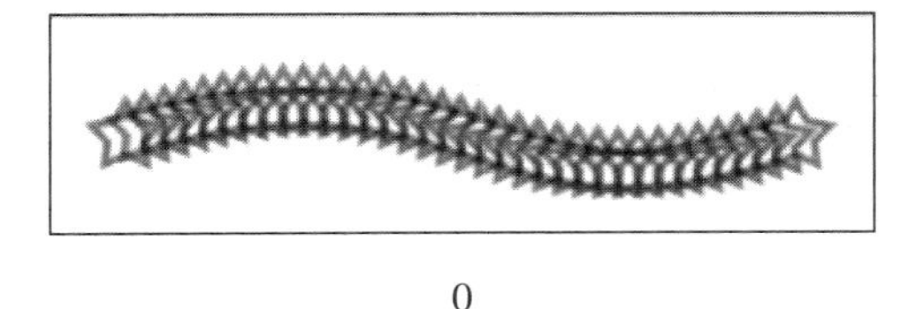

0

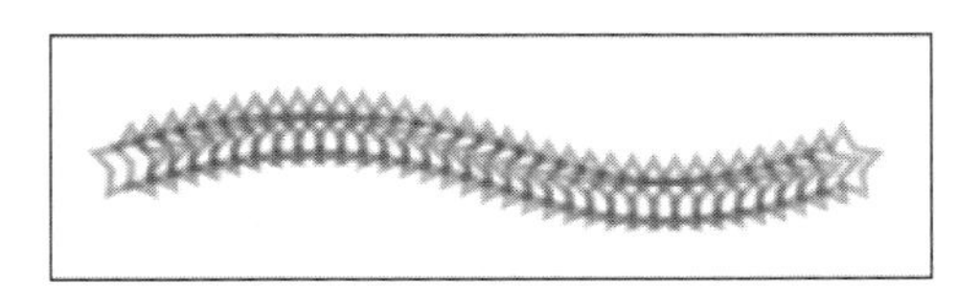

100%

图5-44 深度

(6) 最小深度：当“控制”设置为“渐隐”、“钢笔压力”、“钢笔斜度”、“光笔轮”或“旋转”时，油彩可渗入的最小深度。

(7) 深度抖动：用来设置纹理抖动的百分比。

(8) 控制：在下拉菜单中可以选择改变画笔笔尖的深度方式。

- 关：不控制画笔笔尖的深度变化。
- 渐隐：可按指定数量的步长将画笔笔尖的散布从最大散布渐隐到无散布。图5-45所示的图像分别是渐隐步长为5和20时的效果。

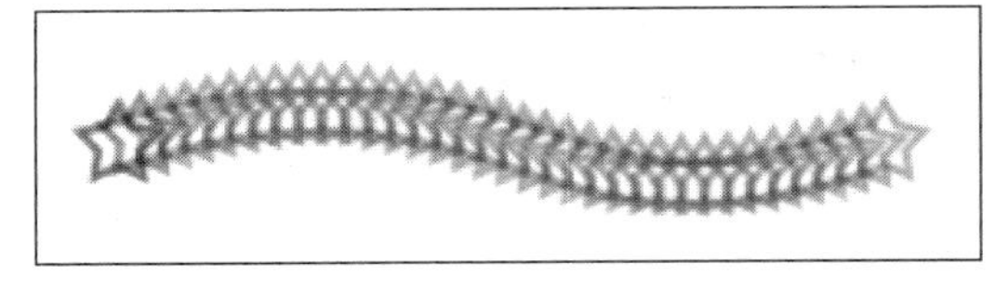

(a) 步长为5

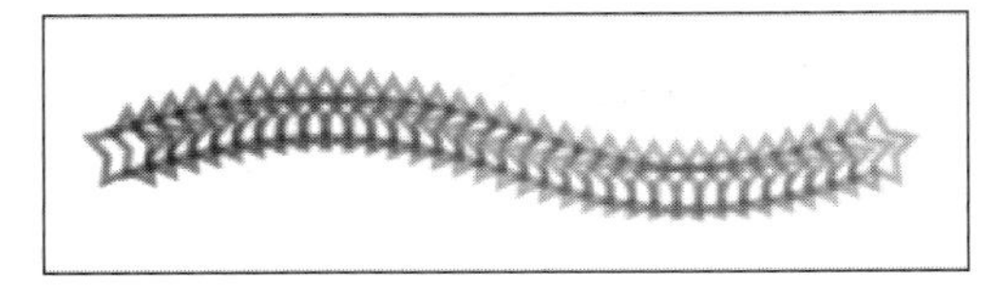

(b) 步长为20

图5-45 渐隐

- 钢笔压力、钢笔斜度、光轮笔和旋转：基于钢笔压力、钢笔斜度、绘图笔位置或钢笔的旋转来改变画笔笔尖的深度。这几项只有在安装了数位板或感压笔时才可以产生效果。

5.5.6 双重画笔

“双重画笔”选项可以用两个画笔笔尖创建绘制的画笔笔迹。在“画笔”调板左侧单击“双重画笔”选项后，调板中会出现双重画笔对应的参数值，如图5-46所示。在“画笔笔尖形状“选项中选择相应的一个笔尖，再在“双重画笔”选项中选择另一个画笔笔尖即可实现该功能。调板中各项的含义如下：

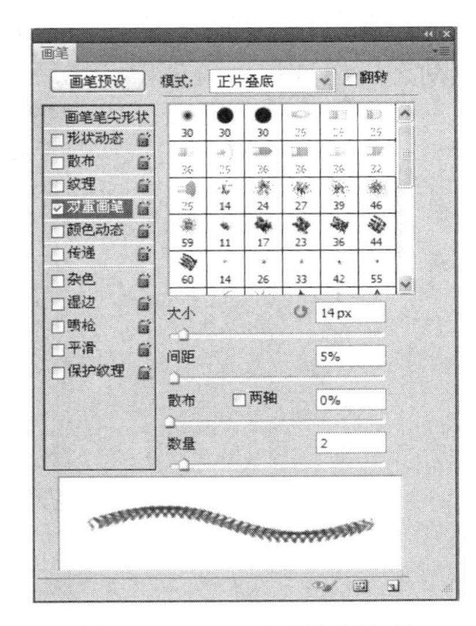

图5-46 “双重画笔”选项

(1) 模式：设置主要笔尖和双笔尖组合画笔笔迹使用时的混合模式。勾选“翻转”复选框，可以改变第二个画笔笔尖的方向。

(2) 大小：控制第二个笔尖的直径，如图 5-47 所示。单击“使用取样大小”按钮，可以使画笔笔尖恢复到默认的原始直径。

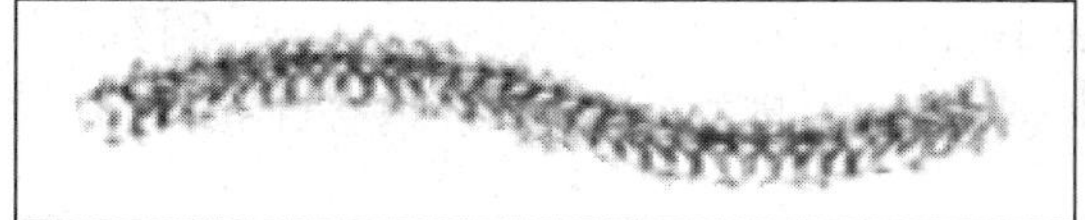
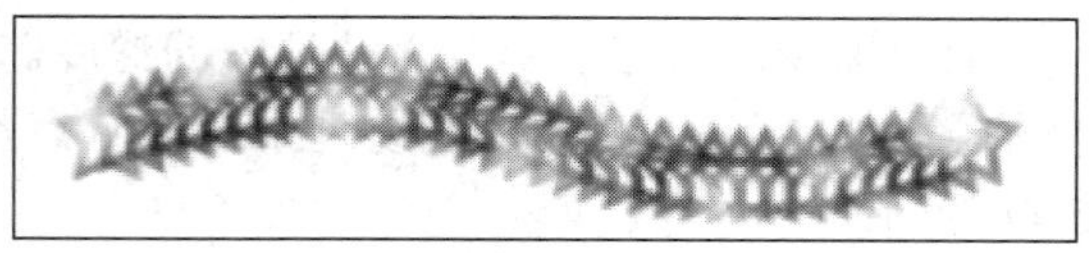

图 5-47　不同直径

(3) 间距：控制绘画时第二个画笔笔尖在笔迹之间的距离，如图 5-48 所示。

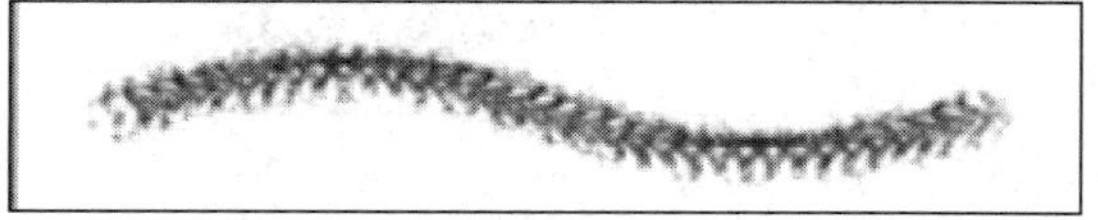
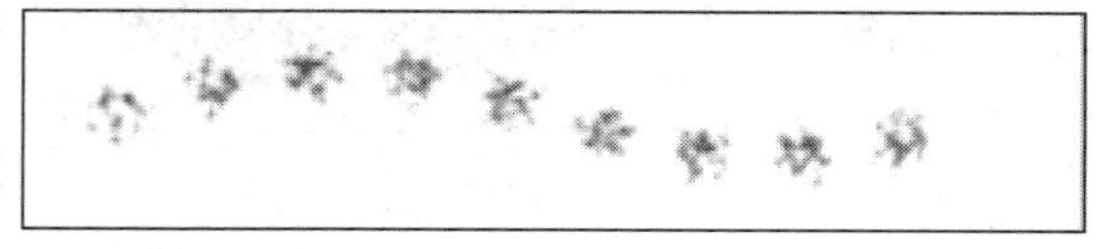

图 5-48　不同间距

(4) 散布：控制绘画时第二个画笔笔尖在笔迹中的分布方式。当勾选“两轴”复选框时，第二个画笔笔尖在笔迹中按径向分布；当取消勾选“两轴”复选框时，如图 5-49 所示。

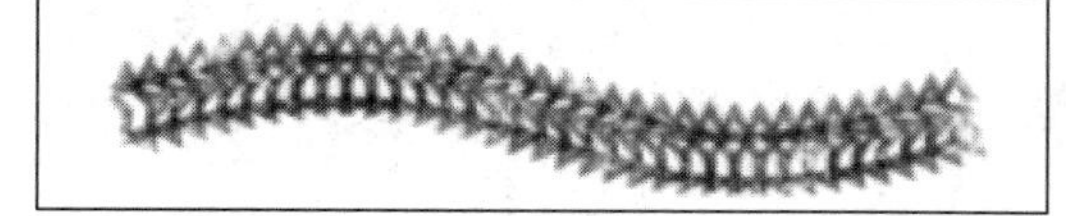
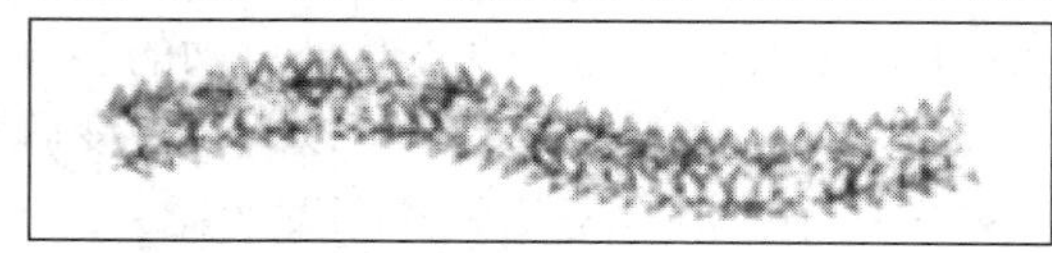

图 5-49　散布

(5) 数量：控制在每个间距应用的第二个画笔笔尖在笔迹中的数量，如图 5-50 所示。

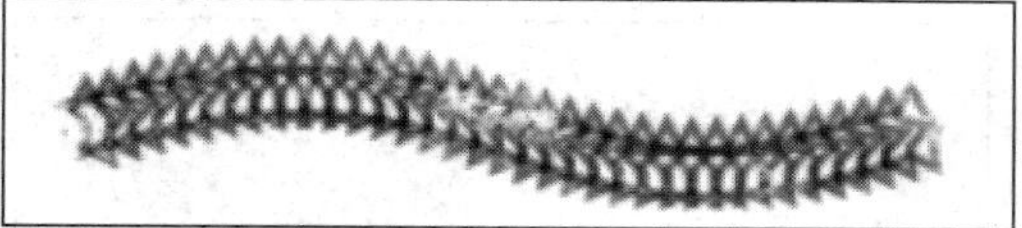
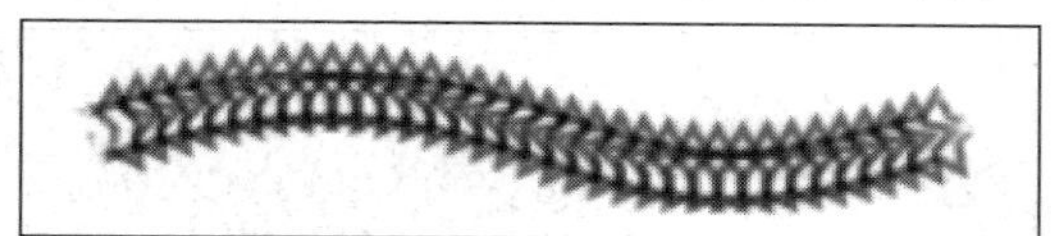

图 5-50　不同数量

5.5.7　颜色动态

“颜色动态”选项指在绘画笔迹中油彩颜色的变化方式。在“画笔”调板左侧单击“颜色动态”选项后，调板中会出现颜色动态对应的参数值，如图 5-51 所示。

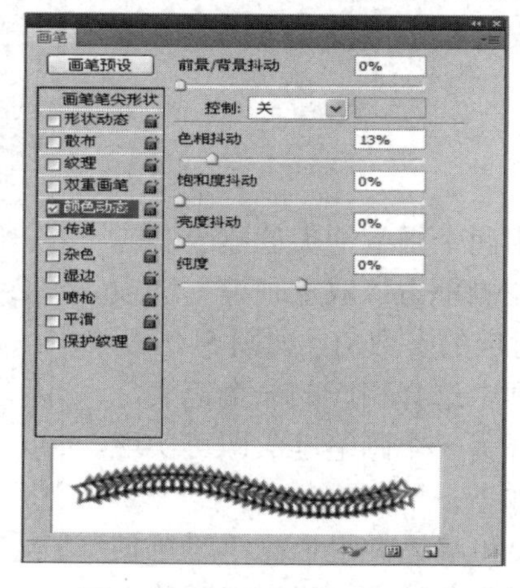

图 5-51　“颜色动态”选项

调板中各项的含义如下：

(1) 前景/背景抖动：用来设置油彩在前景色与背景色之间的变化方式。数值越小，油彩越接近前景色，如图 5-52 所示，此时前景色为“红色”，背景色为“蓝色”。

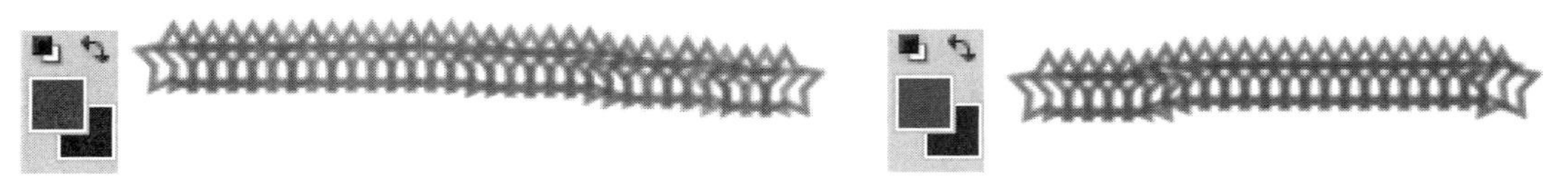

图 5-52　前景/背景抖动

(2) 控制：用来控制画笔笔迹的颜色变化。

- 关：不控制画笔笔迹的颜色变化。
- 渐隐：可按指定数量的步长在前景色和背景色之间改变油彩颜色，如图 5-53 所示。

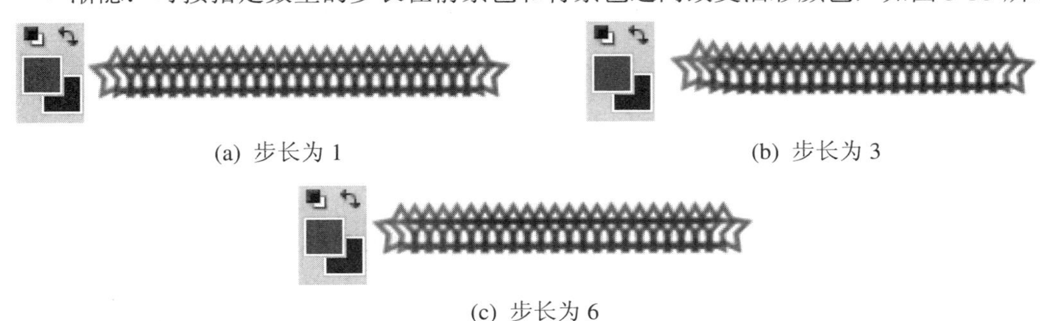

(a) 步长为 1　　(b) 步长为 3

(c) 步长为 6

图 5-53　颜色控制

- 钢笔压力、钢笔斜度、光轮笔和旋转：基于钢笔压力、钢笔斜度、绘图笔位置或钢笔的旋转在前景色和背景色之间改变油彩颜色。这几项只有在安装了数位板或感压笔时才可以产生效果。

(3) 色相抖动：用来设置绘制时油彩色相可以改变的百分比。较低的值在改变色相的同时保持接近前景色的色相，较高的值可增大色相间的差异，如图 5-54 所示。

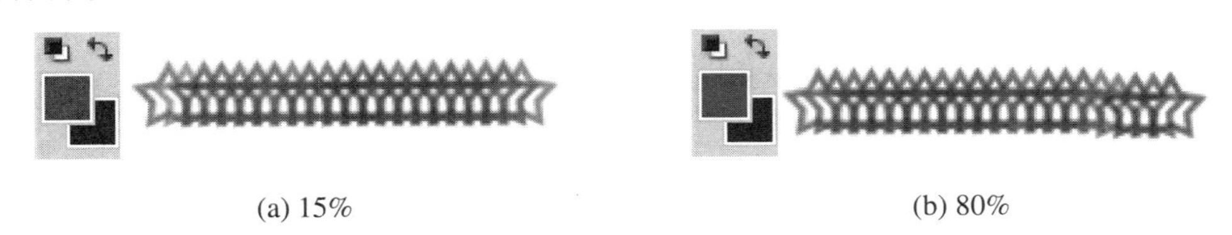

(a) 15%　　(b) 80%

图 5-54　色相抖动

(4) 饱和度抖动：用来设置绘制时油彩饱和度可以改变的百分比。较低的值在改变饱和度的同时保持接近前景色的饱和度；较高的值可增大饱和度级别之间的差异，如图 5-55 所示。

图 5-55　饱和度抖动

(5) 亮度抖动：用来设置绘制时油彩亮度可以改变的百分比。较低的值在改变亮度的同时保持接近前景色的亮度；较高的值可增大亮度级别之间的差异，如图 5-56 所示。

图 5-56　亮度抖动

(6) 纯度：增大或减小颜色的饱和度，取值范围为–100%～100%。如果该值为–100%，则颜色将完全去色；如果该值为 100%，则颜色将完全饱和，如图 5-57 所示。

(a) –100%　　(b) 100%

图 5-57　纯度抖动

5.5.8　传递

“传递”选项可以用来设置绘画笔迹的不透明度和流量变化。在“画笔”调板左侧单击“传递”选项后，调板中会出现其他动态对应的参数值，如图 5-58 所示。

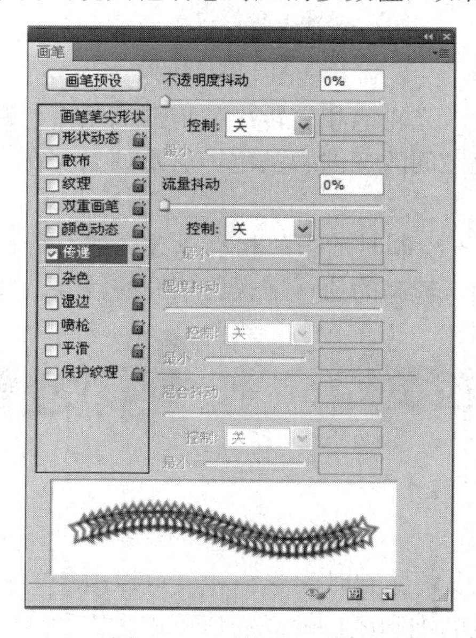

图 5-58　“传递”选项

调板各项的含义如下：

(1) 不透明度抖动：用来设置绘制画笔笔迹时油彩的不透明度的变化程度。

(2) (不透明度抖动)控制：用来设置绘制画笔笔迹时油彩的不透明度的变化方式。

- 关：不控制画笔笔迹的颜色不透明度变化。
- 渐隐：可按指定数量的步长将油彩不透明度值渐隐到 0。

• 钢笔压力、钢笔斜度、光轮笔和旋转：基于钢笔压力、钢笔斜度、绘图笔位置或钢笔的旋转来改变油彩的不透明度。这几项只有在安装了数位板或感压笔时才可以产生效果。

(3) 流量抖动：用来设置绘制画笔笔迹时油彩流量的变化程度。

(4) (流量抖动)控制：用来设置绘制画笔笔迹时油彩流量的变化方式。

• 关：不控制画笔笔迹的颜色流量变化。

• 渐隐：可按指定数量的步长将油彩流量值渐隐到 0。

• 钢笔压力、钢笔斜度、光轮笔和旋转：基于钢笔压力、钢笔斜度、绘图笔位置或钢笔的旋转来改变油彩的数量。这几项只有在安装了数位板或感压笔时才可以产生效果。

(5) (湿度抖动)控制：用来设置混合器画笔的湿度随机性。

• 关：不控制画笔笔迹的湿度流量变化。

• 渐隐：可按指定数量的步长将油彩湿度流量值渐隐到 0。

• 钢笔压力、钢笔斜度、光轮笔和旋转：基干钢笔压力、钢笔斜度、绘图笔位置或钢笔的旋转来改变油彩的数量。这几项只有在安装了数位板或感压笔时才可以产生效果。

(6) (混合抖动)控制：用来设置混合器画笔的混合随机性。

• 关：不控制画笔笔迹的混合效果变化。

• 渐隐：可按指定数量的步长将油彩混合量值渐隐到 0。

• 钢笔压力、钢笔斜度、光轮笔和旋转：基于钢笔压力、钢笔斜度、绘图笔位置或钢笔的旋转来改变油彩的数量。这几项只有在安装了数位板或感压笔时才可以产生效果。

• 最小：分别设置不透明度抖动、流量抖动、湿度抖动和混合抖动的最小值。

5.5.9　杂色

“杂色”选项可以为画笔笔尖添加随机性的杂色效果。

5.5.10　湿边

“湿边”选项可以沿画笔描边的边缘增大油彩量，从而创建水彩效果。

5.5.11　喷枪

“喷枪”选项用于对图像应用渐变色调，以模拟传统的喷枪手法。

5.5.12　平滑

“平滑”选项可以在画笔描边中产生较平滑的曲线。当使用光笔进行快速绘画时，此选项最有效。但是，它在描边渲染中可能会导致轻微的滞后。

5.5.13　保护纹理

“保护纹理”选项可以对所有具有纹理的画笔预设应用相同的图案和比例。选择此选项后，在使用多个纹理画笔笔尖绘画时，可以模拟出一致的画布纹理。

【练习】 笔刷技巧 1——绘制间距画笔效果。

本次练习主要让大家了解通过“画笔”调板绘制不同间距笔触的设置方法。操作步骤如下：

(1) 执行“文件”→“新建”命令，新建一个白色空白文档。

(2) 在“工具箱”中选择(画笔工具)，按F5键打开“画笔”调板，选择“画笔笔尖形状”选项，在右边选择一个画笔笔触，设置“直径”为“29 px”，设置“间距”为“25%”，如图5-59所示。

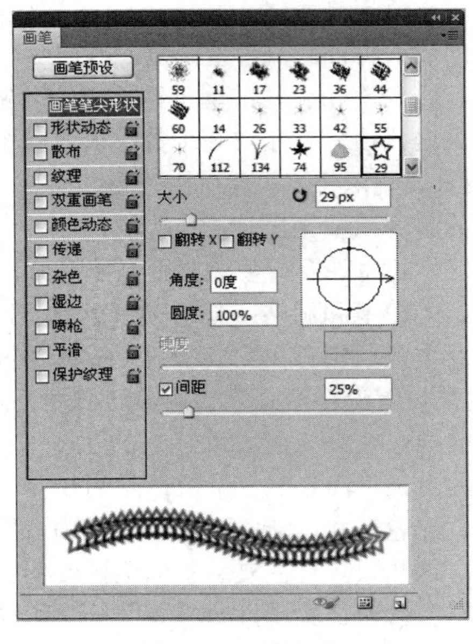

图 5-59　画笔调板

(3) 使用(画笔工具)在文件中绘制，得到如图5-60所示的效果。

(4) 设置“间距”为“101%"，如图5-61所示。

图 5-60　画笔绘制

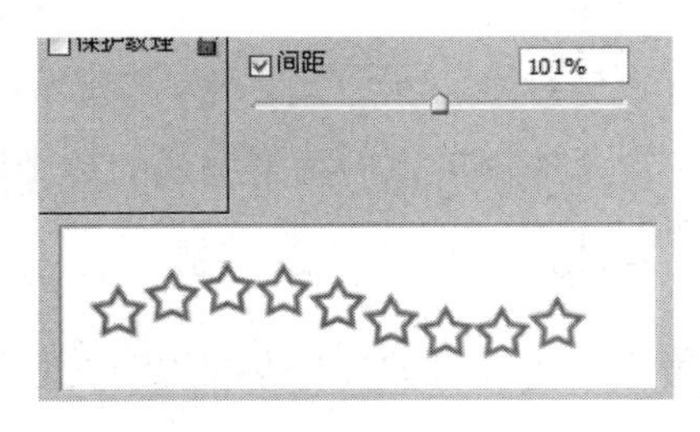

图 5-61　设置间距

(5) 使用(画笔工具)在页面中绘制，得到如图5-62所示的效果。

(6) 设置“间距”为“200%”，如图5-63所示。

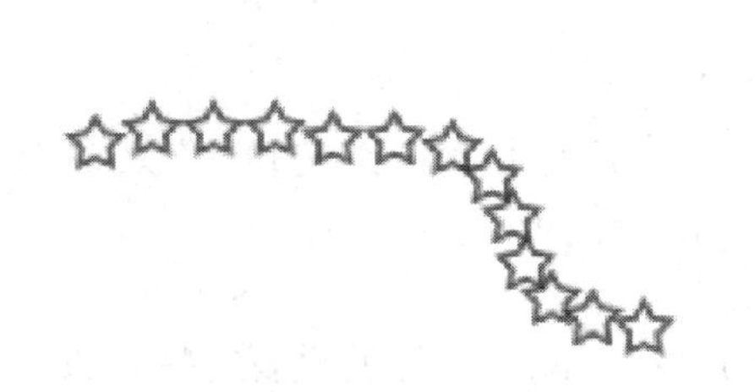

图 5-62　画笔绘制

图 5-63　设置间距

(7) 使用画笔工具在页面中绘制，得到如图 5-64 所示的效果。

图 5-64　画笔绘制

【练习】 笔刷技巧 2——绘制渐变画笔效果。

本次练习主要让大家了解通过“画笔”调板绘制前景色与背景色相混合的颜色画笔。操作步骤如下：

(1) 执行“文件”→“新建”命令，新建一个白色空白文档。

(2) 在“工具箱”中选择 (画笔工具)，按 F5 键打开“画笔”调板，选择“颜色动态”选项，在右边设置“颜色动态”选项对应的参数，如图 5-65 所示。

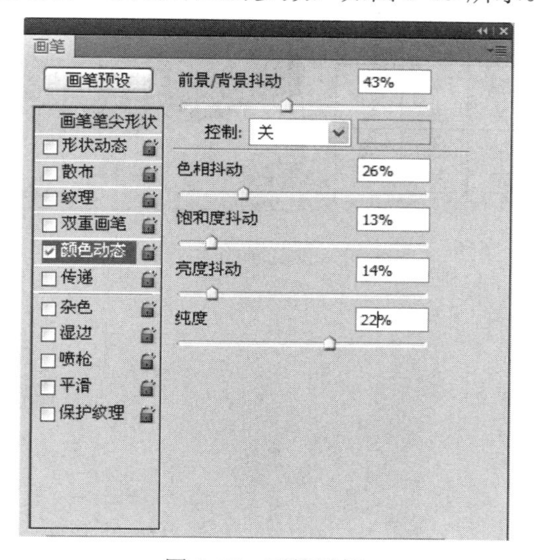

图 5-65　画笔调板

(3) 将前景色设置为“红色”、背景色设置为“蓝色”，使用 (画笔工具)在文件中进行绘制，得到如图 5-66 所示的效果。

(4) 重新设置“颜色动态”选项对应的参数，如图 5-67 所示。

图 5-66　画笔绘制

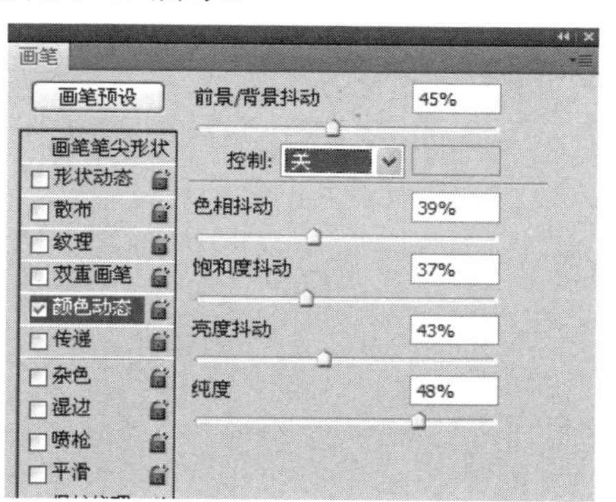

图 5-67　设置颜色动态

(5) 使用(画笔工具)在页面中绘制，得到如图 5-68 所示的效果。

图 5-68 画笔绘制

5.5.14 硬毛刷画笔预览

在 Photoshop CS5 中使用绘画工具时，会发现默认状态下“画笔”调板中增加了几个硬毛刷画笔。这几个画笔可以通过“画笔”调板中的“切换硬毛刷画笔预览”按钮来在绘制时进行效果预览。图 5-69 所示的效果为显示预览时的笔刷效果。

图 5-69 预览时的笔刷效果

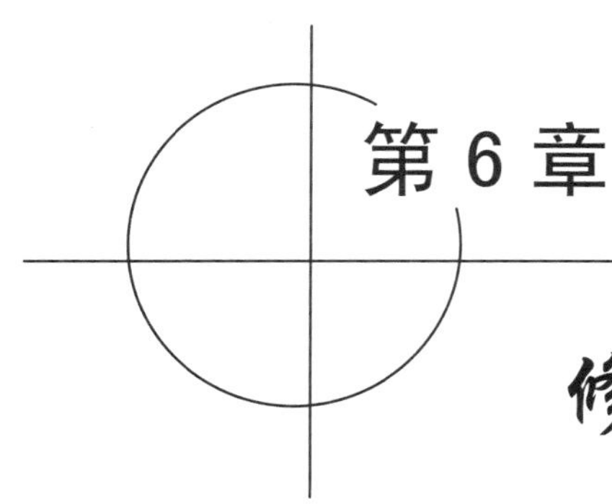

第 6 章

修饰与仿制工具的运用

6.1　用来进行修饰与修复的工具

在 Photoshop CS5 中用于修饰与修复的工具分别集中在“修复工具组”、“模糊工具组”和“减淡工具组”中，如图 6-1 所示。

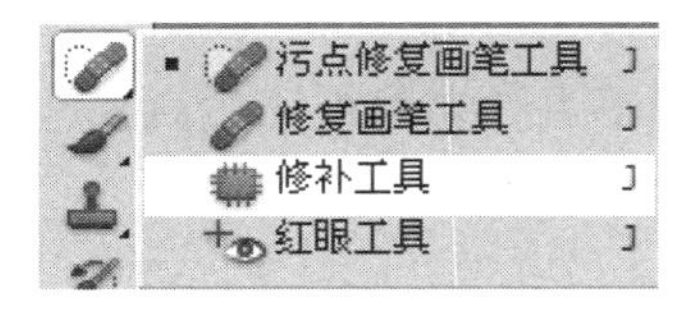

(a) 修复工具组

(b) 模糊工具组

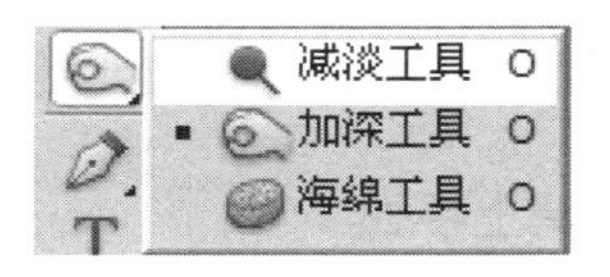

(c) 减淡工具组

图 6-1　工具组

6.2　修 饰 图 像

在 Photoshop CS5 中可以对有瑕疵的图像进行快速修复，还可以对图像进行涂抹、模糊、锐化、减淡或加深处理。

6.2.1　污点修复画笔工具

在 Photoshop CS5 中，使用(污点修复画笔工具)可以轻松地将图像中的瑕疵修复，常用来快速修复图片或照片。该工具的使用方法非常简单，只需将鼠标指针移到要修复的位置，按下鼠标左键并拖动即可对图像进行修复，如图 6-2 所示。

图 6-2　污点修复画笔工具的使用方法

在“工具箱”中选择(污点修复画笔工具)后，属性栏会变成该工具对应的选项效果，如图 6-3 所示。

图 6-3 污点修复画笔工具属性栏

属性栏中各项的含义如下：

(1) 模式：用来设置修复时的混合模式。当选择“正常”选项时，画笔经过的区域会自动以笔触周围的像素纹理与之相混合；当选择“替换”选项时，可以保留画笔描边边缘处的杂色、胶片颗粒和纹理。

(2) 近似匹配：勾选“近似匹配”单选框时，如果没有为污点建立选区，则样本自动采用污点外部四周的像素；如果在污点周围绘制选区，则样本采用选区外围的像素。

(3) 创建纹理：勾选“创建纹理”单选框时，使用选区中的所有像素创建一个用于修复该区域的纹理。如果纹理不起作用，可尝试再次拖过该区域。

(4) 内容识别：该选项为智能修复功能，使用工具在图像中涂抹时，鼠标经过的位置，系统会自动使用画笔周围的像素将经过的位置进行填充修复。

提示：使用污点修复画笔工具修复图像时，最好将画笔直径调整得比污点大一些。

工具上手处

在 Photoshop 中使用污点修复画笔工具最多的是快速修复图像中存在的污点或图像中存在的文字，如图 6-4 所示。

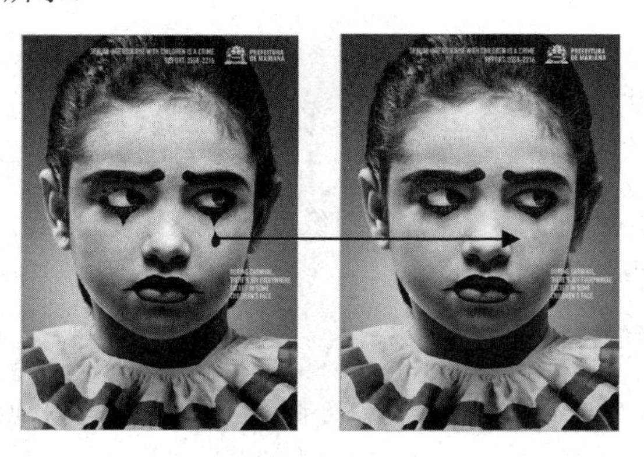

图 6-4 污点修复画笔工具的运用

6.2.2 修复画笔工具

在 Photoshop CS5 中使用 (修复画笔工具)可以对被破坏的图片或有瑕疵的图片进行轻松修复。使用该工具修复图片时，首先要取样(取样方法为按住 Alt 键在图像中单击)，使用鼠标在需修复的位置按下鼠标涂抹。使用样本像素进行修复的同时，可以把样本像素的纹理、光照、透明度和阴影与所修复的像素相融合。图 6-5 所示的图像为修复图像的过程。

(a) 取样

(b) 修复过程

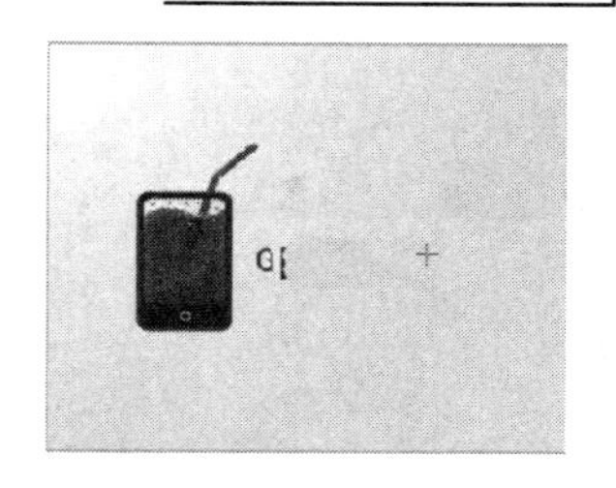

(c) 修复结果

图 6-5　修复画笔工具使用方法

在“工具箱”中选择 (修复画笔工具)后，属性栏会变成该工具对应的选项效果，如图 6-6 所示。

图 6-6　修复画笔工具属性栏

属性栏中各项的含义如下：

(1) 模式：用来设置修复图像时的混合模式，如果选用“正常”选项，则使用样本像素进行绘画的同时把样本像素的纹理、光照、透明度和阴影与所修复的像素相融合；如果选用“替换”选项，则只用样本像素替换目标像素且与目标位置没有任何融合。(也可以在修复前先建立一个选区，则限定了要修复的范围在选区内而不在选区外。)

(2) 取样：勾选“取样”单选框后，必须按 Alt 键单击取样并使用当前取样点修复目标。

(3) 图案：可以在“图案”列表中选择一种图案来修复目标。

(4) 对齐：勾选该项后，只能用一个固定位置的同一个图像来修复，如图 6-7 所示。

(a) 勾选“对齐”单选框

(b) 不勾选“对齐”单选框

图 6-7　对齐与不对齐的修复效果

(5) 样本：选择选取复制图像时的源目标点，包括“当前图层”、“当前图层和下面图层”与“所有图层”三种。

- 当前图层：处于工作中的图层。
- 当前图层和下面图层：工作中的图层和其下面的图层。
- 所有图层：将多图层文件看做单图层文件。

(6) 忽略调整图层：单击该按钮，在修复时可以将调整图层的效果忽略，修复效果如图 6-8 所示。

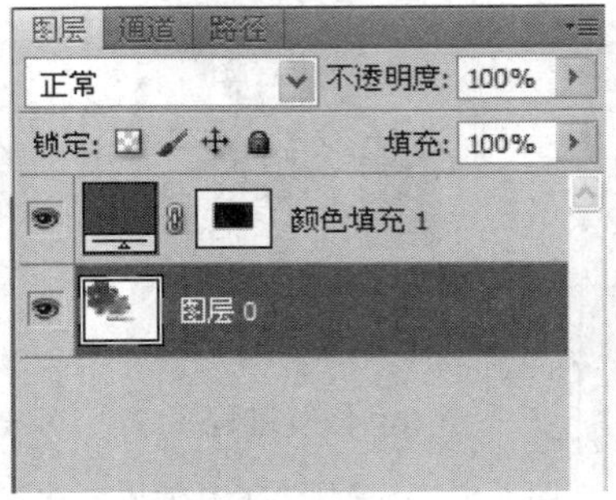

(a) 单击“忽略调整图层”按钮　　(b) 不单击“忽略调整图层”按钮

图 6-8　忽略调整图层的修复效果

(7) “仿制源”调板：单击该按钮，系统会弹出如图 6-9 所示的“仿制源”调板。

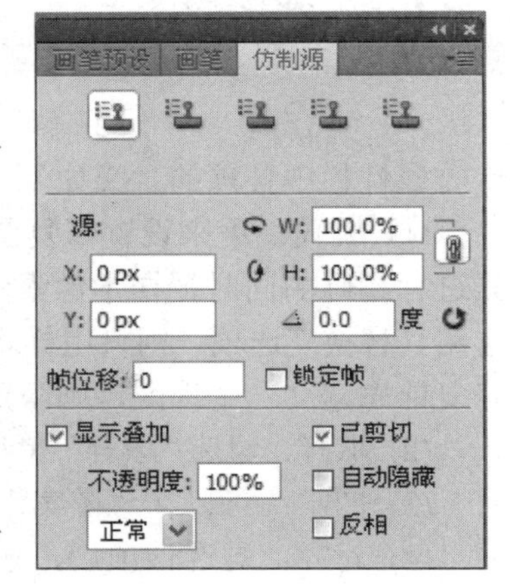

图 6-9　“仿制源”调板

调板的各项含义如下：

- 取样点：用来取样的复制采样点，最多可以设置 5 个取样点。
- 位移：用来表示取样点在图像中的坐标值。
- 帧位移：设置动画中帧的位移。
- 锁定帧：将被仿制的帧锁定。
- 显示叠加：勾选此复选框后，在使用克隆源复制的同时会出现采样图像的图层。
- 不透明度：用来设置复制的同时会出现采样图像图层的不透明度。
- 混合模式：用来设置复制的图像与背景图像之间的混合模式，包括“正常“、“变暗”、”变亮”和“差值”。
- 弹出菜单按钮：单击该按钮，可以打开“仿制源”调板的弹出菜单。
- 缩放按钮：用来表示取样点在图像复制后的缩放大小。
- 重新设置旋转角度按钮：单击此按钮，可以将旋转的角度归 0。
- 设置旋转角度：在文本框中可以直接输入旋转的角度。
- 已剪切：将图像剪切到当前画笔内显示。
- 自动隐藏：勾选此复选框后，复制时会将出现的叠加层在复制时隐藏，完成复制会显示叠加层。
- 反相：勾选此复选框后，会将出现的叠加层以负片效果显示。

6.2.3 修补工具

在 Photoshop CS5 中，(修补工具)用来将样本像素的纹理、光照和阴影与源像素进行匹配。(修补工具)修复的效果与(修复画笔工具)类似，只是使用方法不同，该工具通过创建选区来修复目标或源，如图 6-10 所示。

图 6-10　修补工具修复过程

在“工具箱”中选择(修补工具)后，属性栏会变成该工具对应的选项效果，如图 6-11 所示。

图 6-11　修补工具属性栏

属性栏中各项的含义如下：

(1) 源：指要修补的对象是现在选中的区域。

(2) 目标：与“源”选项相反，要修补的对象是选区被移动后到达的区域(而不是移动前的区域)。

(3) 透明：如果不选该项，则被修补的区域与周围图像只在边缘上融合，而内部图像纹理保留不变，仅在色彩上与源区域融合：如果选中该项，则被修补的区域除边缘融合外，还有内部的纹理融合，即被修补区域像做了透明处理，如图 6-12 所示。

(a) 原图　(b) 勾选“透明”选项　(c) 不勾选“透明”选项

图 6-12　修补

(4) 使用图案：单击该按钮，被修补的区域将会以后面显示的图案来修补，如图 6-13 所示。

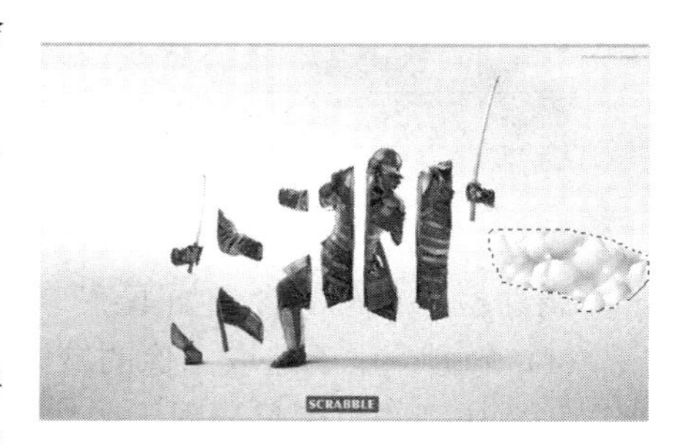

图 6-13　使用图案

提示：使用(修补工具)时，只有创建完选区后，“使用图案”选项才会被激活。

6.2.4　红眼工具

在 Photoshop CS5 中，使用(红眼工具)可以将在照相过程中产生的红眼效果轻松去除并与周围的像素相融合。该工具的使用方法非常简单，只要在红眼上单击鼠标即可将红眼去掉。

在“工具箱”中选择(红眼工具)后，属性栏会变成该工具对应的选项效果，如图 6-14 所示。

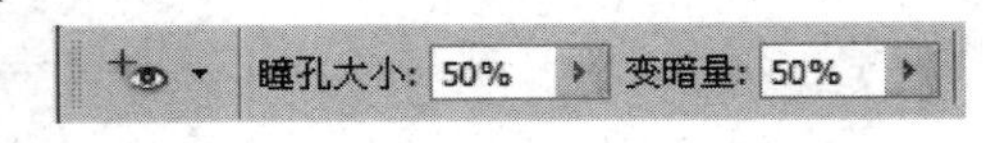

图 6-14　红眼工具属性栏

属性栏中各项的含义如下：

(1) 瞳孔大小：用来设置眼睛的瞳孔或中心的黑色部分的比例，数值越大，黑色范围越广。

(2) 变暗量：用来设置瞳孔的变暗量，数值越大越暗。

工具上手处

在 Photoshop CS5 中使用(红眼工具)最多的是快速为数码相片清除红眼效果，如图 6-15 所示。

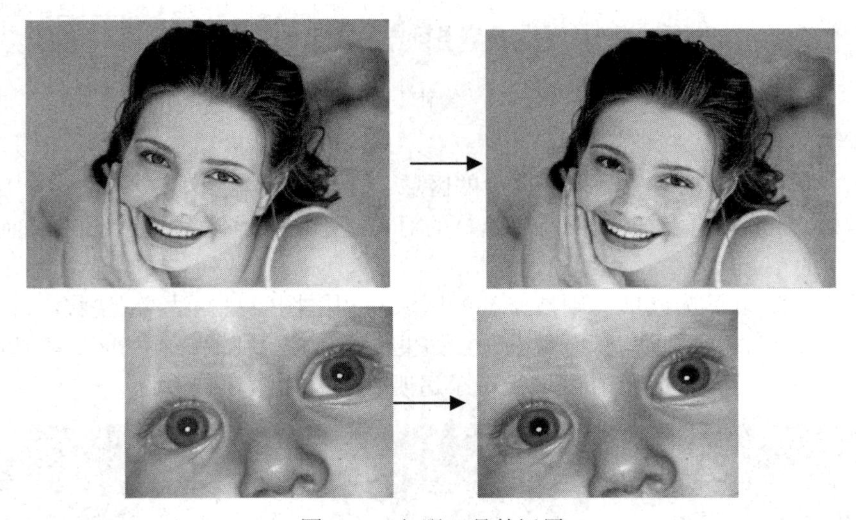

图 6-15　红眼工具的运用

6.2.5　减淡工具

在 Photoshop CS5 中，(减淡工具)可以改变图像中的亮调与暗调，将图像中的像素淡化。其原理来源于胶片曝光显影后，经过部分暗化和亮化可改变曝光效果。

在“工具箱”中选择(减淡工具)后，属性栏会变成该工具对应的选项效果，如图 6-16 所示。

图 6-16　减淡工具属性栏

属性栏中各项的含义如下：

(1) 范围：用于选取图像的减淡范围，包括“阴影”、“中间调”和“高光”。选择“阴影”时，加亮的范围只局限于图像的暗部，如图 6-17 所示；选择“中间调”时，加亮的范围只局限于图像的灰色调，如图 6-18 所示；选择“高光”时，加亮的范围只局限于图像的亮部，如图 6-19 所示。

(a) 原图

(b) 阴影

图 6-17　阴影减淡

中间调

图 6-18　中间调减淡

高光

图 6-19　高光减淡

(2) 曝光度：用来控制图像的曝光强度。数值越大，曝光强度就越明显。建议在使用减淡工具时将曝光度设置的尽量小一些。

(3) 保护色调：对图像进行减淡处理时，可以对图像中存在的颜色进行保护，如图 6-20 所示。

(a) 原图

(b) 不勾选“保护色调”单选项

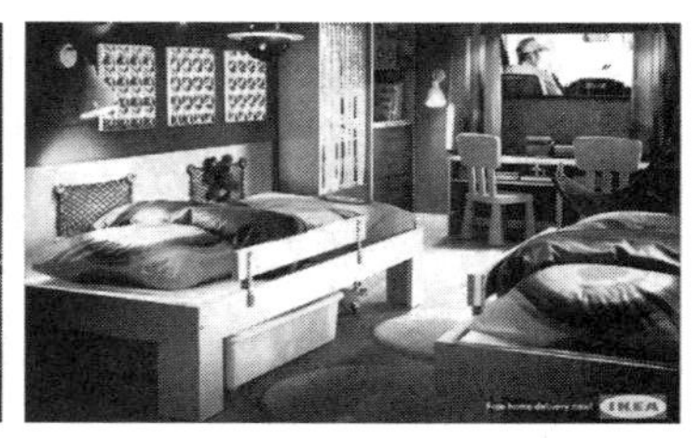

(c) 勾选“保护色调”单选项

图 6-20　保护色调的减淡效果

6.2.6　加深工具

(加深工具)正好与(减淡工具)相反，使用该工具可以将图像中的亮度变暗，如图 6-21 所示。

图 6-21　加深

【范例】 使用减淡与加深工具制作立体图像。

本次练习主要让大家了解(加深工具)与(减淡工具)的使用方法。操作步骤如下：

(1) 执行“文件”→“新建”命令或按组合键 Ctrl+N，将蓝色作为背景，如图 6-22 所示。

(2) 单击“创建新图层”按钮，新建一个图层 1，使用矩形选框工具和椭圆选框工具在页面中创建选区，如图 6-23 所示。

图 6-22 设置背景

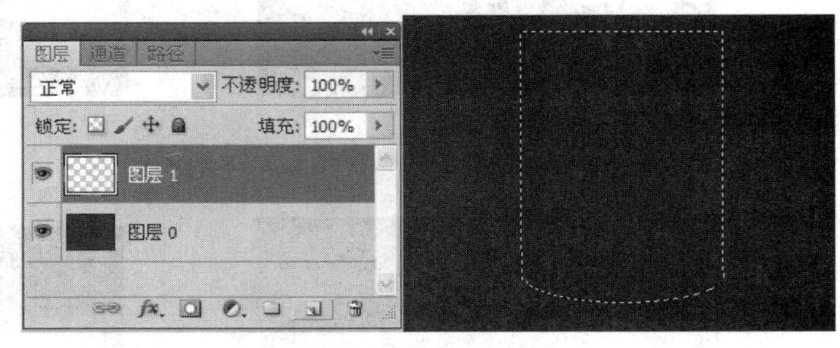

图 6-23 创建选区

(3) 将前景色设置为“灰色”，按组合键 Alt+Delete 填充前景色，如图 6-24 所示。

(4) 按组合键 Ctrl+D 去掉选区，选择 (减淡工具)，在属性栏中设置画笔“主直径”为“195”、“硬度”为“0”，设置“范围”为“阴影”，“曝光度”为“20%”，使用减淡工具在灰色上上下拖动进行减淡处理，如图 6-25 所示。

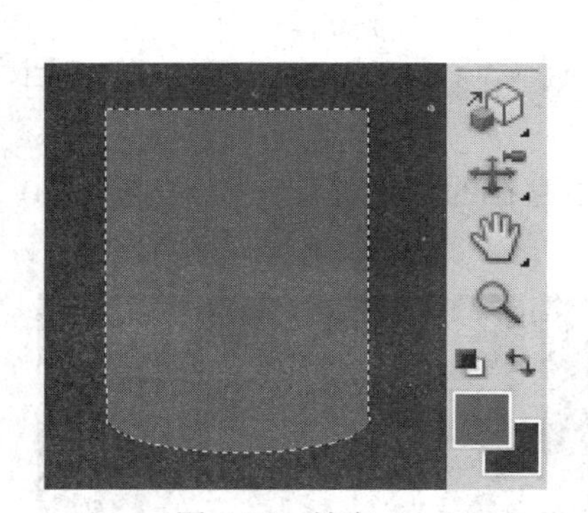

图 6-24 填充

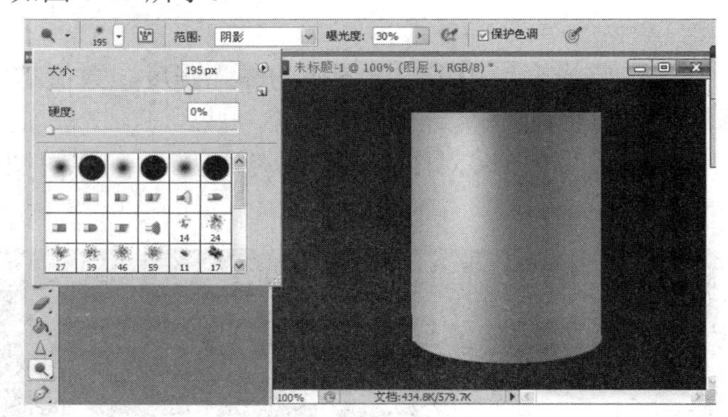

图 6-25 减淡

(5) 使用 (椭圆选框工具)在上面绘制选区并填充前景色，如图 6-26 所示。

(6) 使用减淡工具在选区内上下拖动进行减淡处理，如图 6-27 所示。

(7) 执行“选择”→“变换选区”命令调出变换框，拖动控制点将选区缩小，如图 6-28 所示。

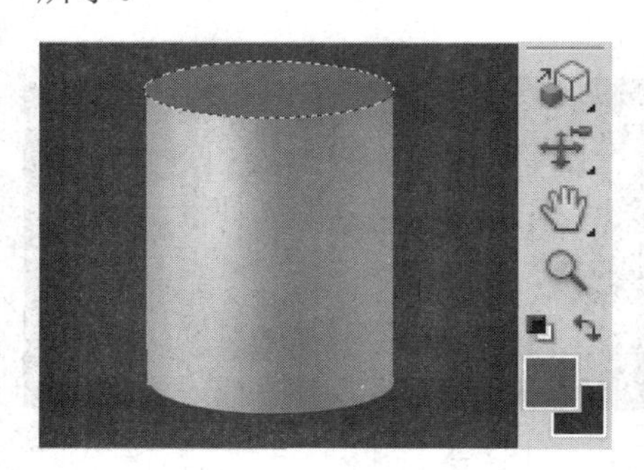

图 6-26 填充

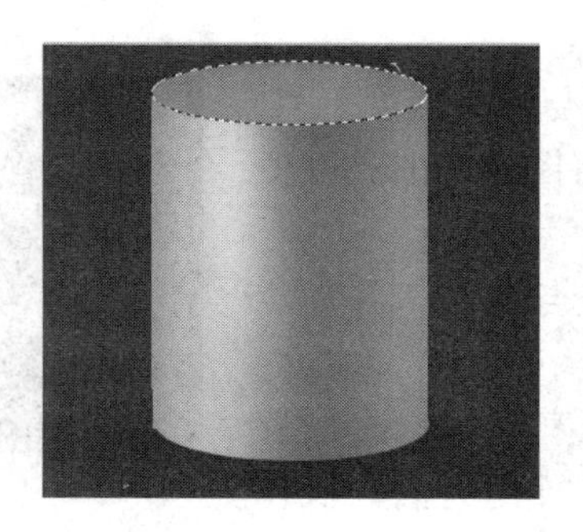

图 6-27 减淡

图 6-28 变换选区

(8) 按 Enter 键确定，使用减淡工具在选区内上下拖动进行减淡处理，如图 6-29 所示。

(9) 使用加深工具设置“范围”为“高光”，在选区局部进行加深，如图 6-30 所示。

(10) 按组合键 Ctrl＋D 去掉选区，使用加深工具在整个图像边缘进行加深，如图 6-31 所示。

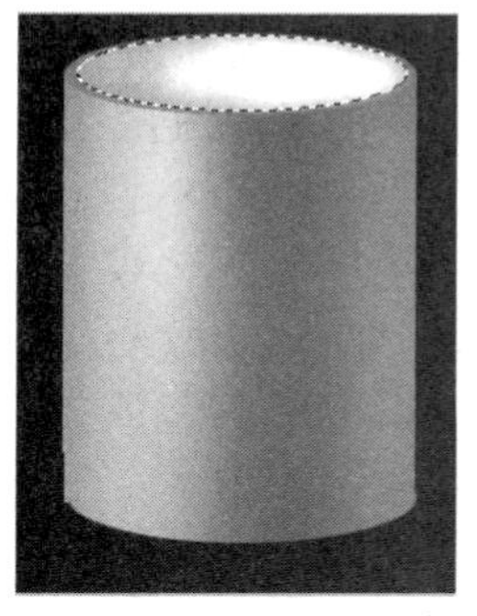

图 6-29　减淡

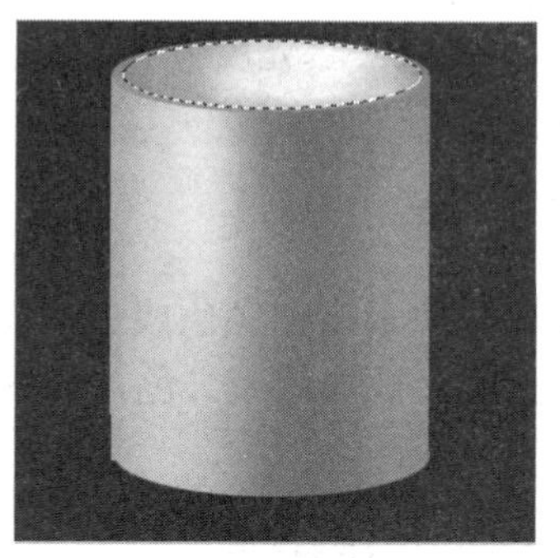

图 6-30　加深 1

图 6-31　加深 2

(11) 复制图层 1，得到图层 1 副本，将下面图层中的图像向下移动，设置“不透明度”为“34%”，如图 6-32 所示。

(12) 选择背景图层，使用(加深工具)在立体图像与背景接触的位置进行加深，得到如图 6-33 所示的图像。至此本例制作完成。

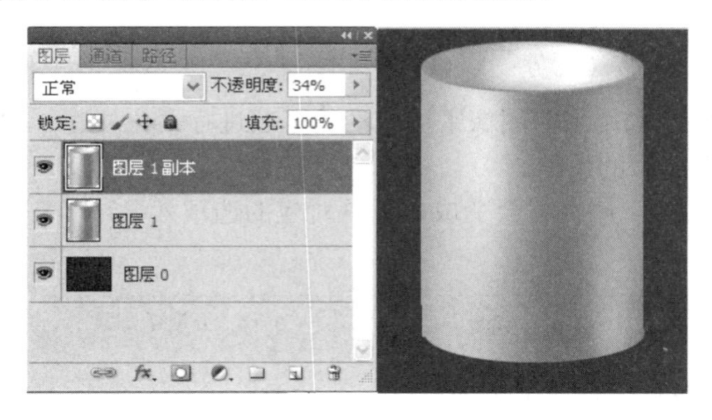

图 6-32　加深 3

图 6-33　最终效果

6.2.7　海绵工具

在 Photoshop CS5 中，(海绵工具)用来精确更改图像中某个区域的色相饱和度。当增加颜色的饱和度时，其灰度就会减少，使图像的色彩更加浓烈；当降低颜色的饱和度时，其灰度就会增加，使图像的色彩变为灰度值。

在“工具箱”中选择(海绵工具)后，属性栏会变成该工具对应的选项效果，如图 6-34 所示。

图 6-34　海绵工具属性栏

属性栏中各项的含义如下：

(1) 模式：用于对图像进行加色或去色的设置选项，其下拉列表包括“降低饱和度”

和“饱和”。

(2) 自然饱和度：从灰色到饱和色调的调整，用于提升饱和度不够的图片，可以调整出非常优雅的灰色调。

技巧：使用(减淡工具)或(加深工具)时，在键盘中输入相应的数字便可改变“曝光度”。0 代表“曝光度”为 100%、1 代表“曝光度”为 10%，43 代表“曝光度”为 43%。以此类推，只要输入相应的数字就会改变“曝光度”。(海绵工具)改变的是“流量”。

工具上手处

海绵工具常用来为图片中的某部分像素增加颜色或去除颜色。该工具的使用方法是，在图像中拖曳鼠标，鼠标经过的位置就会被加色或去色，如图 6-35 所示。

(a) 原图

(b) 增加饱和度

(c) 降低饱和度

图 6-35　海绵工具的运用

6.2.8　模糊工具

在 Photoshop CS5 中，(模糊工具)用来对图像中被拖动的区域进行柔化处理，使其显得模糊。此工具的原理是降低像素之间的反差。

在“工具箱”中选择(模糊工具)后，属性栏会变成该工具对应的选项效果，如图 6-36 所示。

图 6-36　模糊工具属性栏

属性栏中各项的含义如下：

强度：用于设置图像的模糊程度，设置的数值越大，模糊的效果就越明显。

工具上手处

模糊工具的使用方法是，在图像中拖动鼠标，鼠标经过的像素就会变得模糊，如图 6-37 所示。

(a) 原图

(b) 模糊

图 6-37　模糊工具的运用

6.2.9　锐化工具

Photoshop CS5 中的(锐化工具)正好与(模糊工具)相反，它可以增加图像的锐化度，使图像更加清晰。此工具的原理是增强像素之间的反差。该工具的使用方法与(模糊工具)一致，如图 6-38 所示。

(a) 原图

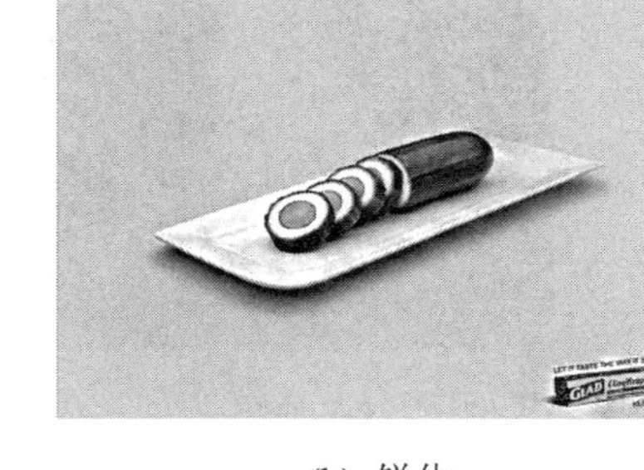

(b) 锐化

图 6-38　锐化工具的使用

6.2.10　涂抹工具

在 Photoshop CS5 中(涂抹工具)产生的效果就像使用手指在未干的油漆内涂抹一样，会将颜色进行混合或产生水彩般的效果。

在“工具箱”中选择(涂抹工具)后，属性栏会变成该工具对应的选项效果，如图 6-39 所示。

图 6-39　涂抹工具属性栏

属性栏中各项的含义如下：

(1) 强度：用来控制涂抹区域的长短，数值越大，该涂抹点会越长。

(2) 手指绘画：勾选此项，涂抹图片时的痕迹将会是前景色与图像的混合涂抹，如图 6-40 所示。

图 6-40　勾选“手指绘画”选项后的效果

工具上手处

在 Photoshop CS5 中(涂抹工具)常用来对图像的局部进行涂抹修整。该工具的使用方法是：在图像中拖动鼠标，鼠标经过的像素会跟随鼠标移动，如图 6-41 所示。

(a) 原图

(b) 涂抹加长睫毛

图 6-41 涂抹工具的运用

6.3 仿制与记录

在 Photoshop CS5 中，仿制图像中的某个部分时，可以直接对其进行绘画式的仿制或通过缩放、旋转等功能来仿制；记录功能可以对操作的某个步骤进行针对性的恢复或编辑。

6.3.1 仿制图章工具

在 Photoshop CS5 中使用(仿制图章工具)可以十分轻松地将整个图像或图像中的局部进行复制。

使用(仿制图章工具)复制图像时可以在同一文档中的同一个图层进行，也可以在不同图层进行，还可以在不同文档之间进行复制。该工具的使用方法与(修复画笔工具)的使用方法一致(取样方法都是按住 Alt 键)，如图 6-42 所示。

(a) 取样

(b) 跟随目标仿制

(c) 仿制后的结果

图 6-42 仿制过程

在“工具箱”中选择(仿制图章工具)后，属性栏会变成该工具对应的选项效果，如图 6-43 所示。

图 6-43 仿制图章工具属性栏

工具上手处

在 Photoshop CS5 中，(仿制图章工具)常用来对图像中的某个区域进行复制，如图 6-44 所示。

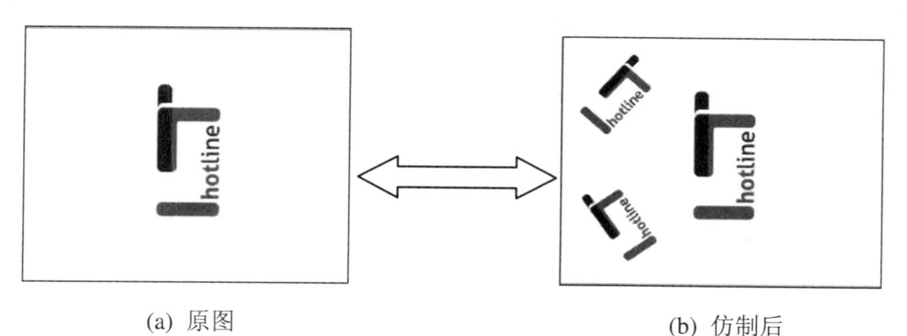

(a) 原图　　(b) 仿制后

图 6-44　仿制图章工具运用

【练习】 仿制图章工具应用技巧——利用仿制源调板仿制不同效果的图像。

本次练习主要让大家了解使用(仿制图章工具)结合“仿制源”调板仿制图像的方法。操作步骤如下：

(1) 执行“文件”→“打开”命令或按组合键 Ctrl+O，将素材作为背景，如图 6-45 所示。

(2) 单击“仿制源”调板按钮，打开“仿制源”调板，选择第一个采样点图标，设置“缩放”为“40%”，“角度”为“45”度，如图 6-46 所示。

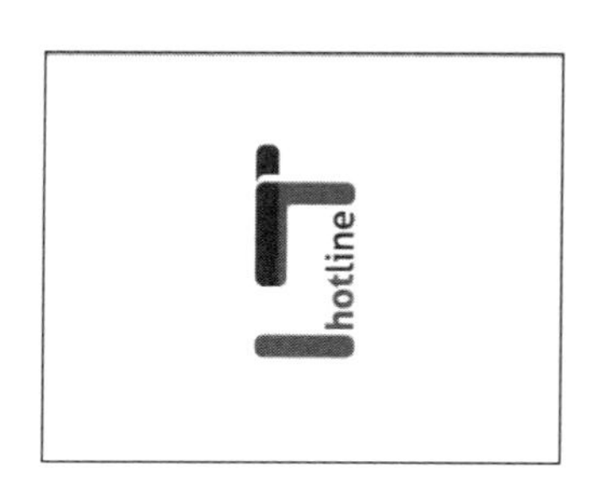

图 6-45　素材

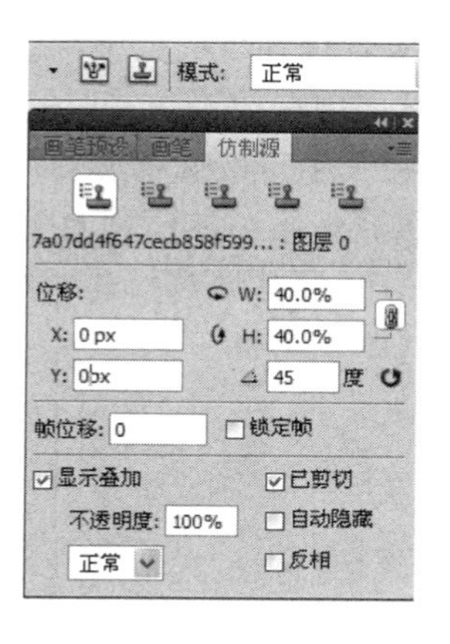

图 6-46　“仿制源”调板

(3) 按住 Alt 键在图像中单击进行取样。松开鼠标和键盘，将鼠标移动到图像的左侧，按住鼠标左键进行仿制，效果如图 6-47 所示。

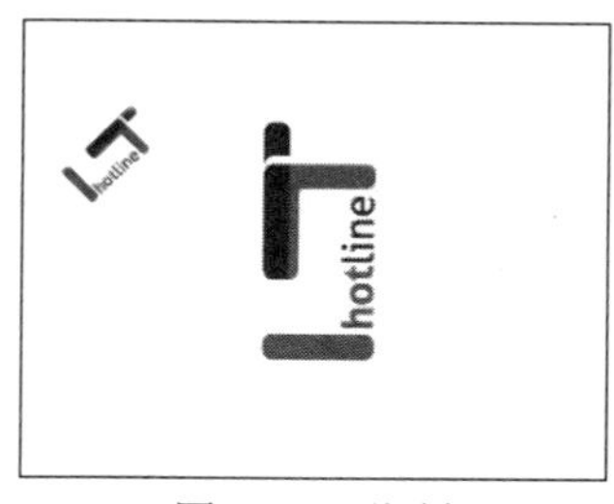

图 6-47　仿制

(4) 再在“仿制源”调板中单击第二个采样点图标，设置“缩放”为“50%”，“旋转”为“90”度，其他按默认值，按住 Alt 键在图像中标准部分单击进行取样，如图 6-48 所示。

(5) 将鼠标移动到图像的左侧，按住鼠标左键进行仿制，效果如图 6-49 所示。

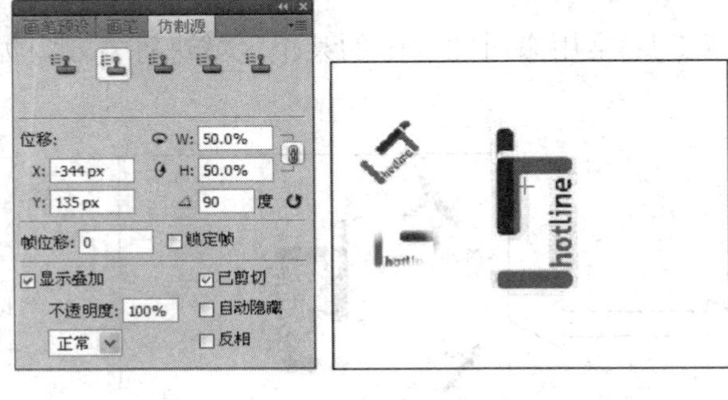

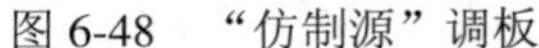
图 6-48 “仿制源”调板

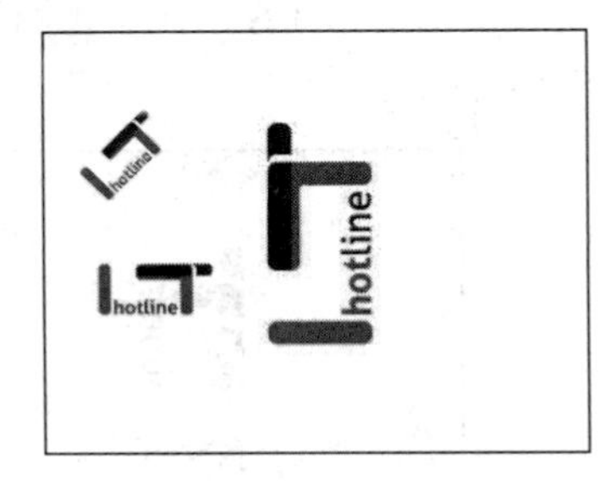

图 6-49 仿制效果

6.3.2 图案图章工具

在 Photoshop CS5 中使用(图案图章工具)可以将预设的图案或自定义的图案复制到当前文件中。该工具的使用方法非常简单，只要选择图案后，在文档中拖动即可复制。

在“工具箱”中选择(图案图章工具)后，属性栏会变成该工具对应的选项效果，如图 6-50 所示。

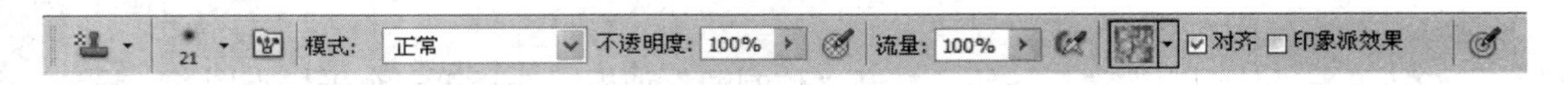

图 6-50 图案图章工具属性栏

属性栏中各项的含义如下：

(1) 图案：用来放置仿制时的图案，单击右边的倒三角形按钮，可打开“图案拾色器”选项面板，在其中可以选择要被用来复制的源图案。

(2) 印象派效果：使仿制的图案效果具有一种印象派绘画的效果，如图 6-51 所示。

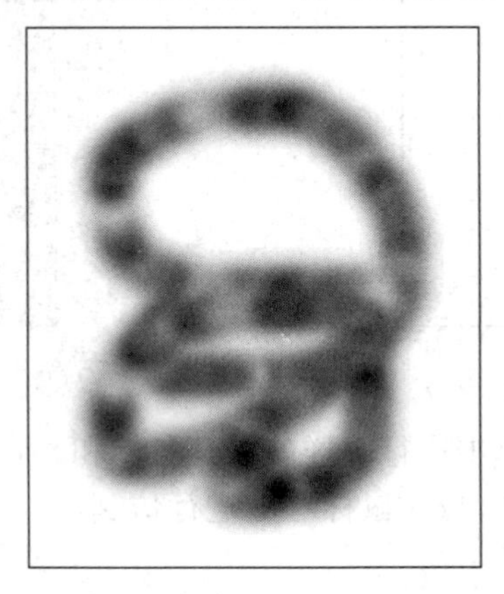

图 6-51 勾选“印象派效果”复选框仿制的效果

工具上手处

(图案图章工具)通常用来快速仿制预设或自定义的图案，如图 6-52 所示。

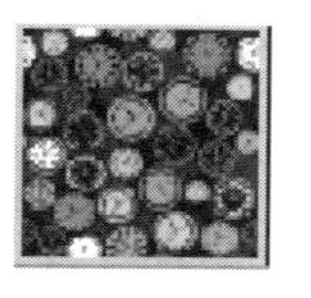

(a) 预设图案　　(b) 自定义图案

图 6-52　图案图章工具效果

【练习】 填充技巧——通过图案图章工具仿制预设的图案。

本次练习主要让大家了解使用(图案图章工具)仿制预设图像的方法。操作步骤如下：

(1) 新建一个 10 cm × 10 cm、分辨率为 150 的空白文档。

(2) 在“工具箱”中选择(图案图章工具)，再在“属性栏”中单击“图案”右边的倒三角形按钮，打开“图案拾色器”选项面板，选择之前定义的图案，如图 6-53 所示。

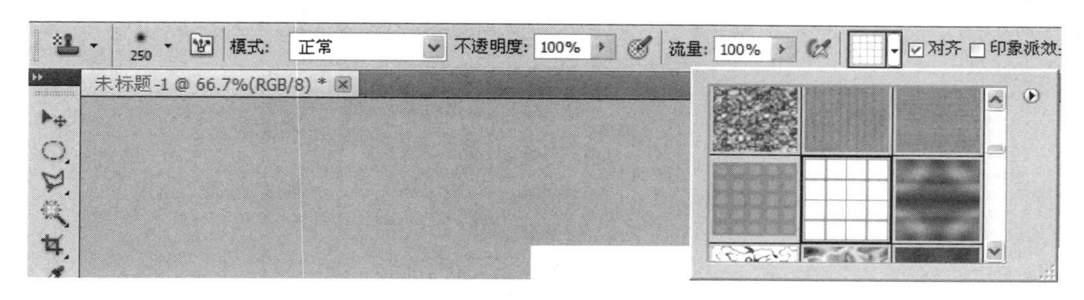

图 6-53　设置图案图章工具

(3) 选择图案后，在新建的空白文档内拖曳鼠标，效果如图 6-54 所示。

(4) 在整个文档中拖动，即可将图案仿制到新建的文档中，效果如图 6-55 所示。

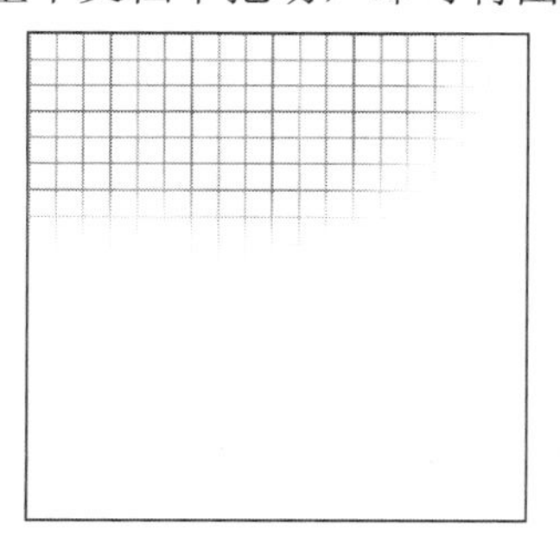

图 6-54　仿制过程

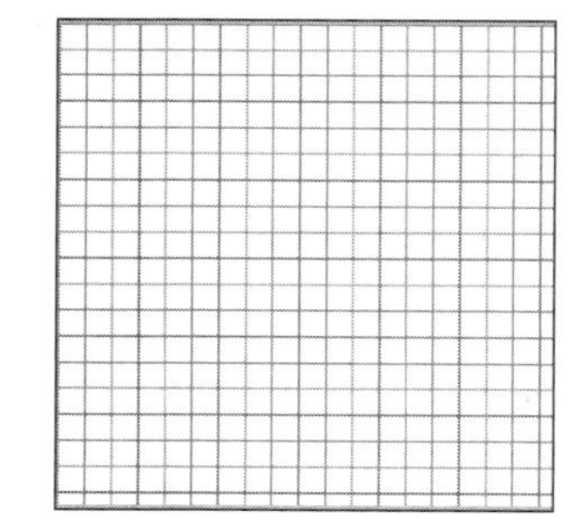

图 6-55　仿制结果

提示：如果在仿制过程中松开了鼠标，再想以原来的仿制效果继续的话，就需在仿制之前，在“属性栏”中勾选“对齐”复选框。

6.3.3　历史记录画笔工具

使用(历史记录画笔工具)结合“历史记录”调板可以很方便地恢复图像至任意操作步骤。(历史记录画笔工具)常用来为图像恢复操作步骤。该工具的使用方法与(画笔工具)相同，它们都是绘画工具，只是其需要结合“历史记录”调板才能发挥该工具的功能。

在“工具箱”中选择(历史记录画笔工具)后，属性栏会变成该工具对应的选项效果，如图 6-56 所示。

图 6-56 历史记录画笔工具属性栏

工具上手处

在 Photoshop CS5 中，(历史记录画笔工具)通常用来当应用多个命令后要恢复某个步骤时调整流量、不透明度等设置参数，从而修饰图像效果。

6.3.4 历史记录调板

在 Photoshop CS5 中，“历史记录”调板可以记录所有制作步骤所对应的选项设置。执行“窗口”→“历史记录”命令，即可打开“历史记录”调板，如图 6-57 所示。

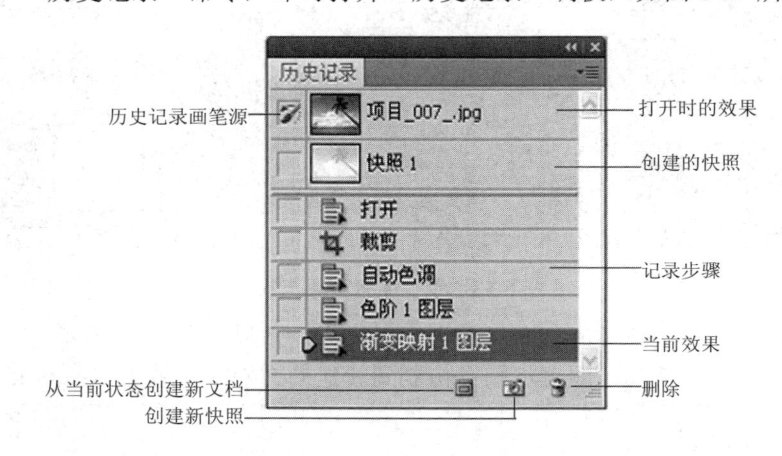

图 6-57 “历史记录”调板

调板中各项的含义如下：

(1) 打开时的效果：显示最初打开时的文档效果。

(2) 创建的快照：用来显示创建快照的效果。

(3) 记录步骤：用来显示操作中出现的命令步骤，直接选择其中的命令就可以在图像中看到该命令得到的效果。

(4) 历史记录画笔源：在调板前面的图标上单击，可以在该图标上出现画笔图标，此图标出现在什么步骤前面，就表示该步骤为所有以下步骤的新历史记录源。此时结合历史记录画笔工具就可以将图像或图像的局部恢复到出现画笔图标时的步骤效果。

(5) 当前效果：显示选取步骤时的图像效果。

(6) 从当前状态创建新文档：单击此按钮，可以为当前操作出现的图像效果创建一个新的图像文件。

(7) 创建新快照：单击此按钮，可以为当前操作出现的图像效果建立一个照片效果，保存在调板中。

提示：在“历史记录”调板中新建一个执行到此命令时的图像效果快照，可以保留此状态下的图像不受任何操作的影响。

(8) 删除：选择某个状态步骤后，单击此按钮就可以将其删除；直接拖动某个状态步骤到该按钮上，同样可以将其删除。

【范例】 通过历史记录画笔工具对照片进行局部体现。

本次练习主要让大家了解(历史记录画笔工具)与“历史记录”调板的使用方法。操作步骤如下：

(1) 执行“文件”→“打开”命令或按组合键 Ctrl+O，将素材作为背景，如图 6-58 所示。

(2) 执行“图像”→“去色”命令或按组合键 Shift+Ctrl+U，将打开的素材去掉颜色变成黑白效果，如图 6-59 所示。

图 6-58　素材

图 6-59　去掉颜色

(3) 选择(历史记录画笔工具)，执行“窗口”→“历史记录”命令，打开“历史记录”调板，选择“去色”选项，在“打开”选项前面设置历史记录画笔源，如图 6-60 所示。

(4) 使用(历史记录画笔工具)在人物嘴唇上涂抹，完成本例制作，效果如图 6-61 所示。

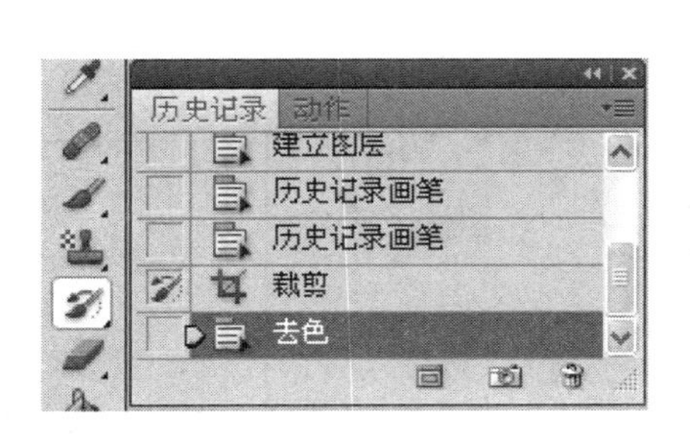

图 6-60　设置“历史记录”调板

图 6-61　最终效果

提示：在使用历史记录画笔工具恢复某个步骤时，将“不透明度”与“流量”设置得小一些，可以避免恢复过程中出现较生硬效果。

6.3.5　历史记录艺术画笔工具

使用(历史记录艺术画笔工具)结合“历史记录”调板可以很方便地恢复图像至任意

操作步骤下的效果，并产生艺术效果。该工具的使用方法与(历史记录画笔工具)相同。

在“工具箱”中选择(历史记录艺术画笔工具)后，属性栏会变成该工具对应的选项效果，如图 6-62 所示。

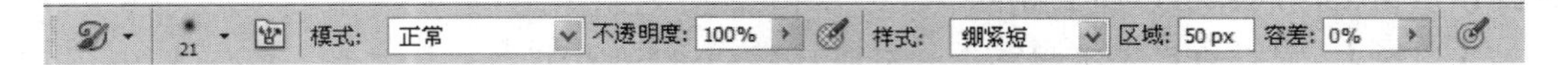

图 6-62　历史记录艺术画笔工具属性栏

属性栏中各项的含义如下：

(1) 样式：用来控制产生艺术效果的风格，具体效果如图 6-63～图 6-72 所示。

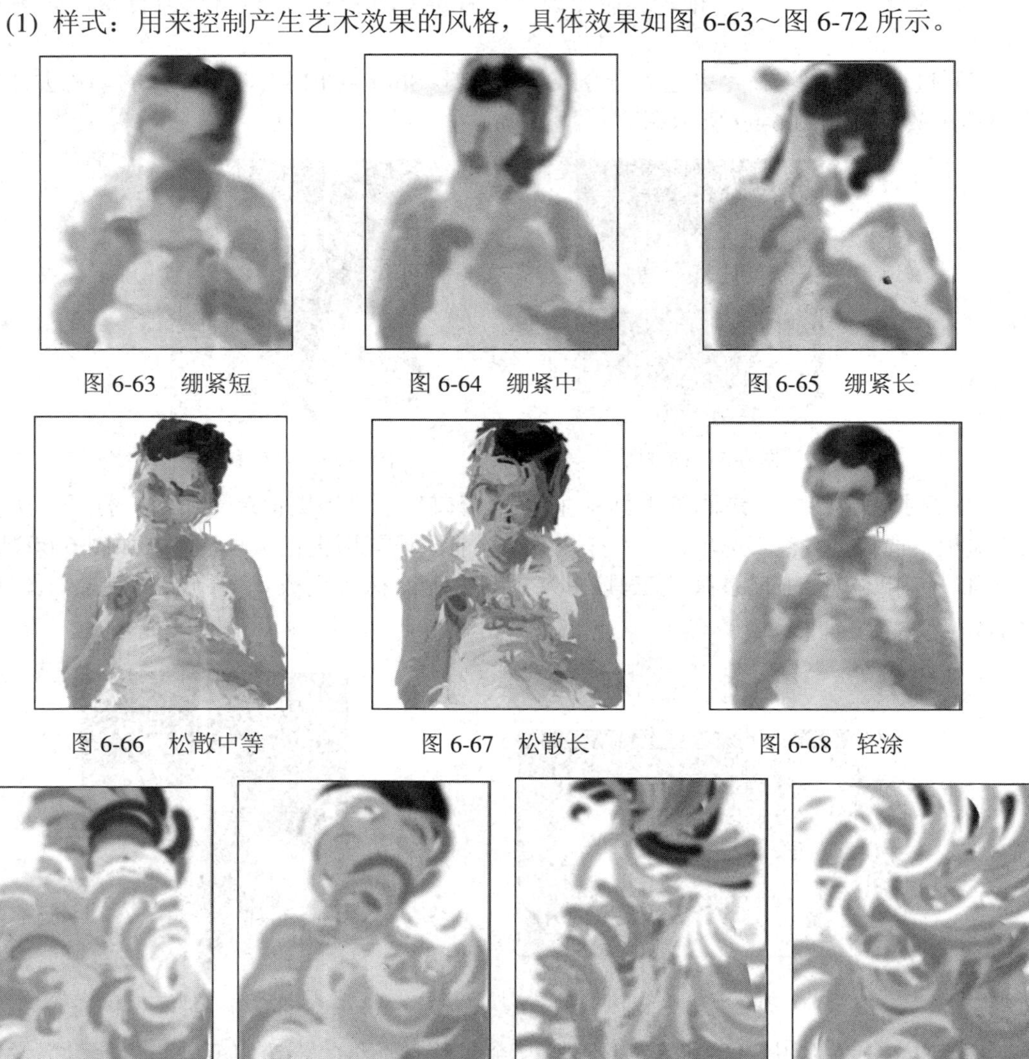

图 6-63　绷紧短　　图 6-64　绷紧中　　图 6-65　绷紧长

图 6-66　松散中等　　图 6-67　松散长　　图 6-68　轻涂

图 6-69　绷紧卷曲　　图 6-70　绷紧卷曲长　　图 6-71　松散卷曲　　图 6-72　松散卷曲长

(2) 区域：用来控制产生艺术效果的范围，取值范围是 0～500，数值越大，范围越广。

(3) 容差：用来控制图像的色彩保留程度。

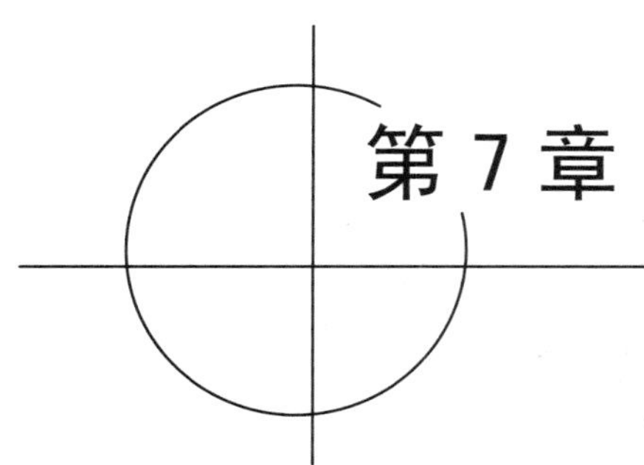

第 7 章

路径与形状的运用

7.1　路径的概念

Photoshop 中的路径指的是在图像中使用钢笔工具或形状工具创建的贝塞尔曲线轮廓。路径多用于绘制矢量图形或对图像的某个区域进行精确抠图。路径不能够打印输出，只能存放于“路径”调板中。

7.2　路径与形状的区别

路径与形状在创建的过程中都是通过钢笔工具或形状工具来创建的，区别在于路径表现的是绘制图形以轮廓显示，不可以进行打印，形状表现的是绘制的矢量图以蒙版的形式出现在“图层”调板中，绘制形状时系统会自动创建一个形状图层，形状可以参与打印输出和添加图层样式，如图 7-1 所示。

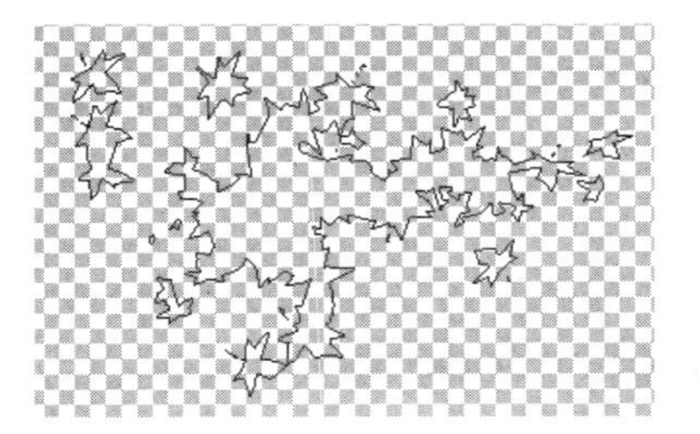

图 7-1　路径与形状

7.2.1　形状图层

在 Photoshop CS5 中形状图层可以通过钢笔工具或形状工具来创建。形状图层在“图层”调板中一般以矢量蒙版的形式进行显示，更改形状的轮廓可以改变页面中显示的图像，更改图层颜色会自动改变形状的颜色。形状图层的创建方法如下：

(1) 新建一个空白文档，默认状态下在工具箱中单击 (钢笔工具)。

(2) 在“属性栏”中单击“形状图层”按钮，在“样式拾色器”中选择创建形状图层时要添加的“样式”，如图 7-2 所示。

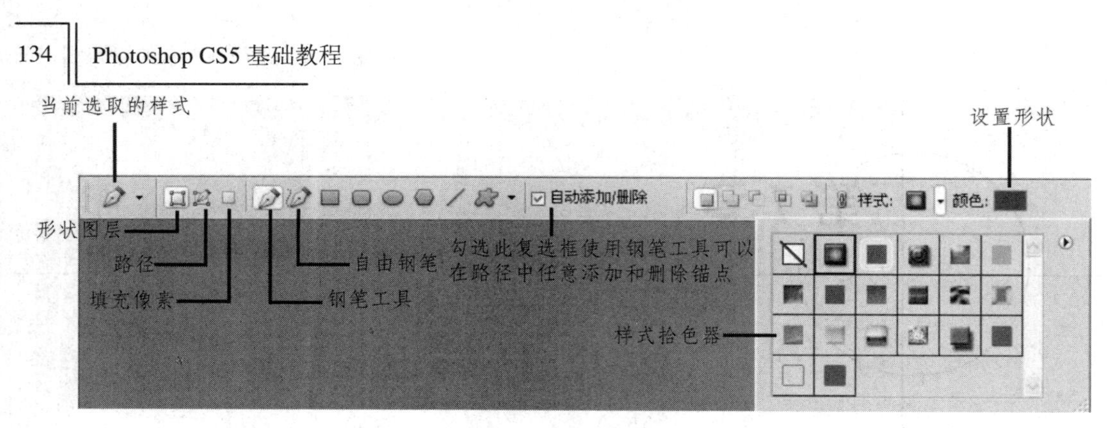

图 7-2 设置形状图层

(3) 设置完毕后，使用 (钢笔工具)在页面中选择起点并单击，将鼠标移动到另一点再单击，直到回到与起始点相交处再单击，系统会自动创建如图 7-3 所示的形状图层。

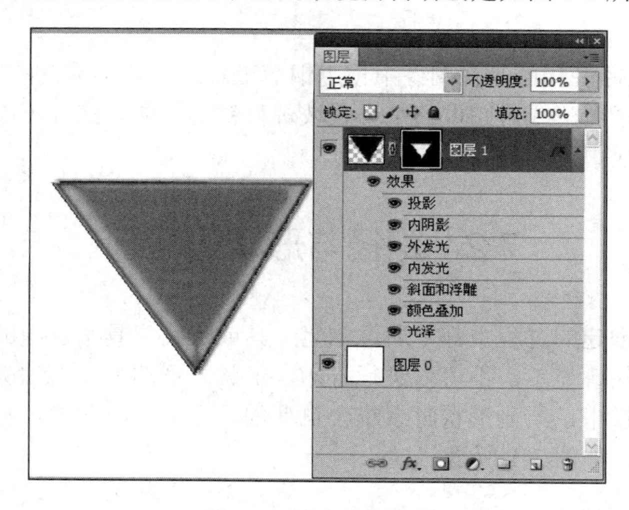

图 7-3 创建形状图层

7.2.2 路径

在 Photoshop CS5 中路径由直线或曲线组合而成，锚点就是这些线段或曲线的端点。使用 (转换点工具)在锚点上拖曳鼠标便会出现控制杆和控制点，拖动控制点就可以更改路径在图像中的形状。路径的创建与调整方法如下：

(1) 新建一个空白文档，默认状态下在工具箱中单击 (钢笔工具)。

(2) 此时只要在“属性栏”中单击“路径”按钮，属性栏就会变成绘制路径时的属性设置，如图 7-4 所示。

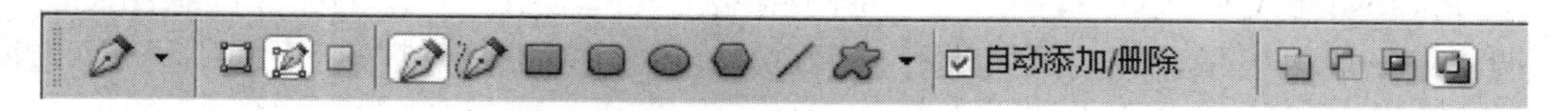

图 7-4 路径属性栏

(3) 使用 (钢笔工具)在页面中选择起点单击，移动鼠标到另一点后再单击，直到回到与起始点相交处，此时指针会变成图标，再单击，即可创建封闭路径，如图 7-5 所示。

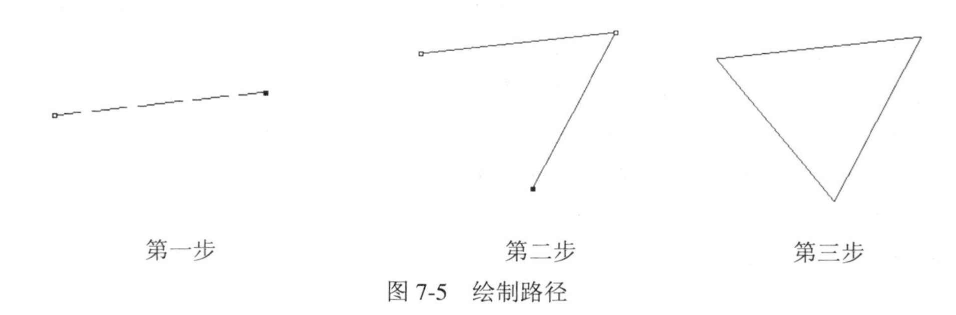

图 7-5　绘制路径

7.2.3　填充像素

在 Photoshop CS5 中填充像素可以认为是使用选区工具绘制选区后，再以前景色填充的效果。如果不新建图层，那么使用填充像素填充的区域会直接出现在当前图层中，此时是不能被单独编辑的，填充像素不会自动生成新图层，如图 7-6 所示。

图 7-6　填充像素

提示：“填充像素”选项按钮只有在使用矩形工具组中的工具时才可以被激活，使用钢笔工具时该选项处于不可用状态。

7.3　绘 制 路 径

使用 Photoshop 绘制的路径包括直线路径、曲线路径和封闭路径三种。钢笔工具组中的工具与矩形工具组中的工具都可以绘制路径，矩形工具中的工具绘制的路径都是封闭的路径，本节将详细讲解不同路径的绘制方法和使用的工具。

7.3.1　钢笔工具

在 Photoshop CS5 中(钢笔工具)是所有绘制路径工具中最精确的工具，使用该工具可以精确地绘制出直线或光滑的曲线，还可以创建形状图层。

钢笔工具的使用方法非常简单。只要在页面中选择一点单击，移动到下一点再单击，就会创建直线路径；在下一点拖曳鼠标会创建曲线路径，按 Enter 键绘制的路径会形成不封闭的路径；在绘制路径的过程中，当起始点的锚点与终点的锚点相交时，鼠标指针会变成图标，此时单击鼠标系统会将该路径创建成封闭路径。

在“工具箱”中选择(钢笔工具)后，属性栏会变成该工具对应的选项效果，如图 7-7 所示。

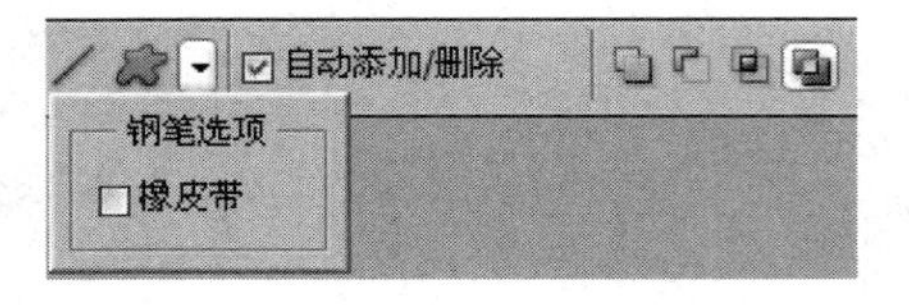

图 7-7 钢笔工具属性栏

该属性栏中各项的含义如下：

(1) 橡皮带：勾选此复选框后，使用(钢笔工具)绘制路径时，在第一个锚点和要建立的第二个锚点之间会出现一条假想的线段，只有单击鼠标后，这条线段才会变成真正存在的路径。

(2) 自动添加/删除：勾选此复选框后，(钢笔工具)就具有了自动添加或删除锚点的功能。当钢笔工具的光标移动到没有锚点的路径上时，光标右下角会出现一个小“+”号，单击鼠标便会自动添加一个锚点；当钢笔工具的光标移动到有锚点的路径上时，光标右下角会出现一个小“−”号，单击鼠标便会自动删除该锚点。

(3) 路径绘制模式：用来对创建路径方法进行运算的方式，包括“添加到路径区域”、“从路径区域减去”、“交叉路径区域”和“重叠路径区域除外”。

- 添加到路径区域：可以将两个以上的路径进行重组。具体操作与创建选区相同。
- 从路径区域减去：创建第二个路径时，会将经过第一个路径的位置的区域减去。具体操作与选区相同。
- 交叉路径区域：两个路径相交的部位会被保留，其他区域会被刨除。具体操作与选区相同。
- 重叠路径区域除外：选择该项创建路径时，当两个路径相交时，重叠的部位会被路径刨除，如图 7-8 所示。

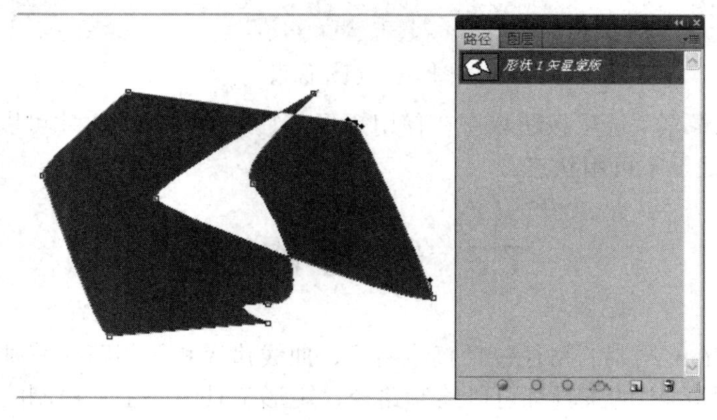

图 7-8 重叠路径区域除外

【练习】 高级抠图技巧——使用钢笔工具抠图。

本练习主要让大家了解使用(钢笔工具)对复杂图像进行描绘并抠图的过程。操作步骤如下：

(1) 执行“文件”→“打开”命令或按组合键 Ctrl＋O，打开素材文件，如图 7-9 所示。下面就使用(钢笔工具)将素材中的人物进行抠图。

(2) 在“工具箱”中选择(钢笔工具)，在要描绘的图像边缘单击以创建路径的起点，如图 7-10 所示。

(3) 移动鼠标沿头部的边缘向右移动，选择第 2 点后向下拖曳鼠标，使曲线正好按照头部的弧线进行弯曲，效果如图 7-11 所示。

图 7-9　素材

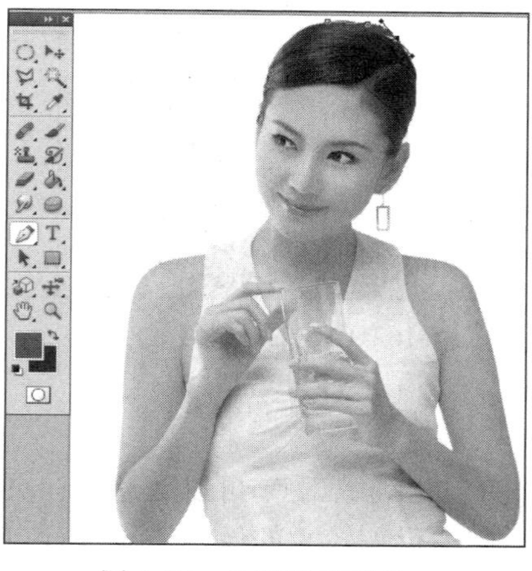

图 7-10　设置路径起点

图 7-11　调整曲线

(4) 松开鼠标后，按住 Alt 键拖曳鼠标到第 2 个锚点处，此时光标变成图标，单击会将后面的控制杆取消，如图 7-12 所示。

(5) 移动鼠标到另一个可以产生曲线的位置，向下拖曳鼠标，使曲线正好按照篮球边缘的弧线进行弯曲，如图 7-13 所示。

(6) 松开鼠标后，按住 Alt 键拖曳鼠标到第三个锚点处，此时光标变成图标，单击会将后面的控制杆取消，如图 7-14 所示。

图 7-12　设置控制杆

图 7-13　调整曲线

图 7-14　设置控制杆

(7) 使用同样的方法沿图像边缘创建路径，按住 Shift 键增加选区，单击鼠标，如图 7-15 所示。

(8) 当终点与起点相交时，单击并拖曳鼠标，完成路径的创建，如图 7-16 所示。

(9) 按组合键 Ctrl+Enter 将路径转换成选区，抠图也就成功了，使用(移动工具)即可将选区内的图像移动，如图 7-17 所示。

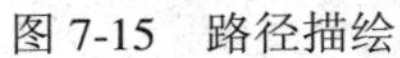
图 7-15 路径描绘

图 7-16 创建的最终路径

图 7-17 抠图效果

7.3.2 自由钢笔工具

在 Photoshop CS5 中使用(自由钢笔工具)可以随意地在页面中绘制路径，当它变为(磁性钢笔工具)时可以快速沿图像反差较大的像素边缘进行自动描绘。该工具的使用方法非常简单，就像在手中拿着画笔在页面中随意绘制一样，松开鼠标即可创建路径，如图 7-18 所示。

(a) 自由钢笔工具

(b) 磁性钢笔工具

图 7-18 自由钢笔工具绘制路径

在“工具箱”中选择(自由钢笔工具)后，属性栏会变成该工具对应的选项效果，如图 7-19 所示。

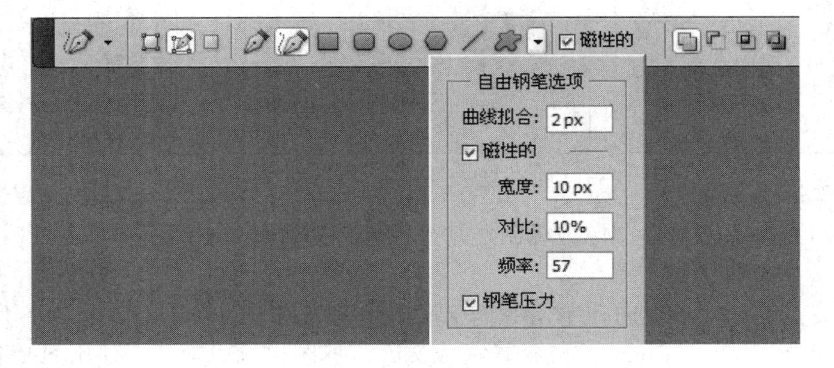

图 7-19 自由钢笔工具属性栏

该属性栏中各项的含义如下：

(1) 曲线拟合：用来控制光标产生路径的灵敏度，输入的数值越大自动生成的锚点越少，路径越简单。输入的数值范围是 0.5～10。图 7-20 所示的图像为设置不同“曲线拟合”时的对比图。

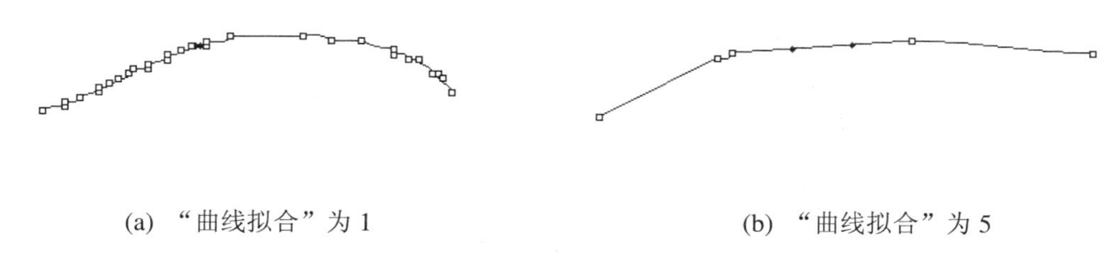

(a) “曲线拟合”为 1　　(b) “曲线拟合”为 5

图 7-20　不同“曲线拟合”时的路径

(2) 磁性的：勾选此复选框后 (自由钢笔工具)会变成 (磁性钢笔工具)，光标也会随之变为 。 (磁性钢笔工具)与 (磁性套索工具)相似，都是自动寻找反差较大像素边缘的工具。

• 宽度：用来设置磁性钢笔与边之间的距离以区分路径。输入的数值范围是 1～256。

• 对比：用来设置磁性钢笔的灵敏度。数值越大，要求的边缘与周围的反差越大。输入的数值范围是 1%～100%。

• 频率：用来设置在创建路径时产生锚点的多少。数值越大，锚点越多。输入的数值范围是 0～100。

(3) 钢笔压力：增加钢笔的压力，会使钢笔在绘制路径时变细。此选项适用于数位板。

【练习】 创建磁性钢笔路径。

本练习主要让大家了解使用 (自由钢笔工具)转换成 (磁性钢笔工具)创建路径的过程。

(1) 执行“文件”→“打开”命令或按组合键 Ctrl+O，打开素材文件，如图 7-21 所示。下面就使用 (自由钢笔工具)绘制磁性路径。

(2) 在“工具箱”中选择 (自由钢笔工具)，再在属性栏中单击“路径”按钮，勾选“磁性的”复选框，在弹出的“自由钢笔选项”中设置参数，如图 7-22 所示。

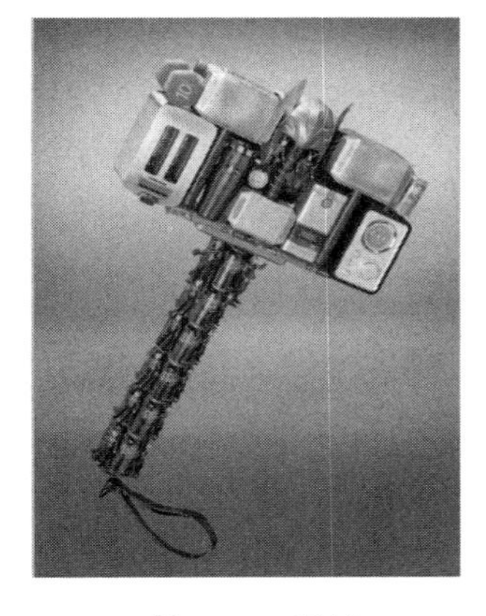

图 7-21　素材

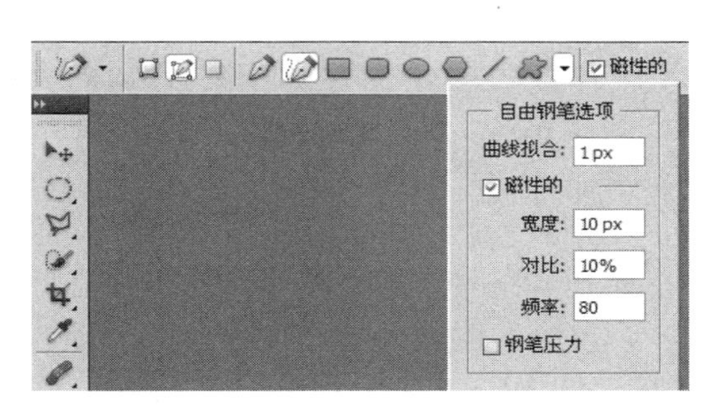

图 7-22　设置属性

(3) 使用鼠标指针在最左边的锤头顶部单击，如图 7-23 所示。

(4) 单击后，沿锤头的边缘拖曳鼠标即可自动在锤头边缘创建路径，如图 7-24 所示。

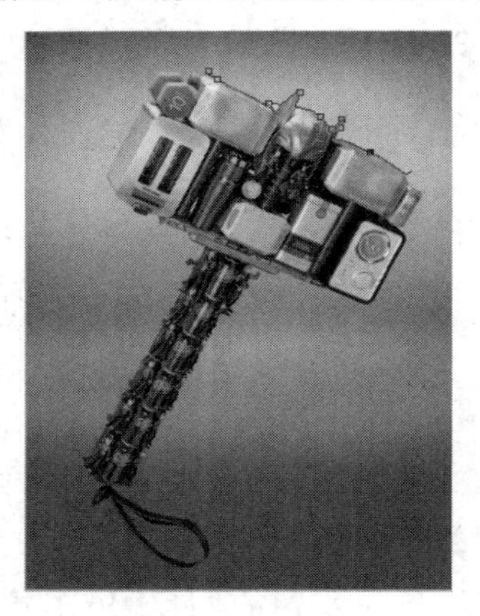

图 7-23 选择起点

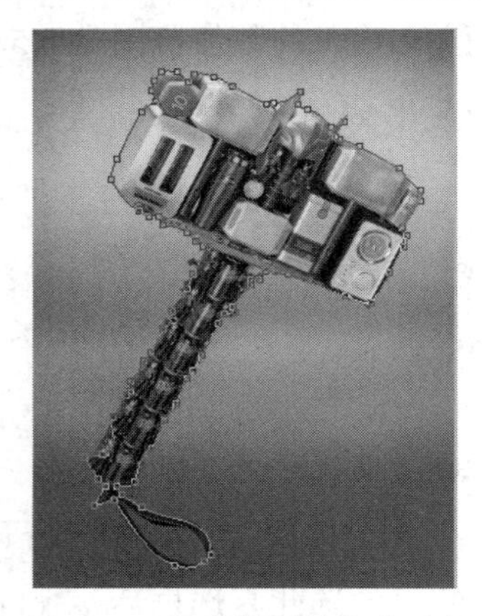

图 7-24 创建的磁性套索路径

技巧：使用 (磁性钢笔工具)绘制路径时，按 Enter 键可以结束路径的绘制，在最后一个描点上双击可以与第一描点进行自动封闭路径，按 Alt 键可以暂时转换成钢笔工具。

7.4 编辑路径

在 Photoshop CS5 中创建路径后，对其进行相应的编辑也是非常重要的，路径的编辑主要体现在添加、删除锚点，更改曲线形状，移动与变换路径等。用来编辑的工具主要包括(添加锚点工具)、(删除锚点工具)、(转换点工具)、(路径选择工具)和(直接选择工具)。本节将详细讲解编辑路径工具的使用方法。

7.4.1 添加与删除锚点工具

在 Photoshop CS5 中使用(添加锚点工具)可以在已创建的直线或曲线路径上添加新的锚点。添加锚点的方法非常简单，只要使用(添加锚点工具)将光标移到路径上，此时光标右下角会出现一个“+”号，单击鼠标便会自动添加一个锚点，如图 7-25 所示。使用(删除锚点工具)可以将路径中存在的锚点删除。删除锚点的方法非常简单，只要使用(删除锚点工具)将光标移到路径中的锚点上，此时光标右下角会出现一个“–”号，单击鼠标便会自动删除该锚点，如图 7-26 所示。

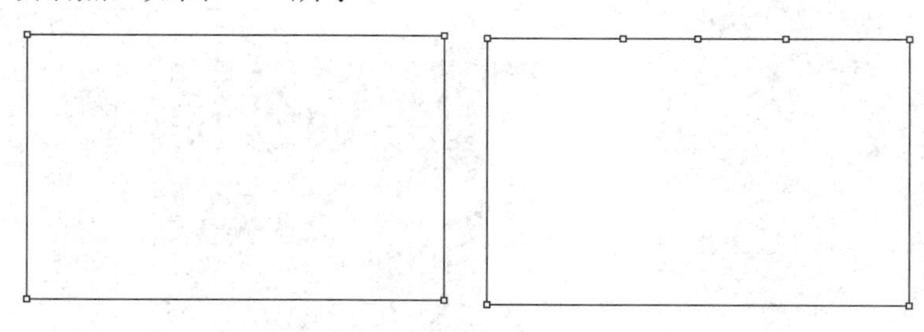

图 7-25 添加锚点

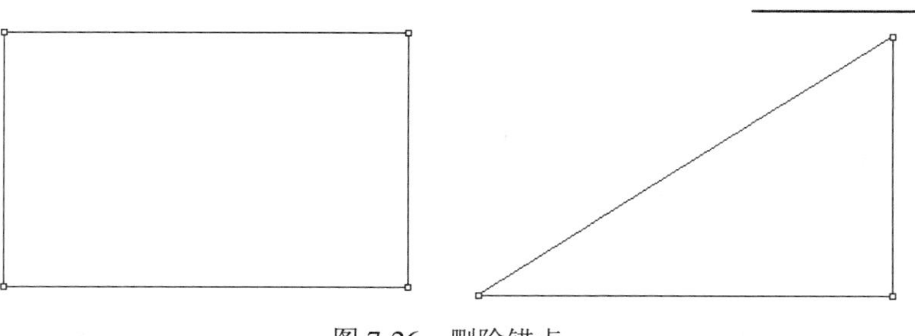

图 7-26　删除锚点

7.4.2　转换点工具

使用(转换点工具)可以让锚点在平滑点和转换角点之间进行变换。转换点工具没有属性栏。

7.4.3　路径选择工具

在 Photoshop CS5 中使用(路径选择工具)主要是快速选取路径或对其进行适当的编辑变换。(路径选择工具)的使用方法与(移动工具)类似，不同的是该工具只对图像中创建的路径起作用。

在“工具箱”中选择(路径选择工具)后，属性栏会变成该工具对应的选项效果，如图 7-27 所示。

图 7-27　路径选择工具对应的选项栏

该属性栏中各项的含义如下：

(1) 显示定界框：勾选该复选框时，使用(路径选择工具)选择路径后，该路径周围就会出现调整变换框，拖动控制点后，即可将属性栏变为如图 7-28 所示的变换路径属性栏。

图 7-28　变换路径属性栏

- 变换设置区：在该区域可以对路径进行位置、大小和旋转等设置。
- 变形：单击该按钮可以进入“变形”设置属性栏，如图 7-29 所示。

图 7-29　“变形”设置属性栏

- 取消：单击该按钮，可以取消所进行的变换。
- 确定：单击该按钮，可以应用所进行的变换。

(2) 组合：当选择两个以上的路径后，选择不同的路径模式，再单击“组合”按钮可以完成路径重叠部分的再次组合，效果如图 7-30 所示。

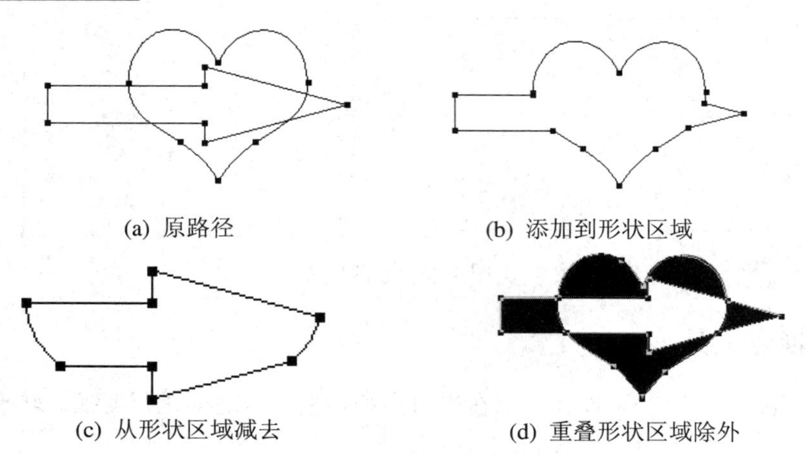

(a) 原路径　　(b) 添加到形状区域

(c) 从形状区域减去　　(d) 重叠形状区域除外

图 7-30　组合后的不同效果

(3) 对齐：在一个路径层中如果存在两个以上的路径，可以通过此选项对其进行重新对齐操作。

(4) 分布：在一个路径层中如果存在三个以上的路径，可以通过此选项对其进行重新分布操作。

(5) 解散目标路径：使用(路径选择工具)选择路径后，单击该按钮可以将路径隐藏。

【练习】 变换路径。

本练习主要让大家了解使用(路径选择工具)对路径进行变换的方法。操作步骤如下：

(1) 新建文件，按快捷键 Ctrl＋N，使用(钢笔工具)绘制一个封闭路径，如图 7-31 所示。下面就使用(路径选择工具)对图像中创建的路径进行变换。

(2) 使用(路径选择工具)在页面中的路径上单击，便可以选择当前路径，按住鼠标拖动便可以将路径进行移动，如图 7-32 所示。

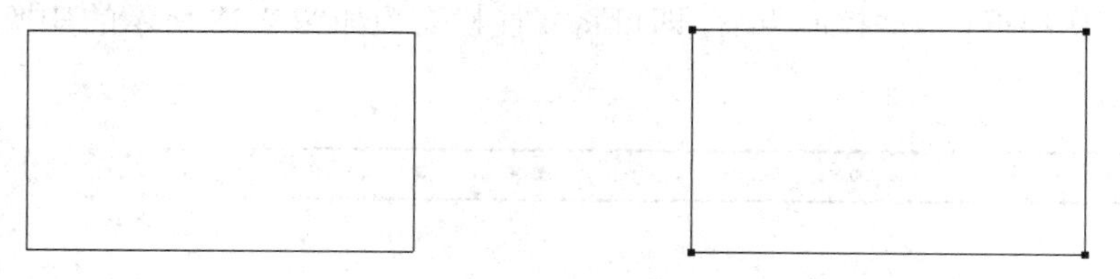

图 7-31　创建路径　　图 7-32　选择路径

(3) 在属性栏中勾选“显示定界框”复选框，拖动控制点后，单击鼠标右键，在弹出的菜单中可以选择变换的选项，如图 7-33 所示。

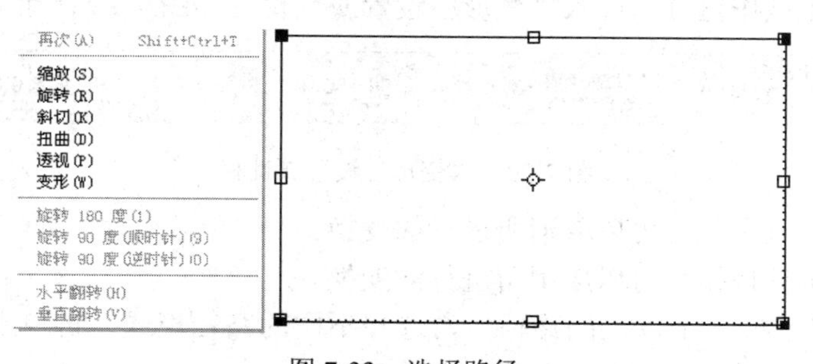

图 7-33　选择路径

提示：在菜单中执行“编辑”→“变换路径”命令，在弹出的子菜单中同样可以选择变换选项。

(4) 选择相应变换后拖动鼠标即可看到变换效果，如图 7-34 所示。

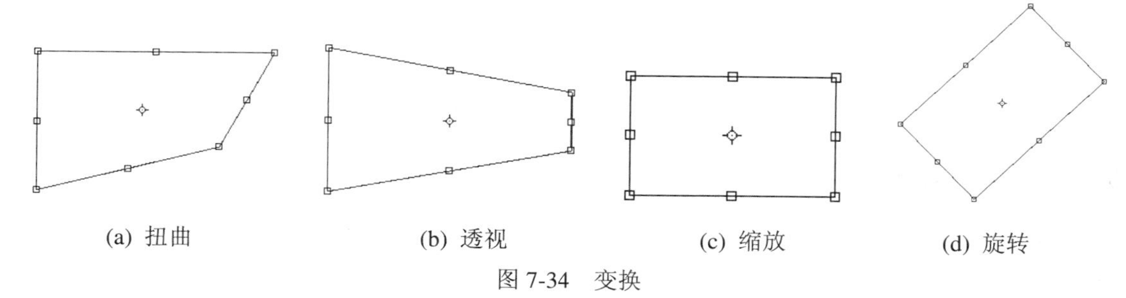

(a) 扭曲　(b) 透视　(c) 缩放　(d) 旋转

图 7-34　变换

(5) 选择“变形”选项命令时属性栏会变成“变形”效果的属性设置，单击“样式”弹出按钮，效果如图 7-35 所示。

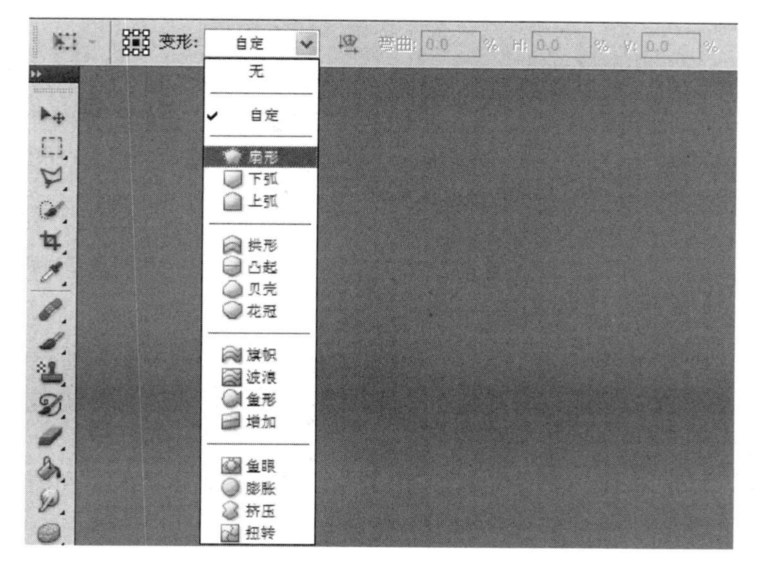

图 7-35　变形选项

(6) 在“变形”下拉列表中选择相应命令后，可以在属性栏中设置相应的“方向”、“弯曲”等参数，也可以使用鼠标直接拖动控制点调整变形大小，图 7-36～图 7-39 所示的效果图就是选择不同命令时的变形效果。选择“自定”选项时，只能通过拖动鼠标来改变变形，如图 7-38 所示。

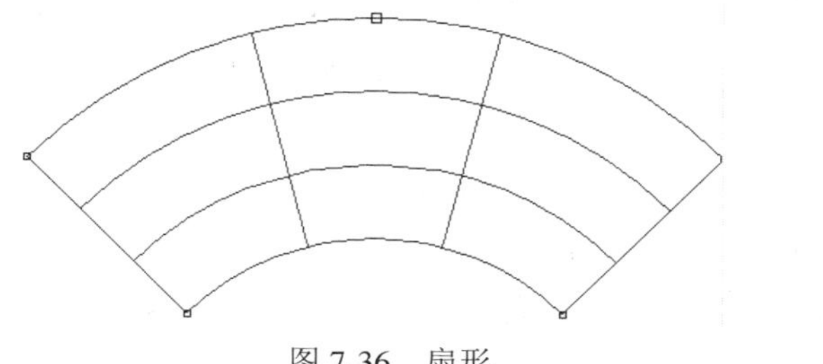

图 7-36　扇形

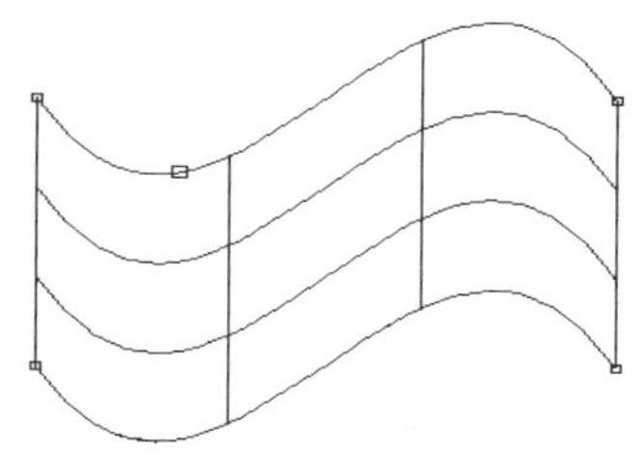

图 7-37　旗帜

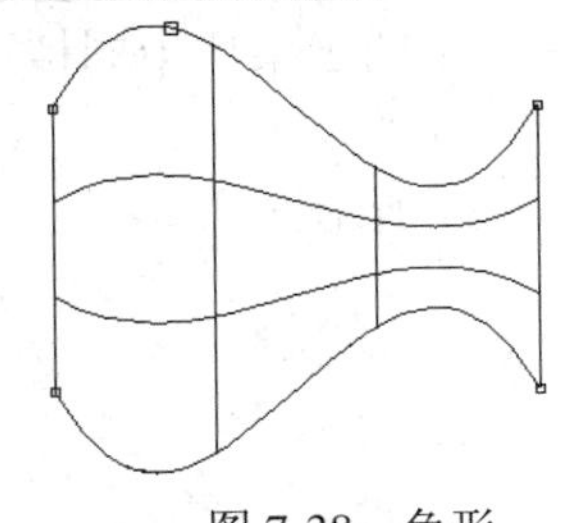

图 7-38　鱼形

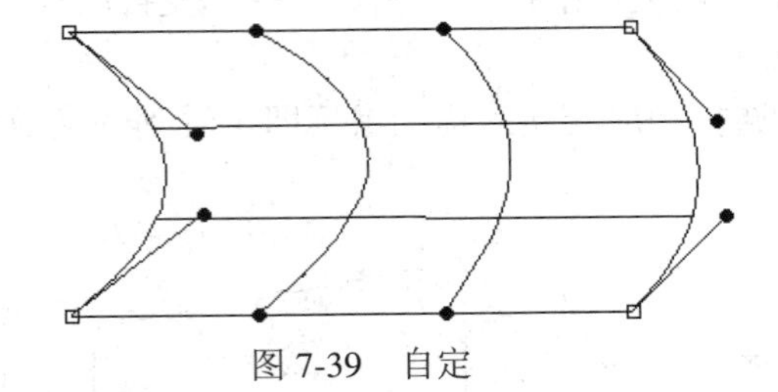

图 7-39　自定

7.4.4　直接选择工具

在 Photoshop CS5 中使用(直接选择工具)可以直接调整路径也可以在锚点上拖动，从而改变路径形状。

7.5　绘制几何形状

在 Photoshop CS5 中可以通过相应的工具直接在页面中绘制矩形、椭圆形、多边形等几何图形，本节将详细讲解用来绘制几何图像的工具，其中包括(矩形工具)、(圆角矩形工具)、(椭圆工具)、(多边形工具)、(直线工具)和(自定义形状工具)。绘制几何图形的工具被集中在“矩形工具组”中，右键单击(矩形工具)即可弹出矩形工具组。

7.5.1　矩形工具

在 Photoshop CS5 中使用(矩形工具)可以绘制矩形和正方形，通过设置的属性可以创建形状图层、路径和以像素进行填充的矩形图形。该工具的使用方法与矩形选框工具相同，如图 7-40 所示。

在“工具箱”中选择(矩形工具)，在属性栏中单击“形状图层”按钮后，属性栏将变成该工具对应的选项效果，如图 7-41 所示。

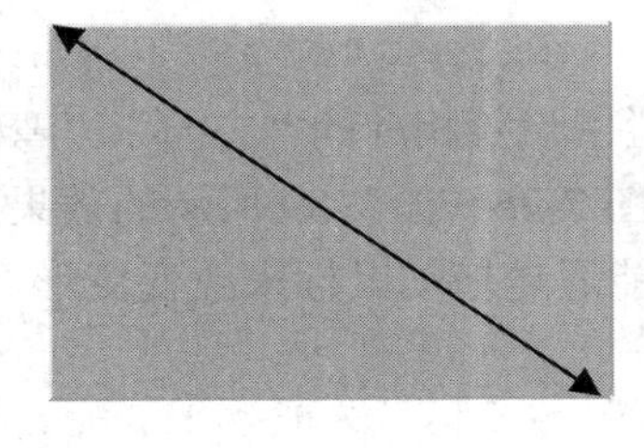

图 7-40　矩形工具绘制矩形

图 7-41　选择形状图层时的矩形工具属性栏

该属性栏中各项的含义如下：

(1) 不受约束：绘制矩形时不受宽、高限制可以随意绘制。

(2) 方形：绘制矩形时会自动绘制出四边相等的正方形。

(3) 固定大小：选择该单选框后，可以通过在后面的“宽”、“高”文本框中输入数值来控制绘制矩形的大小，如图 7-42 所示。

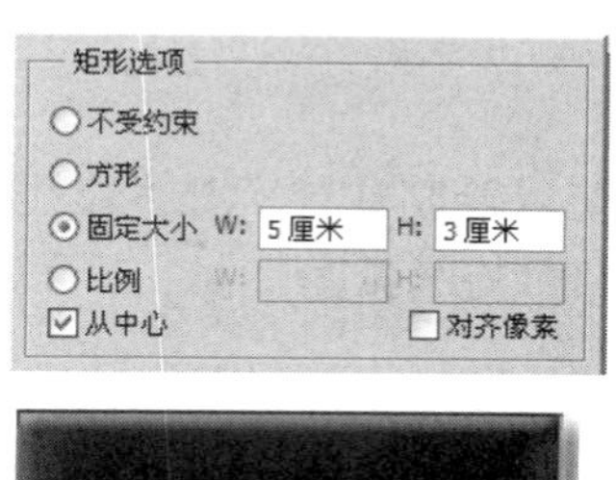

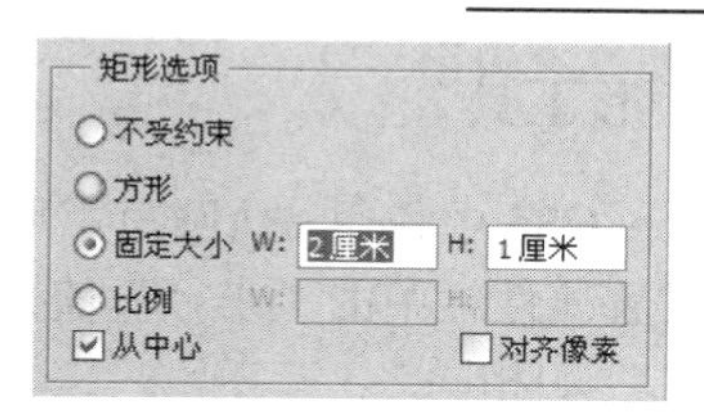

图 7-42　固定大小

(4) 比例：选择该单选框后，可以通过在后面的“宽”、“高”文本框中输入预定的矩形长宽比例来控制绘制矩形的大小，如图 7-43 所示。

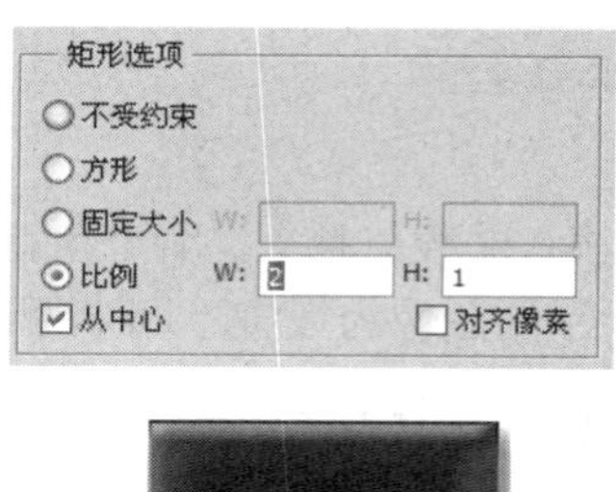

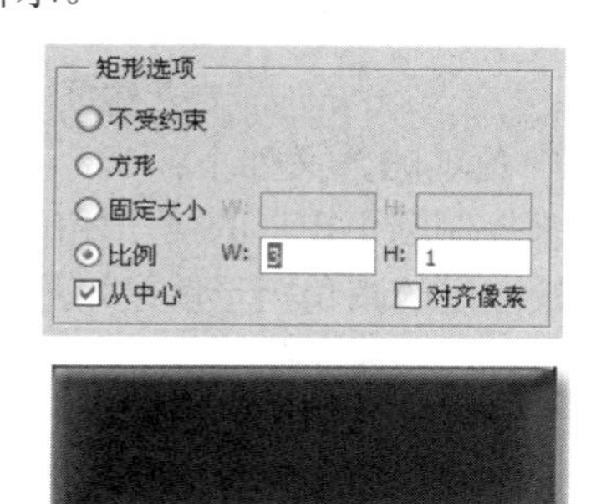

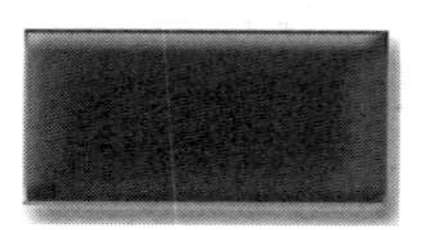

图 7-43　比例

(5) 从中心：勾选此复选框后，在以后绘制矩形时，将会以绘制矩形的中心点为起点。

(6) 对齐像素：绘制矩形时所绘制的矩形会自动同像素边缘重合，使图形的边缘不会出现锯齿。

(7) 样式：在下拉列表中可以选择绘制形状图层时添加的图层样式效果。

(8) 颜色：用来设置绘制形状图层的颜色。

在“工具箱”中选择▢(矩形工具)，在属性栏中单击“路径”按钮后，属性栏将变成该工具对应的选项效果，如图 7-44 所示。

图 7-44　选择路径时的矩形工具属性栏

在“工具箱”中选择▢(矩形工具)，在属性栏中单击“填充像素”按钮后，属性栏将变成该工具对应的选项效果，如图 7-45 所示。

图 7-45　选择填充像素时的矩形工具属性栏

技巧：绘制矩形图像的同时按住 Shift 键会自动绘制正方形，相当于在“矩形选项”中选择“方形”。

7.5.2 圆角矩形工具

在 Photoshop CS5 中使用(圆角矩形工具)可以绘制具有平滑边缘且四个角为圆弧状的矩形，通过设置属性栏中的“半径”值来调整圆角的圆弧度。(圆角矩形工具)的使用方法与(矩形工具)相同。

在“工具箱”中选择(圆角矩形工具)，在属性栏中单击“形状图层”按钮后，属性栏将变成该工具对应的选项效果，如图 7-46 所示。

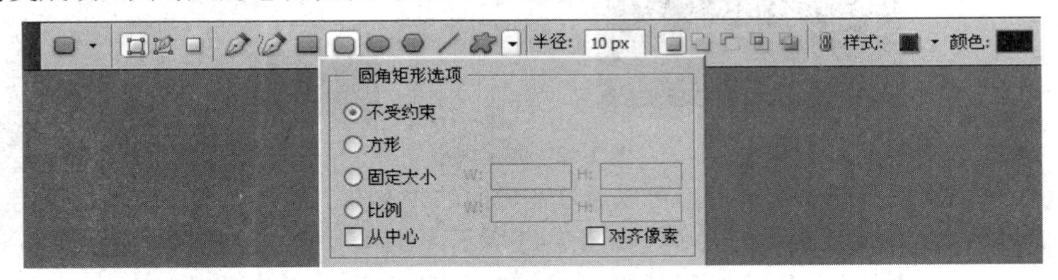

图 7-46　圆角矩形工具属性栏

该属性栏中各项的含义如下：

半径：用来控制圆角矩形的 4 个角的圆滑度，输入的数值越大，4 个角就越平滑，输入的数值为 0 时绘制出的圆角矩形就是矩形。图 7-47 所示的图像为设置不同半径时的圆角矩形。

(a) 半径为 10　　(b) 半径为 50

图 7-47　不同半径时的圆角矩形

技巧：在使用(圆角矩形工具)绘制圆角矩形的同时按住 Alt 键，将会以绘制圆角矩形的中心点为起点开始绘制。

7.5.3 椭圆工具

在 Photoshop CS5 中使用(椭圆工具)可以绘制椭圆形和正圆形，通过设置的属性可以创建形状图层、路径和以像素进行填充的矩形图形。

(椭圆工具)的使用方法和属性栏都与(矩形工具)相同，在页面中单击并拖曳鼠标便可绘制出椭圆形，如图 7-48 所示。

图 7-48　椭圆工具绘制的椭圆形

技巧：在使用(椭圆工具)绘制椭圆的同时按住 Shift 键，可绘制正圆形，按住 Alt 键，将会以绘制椭圆的中心点为起点开始绘制，同时按住组合键 Shift + Alt 可以绘制以中心点为起点的正圆。

7.5.4 多边形工具

在 Photoshop CS5 中使用(多边形工具)可以绘制正多边形或星形，通过设置的属性可以创建形状图层、路径和以像素进行填充的矩形图形。(多边形工具)的使用方法与(矩形工具)相同，绘制时的起点为多边形中心，终点为多边形的一个顶点，如图 7-49 所示。

在“工具箱”中选择(多边形工具)后，在属性栏中单击“形状图层”按钮后，属性栏将变成该工具对应的选项效果，如图 7-50 所示。

图 7-49 多边形工具绘制多边形形状

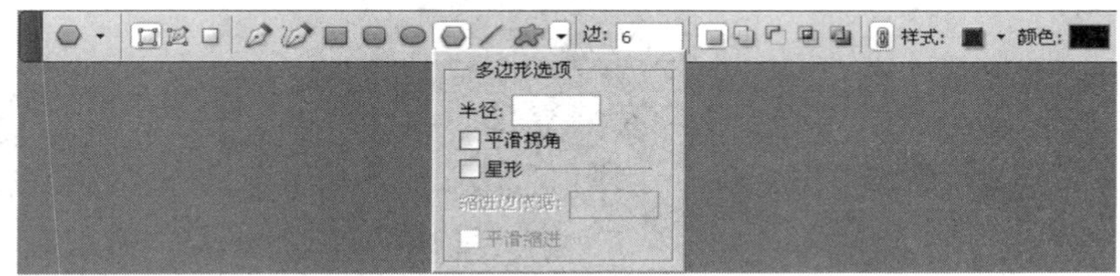

图 7-50 多边形工具属性栏

该属性栏中各项的含义如下：

(1) 边：用来控制创建的多边形或星形的边数。

(2) 半径：用来设置多边形或星形的半径。

(3) 平滑拐角：使用多边形工具时，边数越多越接近圆形，如图 7-51 所示。

(4) 星形：勾选此项后，将以星形绘制多边形，如图 7-52 所示。

(a) 3 边形 (b) 9 边形

图 7-51 勾选“平滑拐角”时的多边形

图 7-52 勾选“星形”时的多边形

(5) 缩进边依据：用来控制绘制星形的缩进程度，输入的数值越大，缩进的效果越明显。其取值范围为 1%～99%，如图 7-53 所示。

(6) 平滑缩进：勾选“平滑缩进”可以使星形的边平滑地向中心缩进，如图 7-54 所示。

(a) 缩进边依据为 20%

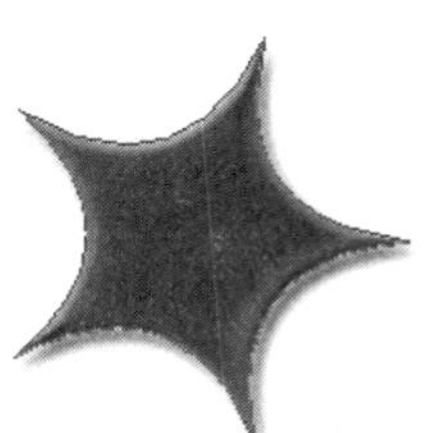

(b) 缩进边依据为 80%

图 7-53 勾选“缩进边依据”时的多边形

(a) 不勾选“平滑缩进”复选框

(b) 勾选“平滑缩进”复选框

图 7-54 勾选“平滑缩进”时的多边形

提示：只有选择“星形”复选框时，“缩进边依据”与“平滑拐角”复选框才能被激活。

7.5.5 直线工具

在 Photoshop CS5 中使用(直线工具)可以绘制预设粗细的直线或带箭头的指示线。

(直线工具)的使用方法非常简单，使用该工具在图像中选择起点后，向任何方向拖曳鼠标，即可完成直线的绘制，如图 7-55 所示。

在“工具箱”中选择(直线工具)，在属性栏中单击“形状图层”按钮后，属性栏会变成该工具对应的选项效果，如图 7-56 所示。

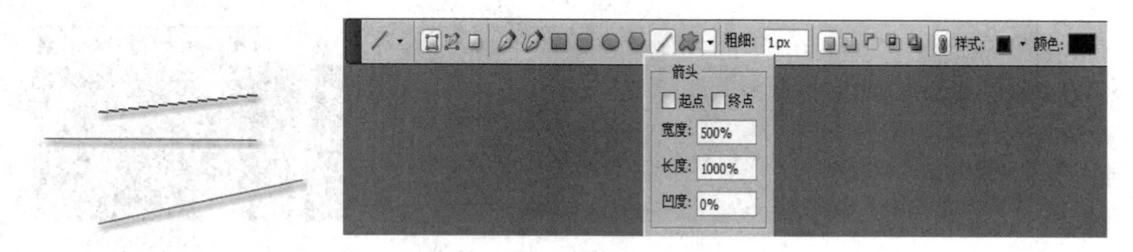

图 7-55　用直线工具绘制直线　　图 7-56　直线工具属性栏

该属性栏中各项的含义如下：

(1) 粗细：控制直线的宽度，数值越大，直线越粗，取值范围为 1～1000。如图 7-57 所示的图像为不同粗细时的直线。

(a) “粗细”为 10　　(b) “粗细”为 30

图 7-57　不同粗细的直线

(2) 起点与终点：用来设置在绘制直线时在起始点或终点出现的箭头，如图 7-58 所示。

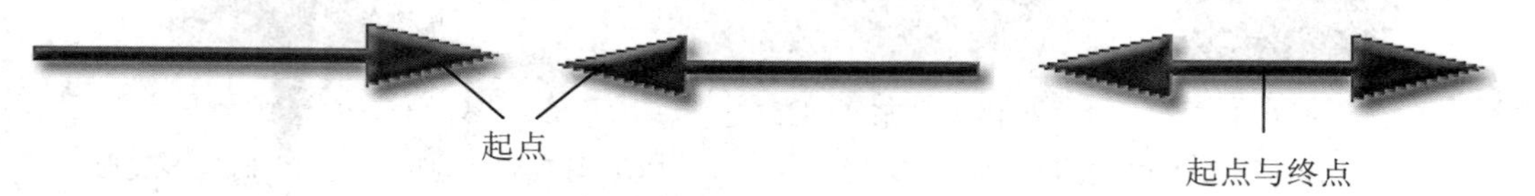

图 7-58　起点与终点箭头

(3) 宽度：用来控制箭头的宽窄度，数值越大，箭头越宽，取值范围为 10%～1000%，如图 7-59 所示。

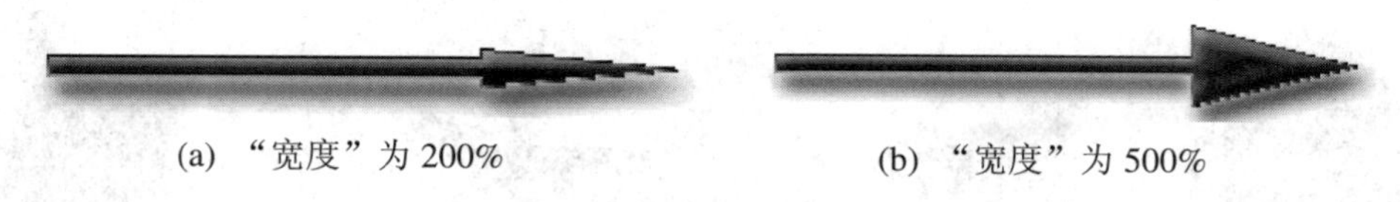

(a) “宽度”为 200%　　(b) “宽度”为 500%

图 7-59　不同宽度的箭头

(4) 长度：用来控制箭头的长短，数值越大，箭头越长，取值范围为 10%～5000%，如图 7-60 所示。

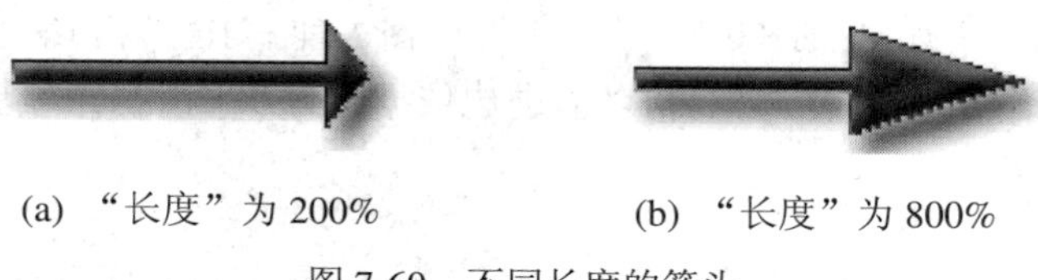

(a) “长度”为 200%　　(b) “长度”为 800%

图 7-60　不同长度的箭头

(5) 凹度：用来控制箭头的凹陷程度，数值为正数时，箭头尾部向内凹，数值为负数时，箭头尾部向外凸出，数字为零时，箭头尾部平齐，取值范围为 –50%～50%，如图 7-61 所示。

(a) “凹度”为 –20%　　(b) “凹度”为 20%

图 7-61　不同凹度的箭头

7.5.6　自定义形状工具

在 Photoshop CS5 中使用(自定义形状工具)可以绘制出“形状拾色器”中选择的预设图案。

在“工具箱”中选择(自定义形状工具)，在属性栏中单击“形状图层”按钮后，属性栏将变成该工具对应的选项效果，如图 7-62 所示。

图 7-62　自定义形状工具属性栏

该属性栏中各项的含义如下：

形状拾色器：其中包含系统自定预设的所有图案，选择相应的图案，使用(自定义形状工具)便可以在页面中绘制，如图 7-63 所示。

图 7-63　自定义图案

7.6　路径的基本应用

Photoshop CS5 中对路径的管理可以通过“路径”调板来完成。应用调板可以对创建的路径进行更加细致的编辑，调板中主要包括“路径”、“工作路径”和“形状矢量蒙版”选项。在调板中可以将路径转换成选区，将选区转换成工作路径，填充路径和对路径进行描边等。在菜单栏中执行“窗口”→“路径”命令，即可打开“路径”调板，如图 7-64 所示。

通常情况下“路径”调板与“图层”调板被放置在同一个调板组中。

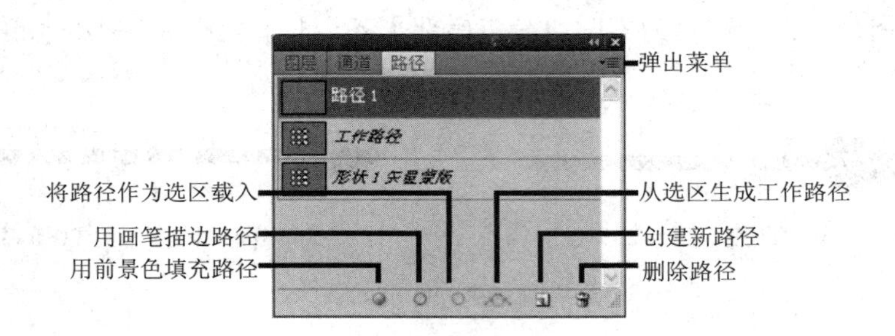

图 7-64 “路径”调板

“路径”调板中各项的含义如下：

(1) 路径：用于存放当前文件中创建的路径，在储存文件时路径会被储存到该文件中。

(2) 工作路径：一种用来定义轮廓的临时路径。

(3) 矢量蒙版：显示当前文件中创建的矢量蒙版的路径。

(4) 用前景色填充路径：单击该按钮可以对当前创建的路径区域以前景色填充。

(5) 用画笔描边路径：单击该按钮可以对创建的路径进行描边。

(6) 将路径作为选区载入：单击该按钮可以将当前路径转换成选区。

(7) 从选区生成工作路径：单击该按钮可以将当前选区转换成工作路径。

(8) 创建新路径：单击该按钮可以新建路径。

(9) 删除路径：选定路径后，单击该按钮可以将选择的路径删除。

(10) 弹出菜单：单击该按钮可以打开“路径”调板的弹出菜单。

7.6.1 新建路径

下面介绍创建路径的四种方法。

(1) 使用钢笔路径或形状工具在页面中绘制路径后，在“路径”调板中会自动创建一个“工作路径”图层，如图 7-65 所示。

提示：“路径”调板中的“工作路径”是用来存放路径的临时场所，在绘制第二个路径时该“工作路径”会消失，只有将其储存才能将其长久保留。

(2) 在“路径”调板中单击“创建新路径”按钮，将在“路径”调板中出现一个空白路径，如图 7-66 所示。此时再绘制路径，就会将其存放在次路径层中。

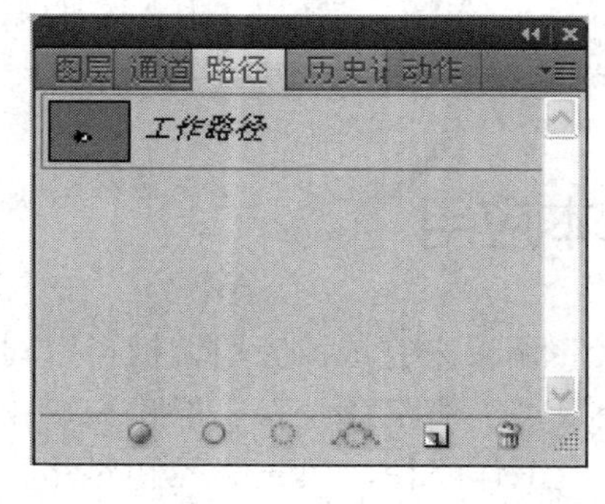

图 7-65 “工作路径”图层

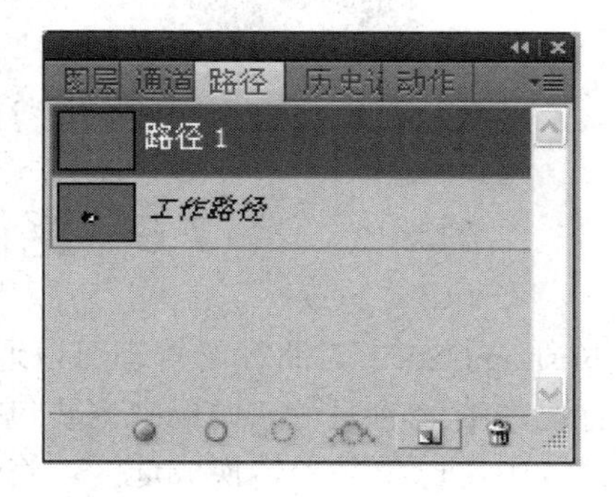

图 7-66 新建路径

(3) 在“路径”调板的弹出菜单中执行“新建路径”命令，将弹出“新建路径”对话框，如图 7-67 所示。在该对话框中设置路径名称后，再单击“确定”按钮，即可新建一个自己设置名称的路径。

(4) 创建形状图层后，将在“路径”调板中出现一个矢量蒙版，如图 7-68 所示。只有选择该图层时，才会在“路径”调板中会出现矢量蒙版。

图 7-67　“新建路径”对话框

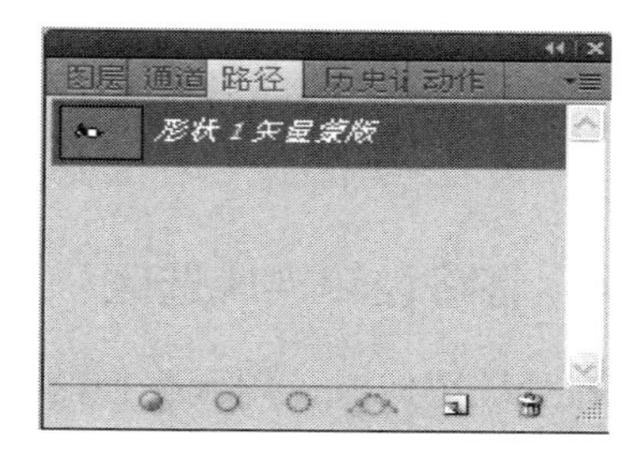

图 7-68　形状矢量蒙版路径

提示：在“路径”调板中单击“创建新路径”按钮的同时按住 Alt 键，系统也会弹出“新建路径”对话框。

7.6.2　储存工作路径

创建工作路径后，如果不及时储存，会根据绘制的第二个路径而将前一个路径删除，所以本小节将介绍对“工作路径”进行储存的方法。具体的方法有以下三种：

(1) 绘制路径时，系统会自动出现一个“工作路径”作为临时存放点，在“工作路径”上双击，即可弹出“存储路径”对话框，设置“名称”后，单击“确定”按钮，即可完成储存，如图 7-69 所示。

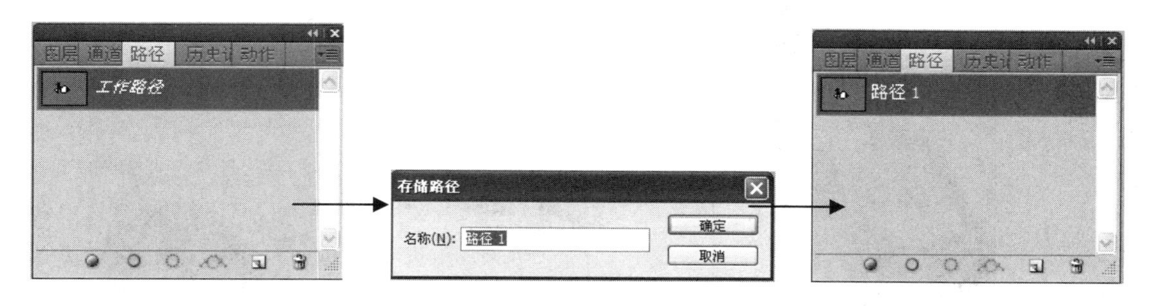

图 7-69　储存工作路径为路径

(2) 创建工作路径后，执行弹出菜单中的“存储路径”命令，也会弹出“存储路径”对话框，设置名称后，单击“确定”按钮，即可完成储存。

(3) 拖动“工作路径”到“创建新路径”按钮上，也可以储存工作路径。

7.6.3　移动、复制、删除与隐藏路径

使用(路径选择工具)选择路径后，拖动路径到“创建新路径”按钮上时，就可以得到一个该路径的副本；拖动路径到“删除当前路径”按钮上时，就可以将当前路径删除；在“路径”调板空白处单击，可以将路径隐藏，如图 7-70 所示。

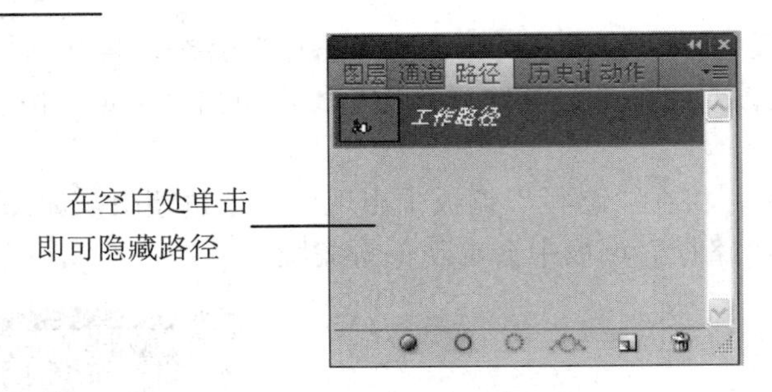

图 7-70 隐藏路径

7.6.4 将路径转换成选区

在处理图像时，用到路径的时候不是很多，但是要对图像创建精确的选区时就需要使用路径工具，创建精密路径后再转换成选区，就可以应用 Photoshop 中对选区起作用的所有命令。单击“路径”调板中的“将路径作为选区载入”按钮，即可将创建的选区变成可编辑的选区。

【练习】 将路径转换成选区载入。

本练习是为了让大家了解将路径转换为选区的过程。操作步骤如下：

(1) 打开一个自己喜欢的图片作为背景，执行“文件”→“打开”命令或按组合键 Ctrl+O，使用(钢笔工具)沿人物的边缘绘制一个封闭路径，如图 7-71 所示。

(2) 路径创建完毕后，单击“将路径作为选区载入”按钮，如图 7-72 所示。

(3) 单击“将路径作为选区载入”按钮后，图像中的路径会以选区的形式显示，调板中的路径还是存在的，如图 7-73 所示。

图 7-71 创建路径

图 7-72 “路径”调板

图 7-73 将路径作为选区载入

提示：在弹出菜单中单击“建立选区”命令或者直接按组合键 Ctrl+Enter 都可以将路径转换成选区。

7.6.5　将选区转换成路径

在处理图像时有时创建出局部选区比使用钢笔工具方便，将选区转换成路径，可以继续对路径进行更加细致的调整，以便能够制作出更加细致的图像抠图。

要将选区转换成路径，可以直接单击“路径”调板中的“从选区生成工作路径”按钮。

7.7　路径的描边与填充

Photoshop CS5 中对路径的操作还包括描边与填充，与选区的描边和填充原理不同的是一个是针对创建的路径，一个是针对选区。

7.7.1　描边路径

在图像中创建路径后，可以应用“描边路径”命令对路径边缘进行描边。

直接单击“路径”调板中的“用画笔描边路径”按钮即可对路径进行描边，如图 7-74 所示。

图 7-74　描边路径

【练习】 对路径进行描边。

本次练习主要让大家了解路径描边的方法。操作步骤如下：

(1) 执行菜单“文件”→“打开”命令或按组合键 Ctrl+O，打开自己喜欢的素材，使用(钢笔工具)创建如图 7-75 所示的路径。

图 7-75　素材

(2) 选择(画笔工具)，在弹出的菜单中执行“描边路径”命令，打开“描边路径”对话框，在其中可以选择用于对路径进行描边的工具，如图 7-76 所示。

(3) 选择“画笔”选项，勾选“模拟压力”复选框，单击“确定”按钮，效果如图 7-77 所示。

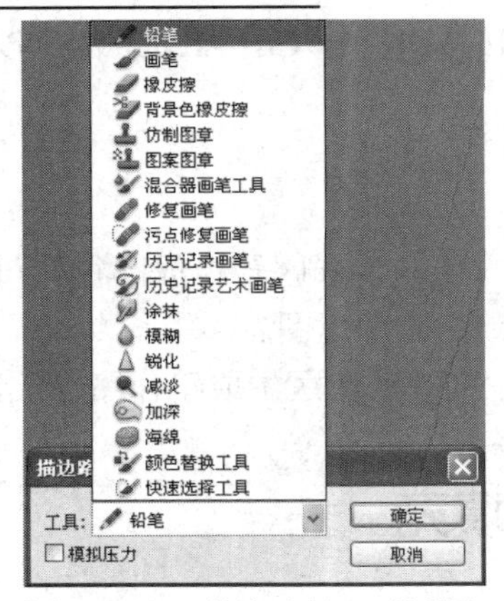

图 7-76 “描边路径”对话框

图 7-77 画笔描边

(4) 分别选择“橡皮擦”和“涂抹”选项，单击“确定”按钮，效果如图 7-78 和图 7-79 所示。

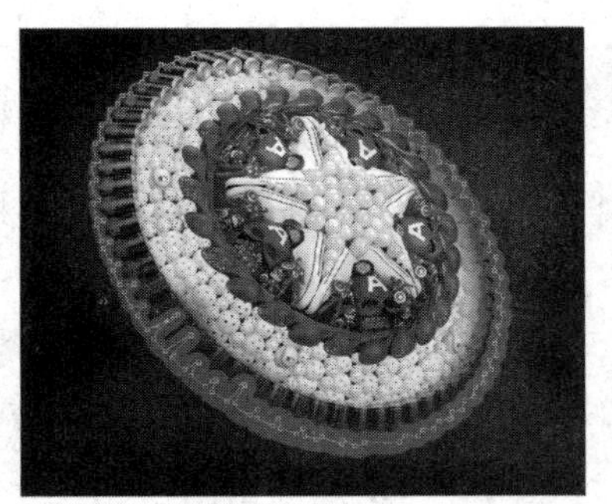

图 7-78 橡皮擦描边(1)

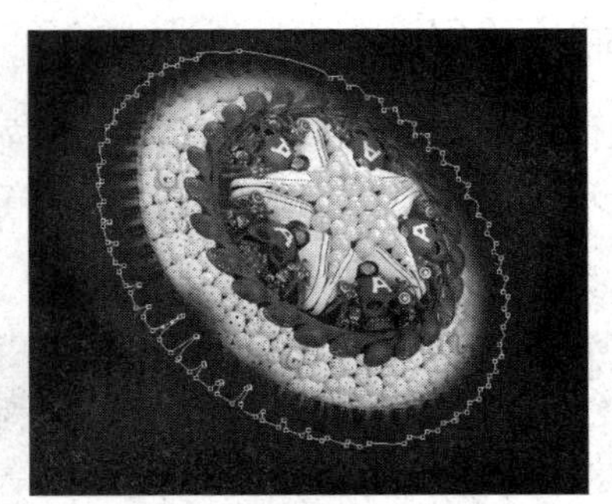

图 7-79 橡皮擦描边(2)

7.7.2 填充路径

通过“路径”调板，可以为路径填充前景色、背景色或者图案。直接在“路径”调板中选择“路径”或“工作路径”时，填充的路径会是所有路径的组合部分，单独选择一个路径可以为子路径进行填充。

要填充路径，可以直接单击“路径”调板中的“用前景色填充路径”按钮 为路径填充前景色，如图 7-80 所示。

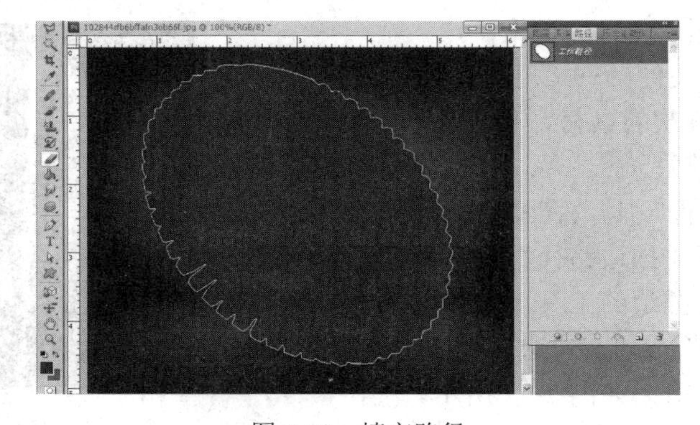

图 7-80 填充路径

提示：只有在图像中选择子路径时，在弹出菜单中的“描边子路径”和“填充子路径”命令才会被激活。

7.8 剪贴路径

使用“剪贴路径”命令可以将图像的局部从整体中分离出来，在其他软件中可以得到透明背景的图像。

【练习】 剪贴路径的使用方法。

本练习主要让大家了解通过“剪贴路径”命令制作无背景图像的方法。操作步骤如下：

(1) 执行菜单“文件”→“打开”命令或按组合键 Ctrl+O，打开自选素材，使用(钢笔工具)沿图像中花朵的边缘创建路径，如图 7-81 所示。

图 7-81　在素材中创建路径

(2) 拖动“工作路径”到“创建新路径”按钮上，得到“路径 1”，如图 7-82 所示。

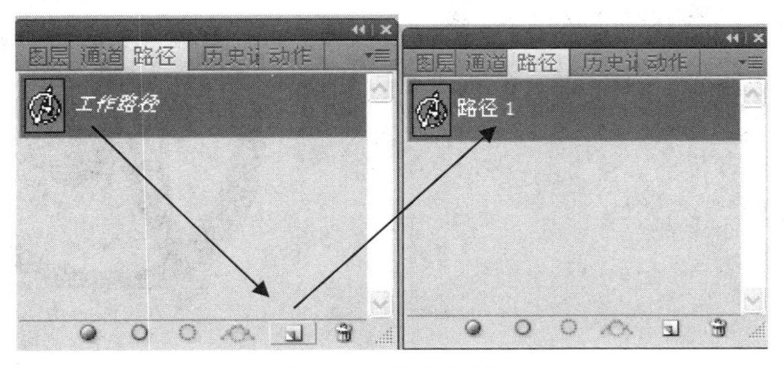

图 7-82　储存路径

提示：在图像像素边缘反差较大的图片中，可以考虑使用(自由钢笔工具)中的磁性功能，这样可以更加快速地创建路径。

(3) 在弹出菜单中执行“剪贴路径”命令，打开“剪贴路径”对话框，其中的参数值设置如图 7-83 所示。

(4) 设置完毕单击“确定”按钮，再在菜单栏执行“文件”→“存储为”命令，选择存储位置，设置“格式”为 Photoshop EPS，如图 7-84 所示。

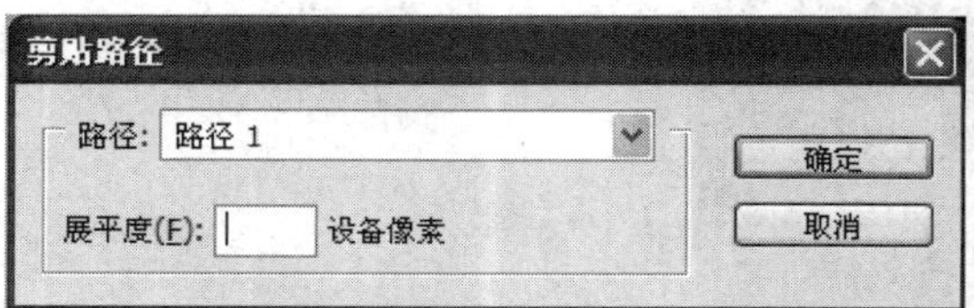

图 7-83 “剪贴路径”对话框

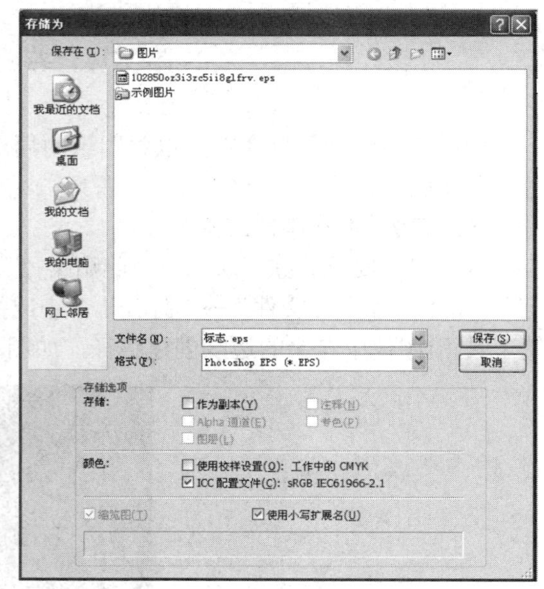

图 7-84 “存储为”对话框

(5) 单击“保存”按钮，系统会弹出“EPS 选项”对话框，其中的参数值设置如图 7-85 所示。

(6) 设置完毕单击“确定”按钮，在其他软件中导入该图像，会发现此图像为无背景图像。例如在 Illustrator 中打开此图像，效果如图 7-86 所示。

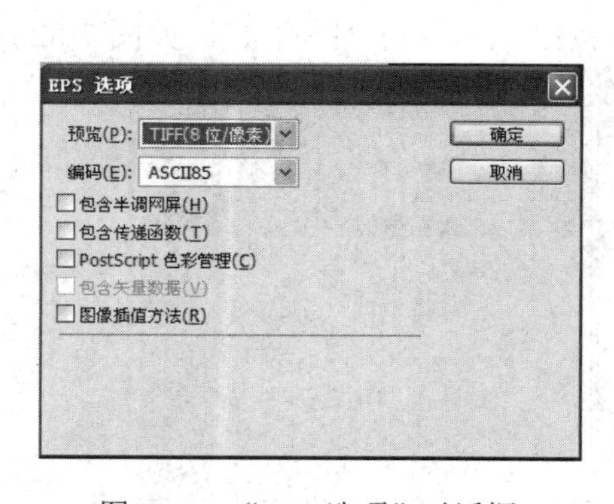

图 7-85 “EPS 选项”对话框

图 7-86 无背景图像

提示：使用“剪贴路径”命令可以将图像中路径内的图像单独分离出来，应用“剪贴路径”命令后不能直接看到效果，只有将其存储为 EPS 格式，在其他软件中置入的剪贴图像就是透明背景的图像。

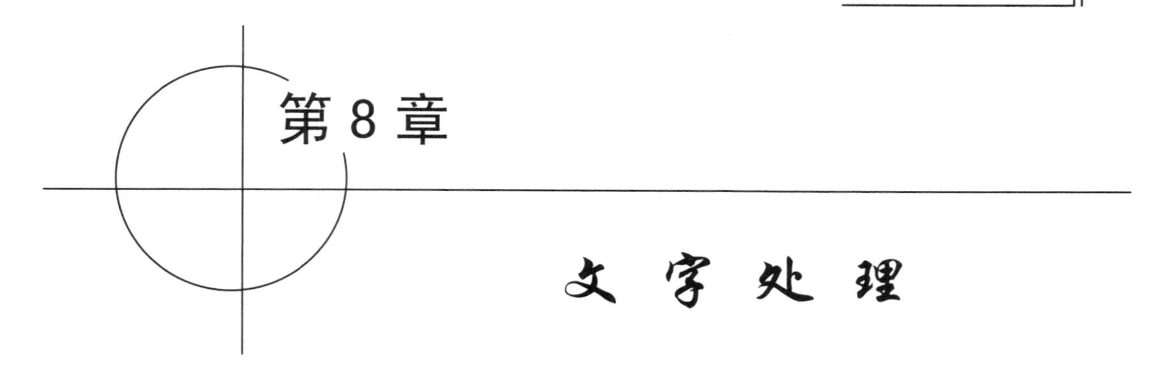

8.1　用来创建文字的工具

在 Photoshop CS5 中，用于创建文字或文字选区的工具被集中在横排文字工具组中，其中包含(横排文字工具)、(直排文字工具)、(横排文字蒙版工具)和(直排文字蒙版工具)，如图 8-1 所示。

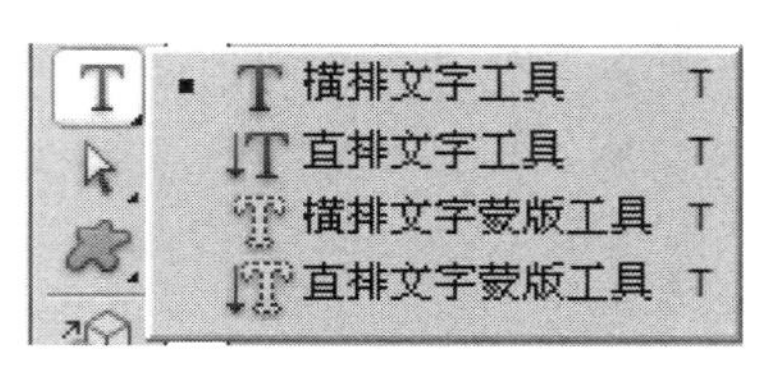

图 8-1　文字工具组

8.2　直接输入文字

在 Photoshop CS5 中能够直接创建文字的工具只有两个，即(横排文字工具)和(直排文字工具)。

8.2.1　输入横排文字

在 Photoshop CS5 中使用(横排文字工具)可以在水平方向上输入横排文字，该工具是文字工具组中最基本的文字输入工具，同时也是使用最频繁的一个工具。

(横排文字工具)的使用方法非常简单，只要在“工具箱”中选择(横排文字工具)，之后再拖动光标到画面中找到要输入文字的地方，单击鼠标会出现图标，此时输入所需要的文字即可。如图 8-2 所示为用横排文字工具输入的文字。

提示：文字输入完毕后，单击“提交所有当前编辑”按钮，或在“工具箱”中单击其他工具，即可完成文字的输入。

在“工具箱”中选择(横排文字工具)输入文字后，属性栏会变成该工具对应的选项效果，如图 8-3 所示。

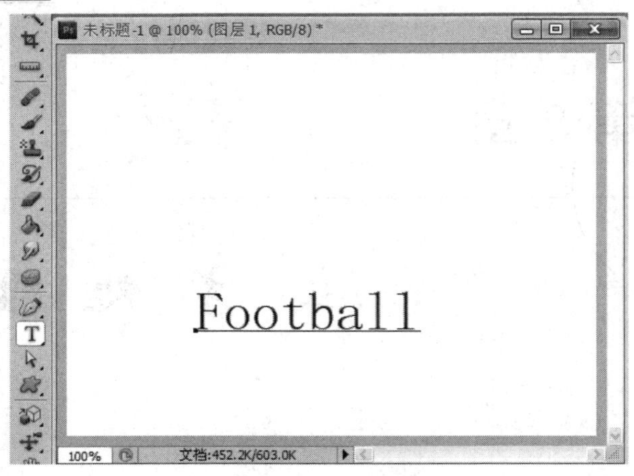

图 8-2 输入的文字

图 8-3 横排文字工具属性栏

该属性栏中各项的含义如下：

(1) 更改文字方向：单击此按钮即可将输入的文字在水平与垂直之间进行转换，如图 8-4 所示。

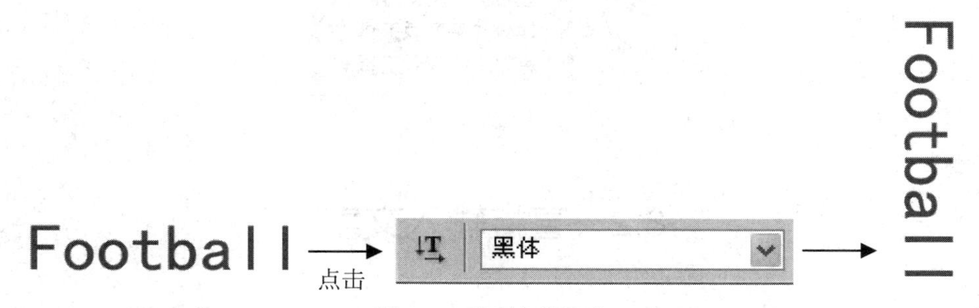

图 8-4 改变文字方向

(2) 字体：用来设置输入文字的字体，单击该下拉列表按钮，可以在下拉列表中选择文字的字体，如图 8-5 所示。

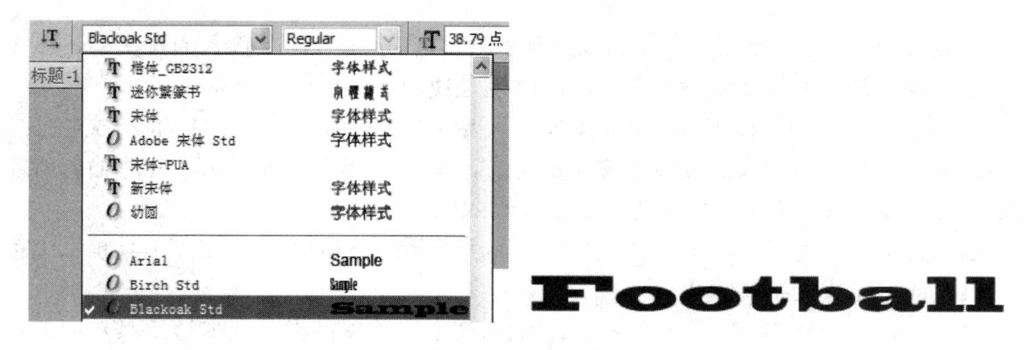

图 8-5 选择字体

(3) 字体样式：选择不同字体时，会在“字体样式”下拉列表中出现该文字字体对应的不同字体样式。例如选择 Arial 字体时，“样式”列表中就会包含四种该文字字体所对应的样式，如图 8-6 所示。选择不同样式时输入的文字会有所不同，如图 8-7 所示。

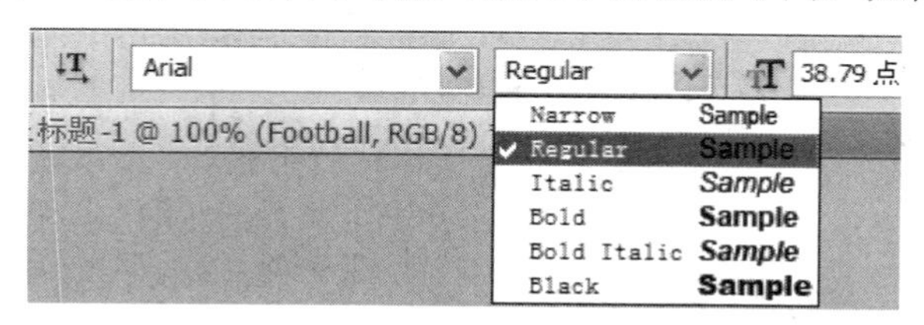

图 8-6　字体样式

Football　*Football*　**Football**　***Football***

Regular 样式　Italic 样式　Bold 样式　Bold Italic 样式

图 8-7　Arial 字体的四种样式

提示：不是所有的字体都存在字体样式。

(4) 文字大小：用来设置输入文字的大小，可以在下拉列表中选择，也可以直接在文本框中输入数值。

(5) 消除锯齿：可以通过部分填充边缘像素来产生边缘平滑的文字。其下拉列表中包含 5 个选项，如图 8-8 所示，该设置只会针对当前输入的整个文字起作用，不能对单个字符起作用，输入文字后可分别选择不同的字体效果。

图 8-8　消除锯齿选项

(6) 对齐方式：用来设置输入文字的对齐方式，包括文本左对齐、文本水平居中对齐和文本右对齐三项，如图 8-9 所示。

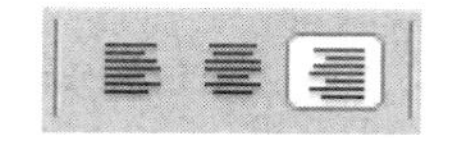

图 8-9　三种对齐方式

(7) 文字颜色：用来控制输入文字的颜色。

(8) 文字变形：输入文字后单击该按钮，可以在弹出的“文字变形”对话框中对输入的文字进行变形设置。

(9) 显示或隐藏“字符”和“段落”调板：单击该按钮即可将“字符”和“段落”调板组进行显示，图 8-10 所示为“字符”调板，图 8-11 所示为“段落”调板。

(10) 取消所有当前编辑：用来将当前编辑状态下的文字还原。

(11) 提交所有当前编辑：用来将正处于编辑状态的文字应用使用的编辑效果。

提示：只有文字处于输入状态时，“取消所有当前编辑”按钮与“提交所有当前编辑”

按钮才可以显示出来。

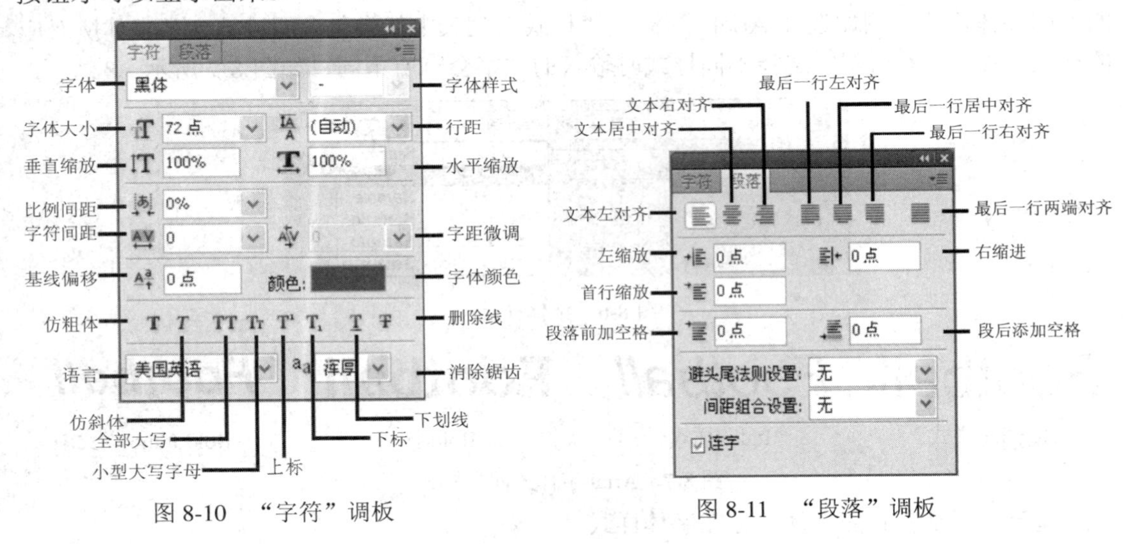

图 8-10 “字符”调板　　　　图 8-11 “段落”调板

8.2.2 输入直排文字

在 Photoshop CS5 中使用 (直排文字工具)可以在垂直方向上输入竖排文字，该工具的使用方法与 (横排文字工具)相同，其属性栏也是一模一样的。

8.3 得到文字选区

我们在设计作品时经常需要在文字上添加一些其他的图案，这时如果直接使用文字工具创建文字后再调出选区就会显得比较麻烦，而在 Photoshop CS5 中可使用 (横排文字蒙版工具)和 (直排文字蒙版工具)直接创建文字选区。

8.3.1 横排文字选区

在 Photoshop CS5 中能够直接创建横排文字选区的工具为 (横排文字蒙版工具)。(横排文字蒙版工具)可以在水平方向上直接创建文字选区，该工具的使用方法与 (横排文字工具)相同，只是在创建过程中一直处于蒙版状态，创建完成后单击“提交所有当前编辑”按钮 或在“工具箱”中直接单击其他工具选区即可，创建过程如图 8-12 所示。

(a) 选择输入点　　(b) 完成选区

图 8-12 使用横排文字蒙版工具创建横排文字选区的过程

8.3.2 直排文字选区

在 Photoshop CS5 中使用 (直排文字蒙版工具)可以在垂直方向上直接创建文字选区，该工具的使用方法与 (直排文字工具)相同，只是在创建过程中一直处于蒙版状态，创建完成后单击“提交所有当前编辑”按钮 或在“工具箱”中直接单击其他工具选区即可，创建过程如图 8-13 所示。

技巧：使用 (横排文字蒙版工具)和 (直排文字蒙版工具)创建选区时，在文字输入后没有被提交之前，选区的字体和大小是可以更改的，提交之后则无法改变，如图 8-14 所示。

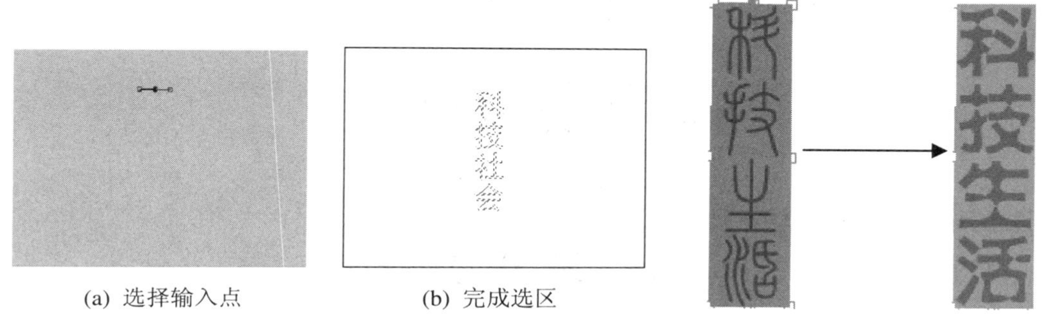

(a) 选择输入点　　(b) 完成选区

图 8-13　使用直排文字蒙版工具创建直排文字选区的过程

图 8-14　改变选区的字体

8.4 文 字 变 形

在 Photoshop 中通过“文字变形”命令可以对输入的文字进行更加艺术化的变形，使文字更加具有观赏感，变形后仍然具有文字所具有的共性。

“文字变形”命令可以在输入文字通过后直接单击“文字变形”按钮 来执行，或者执行菜单“图层”→“文字”→“文字变形”命令来打开“变形文字”对话框，如图 8-15 所示。

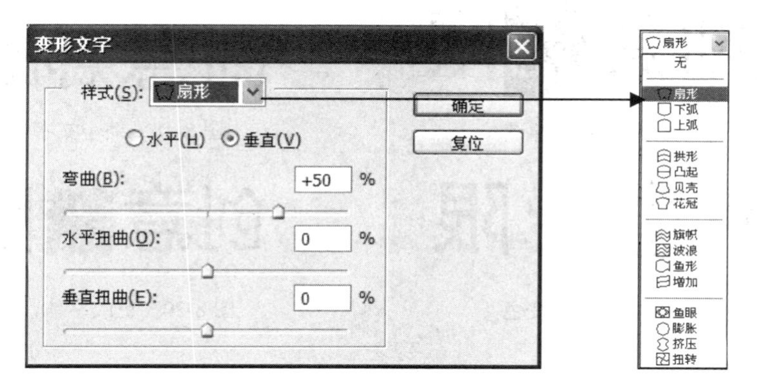

图 8-15　“变形文字”对话框

该对话框中各项的含义如下：

(1) 样式：用来设置文字变形的效果，在下拉列表中可以选择相应的样式。

(2) 水平和垂直：用来设置变形的方向。

(3) 弯曲：设置变形样式的弯曲程度。

(4) 水平扭曲：设置在水平方向上扭曲的程度。

(5) 垂直扭曲：设置在垂直方向上扭曲的程度。

输入文字后，分别对输入的文字应用扇形与扭转效果，并勾选“水平”单选框，设置“弯曲”为“50%”、“水平扭曲”和“垂直扭曲”为“0”，得到如图 8-16 所示的效果。

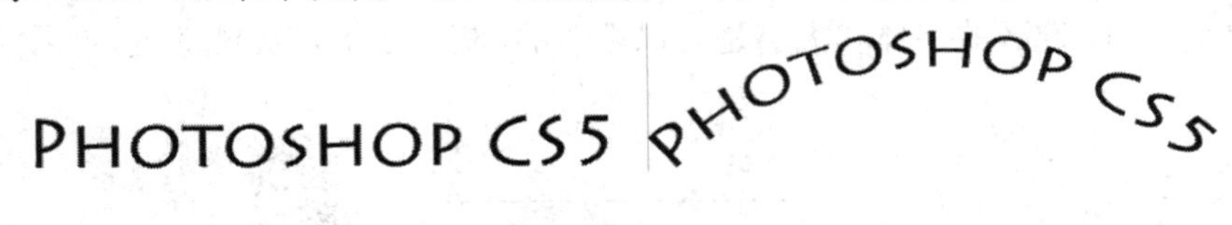

图 8-16　文字变形

8.5 编辑文字

在 Photoshop 中编辑文字指的是对已经创建的文字通过“属性栏”、“字符”调板或“段落”调板进行重新设置，例如设置文字行距、文字缩放、基线偏移等。“属性栏”中针对文字的设置已经讲过了，本节主要讲解“字符”调板和“段落”调板中关于文字的一些基本编辑。

1. 设置文字

使用(横排文字工具)在图像中输入文字后，在单个文字或字母上拖曳鼠标，可以单独选取要选取的文字或字母，在属性栏中可以改变选取的文字或字母的大小、颜色或字体等，如图 8-17～图 8-20 所示。

图 8-17　原图

图 8-18　缩小文字

图 8-19　文字变色

图 8-20　更改字体

2. 字符间距

字符间距指的是放宽或收紧字符之间的距离。输入文字后，在“字符”调板中单击字距调整右边的下拉列表，在其中分别选择 –100 和 200，得到如图 8-21 和图 8-22 所示的效果。

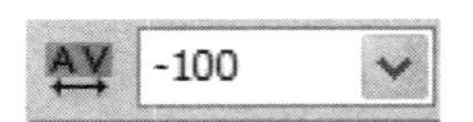

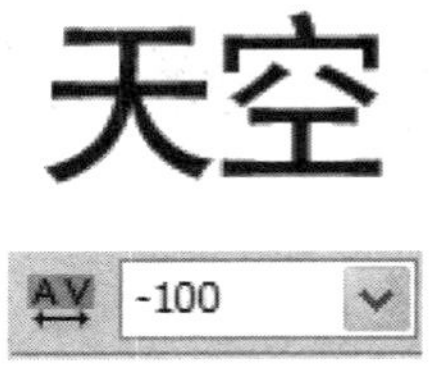

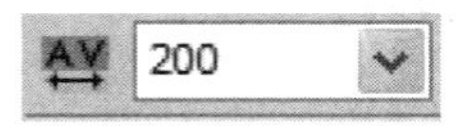

图 8-21　字符间距为 –100 　　　图 8-22　字符间距为 200

3. 比例间距

比例间距按指定的百分比值减少字符周围的空间，其取值范围是 0%～100%。比例间距数值越大，字符间压缩越紧密。输入文字后，在“字符”调板中单击比例间距右边的下拉列表，在其中选择比例间距为“90%”，此时字符间距将会缩紧，如图 8-23 所示。

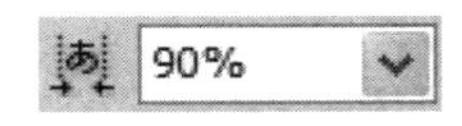

图 8-23　比例间距为 90%

提示：要想使“设置比例间距”选项出现在“字符”调板中，就必须在“首选项”对话框的“文字”选项中选择“显示亚洲字体选项”选项。

4. 字距微调

字距微调是增大或减小特定字符之间的间距的过程。在“字距微调”下拉列表中包含三个选项：度量标准、视觉和 0。输入文字后，分别选择不同选项后会得到如图 8-24 所示的效果。

(a) 度量标准　　(b) 视觉　　(c) 0

图 8-24　字距微调

5. 水平缩放与垂直缩放

水平缩放与垂直缩放用来对输入文字进行垂直或水平方向上的缩放。分别设置垂直与水平缩放值为“300%”，可得到如图 8-25(b)、(c)所示的效果。

(a) 原图　　(b) 垂直缩放　　(c) 水平缩放

图 8-25　垂直缩放与水平缩放

6. 基线偏移

基线偏移可以使选中的字符相对于基线进行提升或下降。输入文字后，选择其中的一个文字，如图 8-26 所示，设置基线偏移为“10”和“–10”，可得到如图 8-27 和图 8-28 所示的效果。

图 8-26　选择文字 　　　　图 8-27　偏移为 10 　　　　图 8-28　偏移为-10

7. 文字行距

文字行距指的是文字基线与下一行基线之间的垂直距离。输入文字后，在“字符”调板中设置行距的文本框中输入相应的数值会使垂直文字之间的距离发生改变，如图 8-29 和图 8-30 所示。

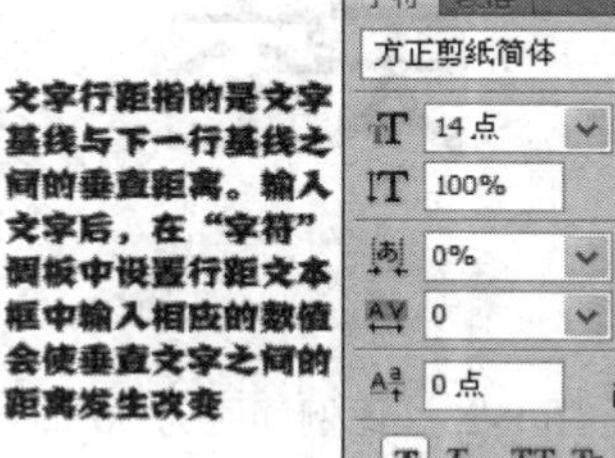

图 8-29　行距为 18 时的效果

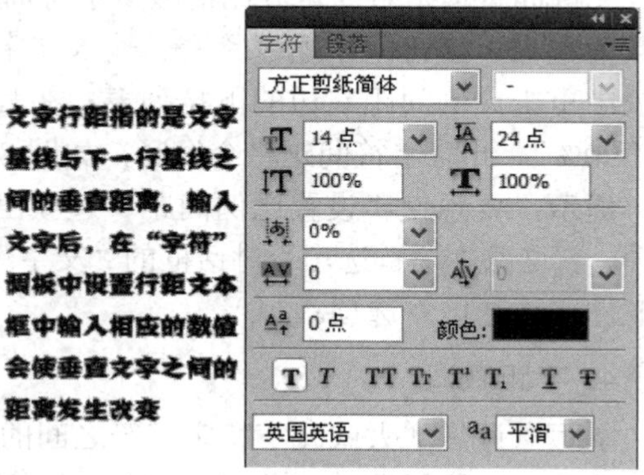

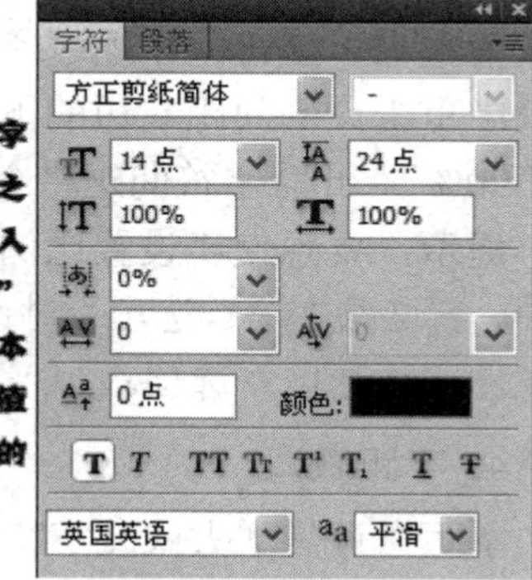

图 8-30　行距为 24 时的效果

8. 字符样式

字符样式指的是对输入字符的显示状态，单击不同按钮会完成所选字符的样式效果，包括仿粗体、斜体、全部大写字母、小型大写字母、上标、下标、下划线和删除线。图 8-31～图 8-34 所示分别为原图和应用斜体、上标和下划线后的效果。

图 8-31　原图　　　　图 8-32　斜体

图 8-33　上标　　　　图 8-34　下划线

8.6　创建路径文字

从 Photoshop CS 版本以后，便可以在创建的路径上直接输入文字。

8.6.1　在路径上添加文字

在路径上添加文字指的是在创建路径的外侧创建文字，方法如下：

(1) 新建空白文件后，使用 (钢笔工具)在页面中创建如图 8-35 所示的曲线路径。

(2) 使用T(横排文字工具)将光标拖动到路径上，当光标变成 形状时单击鼠标，当光标变成如图 8-36 所示的形状时便可以输入所需的文字了。

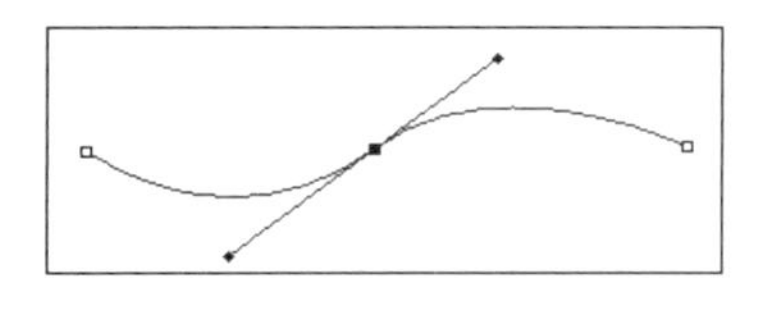

图 8-35　创建路径

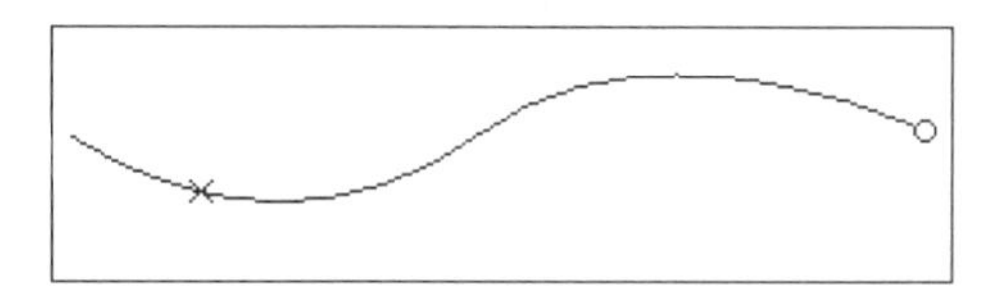

图 8-36　设置起点

(3) 输入需要的文字，如图 8-37 所示。

(4) 使用 (路径选择工具)后，将光标移动到文字上，当光标变成如图 8-38 所示的形状时，按下鼠标并水平拖动会改变文字在路径上的位置，如图 8-39 所示。

图 8-37　输入文字

图 8-38　选择拖动点

图 8-39　拖动

(5) 按住鼠标向下拖动即可更改文字方向和依附路径的顺序，如图 8-40 所示。

图 8-40　更改方向

(6) 在“路径”调板空白处单击鼠标可以将路径隐藏，如图 8-41 所示。

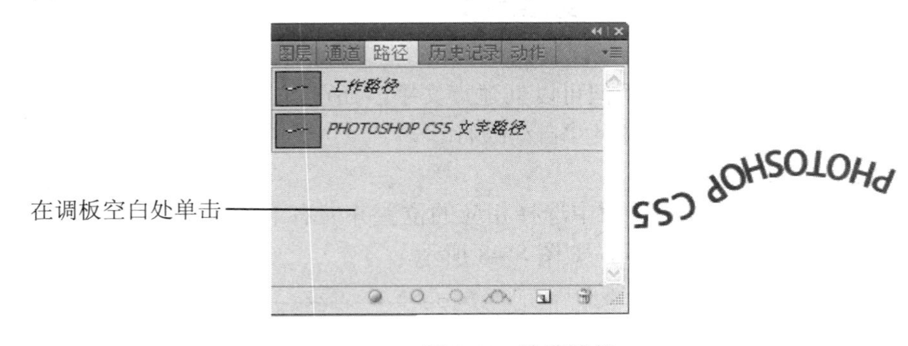

图 8-41　隐藏路径

8.6.2　在路径内添加文字

在路径内添加文字指的是在创建的封闭路径内创建文字，方法如下：

(1) 新建文件后，使用 (椭圆工具)在页面中创建如图 8-42 所示的椭圆路径。

(2) 使用T(横排文字工具)将光标拖动到椭圆路径内部，当光标变成如图 8-43 所示的形状时单击鼠标，当光标变成如图 8-44 所示的形状时便可以输入所需的文字了。

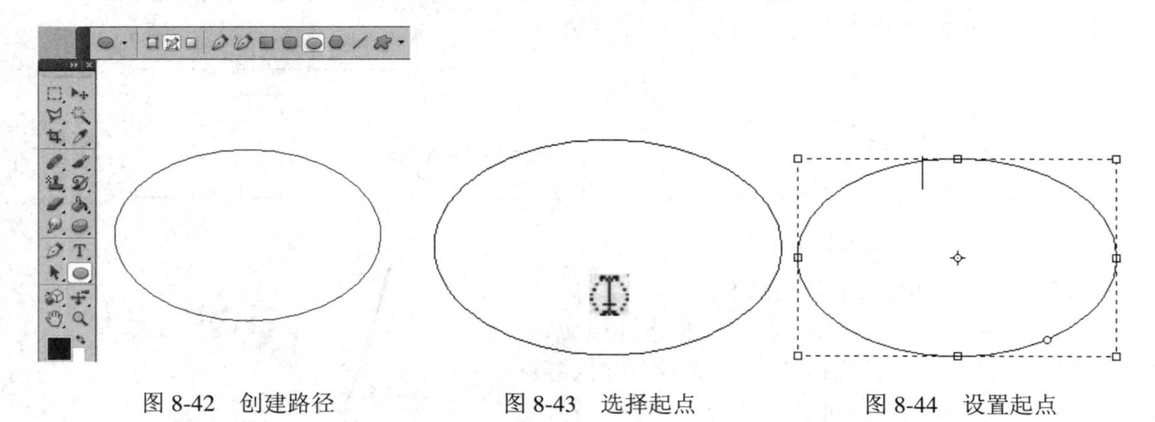

图 8-42 创建路径　　图 8-43 选择起点　　图 8-44 设置起点

(3) 输入需要的文字，如图 8-45 所示。

(4) 从输入的文字中可以看到文字按照路径形状自行更改位置，将路径隐藏即可完成输入，如图 8-46 所示。

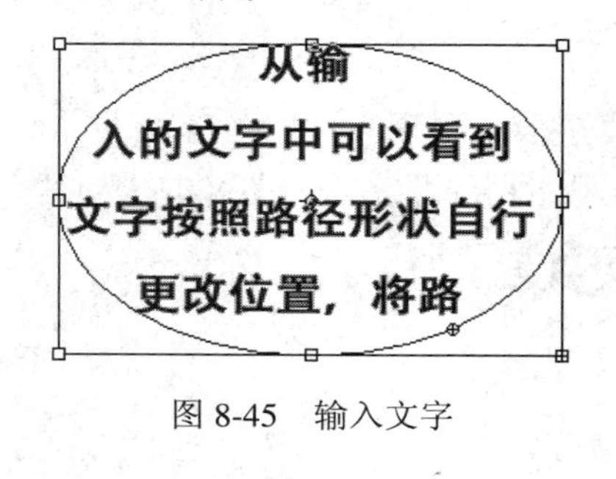

图 8-45 输入文字

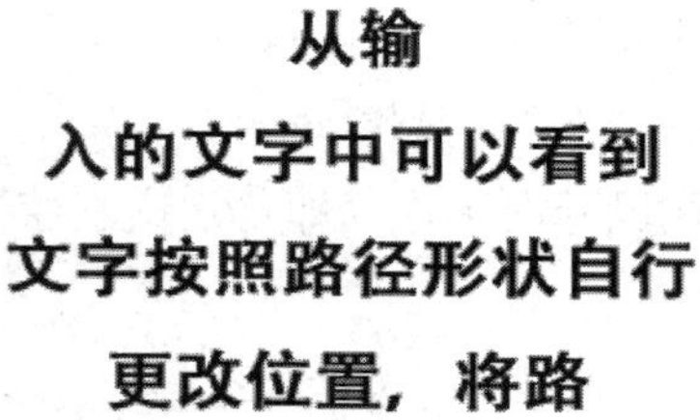

从输
入的文字中可以看到
文字按照路径形状自行
更改位置，将路

图 8-46 隐藏路径

8.7 创建段落文字

在 Photoshop 中使用文字工具不但可以创建点文字，还可以创建大段的段落文本。在创建段落文字时，文字基于定界框的尺寸自动换行。

创建段落文字的方法如下：

(1) 使用 T (横排文字工具)在页面中选择相应的位置并向右下角拖曳鼠标，如图 8-47 所示，松开鼠标就会出现文本定界框，如图 8-48 所示。

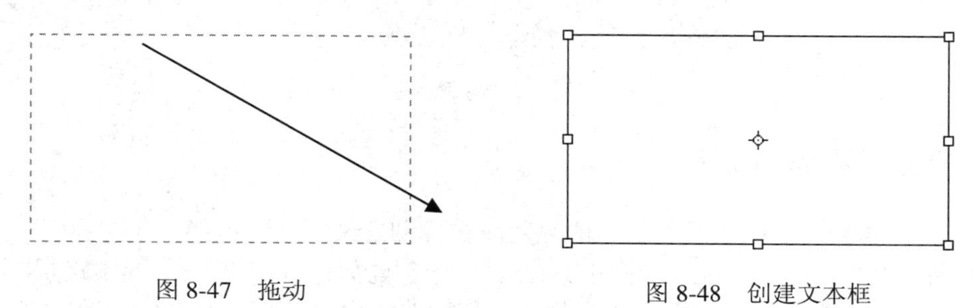

图 8-47 拖动　　图 8-48 创建文本框

(2) 此时输入文字时就会只出现在文本定界框内。另一种方法是，按住 Alt 键在页面中拖动或者单击鼠标会出现如图 8-49 所示的“段落文字大小”对话框，设置“高度”与“宽度”后，单击“确定”按钮，可以设置更为精确的文本定界框。

(3) 输入所需的文字，如图 8-50 所示。

(4) 如果输入的文字超出了文本定界框的容纳范围，就会在右下角出现超出范围的图标，如图 8-51 所示。

图 8-49　“段落文字大小”对话框

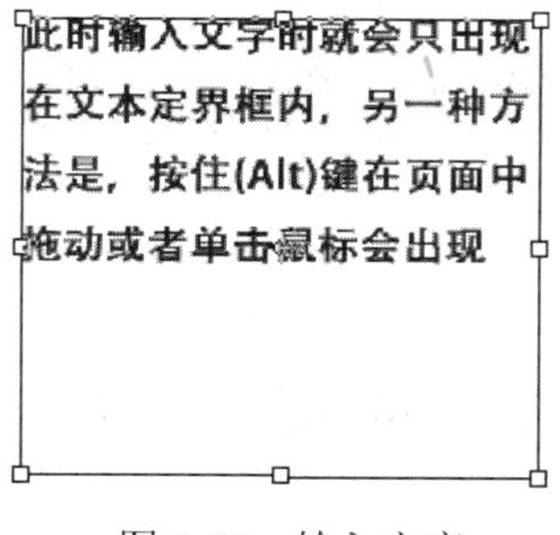

图 8-50　输入文字

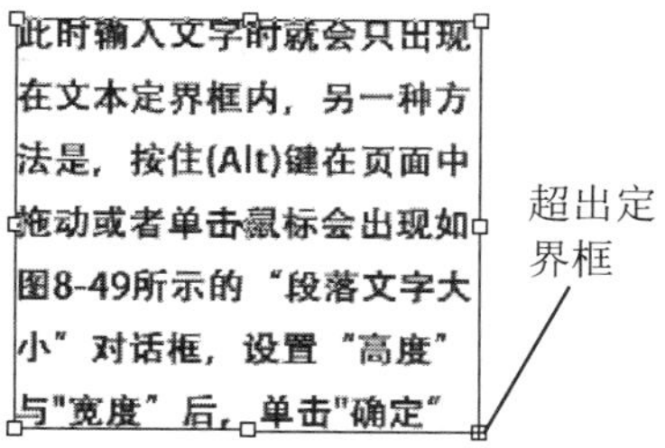

图 8-51　超出定界框

8.8　变换段落文字

在 Photoshop 中创建段落文本后可以通过拖动文本定界框来改变文本在页面中的样式。

(1) 创建段落文字后，直接拖动文本定界框的控制点来缩放定界框，会发现此时变换的只是文本定界框，其中的文字没有跟随变换，如图 8-52 所示。

(2) 拖动文本定界框的控制点时按住 Ctrl 键来缩放定界框，会发现此时变换的不只是文本定界框，其中的文字也会跟随文本定界框一同变换。

(3) 当鼠标指针移到四个角的控制点时会变成旋转的符号，拖动鼠标可以将其旋转，如图 8-53 所示。

(4) 按住 Ctrl 键将鼠标指针移到四条边的控制点时会变成斜切的符号，拖动鼠标可以将其斜切，如图 8-54 所示。

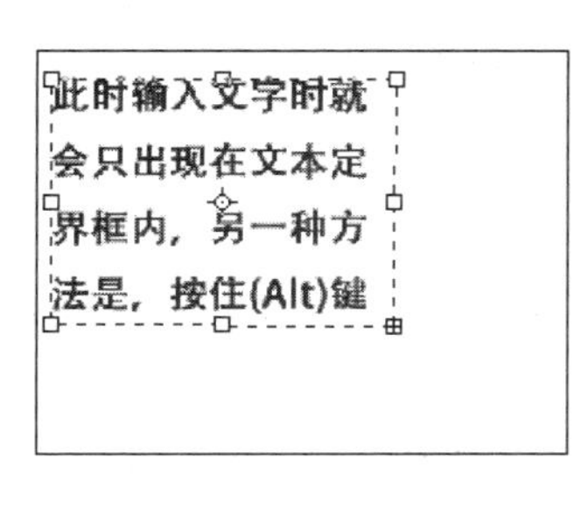

图 8-52　直接施动控制点

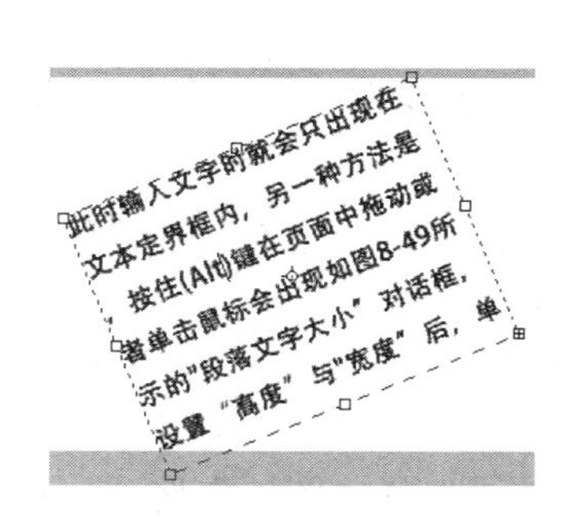

图 8-53　旋转

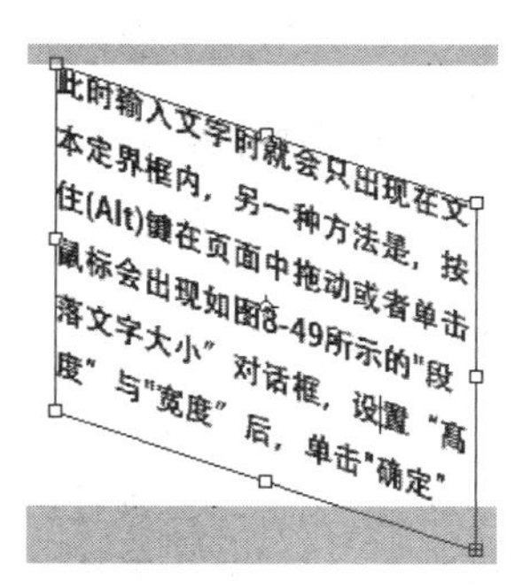

图 8-54　斜切

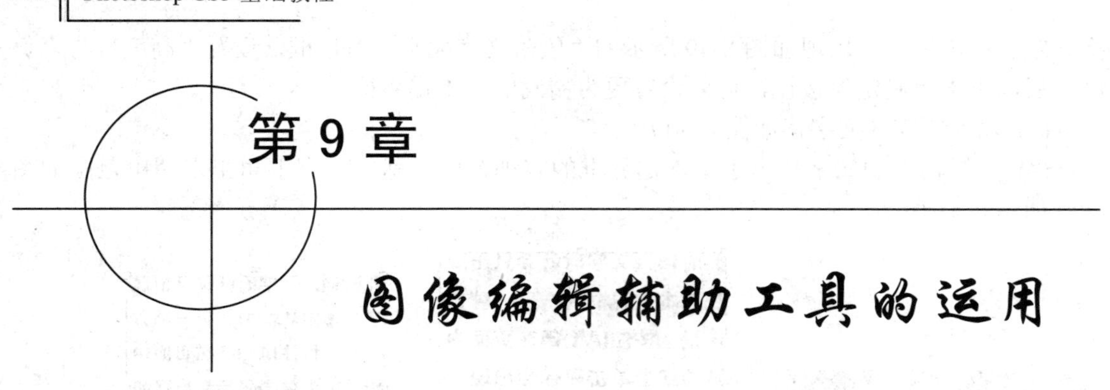

第 9 章 图像编辑辅助工具的运用

9.1 辅助工具

在 Photoshop CS5 中辅助工具也是非常重要的，利用辅助工具不但能够加强操作的精密程度，还可以大大减少操作时间，从而提高效率。

9.2 移动与裁剪图像

在 Photoshop CS5 中可通过相应的工具将图像进行适当的移动与裁切。

9.2.1 移动图像

在 Photoshop CS5 中移动图像的工具是(移动工具)。使用(移动工具)可以将选区内的图像或透明图层中的图像移动到新位置，也可以在不同图像文件之间移动图像，还可以快速选取整个图层组以及通过属性栏对图层中的对象进行对齐和分布。在“信息”调板打开的情况下，可以跟踪移动的确切距离。

选择(移动工具)后，属性栏中会显示针对该工具的一些属性设置，如图 9-1 所示。

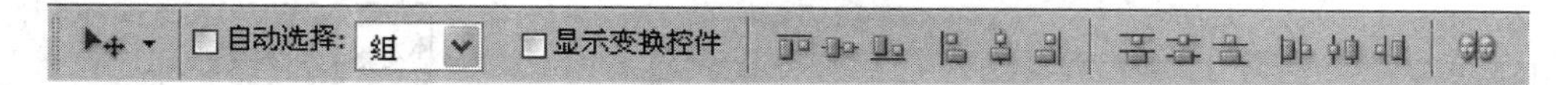

图 9-1　移动工具属性栏

该属性栏中各项的含义如下：

(1) 自动选择：勾选该复选框后，在后面的下拉列表中可以选择“组”或者“图层”选项。选择“组”选项时，在图像中相应图层上单击鼠标时，可以将该图层所对应的图层组一同选取，如图 9-2 所示。如果选择“图层”选项，那么选择图像时只会选择该图像所对应的图层，如图 9-3 所示。

(2) 显示变换控件：勾选该复选框后，使用(移动工具)选择图像时，会在图像中出现变换框，如图 9-4 所示。

当拖动控制点时，属性栏会自动变成如图 9-5 所示的效果。

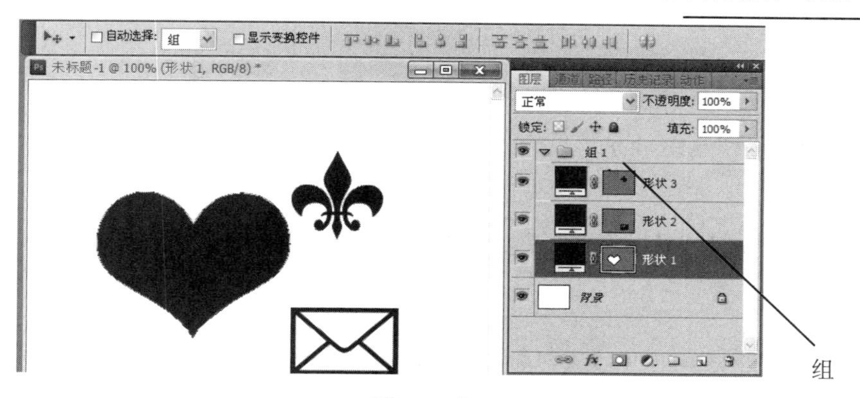

图 9-2　组

图 9-3　图层

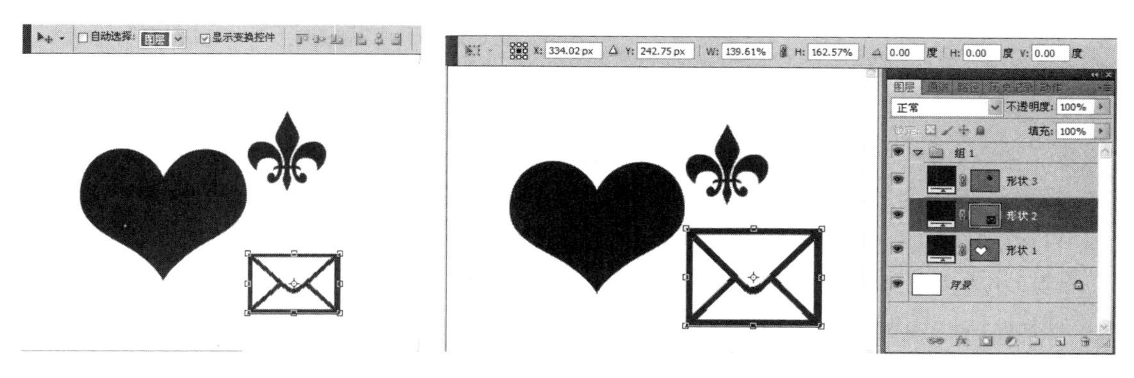

图 9-4　变换框　　　　图 9-5　变换属性设置

(3) 对齐：可以将两个以上图层中的图像进行对齐设置，对齐效果如图 9-6 所示。

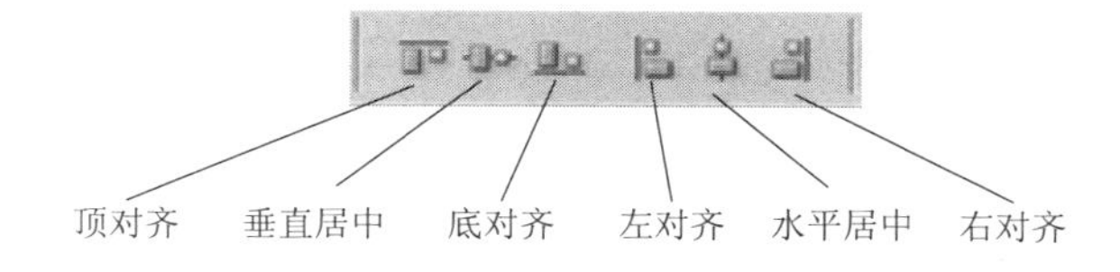

图 9-6　对齐

(4) 分布：可以将三个以上图层中的图像进行分布设置，分布效果如图 9-7 所示。

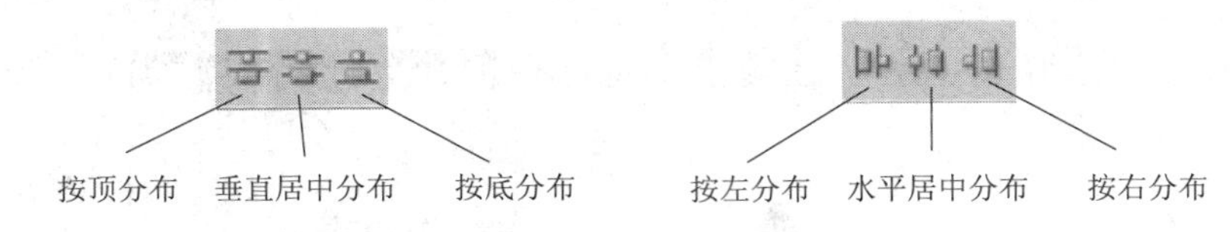

图 9-7 分布

(5) 自动对齐图层：可以将两个以上图层中的图像自动按照相同像素进行对齐。

9.2.2 裁剪图像

在 Photoshop CS5 中使用(裁剪工具)可以对当前编辑的图像进行精确裁剪，并可以将透视图像裁剪成正常效果。

(裁剪工具)创建裁剪框的方法与(矩形选框工具)创建矩形选区的方法相同，创建裁剪框后，按 Enter 键即可完成对图片的裁剪，如图 9-8 所示。

图 9-8 裁剪图像

选择(裁剪工具)后，属性栏中会显示针对该工具的一些属性设置，如图 9-9 所示。

图 9-9 裁剪工具属性栏

该属性栏中各项的含义如下：

(1) 宽度/高度：用来固定裁剪后图像的大小。

(2) 分辨率：用来设置裁剪后图像使用的分辨率。

(3) 前面的图像：单击此按钮后，会在“宽度”、“高度”和“分辨率”的文本框中显示当前处于编辑状态图像的相应参数值。

(4) 清除：单击此按钮后，裁剪图像将会按照拖动鼠标产生的裁剪框来确定裁剪大小。

在图像中创建裁剪框后，属性栏也会跟随发生变化，如图 9-10 所示。

图 9-10 创建裁剪框后的属性栏

该属性栏中各项的含义如下：

(1) 裁剪区域：用来设置被裁剪掉区域的存留模式。

- 删除：系统会自动删除裁剪框外面的内容。
- 隐藏：系统会将裁剪框外面的内容隐藏在画布之外，使用移动工具在窗口中拖动时，可以看见被隐藏的部分。

(2) 裁剪参考线叠加：使用此功能能够对要裁剪的图像进行更加细致的划分，从而更加方便裁剪。在其下拉列表中包含无、三等分和网格三个选项。

- 无：创建的裁剪框只有一个边框，如图9-11所示。
- 三等分：创建裁剪框后，在框内会自动出现将图像进行平均三等分的网格，如图9-12所示。
- 网格：创建裁剪框后，在框内会自动出现小网格，如图9-13所示。

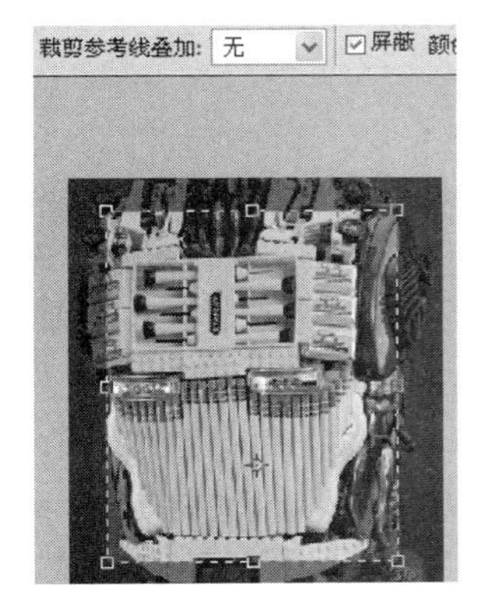

图9-11　使用“无”时的裁剪框　图9-12　使用“三等分”时的裁剪框　图9-13　使用“网格”时的裁剪框

(3) 屏蔽：使用屏蔽色将裁剪框外的图像用屏蔽色遮蔽起来，用来区分裁剪框内的图像。

(4) 颜色：用来设置裁剪区域的显示颜色。

(5) 不透明度：用来设置裁剪区域的显示颜色的透明程度。

(6) 透视：勾选此复选框，可以对裁剪框进行扭曲变形设置；不勾选此复选框，只能对裁剪框进行缩放或旋转操作，如图9-14所示。

(a) 不勾选“透视”复选框

(b) 勾选“透视”复选框

图9-14　勾选与不勾选“透视”的对比图

9.3　图像编辑辅助

在编辑图像时应用相应的辅助工具能够大大减少工作时间以及加大对图像处理的精准

度。辅助工具包括吸管工具、颜色取样工具和标尺工具等。

9.3.1 颜色取样

在 Photoshop 中能够用来取样颜色的辅助工具只有(吸管工具)。使用(吸管工具)可以将图像中的某个像素点的颜色定义为前景色或背景色。其使用方法非常简单，只要选择(吸管工具)在需要的颜色像素上单击即可。选择(吸管工具)后属性栏会变成该工具对应的选项设置，如图 9-15 所示。

图 9-15 吸管工具属性栏

该属性栏中各项的含义如下：

(1) 取样大小：用来设置取色范围，包括取样点、3×3 平均、5×5 平均、11×11 平均、31×31 平均、51×51 平均和 101×101 平均。

(2) 样本：用来设置吸管取样颜色所在图层，该选项只适用于多图层图像。

(3) 显示取样环：勾选该复选框后，在图像中取色时会自动出现一个取样环。

技巧： ① 使用(吸管工具)对图像进行颜色取样时，按住组合键 Shift+Alt 的同时，单击鼠标右键会自动出现一个快速拾色器，从而方便快速选取颜色。

② 使用(吸管工具)定义颜色时，按住 Alt 键在图像中单击，可以将当前颜色设置为“背景色”。

【练习】 取样设置前景色与背景色。

本练习主要让大家了解(吸管工具)定义前景色与背景色的方法。操作步骤如下：

(1) 打开一张自己喜欢的图片作为设置取样颜色的背景图，在“工具箱”中选择(吸管工具)，如图 9-16 所示。

(2) 设置相应的“取样大小”，使用(吸管工具)在绿色的木框上单击，即可将其作为前景色出现在“工具箱”中，如图 9-17 所示。

图 9-16 选择工具

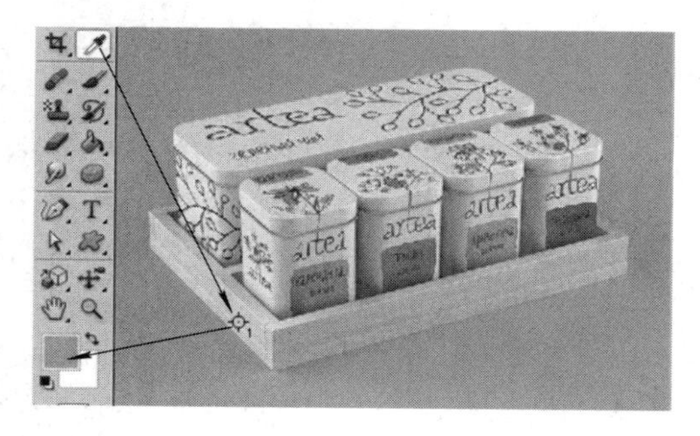

图 9-17 取样设置前景色

(3) 使用(吸管工具)单击的同时，颜色信息会自动在“信息”调板中显示数值，如图 9-18 所示。

(4) 按住 Alt 键，使用(吸管工具)在漏勺上单击，会自动将颜色信息转换成背景色，如图 9-19 所示。

色板 样式 信息
R: 228　C: 14%
G: 208　M: 21%
B: 184　Y: 28%
K: 0%
8 位　8 位
X: 3.51　W:
Y: 8.26　H:
#1R: 228
G: 208
B: 184

图 9-18　“信息”调板

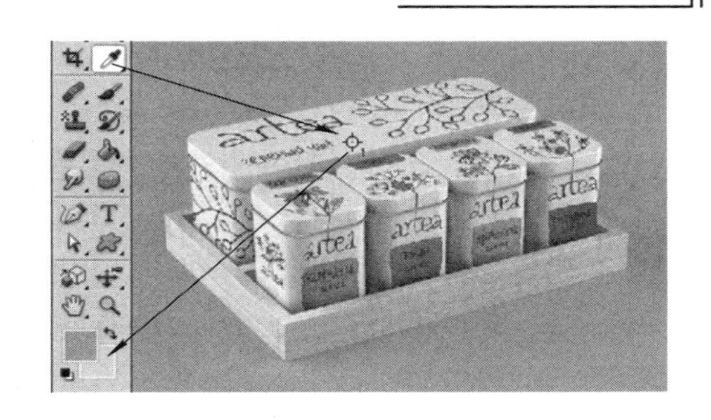

图 9-19　取样设置背景色

9.3.2　多点颜色取样

在 Photoshop 中能够进行多点取样的工具只有(颜色取样工具)。使用(颜色取样工具)最多可以定义 4 个取样点，这在颜色调整过程中将起着非常重要的作用。4 个取样点会同时显示在“信息”调板中，如图 9-20 所示。

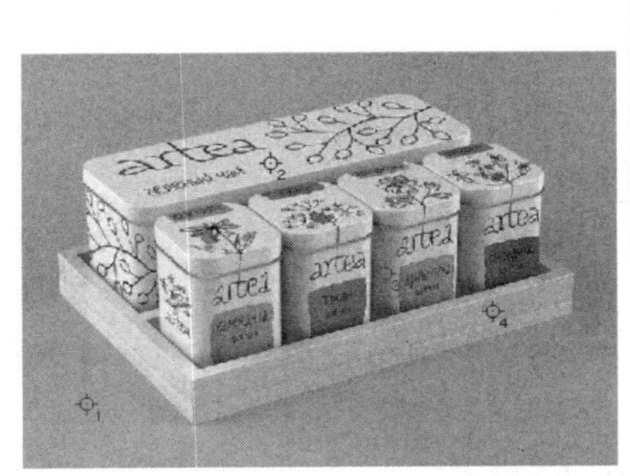

色板 样式 信息
R:　C:
G:　M:
B:　Y:
K:
8 位　8 位
X:　W:
Y:　H:
#1R: 190　#2R: 231
G: 170　G: 216
B: 145　B: 195
#3R: 168　#4R: 189
G: 143　G: 186
B: 103　B: 181
文档:745.3K/745.3K
点按图像可选取新背景色。

图 9-20　吸管工具信息栏

选择(颜色取样工具)后，属性栏中会显示针对该工具的一些属性设置，如图 9-21 所示。

图 9-21　颜色取样工具属性栏

该属性栏中各项的含义如下(重复或大致相同的选项设置就不做介绍了)：

清除：设置样点后单击该按钮，可以将取样点删除。

9.3.3　标尺工具

在 Photoshop CS5 中使用(标尺工具)可以精确地测量图像中任意两点之间的距离、

度量物体的角度以及拉平倾斜图像。选择(标尺工具)后，属性栏中会显示针对该工具的一些属性设置，如图 9-22 所示。

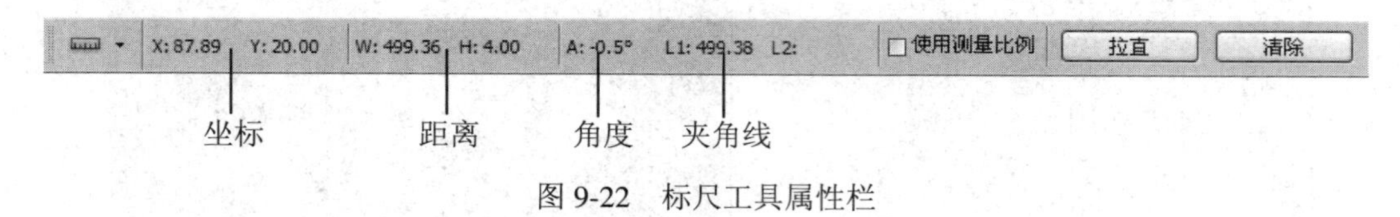

图 9-22　标尺工具属性栏

该属性栏中各项的含义如下：

(1) 坐标：用来显示测量线起点的纵横坐标值。

(2) 距离：用来显示测量线起点与终点的水平和垂直距离。使用(标尺工具)在图像中拖动即可出现测量线和测量数值，如图 9-23 所示。

(3) 角度：用来显示测量线的角度。按住 Alt 键的同时向另一边拖曳鼠标即可出现夹角，如图 9-24 所示。

(4) 夹角线：用来显示第一条和第二条测量线的长度，如图 9-25 所示。

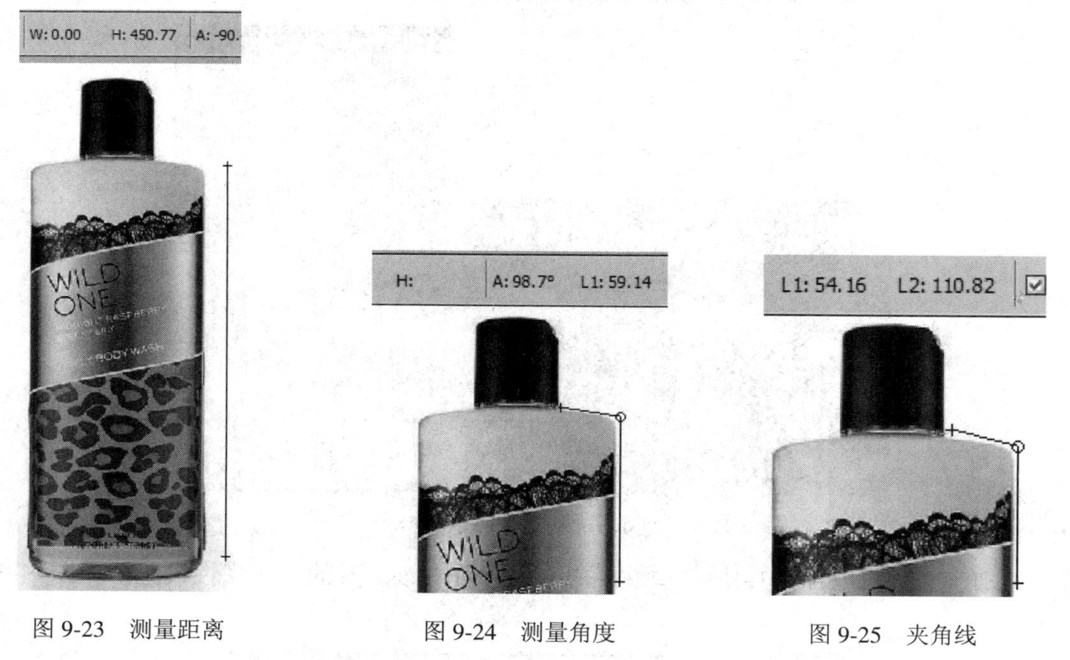

图 9-23　测量距离　　图 9-24　测量角度　　图 9-25　夹角线

(5) 使用测量比例：用来计算标尺测量的比例数据。

(6) 拉直：能够对倾斜的图像进行校正，并对其边缘进行内容识别式的填充修正。

【练习】 拉直倾斜图像。

本练习主要让大家了解(标尺工具)校正倾斜图像的方法。操作步骤如下：

(1) 打开素材文件，如图 9-26 所示。从打开的素材中不难发现，由于拍摄时相机的角度摆放问题，从而导致了相片的倾斜效果。

(2) 使用(标尺工具)沿水平方向拖曳鼠标，如图 9-27 所示。

(3) 标尺线创建完毕后，在“属性栏”中单击“拉直”按钮，如图 9-28 所示。

图 9-26 素材

图 9-27 选择标尺工具并拖动标尺线

图 9-28 属性栏

(4) 拉直完毕即完成本练习的制作，效果如图 9-29 所示。

图 9-29 拉直后的效果

9.4 附注辅助

在 Photoshop CS5 中不但可以将注释直接放置到图像中，还可以将注释隐藏在图像中，在下次打开时使用(注释工具)即可在调板中显示注释内容。

在 Photoshop 中能够创建文字注释的工具只有(注释工具)，使用该工具可以在图像上增加文字注释，起到对图像说明与提示的作用。选择(注释工具)后，属性栏中会显示针对该工具的一些属性设置，如图 9-30 所示。

图 9-30 注释工具属性栏

该属性栏中各项的含义如下：

(1) 作者：在此文本框中输入作者的名字，在图像中添加注释后，作者的名字将会出现在注释框上方的标题栏中。

(2) 颜色：使用此选项可以控制注释图框的颜色。

(3) 清除全部：单击此按钮可以将图像中存在的注释全部删除。

(4) “注释”调板：单击该按钮会弹出“注释”调板。

【练习】 添加文字批注。

本练习主要让大家了解 (注释工具)添加文字批注的方法。操作步骤如下：

(1) 打开素材文件，如图 9-31 所示。

图 9-31 素材

(2) 选择 (注释工具)，在属性栏中进行相应设置，如图 9-32 所示。

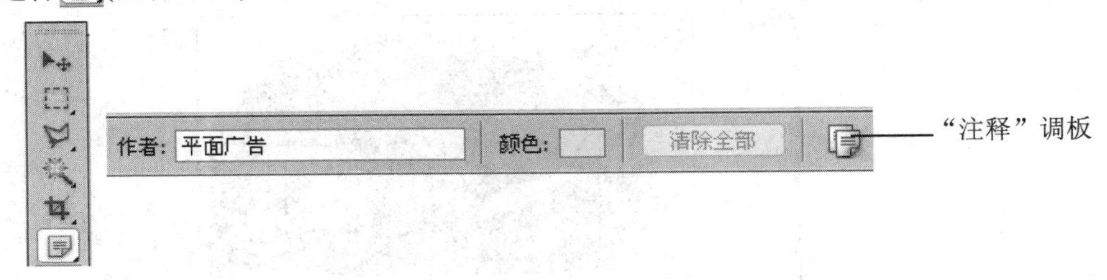

图 9-32 设置注释属性

(3) 使用鼠标在图像上单击，系统会自动打开“批注”调板，在调板中输入“招贴”，如图 9-33 所示。

(4) 此时将该图像关闭，再打开该图像时，选择 (注释工具)将鼠标移到图标上，即可看到主题，如图 9-34 所示，双击即可打开“注释”调板并看到批注文字。

图 9-33 设置批注文字

图 9-34 显示批注符号

9.5 图像调整辅助

在 Photoshop CS5 中可以对图像在显示范围内进行平移、旋转和缩放等调整，其中用到的工具包括 (抓手工具)、 (旋转工具)和 (缩放工具)。

9.5.1　抓手工具

使用(抓手工具)可以在图像窗口中移动整个画布，移动时不影响图像的位置，在“导航器”调板中能够看到显示范围，如图 9-35 所示。

图 9-35　抓手工具调整图像

选择(抓手工具)后，属性栏中会显示针对该工具的一些属性设置，如图 9-36 所示。

图 9-36　抓手工具属性栏

该属性栏中各项的含义如下：

(1) 滚动所有窗口：使用抓手工具可以移动所有打开窗口中的图像画布。

(2) 实际像素：画布将以实际像素显示，也就是以 100%的比例显示。

(3) 适合屏幕：画布将以最合适的比例显示在文档窗口中。

(4) 填充屏幕：画布将以工作窗口的最大化显示。

(5) 打印尺寸：画布将以打印尺寸显示。

9.5.2　旋转工具

使用(旋转工具)可以将工作图像进行随意旋转，按任意角度实现无扭曲查看，在绘图和绘制过程中不用再转动脑袋。在调整时会在图像中出现一个方向指示针，如图 9-37 所示。

选择(旋转工具)后，属性栏中会显示针对该工具的一些属性设置，如图 9-38 所示。

图 9-37　使用旋转工具旋转画布

图 9-38　旋转工具属性栏

该属性栏中各项的含义如下：

(1) 旋转角度：用来设置对画布旋转的固定数值。

(2) 复位视图：单击该按钮，可以将旋转的画布复原。

(3) 旋转所有窗口：勾选该复选框，可以将多个打开的图像一同旋转。

提示：使用(旋转工具)时，必须要有相应的显卡支持，否则该工具将无法使用。安装显卡后，执行“编辑”→“首选项”→“性能”命令，在打开的对话框中将“启用 OpenGL 绘图”复选框勾选即可。

9.5.3 缩放工具

使用(缩放工具)可以对图像放大或缩小，便于编辑图像的局部调整，使用该工具在图像上单击即可完成图像的缩放，如图 9-39 所示。

(a) 放大

(b) 缩小

图 9-39 缩放

选择(缩放工具)后，属性栏中会显示针对该工具的一些属性设置，如图 9-40 所示。

图 9-40 缩放工具属性栏

该属性栏中各项的含义如下：

(1) 放大/缩小按钮：单击相应按钮，即可执行对图像的放大与缩小。

(2) 调整窗口大小以满屏显示：勾选此复选框，对图像进行放大或缩小时图像会始终以满屏显示；不勾选此复选框，系统在调整图像适配至满屏时，会忽略控制调板所占的空间，使图像在工作区内尽可能地放大显示。

(3) 缩放所有窗口：勾选该复选框后，可以将打开的多个图像一同缩放。

提示：默认状态下，使用(缩放工具)在图像中单击，可以放大图像；按住 Alt 键单击图像时会对图像进行缩小。

9.6 自定义命令

在 Photoshop 中通过自定义命令可以对图像进行画笔、图案和形状等方面的定义，从而可以快速将被选择的图像局部应用到画笔、填充和自定义形状中。

9.6.1　自定义画笔预设命令

利用“定义画笔预设”命令可以将需要的文字或图像自定义为画笔笔尖，在“画笔”调板或“画笔拾色器”调板中可以找到被定义的画笔图案并对其进行设置和应用。

【范例】 使用画笔工具绘制自定义画笔图案。

本范例主要讲解“定义画笔预设”命令的使用，以及定义后的画笔在实际中的具体应用。操作步骤如下：

(1) 执行“文件”→“新建”命令或按组合键 Ctrl+N，打开“新建”对话框，其中的参数值设置如图 9-41 所示。

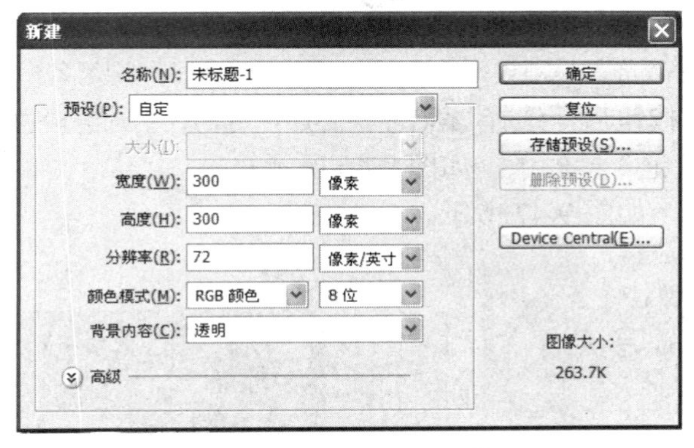

图 9-41　“新建”对话框

(2) 使用◯(椭圆选框工具)在属性栏中设置“羽化”为“2”，在文档中按住 Shift 键绘制正圆选区，并填充“黑色”，如图 9-42 所示。

(3) 执行“选择”→“调整边缘”命令，打开“调整边缘”对话框，其中的参数值设置如图 9-43 所示。

图 9-42　绘制正圆选区并填充黑色

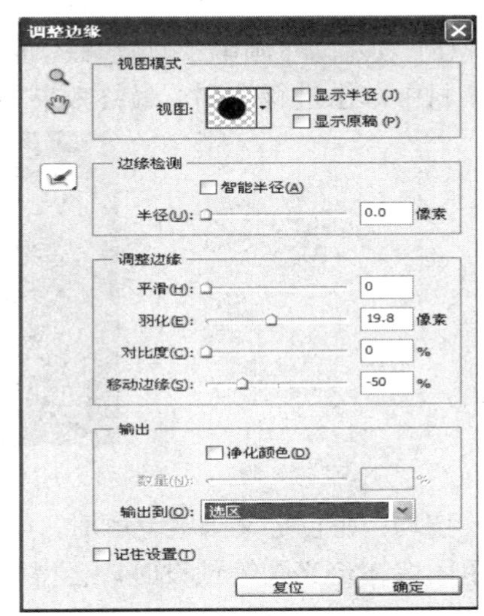

图 9-43　“调整边缘”对话框

(4) 设置完毕单击“确定”按钮，按 Delete 键清除选区内容，再按组合键 Ctrl+D 去掉选区，使用(画笔工具)在其中绘制黑色高光，如图 9-44 所示。

(5) 执行“编辑”→“定义画笔预设”命令，打开“画笔名称”对话框，设置“名称”为“气泡”，单击“确定”按钮，如图 9-45 所示。

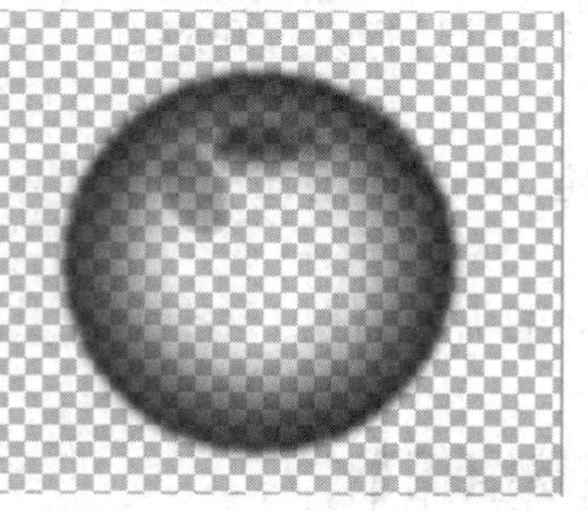

图 9-44　绘制黑色高光

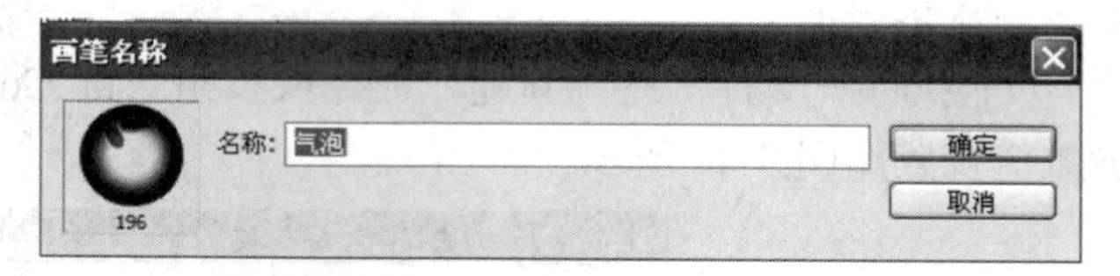

图 9-45　“画笔名称”对话框

(6) 单击“确定”按钮后，选择(画笔工具)，打开“画笔拾色器”下拉列表，在预设部位就可以看到“气泡”笔触了，如图 9-46 所示。

(7) 打开素材文件，如图 9-47 所示。

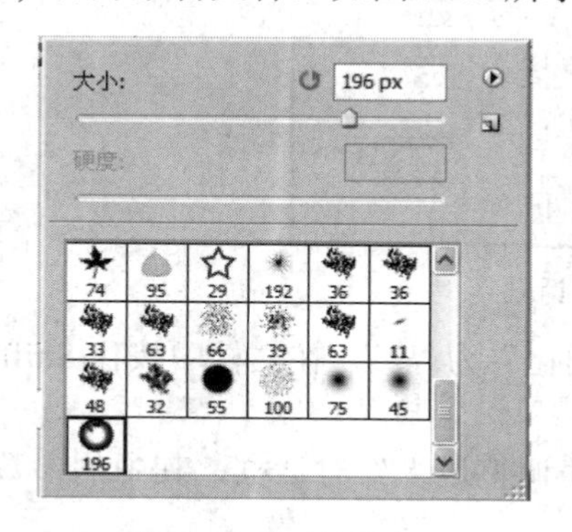

图 9-46　画笔拾色器

图 9-47　素材

(8) 使用(画笔工具)，将“前景色”设置为不同的颜色，调整不同的画笔直径后，在素材中单击进行绘制，最终效果如图 9-48 所示。

图 9-48　最终效果

技巧：在自定义画笔笔触时，如果想得到实色图形，就必须是白色背景下的黑色图案。彩色图像在定义画笔预设时，会得到不同透明度的图像。

提示：如果只想将打开图像中的某个部位定义为画笔，只要在该部位周围创建选区即可，在图像中输入的文字可以直接定义为画笔预设。

9.6.2 定义图案命令

利用“定义图案”命令可以将整个图像或图像的一部分定义为可填充的图案。这样除了使用 Photoshop 图案库中提供的图案外，还可以将自己喜爱的图像定义为可填充的图案。定义的图案还可以应用于(修复画笔工具)、(修补工具)、(图案图章工具)和(油漆桶工具)等工具中。

【练习】 应用自定义图案填充背景。

本练习主要讲解“定义图案”命令的使用，以及应用定义的图案进行填充的过程。操作步骤如下：

(1) 执行“文件”→“打开”命令或按组合键 Ctrl+O，打开自己喜欢的素材，如图 9-49 所示。

(2) 使用(矩形选框工具)在素材中创建矩形选区，如图 9-50 所示。

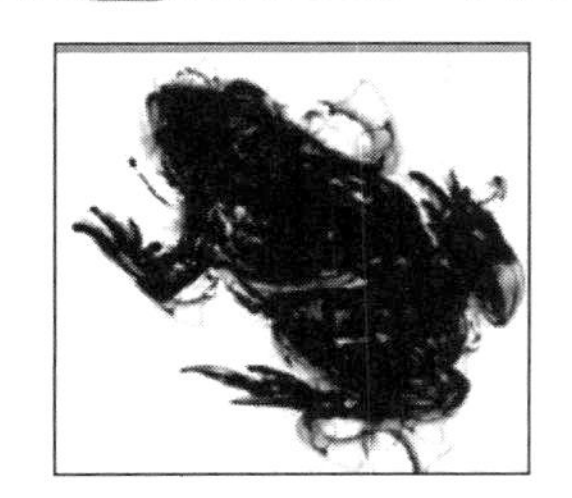

图 9-49 素材

图 9-50 绘制选区

(3) 选区绘制完毕后，执行“编辑”→“定义图案”命令，打开“图案名称”对话框，其中的参数值设置如图 9-51 所示。

图 9-51 “图案名称”对话框

(4) 设置完毕后单击“确定”按钮，再新建一个空白文件。执行“编辑”→“填充”命令，或按组合键 Shift+F5，打开“填充”对话框，在“使用”下拉列表中选择“图案”，在“自定图案”面板中选择“青蛙”，如图 9-52 所示。

(5) 设置完毕单击“确定”按钮，最终效果如图 9-53 所示。

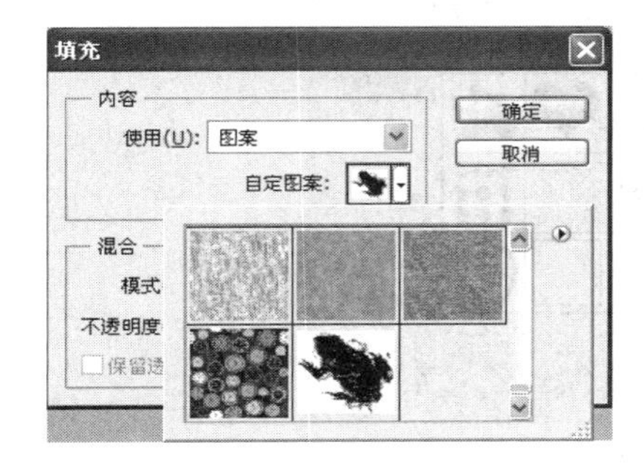

图 9-52 选择图案

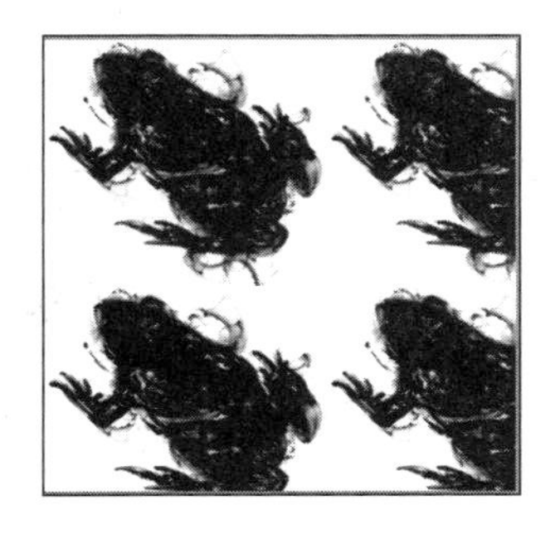

图 9-53 最终效果

9.6.3 定义自定形状命令

利用“定义自定形状”命令可以将通过(钢笔工具)或形状工具创建的路径直接定义为矢量图案。这样除了 Photoshop 提供的自定义图案库中的图案外，还可以创建不同的路径将其定义为填充的图像。

【练习】 将路径定义为形状图案。

本练习主要讲解“定义自定形状”命令的使用。操作步骤如下：

(1) 执行“文件”→“打开”命令或按组合键 Ctrl+O，打开自己喜欢的素材，如图 9-54 所示。

(2) 使用(钢笔工具)在素材中的奖杯处创建路径，如图 9-55 所示。

图 9-54 素材

图 9-55 创建路径

(3) 路径绘制完毕后，执行“编辑”→“定义自定形状”命令，打开“形状名称”对话框，其中的参数值设置如图 9-56 所示。

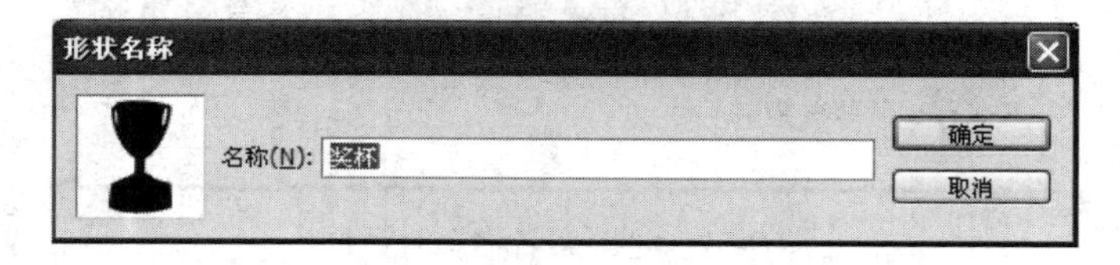

图 9-56 “形状名称”对话框

(4) 设置完毕后单击“确定”按钮，此时使用(自定义形状工具)，在“形状”拾色器中可以看到“奖杯”形状，如图 9-57 所示。

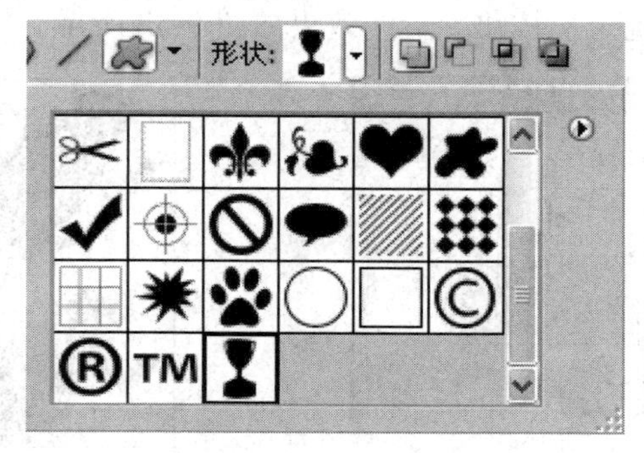

图 9-57 定义后的形状

第 10 章 图像色彩和色调的运用

10.1　颜色的基本原理

了解如何创建颜色以及如何将颜色相互关联，可让用户在 Photoshop 中更有效地工作。只有对基本颜色理论进行了解，才能将作品生成预期的效果，而不是偶然获得某种效果。在对颜色进行创建的过程中，可以依据加色原色(RGB)、减色原色(CMYK)和色轮来完成最终效果。

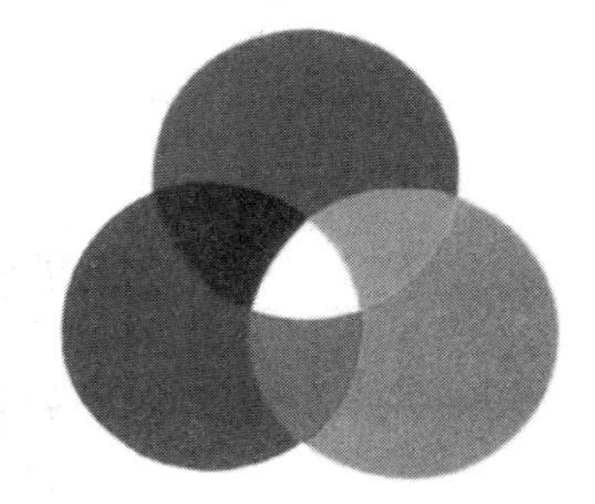

图 10-1　加色原色(RGB 颜色)

加色原色是指当按照不同的组合将红色、绿色和蓝色三种色光添加在一起时，可以生成可见色谱中的所有颜色。添加等量的红色、蓝色和绿色光可以生成白色。完全缺少红色、蓝色和绿色光将导致生成黑色。计算机的显示器是使用加色原色来创建颜色的设备，如图 10-1 所示(见彩图)。

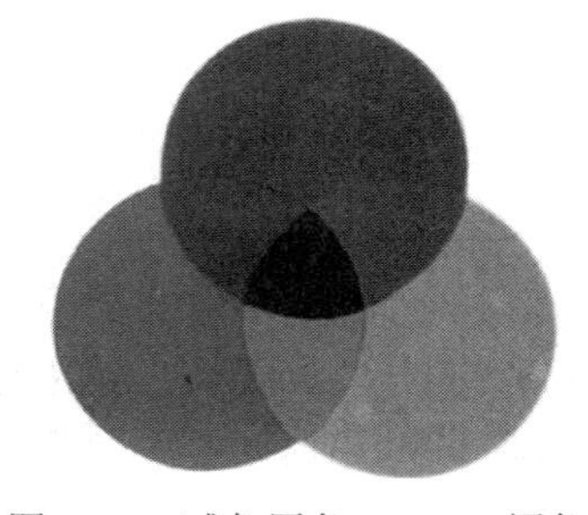

图 10-2　减色原色(CMYK 颜色)

减色原色是指一些颜料当按照不同的颜色组合在一起时，可以创建一个色谱。与显示器不同，打印机使用减色原色(青色、洋红色、黄色和黑色颜料)并通过减色混合来生成颜色。使用“减色”这个术语是因为这些原色都是纯色，将它们混合在一起后生成的颜色都是原色的不纯版本。例如，橙色是通过将洋红色和黄色进行减色混合创建的，如图 10-2 所示(见彩图)。

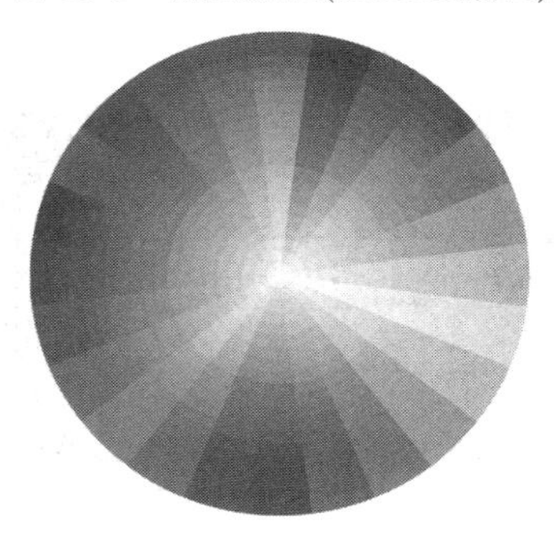

图 10-3　色轮

如果用户第一次调整颜色分量，在处理色彩平衡时有一个标准色轮图表会很有帮助。可以使用色轮来预测一个颜色分量中的更改如何影响其他颜色，并了解这些更改如何在 RGB 和 CMYK 颜色模型之间转换。

例如，通过增加色轮中相反颜色的数量，可以减少图像中某一颜色的数量，反之亦然。在如图 10-3 所示的标准色轮(见彩图)上，处于相对位置的颜色被称为补色。同样，通过调整色轮中两个相邻的颜色，甚至将两个相邻的色彩调整为相反的颜色，可以增加或减少一种颜色。

在 CMYK 图像中，可以通过减少洋红色数量或增加其补色的数量来减淡洋红色，洋红色的补色为绿色(在色轮上位于洋红色的相对位置)。在 RGB 图像中，可以通过删除红色和蓝色或通过添加绿色来减少洋红色。所有这些调整都会得到一个包含较少洋红色的色彩平衡。

10.2 颜色的基本设置

在 Photoshop 中设置颜色是非常重要的一个环节，色彩的运用可以决定一个作品的品质和效果，结合加色原色、减色原色与色轮，可以更有效地进行工作，如何才能更好地设置颜色是非常重要的工作。本节将详细讲解通过“颜色”调板和“色板”调板设置颜色的方法，以便处理图像时准确使用颜色。

10.2.1 “颜色”调板

“颜色”调板可以显示当前前景色和背景色的颜色值。使用“颜色”调板中的滑块，可以利用几种不同的颜色模型来编辑前景色和背景色，也可以从显示在调板底部的四色曲线图中的色谱中选取前景色或背景色。执行“窗口”→“颜色”命令，即可打开“颜色”调板，如图 10-4 所示。

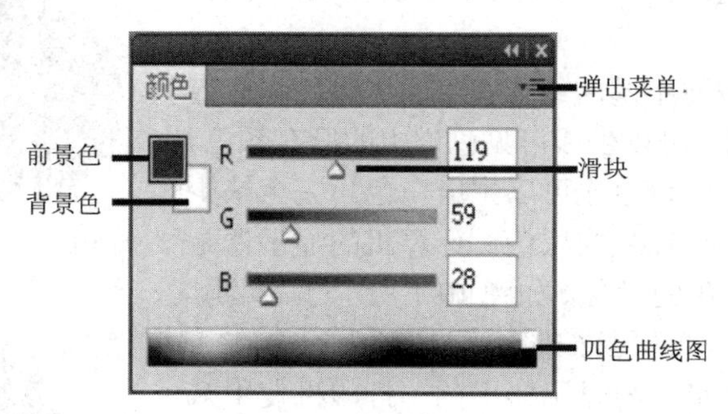

图 10-4 “颜色”调板

该调板中各项的含义如下：

(1) 前景色：显示当前的前景色。单击此按钮，会打开“拾色器”对话框，在其中可以设置前景色或拖动“颜色”调板中的“滑块”，也可以在“四色曲线图”中设置前景色，如图 10-5 所示。

(2) 背景色：显示当前的背景色。设置方法与前景色相同，如图 10-6 所示。

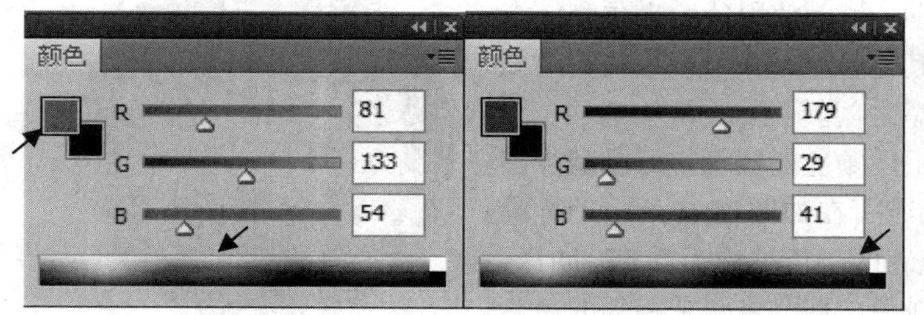

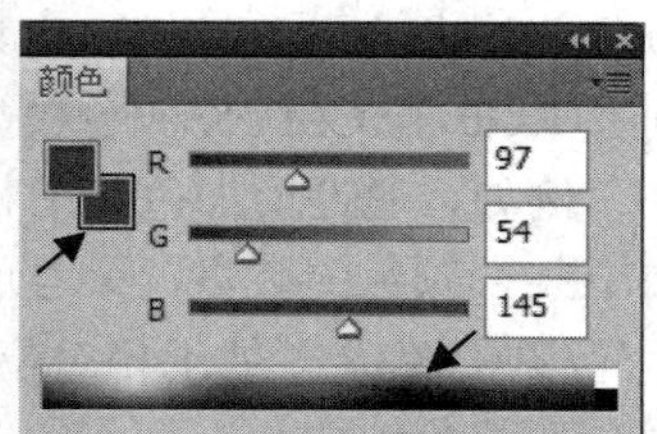

图 10-5 设置前景色

图 10-6 设置背景色

(3) 四色曲线图：将光标移到该色条上，单击鼠标就可以直接设置前景色，按住 Alt 键在四色曲线图上单击鼠标则可以直接设置背景色。

(4) 滑块：可以直接拖动控制滑块确定颜色。

(5) 弹出菜单：单击该按钮可以打开“颜色”调板的弹出菜单，如图 10-7 所示。选择不同颜色模式的滑块后，“颜色”调板会变成该模式对应的样式，如图 10-8 所示。

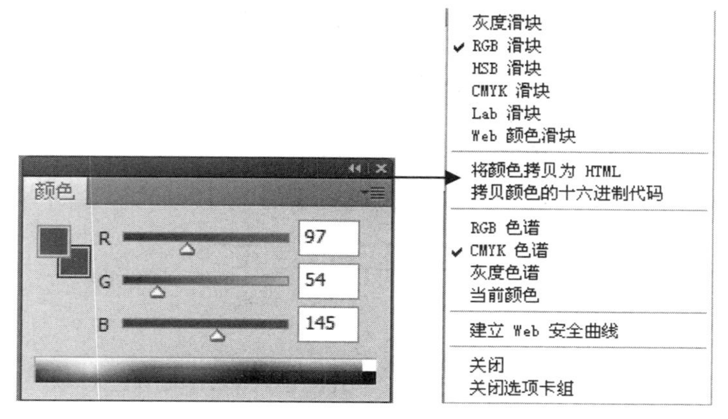

图 10-7　弹出菜单

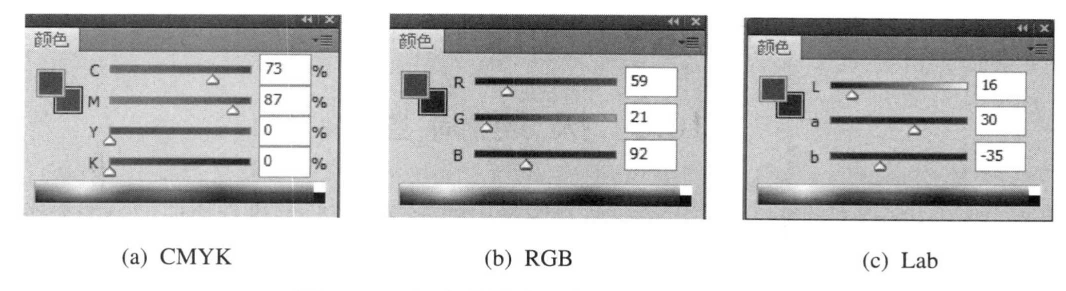

(a) CMYK　(b) RGB　(c) Lab

图 10-8　不同颜色模式滑块下的“颜色”调板

提示：当选取不能使用 CMYK 油墨打印的颜色时，四色曲线图左侧上方将出现一个内含惊叹号的三角形，如图 10-9 所示；当选取的颜色不是 Web 安全色时，在拾色器中会出现一个立方体，如图 10-10 所示。

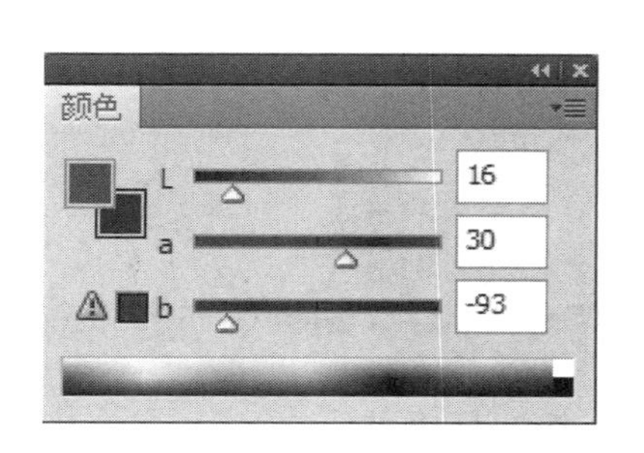

图 10-9　不能使用 CMYK 油墨打印

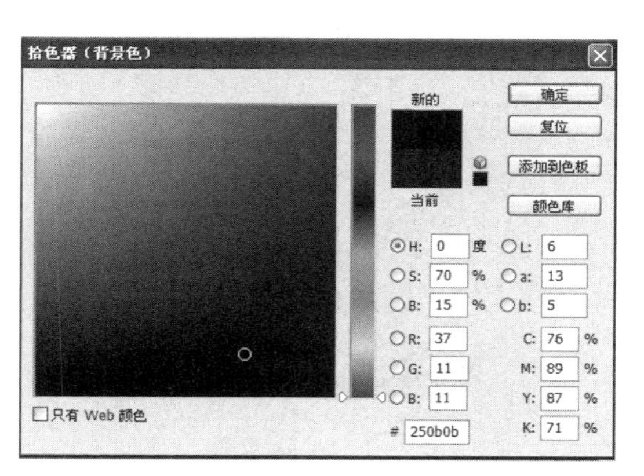

图 10-10　超出 Web 安全色

10.2.2 “色板”调板

“色板”调板可存储用户经常使用的颜色。在调板中可以添加或删除颜色，或者为不同的项目显示不同的颜色库。执行“窗口”→“色板”命令，即可打开“色板”调板，如图 10-11 所示。

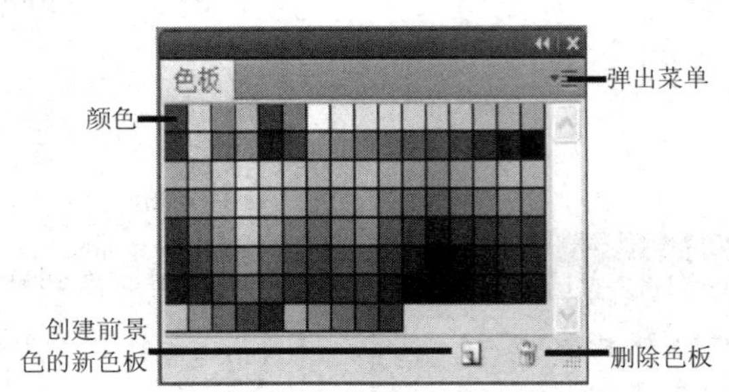

图 10-11 “色板”调板

该对话框中各项的含义如下：

(1) 颜色：在颜色中选择相应的颜色后单击，便可以用此颜色替换当前前景色。

(2) 创建前景色的新色板：单击此按钮可以将设置的前景色保存到“色板”调板中。

(3) 弹出菜单：单击该按钮可以弹出菜单，在其中可以选择其他颜色库。

(4) 删除色板：在“色板”调板中选择颜色后拖动到此按钮上，可以将其删除。

10.3 快 速 调 整

在 Photoshop 中系统已经预设了一些对图像中的颜色、色阶等进行快速调整的命令，从而能加快操作的进度。

1. 自动色调

使用“自动色调”命令可以将各个颜色通道中的最暗和最亮的像素自动映射为黑色和白色，然后按比例重新分布中间色调像素值。打开图像后，执行“图像”→“自动色调”命令，即可完成图像的色调调整，效果如图 10-12 所示。

(a) 原图

(b) 自动色调后

图 10-12 使用“自动色调”命令前后的对比效果

提示：使用“自动色调”命令得到的效果与使用“色阶”对话框中的“自动”按钮得到的效果一致。因为“自动色调”命令单独调整每个颜色通道，所以在执行“自动色调”命令时，可能会消除色偏，也可能会加大色偏。

2. 自动对比度

使用“自动对比度”命令可以自动调整图像中颜色的总体对比度。打开图像后，执行“图像”→“自动对比度”命令，即可完成图像的对比度调整，效果如图 10-13 所示。

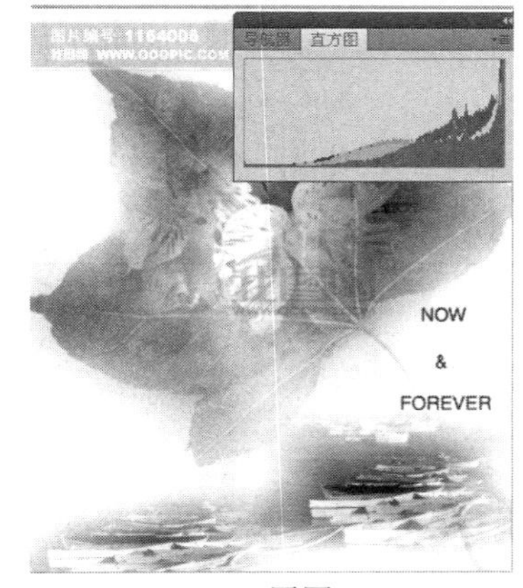

(a) 原图

(b) 使用“自动对比度”命令后

图 10-13　使用“自动对比度”命令前后的对比效果

提示：使用“自动对比度”命令既不能调整颜色单一的图像，也不能单独调节颜色通道，所以不会导致色偏；但也不能消除图像中已经存在的色偏，所以不会添加或减少色偏。

“自动对比度”的原理是将图像中的最亮和最暗像素映射为白色和黑色，使暗调更暗而高光更亮。使用“自动对比度”命令可以改进许多摄影或连续色调图像的外观。

3. 自动颜色

使用“自动颜色”命令可以自动调整图像中的色彩平衡。其原理是首先确定图像的中性灰色像素，然后选择一种平衡色来填充图像的灰色像素，起到平衡色彩的作用。打开图像后，执行“图像”→“自动颜色”命令，即可完成图像的颜色调整，效果如图 10-14 所示。

(a) 原图

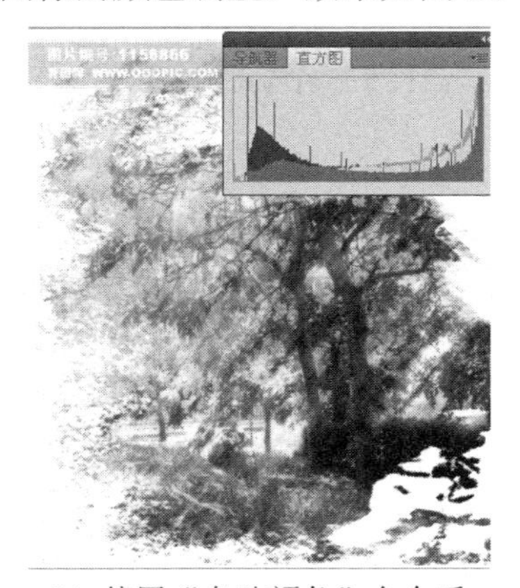

(b) 使用“自动颜色”命令后

图 10-14　使用“自动颜色”命令后的对比效果

提示：使用“自动颜色”命令在调整图像时只能应用于 RGB 颜色模式。

4. 去色

使用“去色”命令可以将当前模式中的色彩去掉，将其变为当前模式下的灰度图像。执行“图像”→“调整”→“去色”命令，即可将彩色图像去掉颜色，效果如图 10-15 所示。

(a) 原图

(b) 使用“去色”命令后

图 10-15 使用“去色”命令前后的对比效果

5. 反相

使用“反相”命令可以将一张正片图像转换成负片，产生底片效果。其原理是将通道中每个像素的亮度值都转化为 256 级亮度值刻度上相反的值。执行“图像”→“调整”→“反相”命令，即可将图像转换成反相的负片效果，效果如图 10-16 所示。

(a) 原图

(b) 使用“反相”命令后

图 10-16 使用“反相”命令前后的对比效果

10.4 自定义调整

应用 Photoshop CS5 软件提供的自定义调整功能，可以根据显示器中的预览变化，通过调整对话框的参数值，来设置最佳的图像效果。

10.4.1 色阶

使用“色阶”命令可以校正图像的色调范围和颜色平衡。“色阶”直方图可以用做调整图像基本色调的直观参考。调整方法是通过“色阶”对话框调整图像的阴影、中间调和高光的强度级别来达到最佳效果。执行“图像”→“调整”→“色阶”命令，会打开如图 10-17 所示的“色阶”对话框。

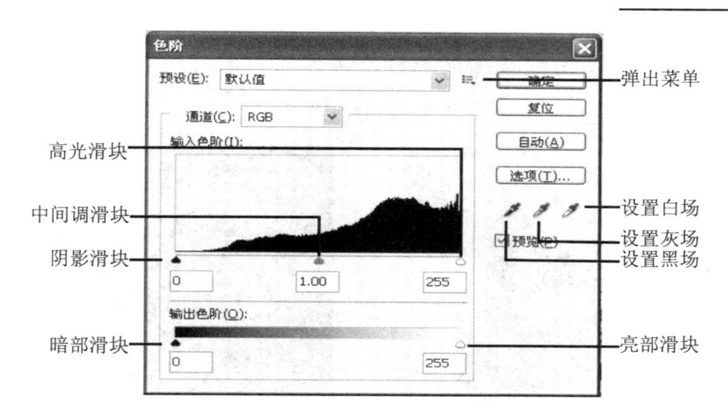

图 10-17　“色阶”对话框

该对话框中各项的含义如下：

(1) 预设：用来选择已经调整完毕的色阶效果，单击右侧的倒三角形按钮即可弹出下拉列表。

(2) 通道：用来选择设定调整色阶的通道。

技巧：在“通道”调板中按住 Shift 键在不同通道上单击可以选择多个通道，再在“色阶”对话框中对其进行调整。此时在“色阶”对话框的“通道”选项中将会出现选取通道名称的字母缩写。

(3) 输入色阶：在其对应的文本框中输入数值或拖动滑块来调整图像的色调范围，以提高或降低图像对比度。

- 阴影：用来控制图像中暗部区域的大小，数值越大，图像越暗。
- 中间调：用来控制图像的明亮度，数值越大，图像越亮。
- 高光：用来控制图像中亮部区域的大小，数值越大，图像越亮。

(4) 输出色阶：在其对应的文本框中输入数值或拖动滑块来调整图像的亮度范围，“暗部”可以使图像中较暗的部分变亮，“亮部”可以使图像中较亮的部分变暗。

(5) 弹出菜单：单击该按钮可以弹出下拉菜单，其中包含存储预设、载入预设和删除当前预设三个命令。

- 存储预设：执行此命令，可以将当前设置的参数进行存储，在“预设”下拉列表中可以看到被存储的选项。
- 载入预设：执行此命令，可以载入一个色阶文件作为对当前图像的调整。
- 删除当前预设：执行此命令，可以将当前选择的预设删除。

(6) 自动：单击该按钮，可以将“暗部”和“亮部”自动调整到最暗和最亮。单击此按钮得到的效果与“自动色阶”命令相同。

(7) 选项：单击该按钮可以打开“自动颜色校正选项”对话框，在对话框中可以设置“阴影”和“高光”所占的比例，如图 10-18 所示。

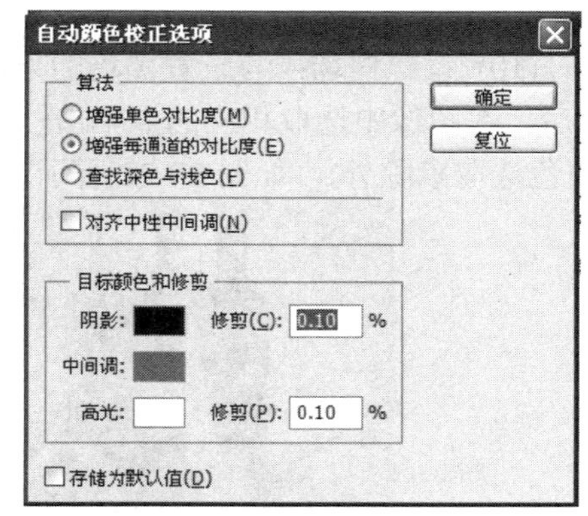

图 10-18　“自动颜色校正选项”对话框

(8) 设置黑场：用来设置图像中阴影的范围。单击该按钮后，在图像中选取相应的点单击，单击后图像中比选取点更暗的像素颜色将会变得更深(黑色选取点除外)，如图 10-19 所示。在黑色区域单击后会恢复图像，如图 10-20 所示。

图 10-19 设置黑场

图 10-20 恢复黑场

(9) 设置灰场：用来设置图像中中间调的范围。单击该按钮后，在图像中选取相应的点单击，效果如图 10-21 所示。在黑色区域或白色区域单击后会恢复图像。

图 10-21 设置灰场

(10) 设置白场：与设置黑场的方法正好相反，用来设置图像中高光的范围。单击该按钮后，在图像中选取相应的点单击，单击后图像中比选取点更亮的像素颜色将会变得更浅(白色选取点除外)，如图 10-22 所示。在白色区域单击后会恢复图像。

图 10-22 设置白场

技巧：在“设置黑场”、“设置灰场”或“设置白场”的吸管图标上双击鼠标，会弹出相应的“拾色器”对话框，在对话框中可以选择不同颜色作为最亮或最暗的色调。

10.4.2 曲线

使用“曲线”命令可以调整图像的色调和颜色。设置曲线形状时，将曲线向上或向下移动将会使图像变亮或变暗，具体情况取决于对话框是设置为显示色阶还是显示百分比。

曲线中较陡的部分表示对比度较高的区域；曲线中较平的部分表示对比度较低的区域。如果将“曲线”对话框设置为显示色阶而不是百分比，则会在图像的右上角呈现高光。移动曲线顶部的点将调整高光；移动曲线中心的点将调整中间调；移动曲线底部的点将调整阴影。要使高光变暗，需将曲线顶部附近的点向下移动。将点向下或向右移动会将“输入”值映射到较小的“输出”值，并会使图像变暗。要使阴影变亮，则将曲线底部附近的点向上移动。将点向上或向左移动会将较小的“输入”值映射到较大的“输出”值，并会使图像变亮，执行“图像”→“调整”→“曲线”命令，会打开如图 10-23 所示的“曲线”对话框。

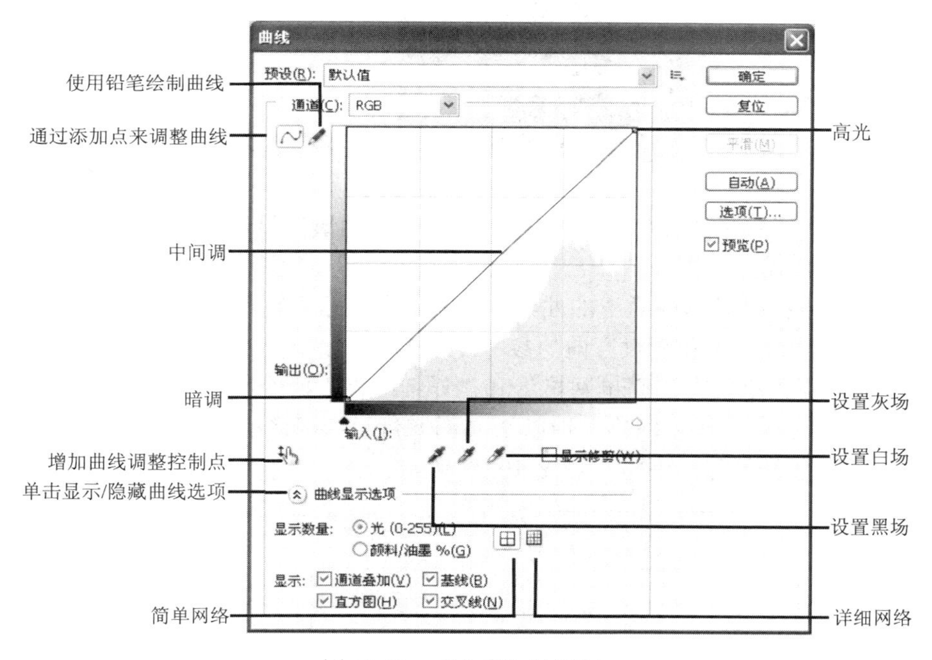

图 10-23　“曲线”对话框

该对话框中各项的含义如下：

(1) 通过添加点来调整曲线：可以在曲线上添加控制点来调整曲线。拖动控制点即可改变曲线形状。

(2) 使用铅笔绘制曲线：可以随意在直方图内绘制曲线，此时“平滑”按钮被激活用来控制绘制铅笔曲线的平滑度，如图 10-24 和图 10-25 所示。

(3) 高光：拖动曲线中的高光控制点可以改变高光。

(4) 中间调：拖动曲线中的中间调控制点可以改变图像中间调，向上弯曲会将图像变亮，向下弯曲会将图像变暗。

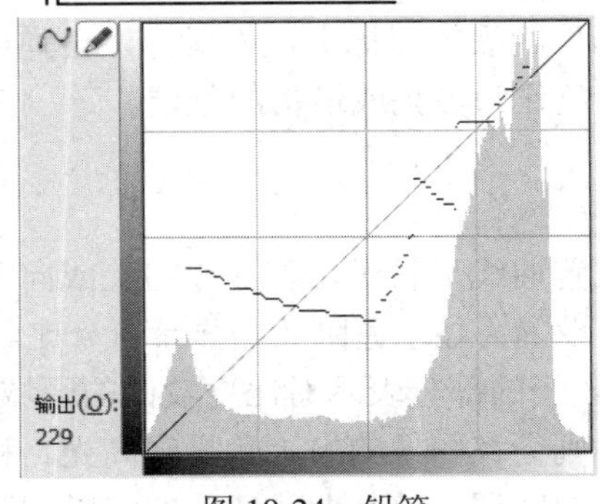

图 10-24　铅笔

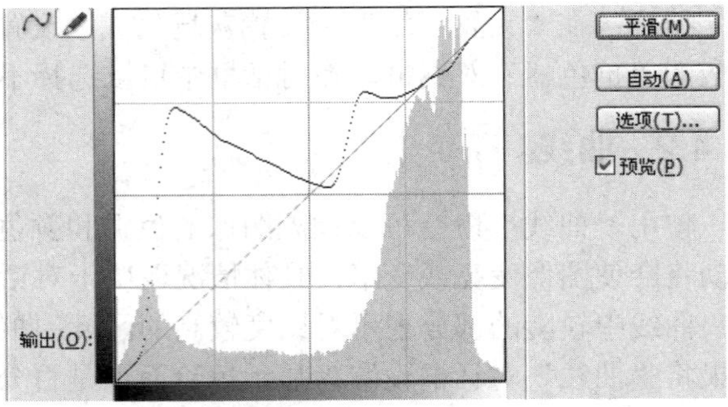

图 10-25　平滑

(5) 暗调：拖动曲线中的阴影控制点可以改变阴影。

(6) 显示修剪：勾选该复选框后，可以在预览的情况显示图像中发生修剪的位置，如图 10-26 所示。

图 10-26　显示修剪

(7) 显示数量：包括“光”的显示数量和“颜料/油墨”显示数量两个单选框，分别代表加色与减色颜色模式状态。

(8) 显示：包括显示不同通道的曲线、显示对角线浅灰色的基准线、显示色阶直方图以及显示拖动曲线时水平和竖直方向的参考线。

(9) 设置网格大小：在“简单网格”和“详细网格”两个按钮上单击可以在直方图中显示不同大小的网格。“简单网格”指以 25%的增量显示网格线，如图 10-27 所示；“详细网格”指以 10%的增量显示网格，如图 10-28 所示。

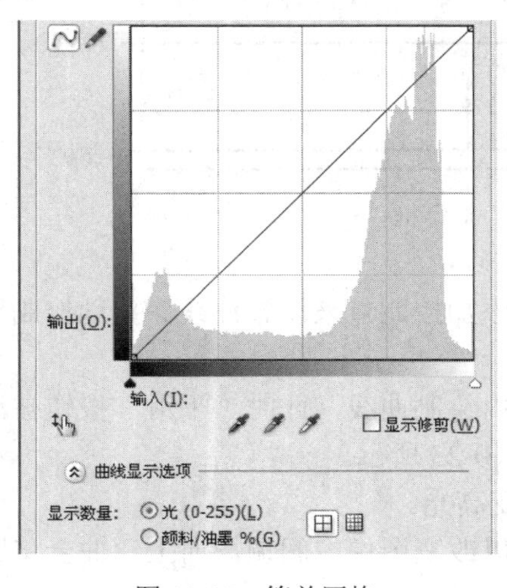

图 10-27　简单网格

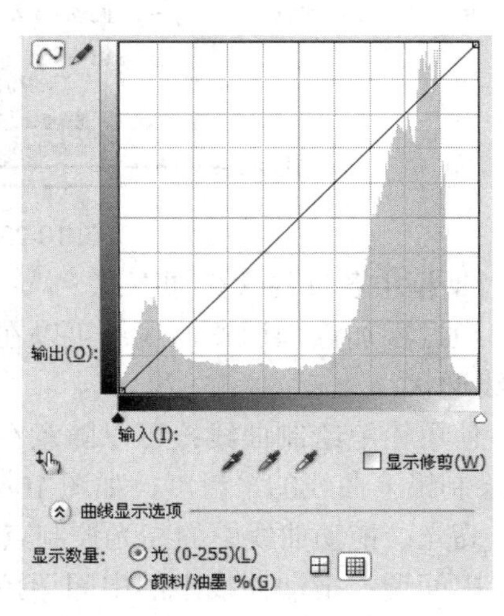

图 10-28　详细网格

(10) 添加曲线调整控制点：单击此按钮后，使用鼠标指针在图像上单击，会自动按照图像单击像素点的明暗在曲线上创建调整控制点，在图像上拖曳鼠标即可调整曲线，如图 10-29 所示。

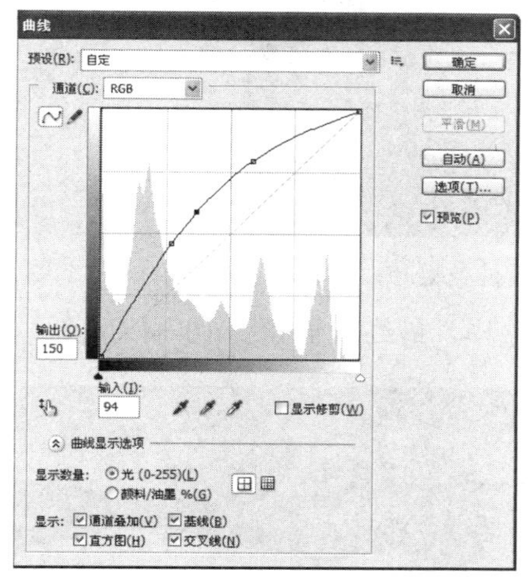

图 10-29　添加调整控制点

【范例】 使用曲线增强照片个性效果。

本范例主要让大家了解“曲线”调整命令在制作“反冲效果”时的使用方法。操作步骤如下：

(1) 执行“文件”→“打开”命令或按组合键 Ctrl+O，打开自己喜欢的素材，如图 10-30 所示。

(2) 按组合键 Ctrl+J 复制背景得到图层，执行“图像”→“调整”→“曲线”命令或按组合键 Ctrl+M，打开“曲线”对话框，单击“预设”下拉列表按钮，选择“反冲”选项，如图 10-31 所示。

图 10-30　素材

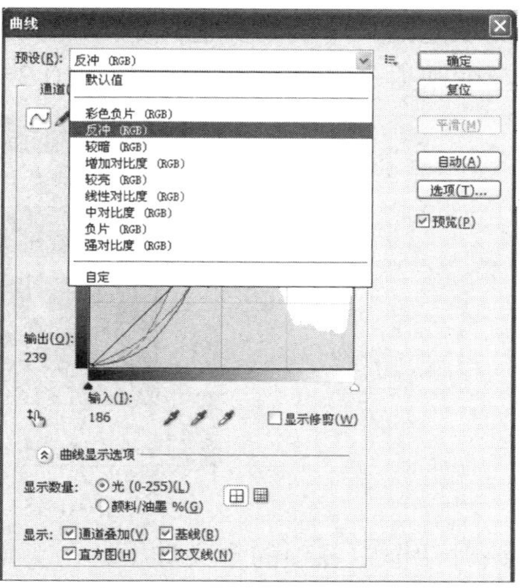

图 10-31　“曲线”对话框

(3) 设置完毕单击“确定”按钮，效果如图 10-32 所示。

(4) 在“图层”调板中，设置“混合模式”为“滤色”，如图 10-33 所示。

图 10-32 反冲效果

图 10-33 “图层”调板

(5) 至此，本案例制作完毕，最终效果如图 10-34 所示。

图 10-34 最终效果

10.4.3 渐变映射

使用“渐变映射”命令可以将相等的灰度颜色进行等量递增或递减运算而得到渐变填充效果。如果指定双色渐变填充，图像中暗调映射到渐变填充的一个端点颜色，高光映射到渐变填充的一个端点颜色，中间调映射为两种颜色混合的结果。执行“图像”→“调整”→“渐变映射”命令，会打开如图 10-35 所示的“渐变映射”对话框。

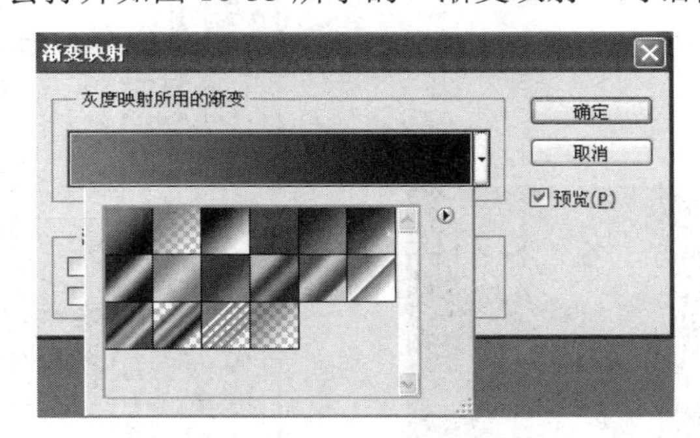

图 10-35 “渐变映射”对话框

该对话框中各项的含义如下：

(1) 灰度映射所用的渐变：单击渐变颜色条右边的倒三角形按钮，在打开的下拉菜单中可以选择系统预设的渐变类型作为映射的渐变色。单击渐变颜色条会弹出“渐变编辑器”对话框，如图 10-36 所示。在对话框中可以设定自己喜爱的渐变映射类型。

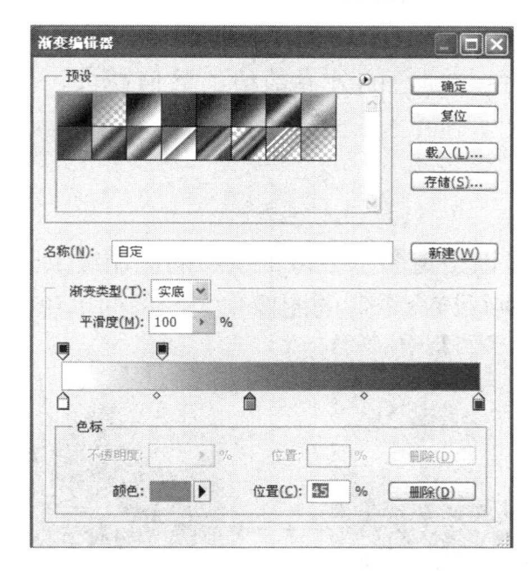

图 10-36　“渐变编辑器”对话框

(2) 仿色：用来平滑渐变填充的外观并减少带宽效果。

(3) 反向：用于切换渐变填充的顺序。

10.4.4 阈值

使用“阈值”命令可以将灰度图像或彩色图像转换为高对比度的黑白图像，效果如图 10-37 所示。

原图　　　　阈值后

图 10-37　应用“阈值”命令后的对比效果

执行“图像”→“调整”→“阈值”命令，会打开如图 10-38 所示的“阈值”对话框。

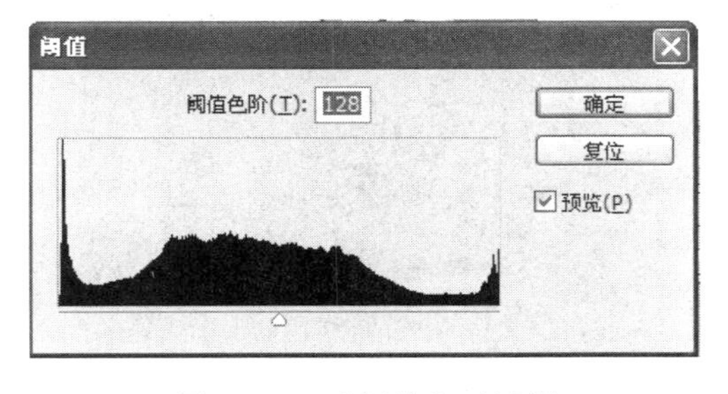

图 10-38　“阈值”对话框

该对话框中各项的含义如下：

阈值色阶：用来设置黑色与白色的分界数值。数值越大，黑色越多；数值越小，白色越多。

10.4.5 色调分离

使用“色调分离”命令可以指定图像中每个通道的色调级(或亮度值)的数目，然后将像素映射为最接近的一种色调。执行该命令后的图像由大面积的单色构成，效果如图 10-39 所示。

(a) 原图　　(b) 应用“色调分离”命令后

图 10-39 应用“色调分离”命令前后的对比效果

执行“图像”→“调整”→“色调分离”命令，会打开如图 10-40 所示的“色调分离”对话框。

图 10-40 “色调分离”对话框

该对话框中各项的含义如下：

色阶：用来指定图像转换后的色阶数量，数值越小，图像变化越剧烈。

10.4.6 亮度/对比度

使用“亮度/对比度”命令可以对图像的整个色调进行调整，从而改变图像的亮度/对比度。“亮度/对比度”命令会对图像的每个像素都进行调整，所以会导致图像细节的丢失。图 10-41～图 10-43 所示分别为原图、增加“亮度/对比度”后的效果和减少“亮度/对比度”后的效果。

图 10-41 原图

图 10-42　增加“亮度/对比度”后的效果　　　　图 10-43　减少“亮度/对比度”后的效果

执行“图像”→“调整”→“亮度”→“对比度”命令，会打开如图 10-44 所示的“亮度/对比度”对话框。

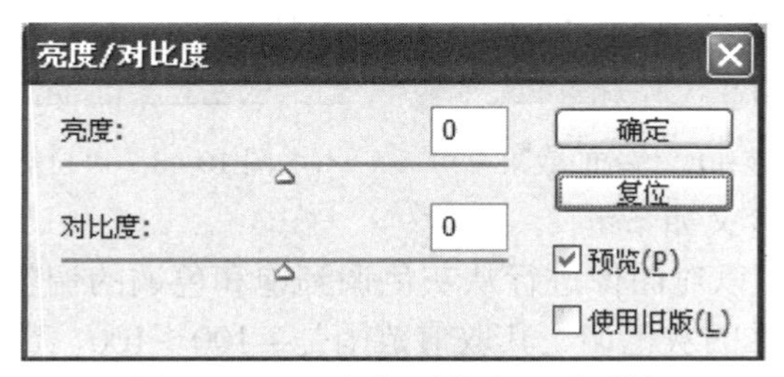

图 10-44　“亮度/对比度”对话框

该对话框中各项的含义如下：

(1) 亮度：用来控制图像的明暗度，负值会将图像调暗，正值可以加亮图像，取值范围是 −100～100。

(2) 对比度：用来控制图像的对比度，负值将会降低图像对比度，正值可以加大图像对比度，取值范围是 −100～100。

(3) 使用旧版：使用老版本中的“亮度/对比度”命令调整图像。

10.5 色调调整

在 Photoshop CS5 中通过系统提供的色调调整功能，可以将图像调整为不同的色调样式，从而达到想要的效果。

10.5.1 自然饱和度

使用“自然饱和度”命令可以对图像进行灰色调到饱和色调的调整，用于提升不够饱和度的图片或调整出非常优雅的灰色调。图 10-45～图 10-47 所示分别为原图、增加“细节饱和度”和降低“细节饱和度”后的效果。

图 10-45 原图

图 10-46 增加“细节饱和度”后的效果

执行“图像”→“调整”→“自然饱和度”命令，会打开如图 10-48 所示的“自然饱和度”对话框。

图 10-47 降低“细节饱和度”后的效果

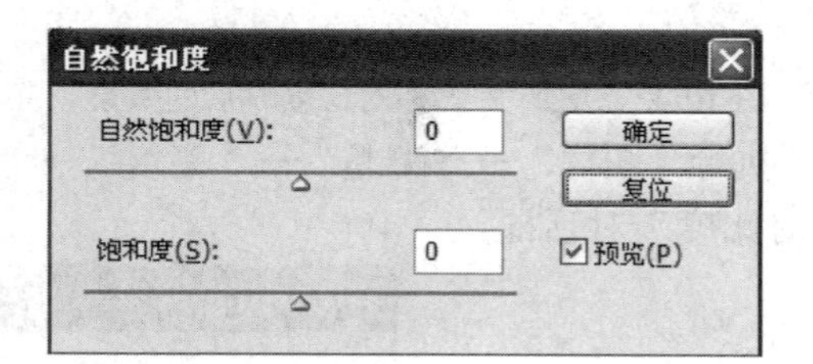

图 10-48 “自然饱和度”对话框

该对话框中各项的含义如下：

(1) 自然饱和度：可以对图像进行从灰色调到饱和色调的调整，用于提升饱和度不够的图片或调整出非常优雅的灰色调。其取值范围是 -100～100，数值越大色彩越浓烈。

(2) 饱和度：通常指的是一种颜色的纯度。颜色越纯，饱和度就越大；颜色纯度越低，相应颜色的饱和度就越小。其取值范围是 -100～100，数值越小颜色纯度越小，越接近灰色。

10.5.2 色相/饱和度

使用“色相/饱和度”命令可以调整整个图片或图片中单个颜色的色相、饱和度和亮度。

执行“图像”→“调整”→“色相/饱和度”命令，会打开如图 10-49 所示的“色相/饱和度”对话框。

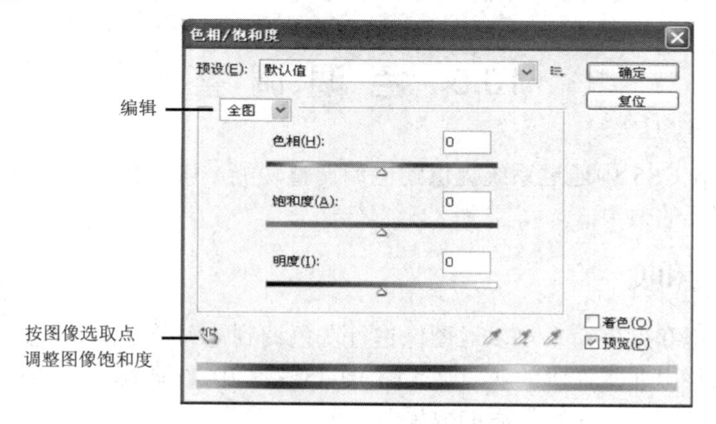

图 10-49 “色相/饱和度”对话框

该对话框中各项的含义如下：

(1) 预设：系统保存的调整数据。

(2) 编辑：用来设置调整的颜色范围，单击右边的倒三角按钮即可弹出下拉列表，如图 10-50 所示。

(3) 色相：通常指的是颜色，即红色、黄色、绿色、青色、蓝色和洋红。

(4) 饱和度：通常指的是一种颜色的纯度。颜色越纯，饱和度就越大；颜色纯度越低，相应颜色的饱和度就越小。

全图
全图 Alt+2
红色 Alt+3
黄色 Alt+4
绿色 Alt+5
青色 Alt+6
蓝色 Alt+7
洋红 Alt+8

图 10-50　下拉列表

(5) 明度：通常指的是色调的明暗度。

(6) 着色：勾选该复选框后，只可以为全图调整色调，并将彩色图像自动转换成单一色调的图片。

(7) 按图像选取点调整图像饱和度：单击此按钮，使用鼠标在图像的相应位置拖动时，会自动调整被选取区域颜色的饱和度，如图 10-51 所示。

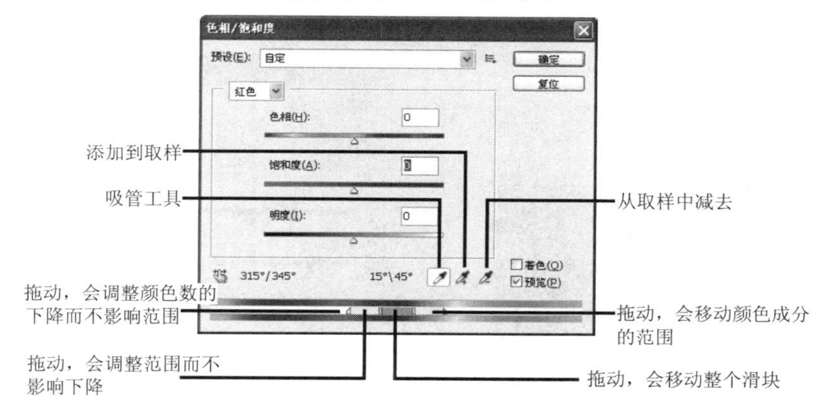

图 10-51　按图像选取点调整图像饱和度

在“色相/饱和度”对话框的“编辑”下拉列表中选择单一颜色后，“色相/饱和度”对话框的其他功能会被激活。

该对话框中各项的含义如下：

(1) 吸管工具：可以在图像中选择具体编辑色调。

(2) 添加到取样：可以在图像中为已选取的色调再增加调整范围。

(3) 从取样中减去：可以在图像中为已选取的色调减少调整范围。

10.5.3　通道混和器

使用“通道混和器”命令调整图像，指的是通过从单个颜色通道中选取它所占的百分比来创建高品质的灰度、棕褐色调或其他彩色的图像。执行“图像”→“调整”→“通道混和器”命令，会打开如图 10-52 所示的“通道混和器”对话框。

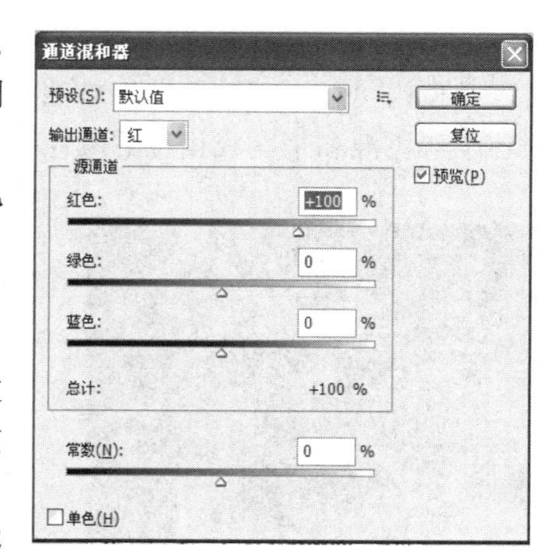

图 10-52　“通道混和器”对话框

该对话框中各项的含义如下：

(1) 预设：系统保存的调整数据。

(2) 输出通道：用来设置调整图像的通道。

(3) 源通道：根据色彩模式的不同会出现不同的调整颜色通道。

(4) 常数：用来调整输出通道的灰度值。正值可增加白色，负值可增加黑色。200%时输出的通道为白色；–200%时输出的通道为黑色。

(5) 单色：勾选该复选框后，可将彩色图片变为单色图像，而图像的颜色模式与亮度保持不变。

【范例】 通过“通道混和器”改变颜色。

本实例主要让大家了解“通道混和器”命令的使用方法。操作步骤如下：

(1) 执行“文件”→“打开”命令或按组合键 Ctrl+O，打开自己喜欢的素材，如图 10-53 所示。

(2) 打开素材后，执行“图像”→“调整”→“通道混和器”命令，打开“通道混和器”对话框，其中的参数值设置如图 10-54 所示。

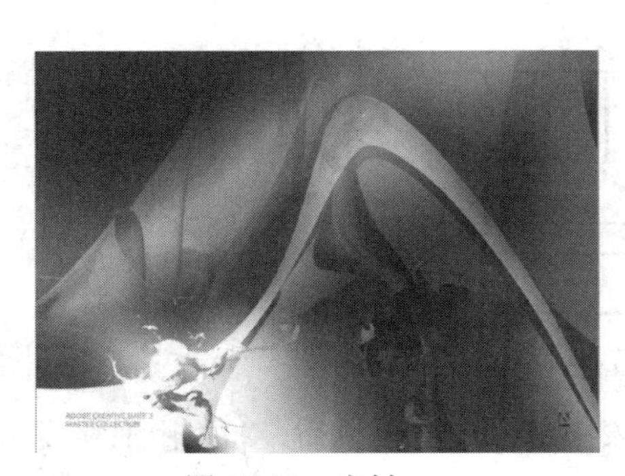

图 10-53 素材

图 10-54 “通道混和器”对话框

(3) 设置完毕单击“确定”按钮，应用“通道混和器”命令调整图像后的效果如图 10-55 所示。

在使用“通道混和器”调整图像时，如果图像中的颜色与通道不符，可以根据通道中的各个颜色混和来完成相应的颜色调整，如图 10-56 所示。

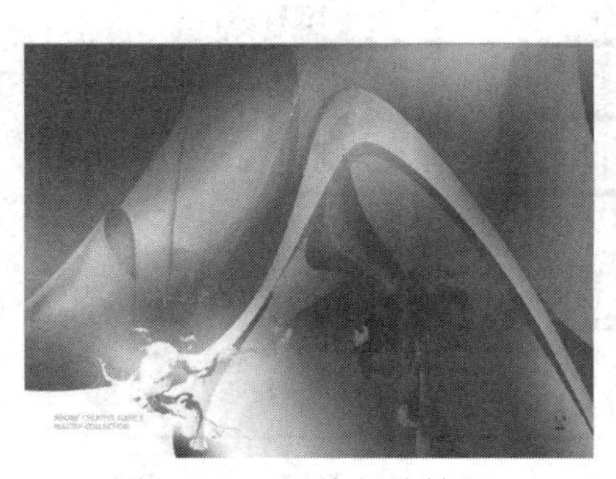

图 10-55 调整后的效果

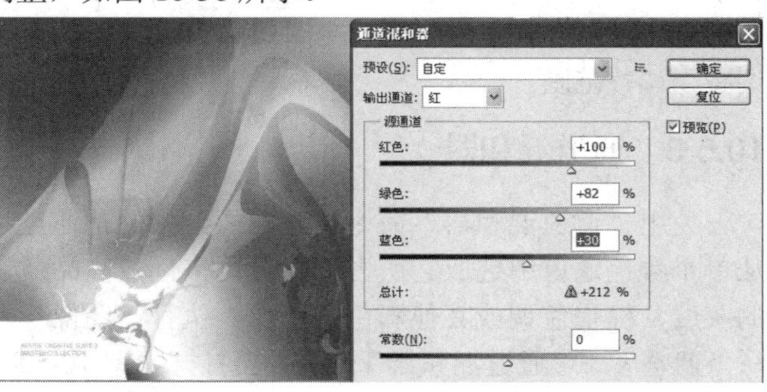

图 10-56 通道混和器调整

10.5.4　色彩平衡

使用“色彩平衡”命令可以单独对图像的阴影、中间调和高光进行调整，从而改变图像的整体颜色。执行“图像”→“调整”→“色彩平衡”命令，会打开如图 10-57 所示的“色彩平衡”对话框。在对话框中有三组相互对应的互补色，分别为青色对红色、洋红对绿色和黄色对蓝色。例如，减少青色后就会由红色来补充减少的青色。

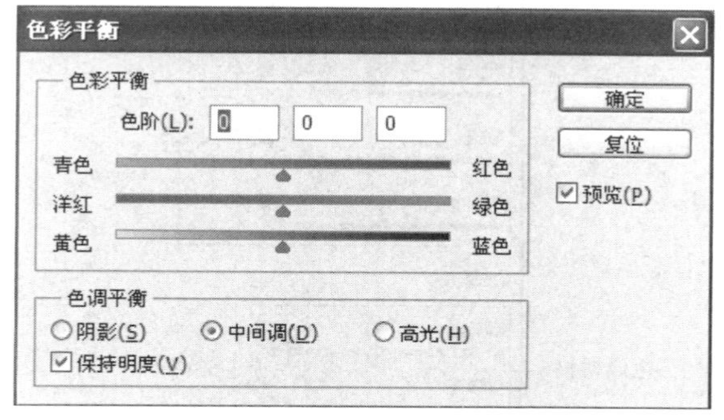

图 10-57　“色彩平衡”对话框

该对话框中各项的含义如下：

(1) 色彩平衡：可以在对应的文本框中输入相应的数值或拖动下面的三角滑块来改变颜色的增加或减少。

(2) 色调平衡：可以选择在阴影、中间调或高光中调整色彩平衡。

(3) 保持明度：勾选此复选框后，在调整色彩平衡时保持图像亮度不变。

打开要调整的图像，选择“中间调”后，调整色彩平衡中的颜色控制滑块或在“色阶”文本框中输入数值，可得到如图 10-58 所示的效果。

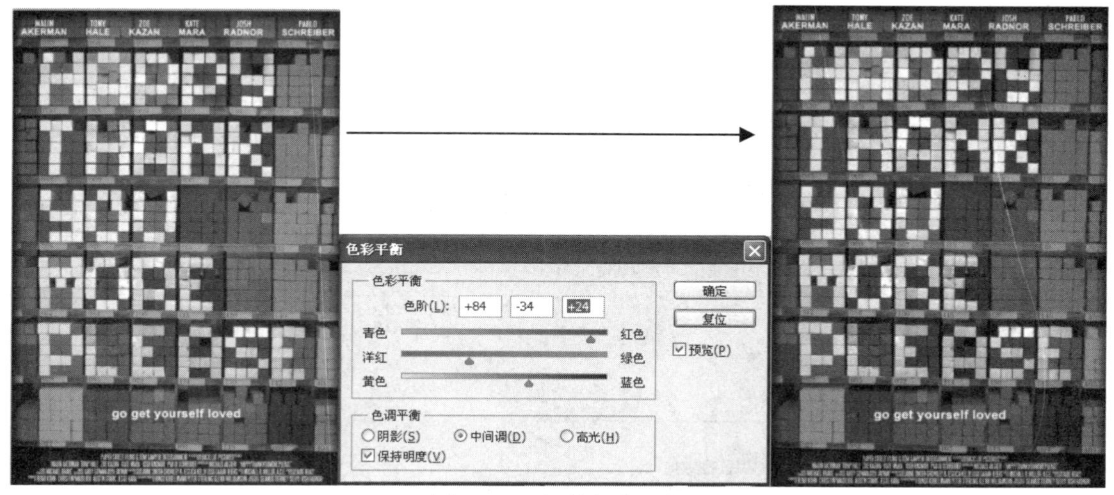

图 10-58　调整色彩平衡

10.5.5　黑白

使用“黑白”命令可以将图像调整为黑白效果，也可以在黑白艺术效果的基础上，通过“色调”的调整将其变为其他颜色色调效果。执行“图像”→“调整”→“黑白”命令，会打开如图 10-59 所示的“黑白”对话框。

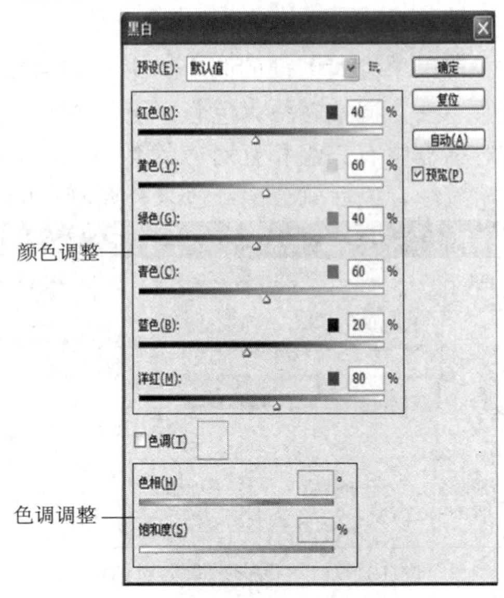

图 10-59 “黑白”对话框

该对话框中各项的含义如下：

(1) 颜色调整：包括对红色、黄色、绿色、青色、蓝色和洋红的调整，可以在文本框中输入数值，也可以直接拖动控制滑块来调整颜色。

(2) 色调：勾选该复选框后，可以激活“色相”和“饱和度”来制作其他单色效果。

提示：在“黑白”对话框中单击“自动”按钮，系统会自动通过计算对照片进行最佳状态的调整。对于初学者，单击该按钮就可以完成调整效果，非常方便。

10.5.6 照片滤镜

使用“照片滤镜”命令可以对图像在冷、暖色调之间进行调整。执行“图像”→“调整”→“照片滤镜”命令，会打开如图 10-60 所示的“照片滤镜”对话框。

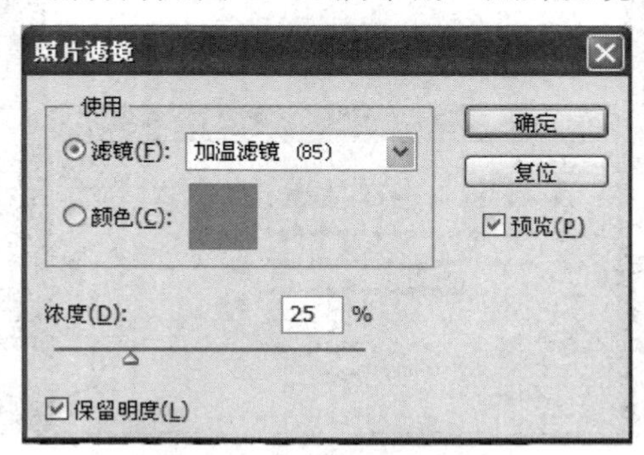

图 10-60 “照片滤镜”对话框

该对话框中各项的含义如下：

(1) 滤镜：选择此单选框后，可以在右面的下拉列表中选择系统预设的冷、暖色调选项。

(2) 颜色：选择此单选框后，可以根据后面“颜色”图标弹出的“选择滤镜颜色”对话框选择定义冷、暖色调的颜色，如图 10-61 所示。

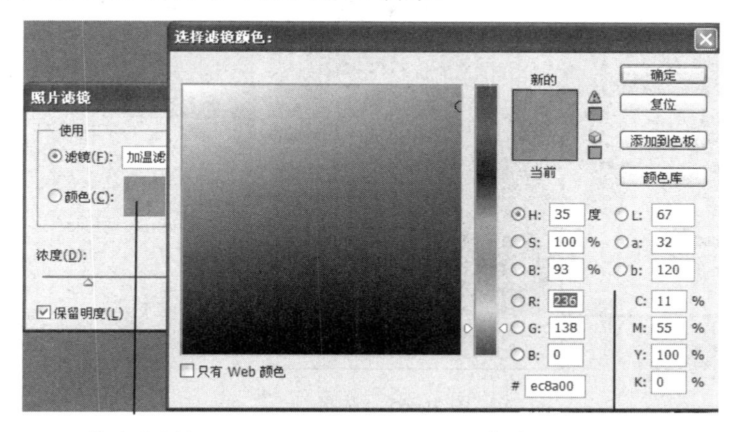

图 10-61　设置照片滤镜颜色

(3) 浓度：用来调整应用到照片中的颜色数量，数值越大，色彩越接近饱和。

【练习】 通过“照片滤镜”命令调整照片冷暖色调。

本练习主要让大家了解使用“照片滤镜”命令调整冷、暖色调的方法。操作步骤如下：

(1) 执行“文件”→“打开”命令或按组合键 Ctrl+O，打开自己喜欢的素材，如图 10-62 所示。

图 10-62　素材

(2) 打开素材后，执行“图像”→“调整”→“照片滤镜”命令，打开“照片滤镜”对话框，在“滤镜”后面的下拉列表中分别选择“冷却滤镜”和“加温滤镜”，设置“浓度”分别为“25%”和“56%”，得到如图 10-63 和图 10-64 所示的效果。

图 10-63　冷色调

图 10-64　暖色调

(3) 在“照片滤镜”对话框中勾选“颜色”单选框，单击后面的“颜色”图标，打开

“选择滤镜颜色”对话框，设置颜色为“R：29；G：234；B：82”，如图 10-65 所示。

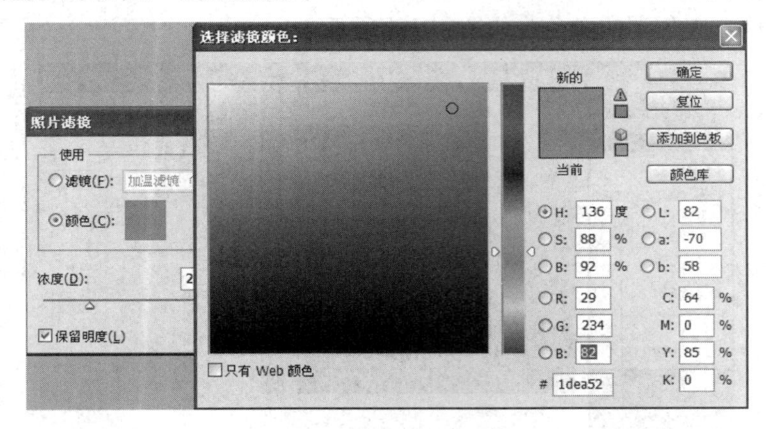

图 10-65　选择颜色

(4) 设置完毕单击“确定”按钮，即可调整图像的色调，效果如图 10-66 所示。

图 10-66　调整色调

10.5.7　变化

使用“变化”命令可以非常直观地调整图像或选区的色彩平衡、对比度和饱和度，它对于色调平均、不需要精确调整的图像很有用，使用方法非常简单，只要在不同的变化缩略图上单击即可完成图像的调整，如图 10-67 所示。

单击“加深绿色”和“加深黄色”选项

图 10-67　应用“变化”命令

执行“图像”→“调整”→“变化”命令，会打开如图 10-68 所示的“变化”对话框。

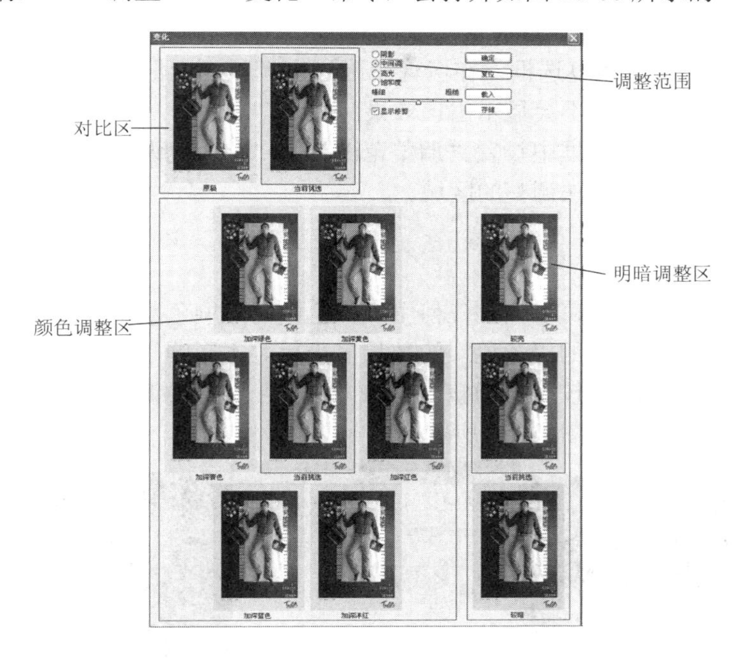

图 10-68　“变化”对话框

该对话框中各项的含义如下：

(1) 对比区：此区用来查看调整前后的对比效果。

(2) 颜色调整区：单击相应的加深颜色，可以在对比区中查看效果。

(3) 明暗调整区：调整图像的明暗。

(4) 调整范围：用来设置图像被调整的固定区域。

- 阴影：勾选该单选框，可调整图像中较暗的区域。
- 中间调：勾选该单选框，可调整图像中中间色调的区域。
- 高光：勾选该单选框，可调整图像中较亮的区域。
- 饱和度：勾选该单选框，可调整图像中的颜色饱和度。选择该项后，左下角的缩略图会变成只用于调整饱和度的缩略图，如果同时勾选“显示修剪”复选框，当调整效果超出了最大的颜色饱和度时，颜色可能会被剪切并以霓虹灯效果显示图像，如图 10-69 所示。

图 10-69　选择“饱和度”后的调整区域

(5) 精细/粗糙：用来控制每次调整图像的幅度，滑块每移动一格可使调整数量成倍地增加。

(6) 显示修剪：勾选该复选框，在图像中因过度调整而无法显示的区域将以霓虹灯效果显示。在调整中间色调时不会显示出该效果。

提示：在“变化”对话框中设置“调整范围”为“中间色调”时，即使勾选“显示修剪”复选框，也不会显示无法调整的区域。

10.5.8 可选颜色

使用“可选颜色”命令可以调整任何主要颜色中的印刷色数量而不影响其他颜色。例如，在调整“红色”颜色中的“黄色”的数量多少后，不影响“黄色”在其他主色调中的数量，从而可以对颜色进行校正与调整。调整方法是：选择要调整的颜色，再拖动该颜色中的调整滑块即可完成，如图 10-70 所示。

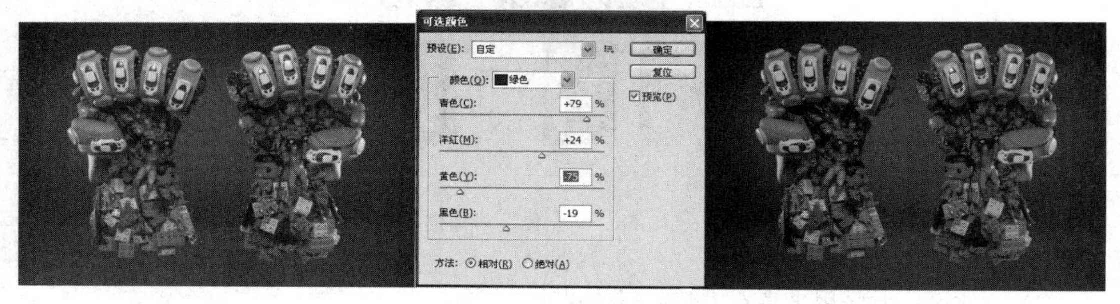

图 10-70 调整可选颜色

执行“图像”→“调整”→“可选颜色”命令，会打开如图 10-71 所示的“可选颜色”对话框。

该对话框中各项的含义如下：

(1) 颜色：在下拉列表中可以选择要进行调整的颜色，如图 10-72 所示。

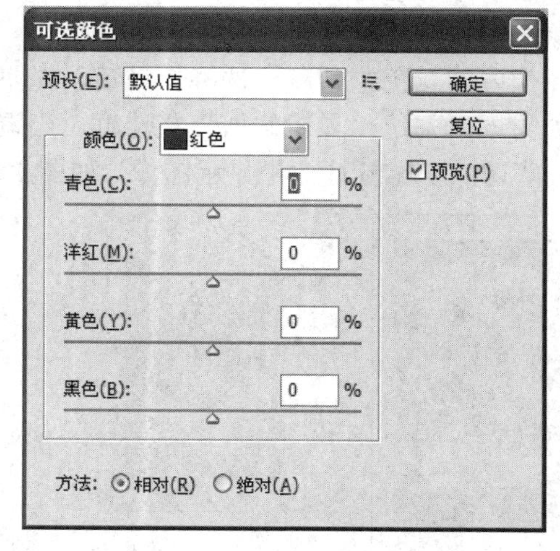

图 10-71 “可选颜色”对话框

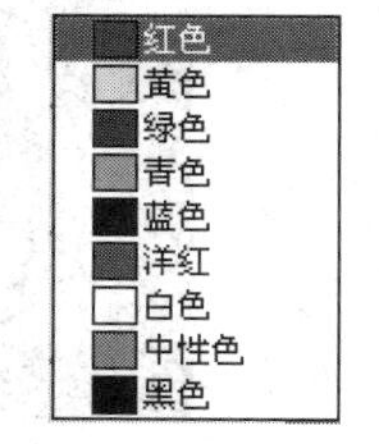

图 10-72 颜色下拉列表

(2) 调整选择的颜色：输入数值或拖动控制滑块改变青色、洋红、黄色和黑色的含量。

(3) 相对：勾选该单选框，可按照总量的百分比调整当前的青色、洋红、黄色和黑色的含量。如为起始含有 40%洋红色的像素增加 20%，则该像素的洋红色含量为 60%。

(4) 绝对：勾选该单选框，可对青色、洋红、黄色和黑色的含量采用绝对值调整。如为起始含有 40%洋红色的像素增加 20%，则该像素的洋红色含量为 60%。

技巧：“可选颜色”命令主要用于微调颜色，从而增减所用颜色的油墨百分比。在“信息”调板弹出菜单中选择“调板选项”命令，将“模式”设置为“油墨总量”，将吸管移到图像中便可以查看油墨的总体百分比。

【范例】 通过“可选颜色”替换模特衣服的颜色。

本范例主要让大家了解使用“可选颜色”命令调整颜色的方法。操作步骤如下：

(1) 执行“文件”→“打开”命令或按组合键 Ctrl+O，打开自己喜欢的素材，如图 10-73 所示。

(2) 执行“图像”→“调整”→“可选颜色”命令，打开“可选颜色”对话框，设置“方法”为“相对”，设置“颜色”为“绿色”，再在调整区域设置各个颜色的值，将图层 1 隐藏，如图 10-74 所示。

(3) 设置完毕单击“确定”按钮，此时发现模特的衣服颜色已从绿色变为了淡绿色，如图 10-75 所示。

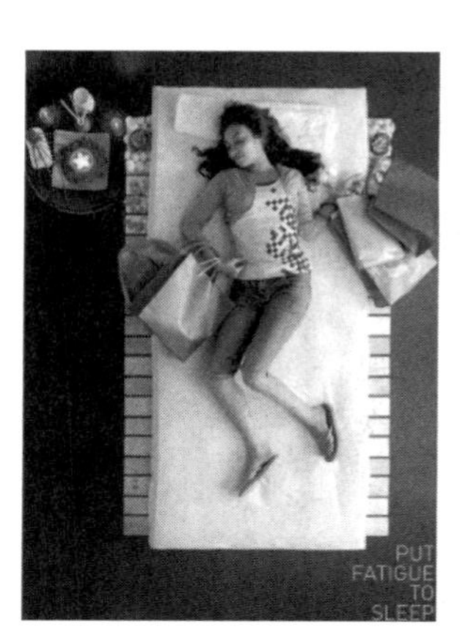

图 10-73　素材

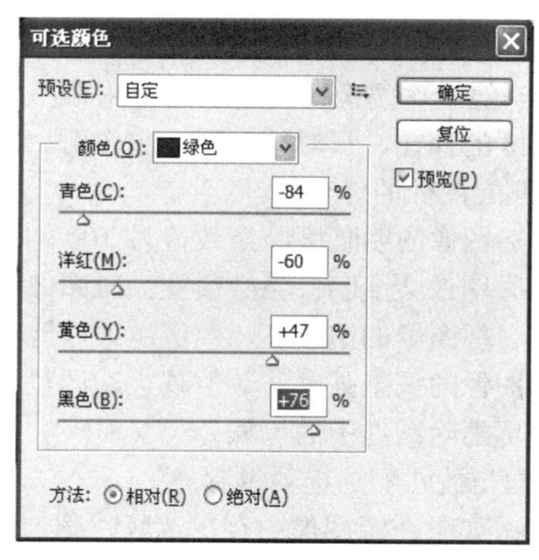

图 10-74　“可选颜色”对话框

图 10-75　替换衣服颜色

10.6　其他调整

Photoshop CS5 软件提供的其他调整功能可以作为色调调整和自定义调整的一个补充。

10.6.1　匹配颜色

使用“匹配颜色”命令可以匹配不同图像、多个图层或多个选区之间的颜色，使其保持一致。当一个图像中的某些颜色与另一个图像中的颜色一致时，该命令的作用非常明显。执行“图像”→“调整”→“颜色匹配”命令，会打开如图 10-76 所示的“匹配颜色”对话框。

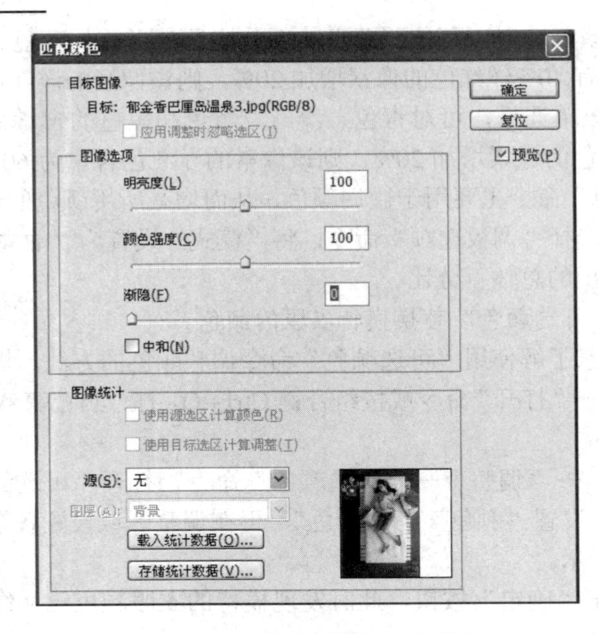

图 10-76 “匹配颜色”对话框

该对话框中各项的含义如下：

(1) 目标图像：当前打开的工作图像，其中的“应用调整时忽略选区”复选框指的是在调整图像时会忽略当前选区的存在，只对整个图像起作用。

(2) 图像选项：调整被匹配图像的选项。

- 明亮度：控制当前目标图像的明暗度。当数值为 100 时，目标图像将会与源图像拥有一样的亮度；当数值变小时图像会变暗；当数值变大时图像会变亮。
- 颜色强度：控制当前目标图像的饱和度，数值越大，饱和度越强。
- 渐隐：控制当前目标图像的调整强度，数值越大，调整的强度越弱。
- 中和：勾选该复选框可消除图像中的色偏。

(3) 图像统计：设置匹配与被匹配的选项设置。

- 使用源选区计算颜色：如果在源图像中存在选区，则勾选该复选框，可对源图像选区中的颜色进行计算调整；不勾选该复选框，则会使用整幅图像进行匹配。
- 使用目标选区计算调整：如果在目标图像中存在选区，勾选该复选框，可以对目标选区进行计算调整。
- 源：在下拉菜单中可以选择用来与目标相匹配的源图像。
- 图层：用来选择匹配图像的图层。
- 载入统计数据：单击此按钮，可以打开“载入”对话框，找到已存在的调整文件。此时，无需在 Photoshop 中打开源图像文件，就可以对目标文件进行匹配。
- 存储统计数据：单击此按钮，可以将设置完成的当前文件进行保存。

【练习】 匹配图像的颜色。

本练习主要让大家了解使用“匹配颜色”命令调整图像的方法。操作步骤如下：

(1) 执行“文件”→“打开”命令或按组合键 Ctrl+O，打开自己喜欢的两个不同的素材，如图 10-77 和图 10-78 所示。

(2) 打开素材后选择“风景 1”素材，执行“图像”→“调整”→“匹配颜色”命令，打开“匹配颜色”对话框，在“源”下拉列表中选择“风景 2”，再调整“图像选项”的参数，如图 10-79 所示。

图 10-77　风景 1

图 10-78　风景 2

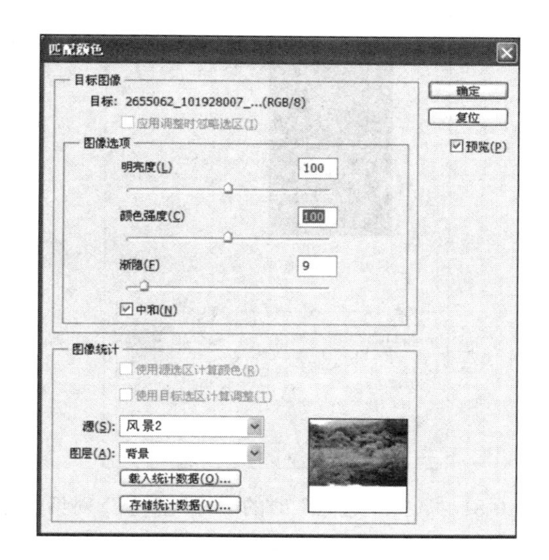

图 10-79　“匹配颜色”对话框

(3) 设置完毕单击“确定”按钮，效果如图 10-80 所示。

图 10-80　匹配颜色后的效果

10.6.2　替换颜色

使用“替换颜色”命令可以将图像中的某种颜色提出并替换成另外的颜色，原理是在图像中基于一种特定的颜色创建一个临时蒙版，然后替换图像中的特定颜色。在菜单栏中执行“图像”→“调整”→“替换颜色”命令，会打开“替换颜色”对话框。在对话框中选择“选区”时，显示效果如图 10-81 所示；在对话框中选择“图像”时，显示效果如图

10-82 所示。

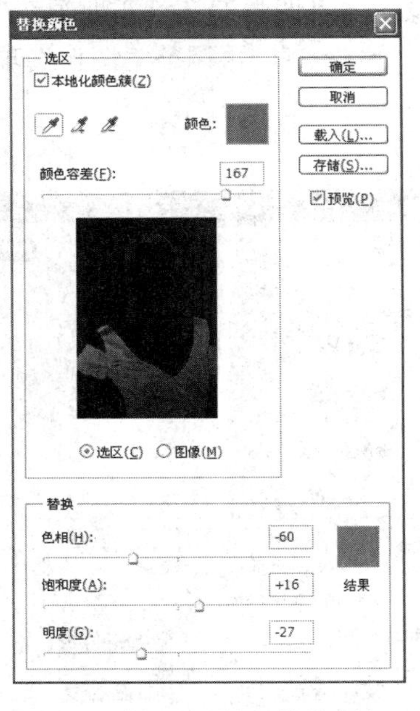

图 10-81 选择“选区”时的“替换颜色”对话框

图 10-82 选择“图像”时的“替换颜色”对话框

该对话框中各项的含义如下：

(1) 本地化颜色簇：勾选此复选框时，设置替换范围会被集中在选取点的周围，对比效果如图 10-83 所示。

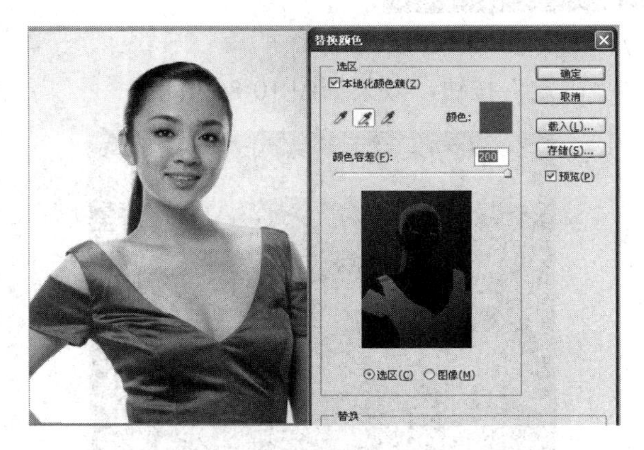

图 10-83 勾选“本地化颜色簇”前后的对比效果

(2) 颜色容差：用来设置被替换的颜色的选取范围。数值越大，颜色的选取范围就越广；数值越小，颜色的选取范围就越窄。

(3) 选区：勾选该单选框，将在预览框中显示蒙版。未蒙版的区域显示白色，就是选取的范围；蒙版的区域显示黑色，就是未选取的区域；部分被蒙版区域(覆盖有半透明蒙版)会根据不透明度而显示不同亮度的灰色。

(4) 图像：勾选该单选框，将在预览框中显示图像。

(5) 替换：用来设置替换后的颜色，如图 10-84 所示。

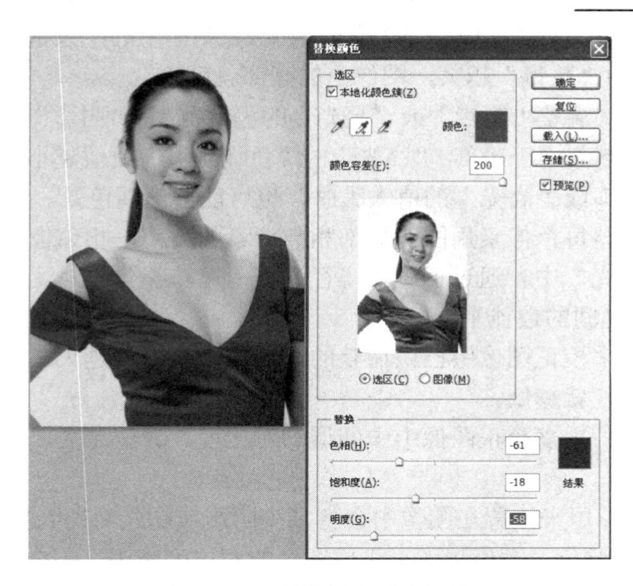

图 10-84　替换颜色后的效果

10.6.3　阴影/高光

使用“阴影/高光”命令主要是修整在强背光条件下拍摄的照片。在菜单栏中执行“图像”→“调整”→“阴影/高光”命令，会打开如图 10-85 所示的“阴影/高光”对话框。

该对话框中各项的含义如下：

(1) 阴影：用来设置暗部在图像中所占的数量多少。

(2) 高光：用来设置亮部在图像中所占的数量多少。

(3) 显示更多选项：勾选该复选框可以显示“阴影/高光”对话框的详细内容，如图 10-86 所示。

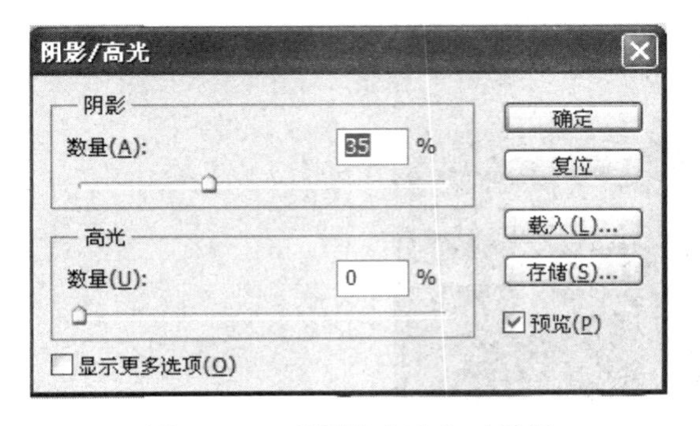

图 10-85　“阴影/高光”对话框

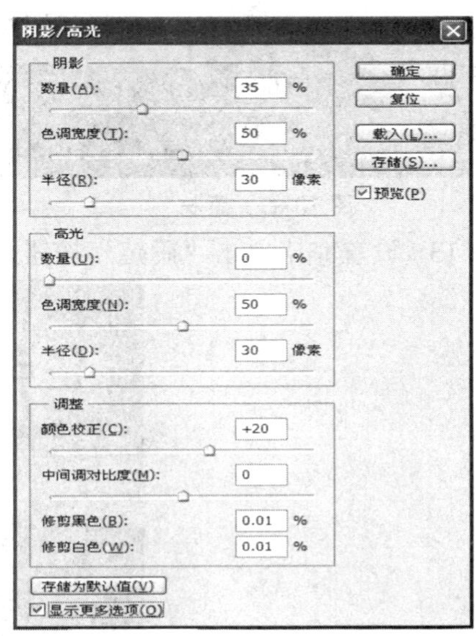

图 10-86　“阴影/高光”对话框的详细内容

• 数量：用来调整“阴影”或“高光”的浓度。“阴影”的“数量”越大，图像上的暗部就越亮；“高光”的“数量”越大，图像上的亮部就越暗。

• 色调宽度：用来调整“阴影”或“高光”的色调范围。“阴影”的“色调宽度”数值越小，调整的范围就越集中于暗部；“高光”的“色调宽度”数值越小，调整的范围就越集中于亮部。当“阴影”或“高光”的值太大时，也可能会出现色晕。

• 半径：用来调整每个像素周围的局部相邻像素的大小，相邻像素用来确定像素是在“阴影”还是在“高光”中。通过调整“半径”值，可获得焦点对比度与背景相比的焦点的级差加亮(或变暗)之间的最佳平衡。

• 颜色校正：用来校正图像中已做调整的区域色彩。数值越大，色彩饱和度就越高；数值越小，色彩饱和度就越低。

• 中间调对比度：用来校正图像中中间调的对比度。数值越大，对比度就越高；数值越小，对比度就越低。

• 修剪黑色/白色：用来设置在图像中会将多少阴影或高光剪切到新的极端阴影(色阶为0)和高光(色阶为 255)颜色。数值越大，生成图像的对比度越强，但会丢失图像细节。

【范例】 通过“阴影/高光”命令调整背光照片。

本范例主要让大家了解“阴影/高光”命令的使用方法。操作步骤如下：

(1) 执行“文件”→“打开”命令或按组合键 Ctrl+O，打开一张曝光素材，如图 10-87 所示。

(2) 打开素材后发现照片中的人物面部较暗，此时只要执行菜单中的“图像”→“调整”→“阴影/高光”命令，打开“阴影/高光”对话框，设置默认值即可，如图 10-88 所示。

图 10-87 素材

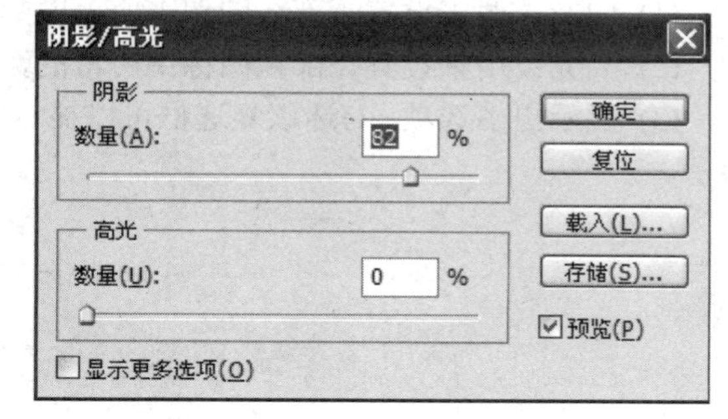

图 10-88 “阴影/高光”对话框

(3) 设置完毕单击“确定”按钮，调整背光照片后的效果如图 10-89 所示。

图 10-89 调整背光后的效果

10.6.4　曝光度

使用“曝光度”命令可以调整 HDR 图像的色调，图片可以是 8 位或 16 位图像，可以对曝光不足或曝光过度的图像进行调整，效果如图 10-90 所示。执行菜单中的“图像”→“调整”→“曝光度”命令，会打开如图 10-91 所示的“曝光度”对话框。

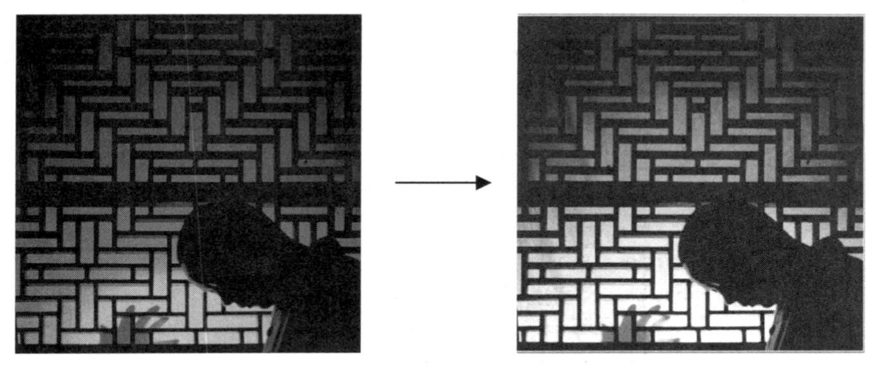

图 10-90　应用“曝光度”命令前后的对比效果

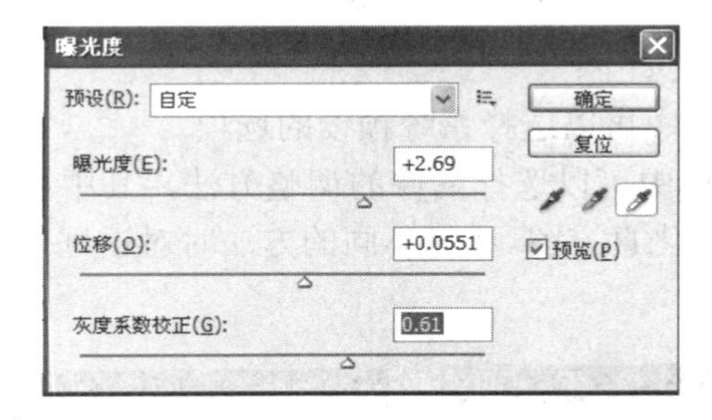

图 10-91　“曝光度”对话框

该对话框中各项的含义如下：

(1) 曝光度：用来调整色调范围的高光端，该选项可对极限阴影产生轻微影响。

(2) 位移：用来使阴影和中间调变暗，该选项可对高光产生轻微影响。

(3) 灰度系数校正：用来设置高光与阴影之间的差异。

10.6.5　HDR 色调

使用“HDR 色调”命令可以对图像的边缘光、色调和细节、颜色等进行更加细致的调整，效果如图 10-92 所示。

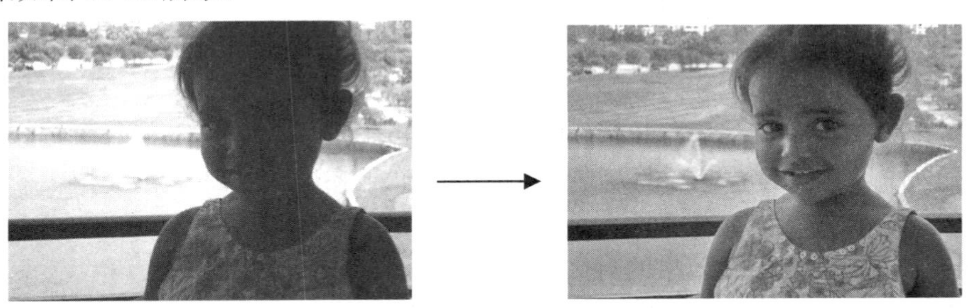

图 10-92　应用“HDR 色调”命令前后的对比效果

执行菜单中的“图像”→“调整”→“HDR 色调”命令，会打开如图 10-93 所示的“HDR 色调”对话框。

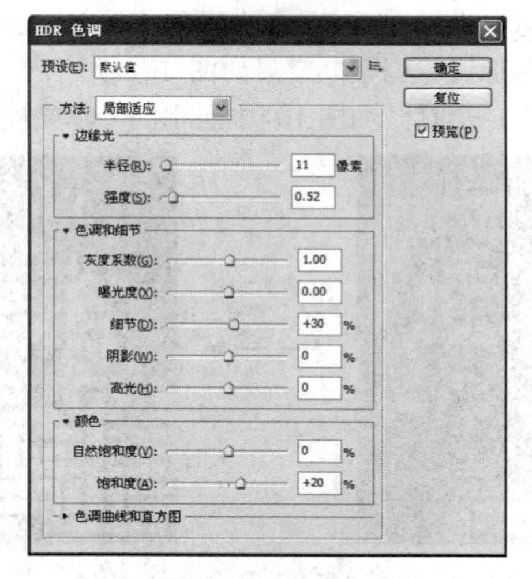

图 10-93 “HDR 色调”对话框

该对话框中各项的含义如下：

(1) 预设：在下拉菜单中可以选择系统预设的选项。

(2) 方法：在下拉菜单中可以选择图像的调整方法，其中包括曝光度和灰度系数、高光压缩、局部适应和色调均化直方图。选择不同的方法时对话框也会有所不同，如图 10-94～图 10-96 所示。

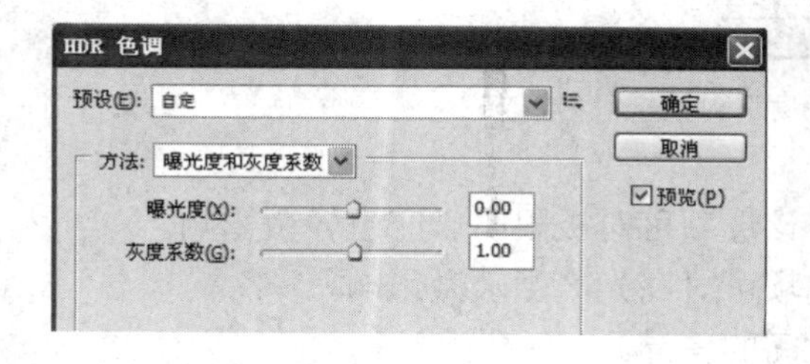

图 10-94 选择“曝光度和灰度系数”

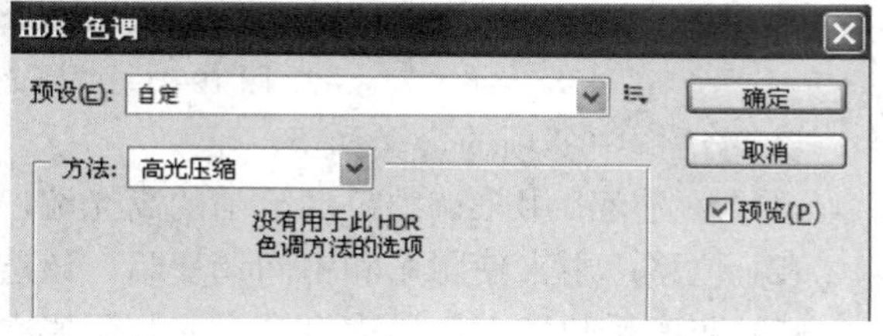

图 10-95 选择“高光压缩”

图 10-96 选择“色调均化直方图”

(3) 边缘光：用来设置照片的发光效果的大小和对比度。

- 半径：用来设置发光效果的大小。
- 强度：用来设置发光效果的对比度。

(4) 色调和细节：用来设置照片光影部分的调整。

- 细节：用来设置查找图像的细节。
- 阴影：调整阴影部分的明暗度。
- 高光：调整高光部分的明暗度。

(5) 颜色：用来设置照片的色彩调整。

- 自然饱和度：可以对图像进行灰色调到饱和色调的调整，用于提升不够饱和度的图片或调整出非常优雅的灰色调，取值范围是 –100～100，数值越大色彩越浓烈。
- 饱和度：用来设置图像色彩的浓度。

(6) 色调曲线和直方图：用曲线直方图的方式对图像进行色彩与亮度的调整。

10.6.6　色调均化

使用“色调均化”命令可以重新分布图像中像素的亮度值，使它们能更均匀地呈现所有范围的亮度级别，将图像中最亮的像素转换为白色，图像中最暗的像素转换为黑色，而中间的值则均匀地分布在整个灰度中，效果如图 10-97 所示。

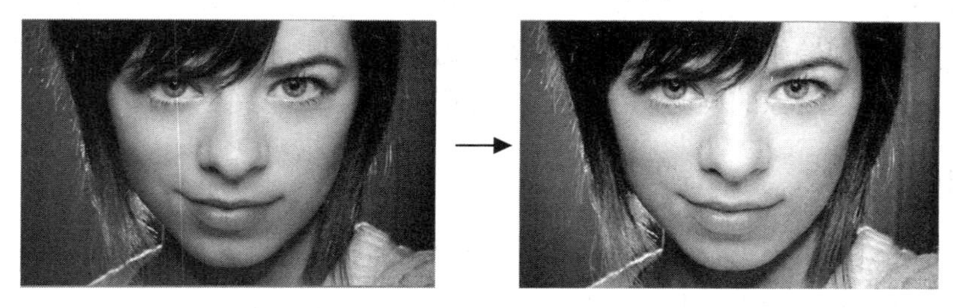

图 10-97　应用“色调均化”命令前后的对比效果

图像中如果存在选区，执行菜单中的“图像”→“调整”→“色调均化”命令，会打开“色调均化”对话框，如图 10-98 所示。

图 10-98　“色调均化”对话框

该对话框中各项的含义如下：

(1) 仅色调均化所选区域：勾选该单选框，只对选区内图像进行色调均匀调整。

(2) 基于所选区域色调均化整个图像：勾选该单选框，可根据选区内像素的明暗来调整整个图像。

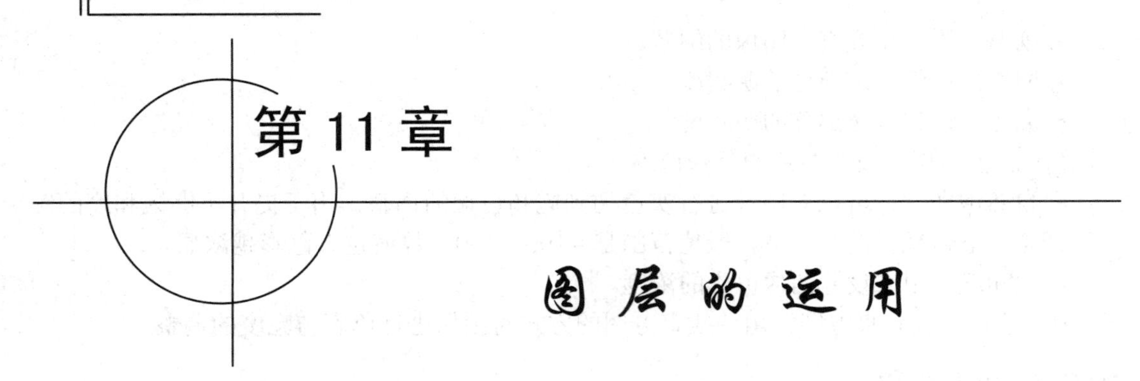

第 11 章 图层的运用

11.1 图层的概念与原理

对图层进行操作可以说是 Photoshop 中使用最为频繁的一项工作。通过建立图层，然后在各个图层中分别编辑图像中的各个元素，可以产生既富有层次，又彼此关联的整体图像效果。所以在编辑图像的同时图层是必不可缺的。

11.1.1 图层的概念

每一个图层都是由许多像素组成的，而图层又通过上下叠加的方式来组成整个图像。打个比方，每一个图层就好似是一层透明的“玻璃”，而图层内容就画在这些“玻璃”上，如果 “玻璃”上什么都没有，这就是个完全透明的空图层，当各“玻璃”上都有图像时，自上而下俯视所有图层，从而形成图像显示效果。对图层的编辑可以通过菜单或调板来完成。“图层”被存放在“图层”调板中，其中包含当前图层、文字图层、背景图层、智能对象图层等。执行“窗口”→“图层”命令，即可打开“图层”调板，如图 11-1 所示。

该调板中各项的含义如下：

(1) 混合模式：用来设置当前图层中图像与下面图层中图像的混合效果。

(2) 不透明度：用来设置当前图层的透明程度。

(3) 锁定透明像素：图层透明区域将会被锁定，此时图层中的不透明部分可以被移动并可以对其进行编辑，例如使用画笔在图层上绘制时只能在有图像的地方绘制。

(4) 锁定图像像素：图层内的图像可以被移动和变换，但是不能对该图层进行填充、调整或应用滤镜。

(5) 锁定位置：图层内的图像是不能被移动的，但是可以对该图层进行编辑。

(6) 锁定全部：用来锁定图层的全部编辑功能。

(7) 调板菜单：单击此按钮将弹出“图层”调板的编辑菜单，可用于图层中的编辑操作。

(8) 图层的显示与隐藏：单击此按钮即可将图层在显示与隐藏之间转换。

(9) 图层样式：用来显示“图层”调板中可以编辑的各种图层。

(10) 链接图层：可以将选中的多个图层进行链接。

(11) 添加图层样式：单击此按钮将弹出“图层样式”下拉列表，在其中可以选择相应的样式到图层中。

(12) 添加图层蒙版：单击此按钮可为当前图层创建一个蒙版。

(13) 新建填充或调整图层：单击此按钮，在下拉列表中可以选择相应的填充或调整命令，之后会在“调整”调板中进行进一步的编辑。

(14) 新建图层组：单击此按钮会在“图层”调板中新建一个用于放置图层的组。

(15) 新建图层：单击此按钮会在“图层”调板中新建一个空白图层。

(16) 删除图层：单击此按钮可以将当前图层从“图层”调板中删除。

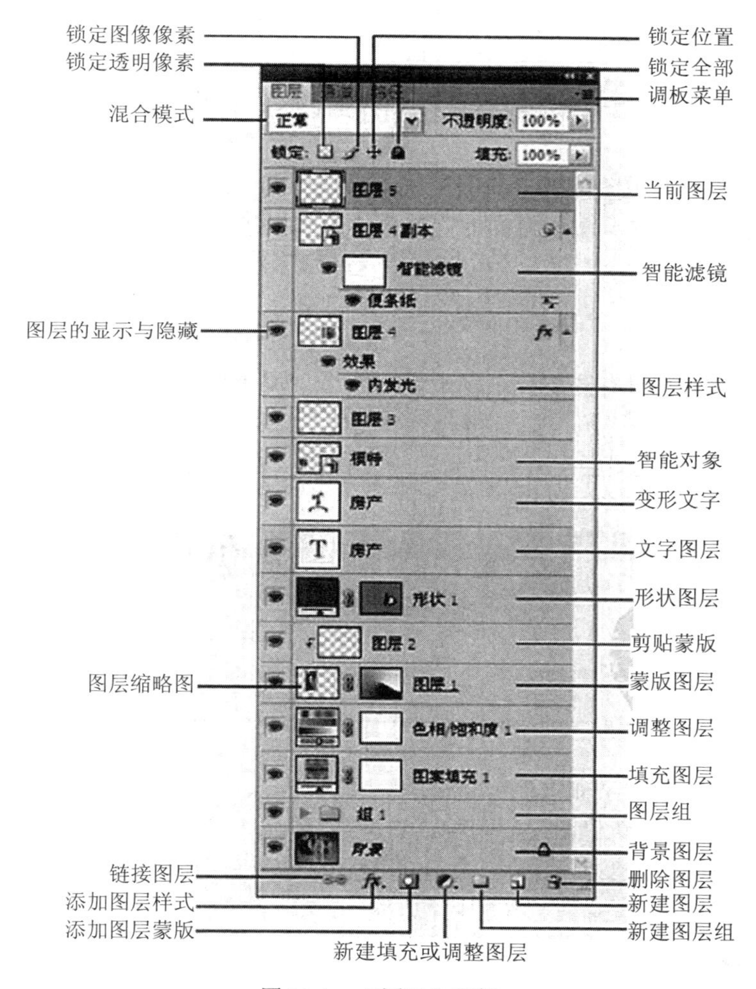

图 11-1　“图层”调板

11.1.2　图层的原理

图层与图层之间并不等于完全的白纸与白纸的重合，图层的工作原理类似于在印刷上使用的一张张重叠在一起的醋酸纤纸，透过图层中的透明或半透明区域，可以看到下一图层相应区域的内容，如图 11-2 所示。

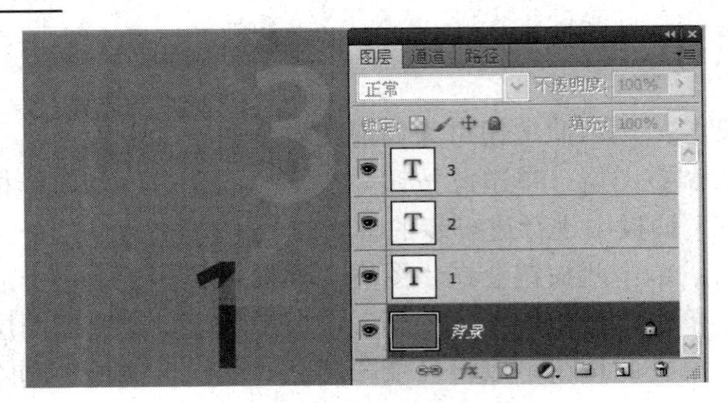

图 11-2 图层原理

11.2 图层的基本编辑

在 Photoshop 中编辑图像时“图层”是不可缺少的一项功能，在对图层中的图像进行编辑的同时一定要了解关于图层方面的一些基本编辑功能，本节将详细介绍关于图层方面的基本编辑操作。

11.2.1 新建图层

新建图层指的是在原有图层或图像上新建一个可用于参与编辑的空白图层，创建图层可以在“图层”菜单中完成也可以直接通过“图层”调板来完成。创建新图层的方法如下：

(1) 执行菜单中的“图层”→“新建”→“图层”命令或按组合键 Shift+Ctrl+N，可以打开如图 11-3 所示的“新建图层”对话框。

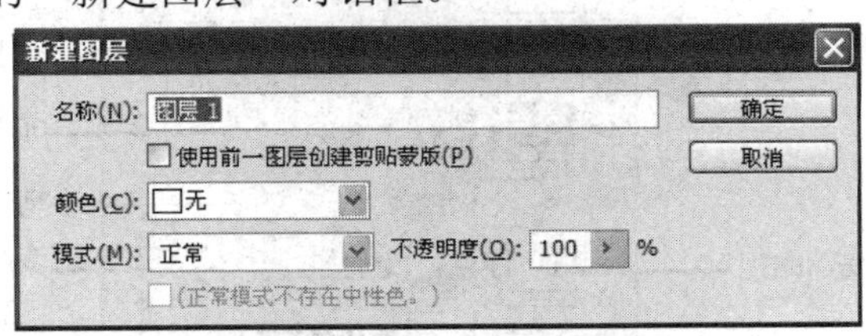

图 11-3 “新建图层”对话框

该对话框中各项的含义如下：

① 名称：用来设置新建图层的名称。

② 使用前一图层创建剪贴蒙版：新建的图层将会与它下面的图层创建剪贴蒙版，如图 11-4 所示。

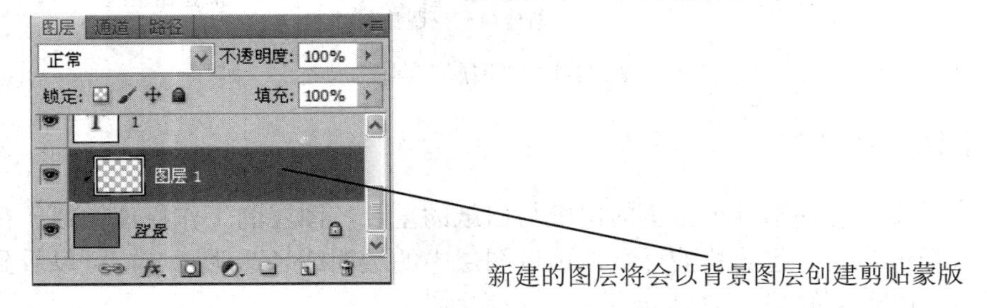

图 11-4 剪贴蒙版

③ 颜色：用来设置新建图层在调板中显示的颜色，在下拉列表中选择“绿色”，效果如图 11-5 所示。

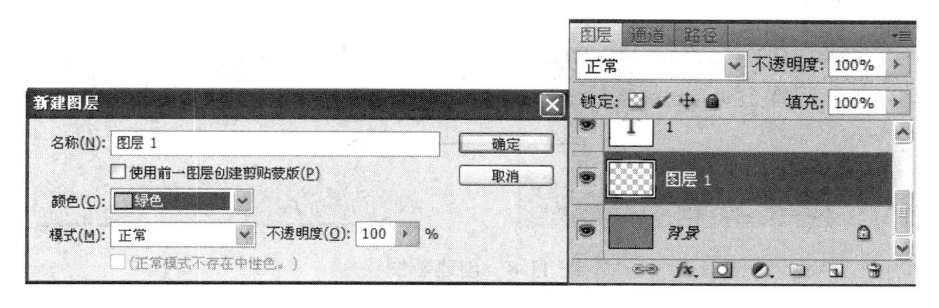

图 11-5　图层颜色

④ 模式：用来设置新建图层与下面图层的混合效果。

⑤ 不透明度：用来设置新建图层的透明程度。

⑥ 正常模式不存在中性色：该选项只有选择除“正常”以外的模式时才会被激活，并以该模式的 50%中性灰色填充图层，如图 11-6 所示。

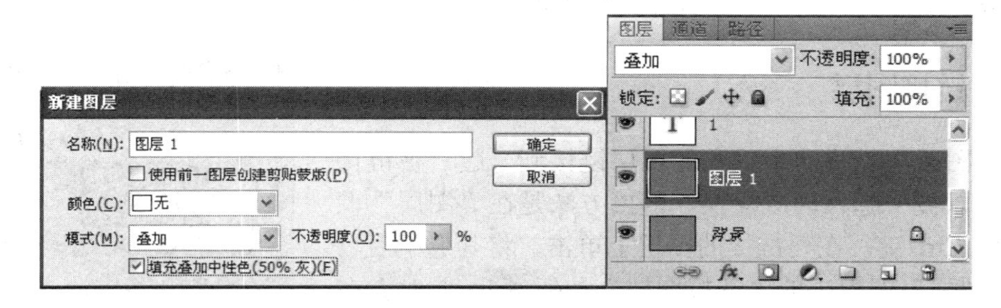

图 11-6　以 50%中性灰色填充图层

(2) 在“图层”调板中单击“创建新图层”按钮，在“图层”调板中就会新创建一个图层，如图 11-7 所示。

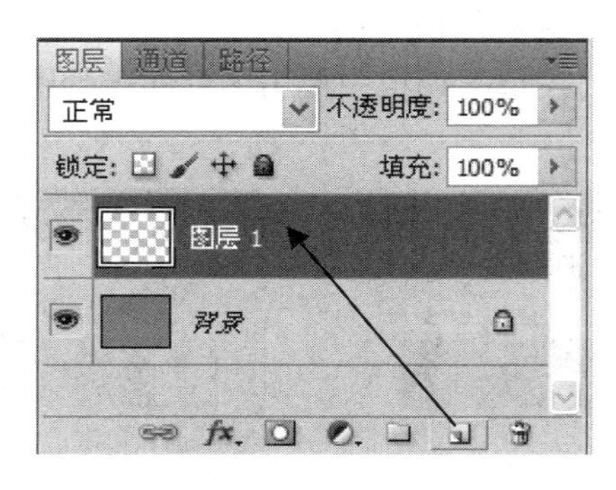

图 11-7　创建新图层

技巧：拖动图像到当前文档中，可以为被拖动的图像新建一个图层。

(3) 执行菜单中的“图层”→“新建”→“背景图层”命令，可以将背景图层转换成普通图层；当调板中只存在一个图层时，执行菜单中的“图层”→“新建”→“背景图层”命令，可以将普通图层转换成背景图层，如图 11-8 所示。

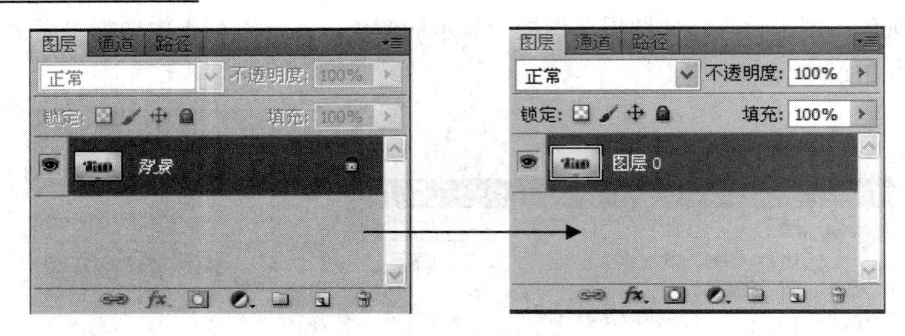

图 11-8　创建新图层

11.2.2　选择图层

使用鼠标在“图层”调板中的图层上单击即可选择该图层并将其变为当前工作图层。按住 Ctrl 键或 Shift 键在调板中单击不同图层，就可以选择多个图层。

提示：使用[ ](移动工具)在选项栏中设置“自动选择图层”功能后，在图像上单击，即可选取该图像对应的图层。具体选择过程可以参考第 9 章。

11.2.3　链接图层

链接图层可以将两个以上的图层链接到一起，被链接的图层可以被一起移动或变换。链接方法是在“图层”调板中按住 Ctrl 键，在要链接的图层上单击，将其选中后，单击 “图层”调板中的“链接图层”按钮，此时会在调板的链接图层中出现链接符号，如图 11-9 所示。

图 11-9　链接图层

11.2.4　显示与隐藏图层

显示与隐藏图层可以使被选择图层中的图像在文档中进行显示与隐藏。方法是在“图层”调板中单击图标即可使图层在显示与隐藏之间转换，如图 11-10 所示。

(a) 显示图层

(b) 隐藏图层

图 11-10　显示与隐藏图层

11.2.5 更改图层顺序

更改图层顺序指的是在“图层”调板中更改图层之间的叠放层次，更改方法如下：

(1) 执行菜单中的“图层”→“排列”命令，在弹出的子菜单中选择相应命令就可以对图层的顺序进行改变，如图 11-11 所示。

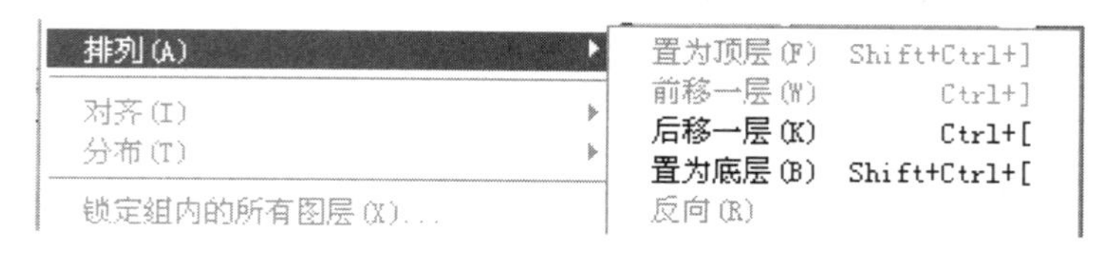

图 11-11 选择更改图层顺序命令

(2) 在“图层”调板中拖动当前图层到该图层的上面图层或下面图层，此时鼠标光标会变成小手形状，松开鼠标即可更改图层顺序，如图 11-12 所示。

图 11-12 更改图层顺序

11.2.6 为图层重新命名

命名图层指的是为当前选择的图层设置名称，设置方法如下：

(1) 执行菜单中的“图层”→“图层属性”命令，可以打开如图 11-13 所示的“图层属性”对话框，在对话框中可以设置当前图层的名称。

图 11-13 “图层属性” 对话框

提示：“图层属性”命令不能在“背景”图层中使用。

(2) 在“图层”调板中选择相应图层后双击图层名称，此时文本框会被激活，在其中输入名称，按 Enter 键完成命名设置，效果如图 11-14 所示。

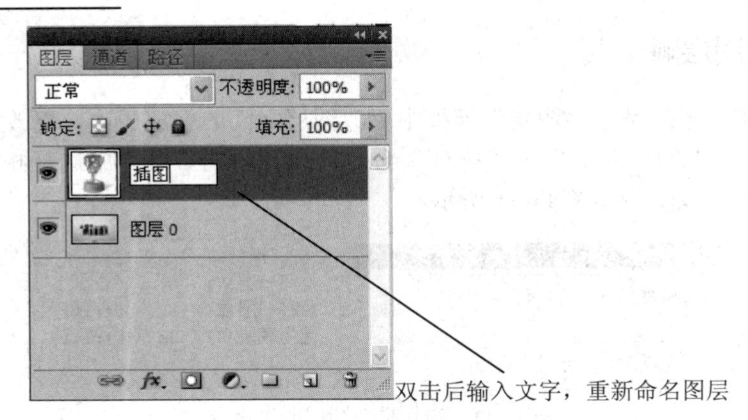

图 11-14　命名图层

11.2.7　复制图层

复制图层指的是将当前图层复制一个副本，复制图层可以在“图层”菜单中完成也可以直接通过“图层”调板来完成。复制图层的方法如下：

(1) 执行菜单中的“图层”→“复制图层”命令，可以打开如图 11-15 所示的“复制图层”对话框。

该对话框中各项的含义如下：

① 复制：被复制的图像源。

② 为：副本的图层名称。

③ 目标：用来设置被复制的目标。

• 文档：默认情况下显示当前打开文件的名称，在下拉列表中选择“新建”时，被复制的图层会自动创建一个该图层所针对的文件。

• 名称：在“文档”下拉列表中选择“新建”选项时，该位置才会被激活，用来设置以图层新建文件的名称。

(2) 在“图层”调板中拖动当前图层到“创建新图层”按钮上，即可得到该图层的副本，如图 11-16 所示。

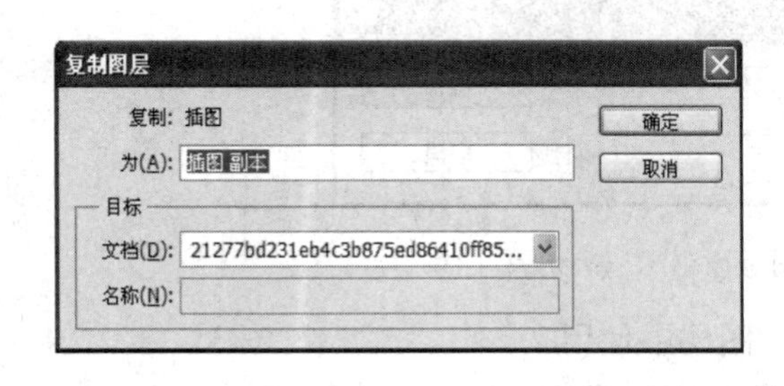

图 11-15　“复制图层”对话框

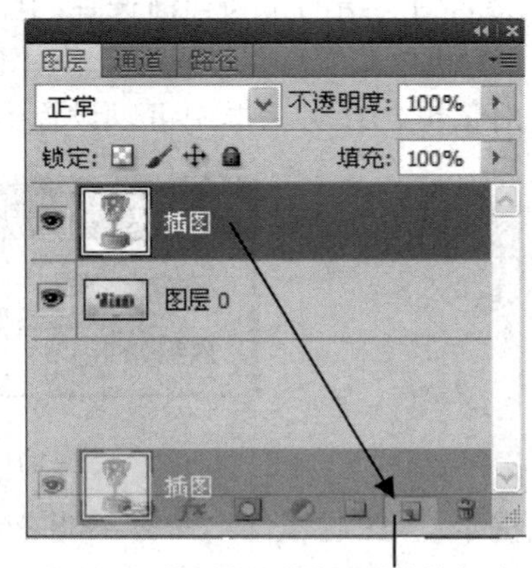

图 11-16　复制图层

技巧：执行菜单中的“图层”→“新建”→“通过复制的图层”命令或按组合键 Ctrl+J 可以快速复制当前图层中的图像到新图层中。

11.2.8　删除图层

删除图层指的是将选择的图层从“图层”调板中清除，清除方法如下：

(1) 执行菜单中的“图层”→“删除”→“图层”命令，可以打开如图 11-17 所示的警告对话框，单击“是”按钮即可将选择的图层删除。

图 11-17　警告对话框

提示：当调板中存在隐藏图层时，执行菜单中的“图层”→“删除”→“隐藏图层”命令，即可将隐藏的图层删除。

(2) 在“图层”调板中拖动选择的图层到“删除”按钮上，即可将其删除。

11.2.9　更改图层不透明度

图层不透明度指的是当前图层中图像的透明程度。在文本框中输入文字或拖动控制滑块即可更改图层的不透明度，数值越小图像越透明，如图 11-18 所示。图层不透明度的取值范围是 0%～100%。

图 11-18　图层不透明度

技巧：使用键盘直接输入数字，即可调整图层的不透明度。

11.2.10　更改填充不透明度

填充不透明度指的是当前图层中实际图像的透明程度，图层中的图层样式不受影响。其调整方法与图层不透明度一样，图 11-19 所示为添加外发光后调整填充不透明度的效果。填充不透明度的取值范围是 0%～100%。

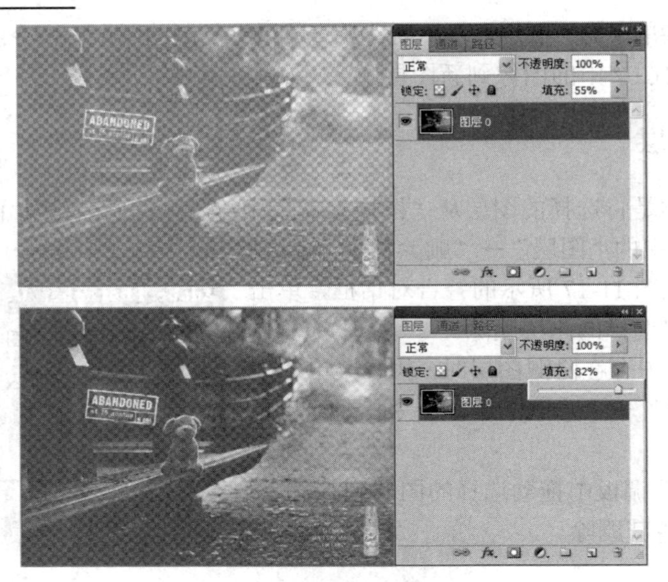

图 11-19 填充不透明度

11.2.11 图层的混合模式

图层混合模式通过将当前图层中的像素与下面图像中的像素相混合从而产生奇幻效果，当“图层”调板中存在两个以上的图层时，在上面图层设置“混合模式”后，会在“工作窗口”中看到应用该模式后的效果。在具体讲解图层混合模式之前先介绍以下三种色彩的概念。

(1) 基色：指图像中的原有颜色，也就是我们要用混合模式选项时，两个图层中下面的那个图层。

(2) 混合色：指通过绘画或编辑工具应用的颜色，也就是我们要用混合模式选项时，两个图层中上面的那个图层。

(3) 结果色：指应用混合模式后的色彩。

打开两个图像并将其放置到一个文档中，此时在“图层”调板中两个图层中的图像分别是上面的图层图像(如图 11-20 所示)和下面图层中的图像(如图 11-21 所示)。

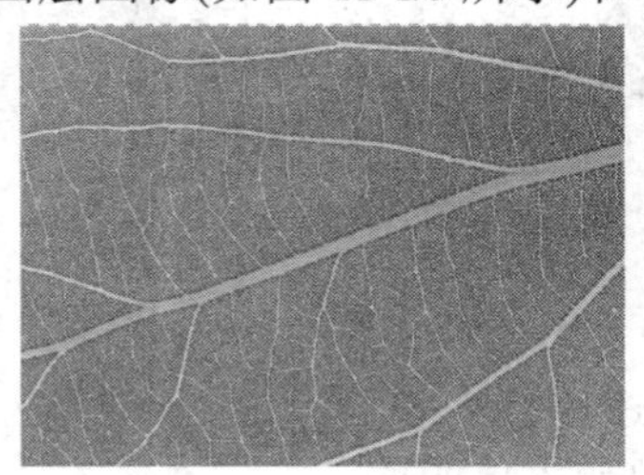

图 11-20 上面图层的图

图 11-21 下面图层的图像

在“图层”调板中单击模式后面的倒三角形按钮，会弹出如图 11-22 所示的模式下拉列表。该下拉列表中各项的含义如下：

(1) 正常：系统默认的混合模式，“混合色”的显示与不透明度的设置有关。当“不透明度”为“100%”时，上面图层中的图像区域会覆盖下面图层中该部位的区域。只有“不透明度”小于“100%”时才能实现简单的图层混合。图 11-23 所示为不透明度等于“50%”的效果。

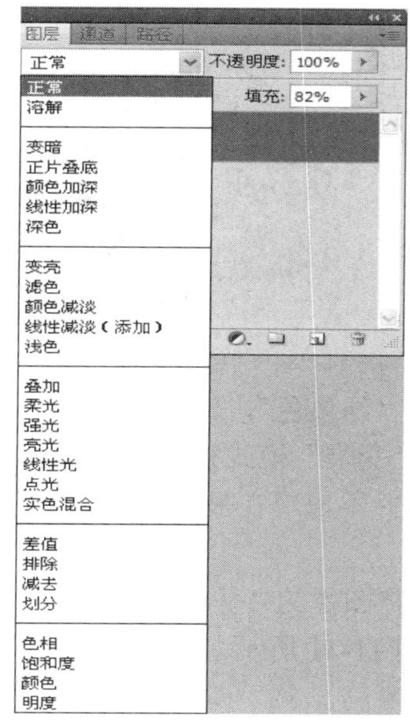

图 11-22 模式下拉列表

图 11-23 “正常”模式

(2) 溶解：当不透明度为“100%”时，该选项不起作用。只有透明度小于“100%”时，“结果色”才由“基色”或“混合色”的像素随机替换，如图 11-24 所示。

(3) 变暗：选择“基色”或“混合色”中较暗的颜色作为“结果色”，比“混合色”亮的像素被替换，比“混合色”暗的像素保持不变。“变暗”模式将导致比背景颜色淡的颜色从“结果色”中被去掉，如图 11-25 所示。

图 11-24 “溶解”模式

图 11-25 “变暗”模式

(4) 正片叠底：将“基色”与“混合色”复合。“结果色”总是较暗的颜色。任何颜色与黑色复合产生黑色，任何颜色与白色复合保持不变，如图 11-26 所示。

(5) 颜色加深：通过增加对比度使基色变暗以反映“混合色”，如果与白色混合将不会产生变化。“颜色加深”模式创建的效果和“正片叠底”模式创建的效果比较类似，如图 11-27 所示。

(6) 线性加深：通过减小亮度使“基色”变暗以反映“混合色”。如果“混合色”与“基色”上的白色混合，将不会产生变化，如图 11-28 所示。

(7) 深色：两个图层混合后，通过“混合色”中较亮的区域被“基色”替换来显示“结果色”，如图 11-29 所示。

图 11-26 “正片叠底”模式

图 11-27 “颜色加深”模式

图 11-28 “线性加深”模式

(8) 变亮：选择“基色”或“混合色”中较亮的颜色作为“结果色”，比“混合色”暗的像素被替换，比“混合色”亮的像素保持不变。在这种与“变暗”模式相反的模式下，较淡的颜色区域在最终的“结果色”中占主要地位。较暗区域并不出现在最终的“结果色”中，如图 11-30 所示。

(9) 滤色：“滤色”模式与“正片叠底”模式正好相反，它将图像的“基色”颜色与“混合色”颜色结合起来产生比两种颜色都浅的第三种颜色，如图 11-31 所示。

图 11-29 “深色”模式

图 11-30 “变亮”模式

图 11-31 “滤色”模式

(10) 颜色减淡：通过减小对比度使 “基色”变亮以反映“混合色”，与黑色混合时不发生变化。应用“颜色减淡”混合模式时，“基色”上的暗区域都将消失，如图 11-32 所示。

(11) 线性减淡：通过增加亮度使“基色”变亮以反映“混合色”，与黑色混合时不发生变化，如图 11-33 所示。

(12) 浅色：两个图层混合后，通过“混合色”中较暗的区域被“基色”替换来显示“结果色”，效果与“变亮”模式类似，如图 11-34 所示。

图 11-32 “颜色减淡”模式

图 11-33 “线性减淡”模式

图 11-34 “浅色”模式

(13) 叠加：把图像的“基色”与“混合色”相混合产生一种中间色。“基色”比“混合色”暗的颜色会加深，比“混合色”亮的颜色将被遮盖，而图像内的高亮部分和阴影部分保持不变，因此对黑色或白色像素着色时，“叠加”模式不起作用，如图 11-35 所示。

(14) 柔光：可以产生一种柔光照射的效果。如果“混合色”比“基色”的像素更亮一些，那么“结果色”颜色将更亮；如果“混合色”比“基色”的像素更暗一些，那么“结果色”颜色将更暗，使图像的亮度反差增大，如图 11-36 所示。

(15) 强光：可以产生一种强光照射的效果。如果“混合色”比“基色”的像素更亮一些，那么“结果色”颜色将更亮；如果“混合色”比“基色”的像素更暗一些，那么“结果色”颜色将更暗。除了背景中的颜色是多重的或屏蔽的之外，这种模式实质上同“柔光”模式是一样的。它的效果要比“柔光”模式更强烈一些，如图 11-37 所示。

图 11-35 “叠加”模式

图 11-36 “柔光”模式

图 11-37 “强光”模式

提示：“叠加”与“强光”模式可以在背景对象的表面模拟图案或文本。

(16) 亮光：通过增加或减小对比度来加深或减淡颜色，具体取决于“混合色”。如“混合色”(光源)比 50%灰色亮，则通过减小对比度使图像变亮。如果“混合色”比 50%灰色暗，则通过增加对比度使图像变暗，如图 11-38 所示。

(17) 线性光：通过减小或增加亮度来加深或减淡颜色，具体取决于“混合色”。如果“混合色”(光源)比 50%灰色亮，则通过增加亮度使图像变亮。如果“混合色”比 50%灰色暗，则通过减小亮度使图像变暗，如图 11-39 所示。

(18) 点光：主要就是替换颜色，其具体取决于“混合色”。如果“混合色”比 50%灰色亮，则替换比“混合色”暗的像素，而不改变比“混合色”亮的像素。如果 “混合色”比 50%灰色暗，则替换比“混合色”亮的像素，而不改变比“混合色”暗的像素。这对于向图像添加特殊效果非常有用，如图 11-40 所示。

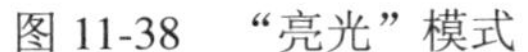

图 11-38 “亮光”模式

图 11-39 “线性”光模式

图 11-40 “点光”模式

(19) 实色混合：根据“基色”与“混合色”相加产生混合后的“结果色”，该模式能够产生颜色较少、边缘较硬的图像效果，如图 11-41 所示。

(20) 差值：将从图像中“基色”的亮度值减去“混合色”的亮度值，如果结果为负，则取正值，产生反相效果。由于黑色的亮度值为 0，白色的亮度值为 255，因此用黑色着色不会产生任何影响，用白色着色则产生与着色的原始像素颜色的反相效果。“差值”模式创建背景颜色的相反色彩，如图 11-42 所示。

(21) 排除：“排除”模式与“差值”模式相似，但是具有高对比度和低饱和度的特点。

“排除”模式比用“差值”模式获得的颜色更柔和、更明亮一些，其中与白色混合将反转“基色”值，而与黑色混合则不发生变化，如图 11-43 所示。

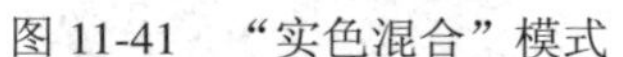
图 11-41 “实色混合”模式

图 11-42 “差值”模式

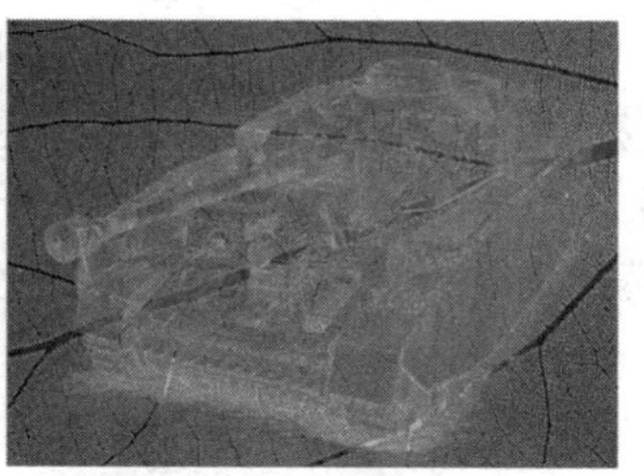
图 11-43 “排除”模式

(22) 减去：将“基色”与“混合色”中两个像素绝对值相减的值，如图 11-44 所示。

(23) 划分：将“基色”与“混合色”中两个像素绝对值相加的值，如图 11-45 所示。

(24) 色相：用“混合色”的色相值进行着色，而使饱和度和亮度值保持不变。当“基色”与“混合色”的色相值不同时，才能使用描绘颜色进行着色，如图 11-46 所示。

图 11-44 “减去”模式

图 11-45 “划分”模式

图 11-46 “色相”模式

提示：要注意的是“色相”模式不能在“灰度”模式下的图像中使用。

(25) 饱和度：“饱和度”模式的作用方式与“色相”模式相似，它只用“混合色”的饱和度值进行着色，而使色相值和亮度值保持不变。当“基色”与“混合色”的饱和度值不同时，才能使用描绘颜色进行着色处理，如图 11-47 所示。

(26) 颜色：使用“混合色”的饱和度值和色相值同时进行着色，而使“基色”的亮度值保持不变。“颜色”模式可以看成是“饱和度”模式和“色相”模式的综合效果。该模式能够使灰色图像的阴影或轮廓透过着色的颜色显示出来，产生某种色彩化的效果。这样可以保留图像中的灰阶，并且对于给单色图像上色和给彩色图像着色都会非常有用，如图 11-48 所示。

(27) 明度：使用“混合色”的亮度值进行着色，而保持“基色”的饱和度和色相数值不变。其实就是用“基色”中的“色相”和“饱和度”及“混合色”的亮度创建“结果色”。此模式创建的效果与“颜色”模式创建的效果相反，如图 11-49 所示。

图 11-47 “饱和度”模式

图 11-48 “颜色”模式

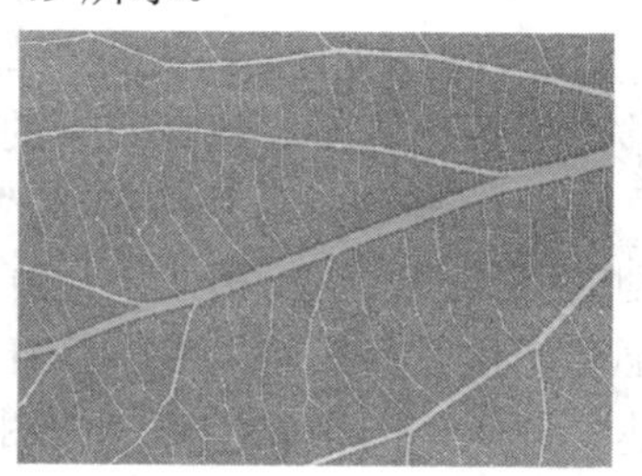
图 11-49 “明度”模式

11.3　图 层 编 组

在 Photoshop 中可以通过“图层编组”命令将选取的图层编辑到同一个图层组中。

1. 创建图层编组

创建图层编组指的是将在“图层”调板中选择的图层放入新建的组中，创建方法是在“图层”调板中选择图层后，再执行菜单中的“图层”→“创建编组”命令，即可将当前选择的图层放置到一个图层组中，如图 11-50 所示。

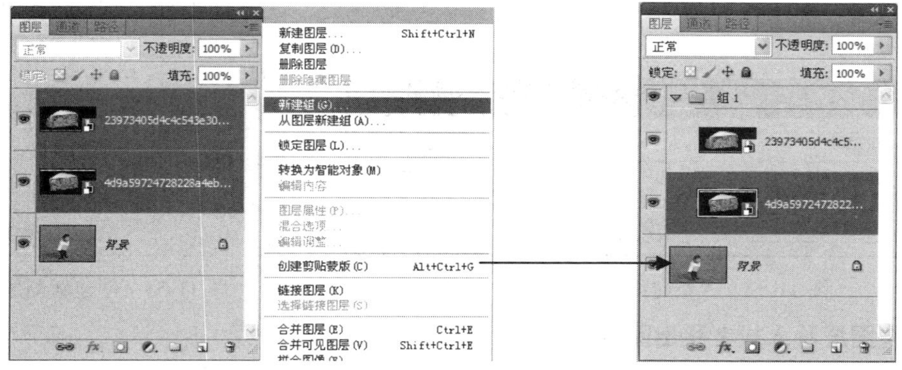

图 11-50　创建图层编组

2. 取消图层编组

取消图层编组指的是将组中的图层都释放到调板中，取消方法是：在“图层”调板中选择组后，再执行菜单中的“图层”→“取消创建编组”命令，即可将当前组分离，如图 11-51 所示。

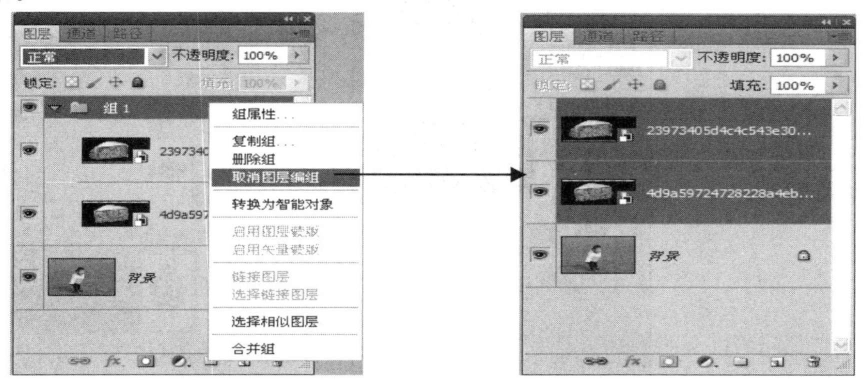

图 11-51　取消图层编组

提示：当前组处于折叠状态时，新建图层时会在组外创建；当前组处于展开状态时，新建的图层会自动创建到当前组中。

11.4　图　层　组

图层组可以让用户更方便地管理图层，图层组中的图层可以被统一进行移动或变换，还可以对其进行单独编辑。

1. 新建图层组

新建图层组指的是在调板中新建一个用于存放图层的图层组，创建图层组可以在“图层”菜单中完成，也可以直接通过“图层”调板来完成。创建图层组的方法如下：

(1) 执行菜单中的“图层”→“新建”→“组”命令，可以打开如图 11-52 所示的“新建组”对话框，设置完毕单击“确定”按钮，即可新建一个图层组。

(2) 在“图层”调板中单击“新建图层组”按钮，在“图层”调板中就会新创建一个图层组，如图 11-53 所示。

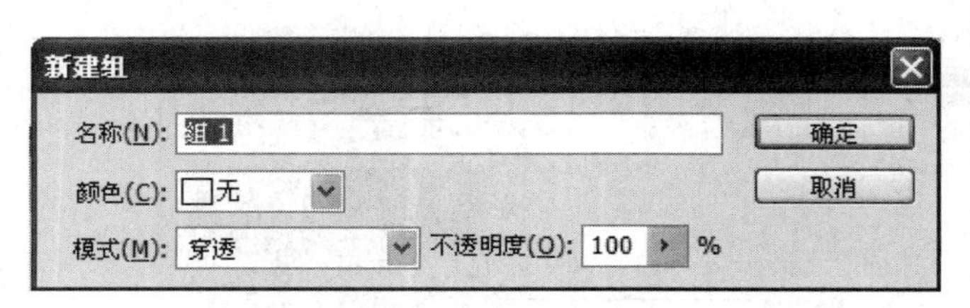

图 11-52 “新建组”对话框

图 11-53 创建新图层组

2. 将图层移入或者移出图层组

将图层移入图层组的方法是：在“图层”调板中拖动当前图层到“图层组”上或组内的图层中后松开鼠标即可将其移入到当前图层组中，如图 11-54 所示。

将图层移出图层组的方法是：拖动组内的图层到当前组的上方或组外的图层上方后松开鼠标即可移除图层组，如图 11-55 所示。

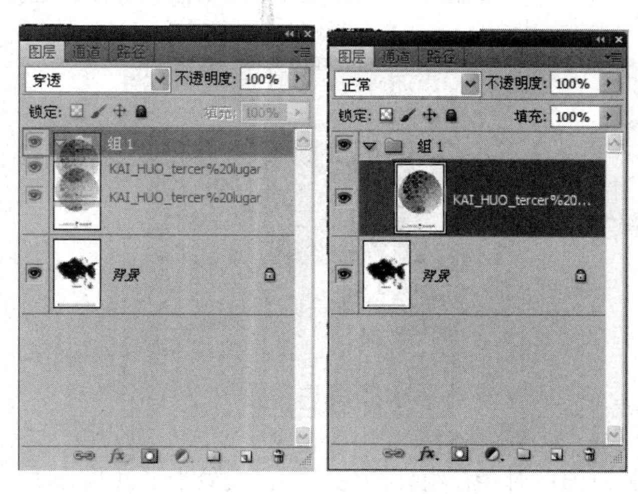

图 11-54 将图层移入图层组中

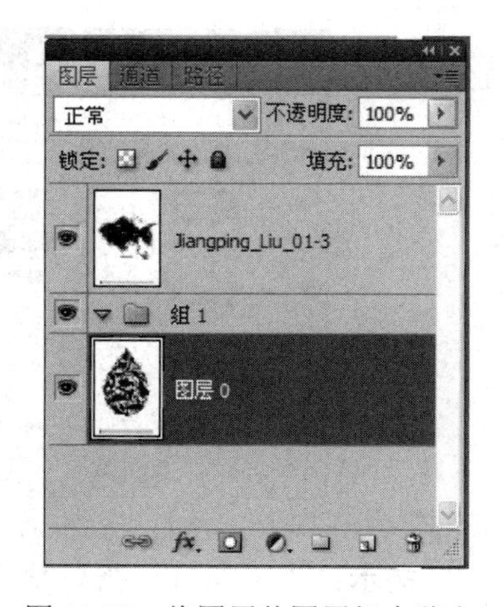

图 11-55 将图层从图层组中移出

3. 复制图层组

复制图层组可以在“图层”菜单中完成，也可以直接通过“图层”调板来完成。复制图层组的方法如下：

(1) 执行菜单中的“图层”→“复制组”命令，打开如图 11-56 所示的“复制图层”对话框。设置相应参数后，单击“确定”按钮，即可得到一个当前组的副本。

(2) 在“图层”调板中拖动当前图层组到“创建新图层”按钮上，即可得到该图层组的副本，如图 11-57 所示。

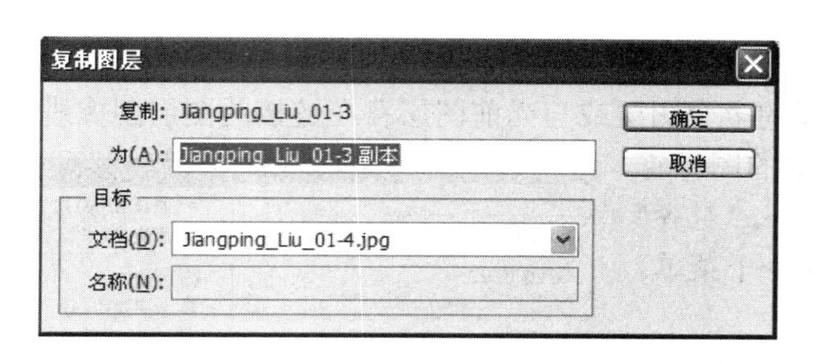

图 11-56 “复制图层”对话框

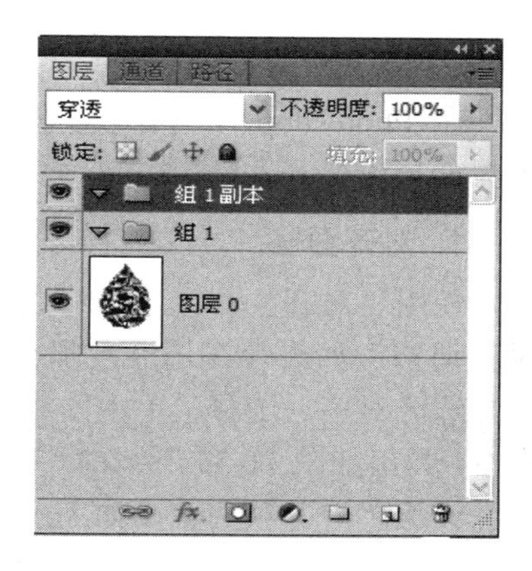

图 11-57 复制图层组

技巧：在“图层”调板中拖动当前图层组到“创建新组”按钮上，可以将当前组嵌套在新建的组中；在“图层”调板中拖动当前图层到“创建新组”按钮上，可以从当前图层创建图层组；在菜单栏中执行“图层”→“新建”→“从图层建立组”命令，可以将当前图层创建到新建组中。

4. 删除图层组

删除图层组指的是将当前选择的图层组删除。删除图层组的方法与删除图层的方法相同，执行菜单中的“图层”→“删除”→“组”命令或拖动当前组到“删除”按钮上，即可将图层组删除。

5. 锁定组内的所有图层

使用“锁定组内所有图层”命令可以将当前组中的图像进行锁定设置。选择菜单中的“图层”→“锁定组内所有图层”命令，弹出如图 11-58 所示的“锁定组内的所有图层”对话框。

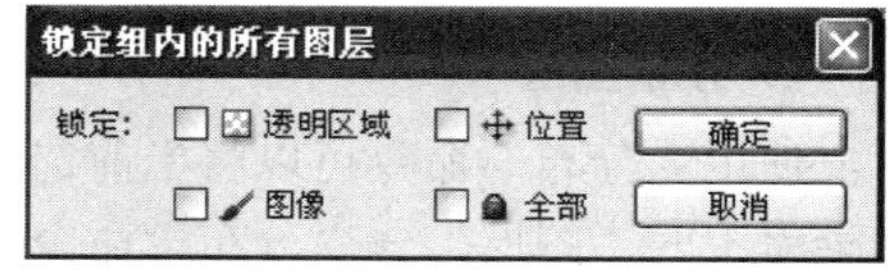

图 11-58 “锁定组内的所有图层”对话框

该对话框中各项的含义如下：

(1) 透明区域：勾选该复选框后，图层组中的图层透明区域将会被锁定，此时图层中的图像部分可以被移动并可以对其进行编辑。例如使用画笔在图层上绘制时只能在有图像的地方绘制，透明区域是不能使用画笔的。

(2) 位置：勾选该复选框后，图层组中图层内的图像是不能被移动的，但是可以对该图层进行编辑。

(3) 图像：勾选该复选框后，图层组中图层内的图像可以被移动和变换，但是不能对该图层进行调整或应用滤镜。

(4) 全部：勾选该复选框后，图层组中的图层可以锁定以上的所有选项。

提示：选择多个图层后，“锁定组内所有图层”命令将会变成“锁定图层”命令；单独锁定一个图层可以在“图层”调板中进行。

11.5 对齐与分布图层

在 Photoshop 中选择多个图层或选择具有链接的图层后，可以对图层中的像素进行对齐与分布设置。

1. 对齐图层

使用“对齐”命令可以将当前选择的多个图层或与当前图层存在链接的图层图像进行对齐调整，如果存在选区，那么图层中的图像将会与选区对齐。选择菜单中的“图层”→“对齐”命令，弹出如图 11-59 所示的“对齐”命令子菜单。

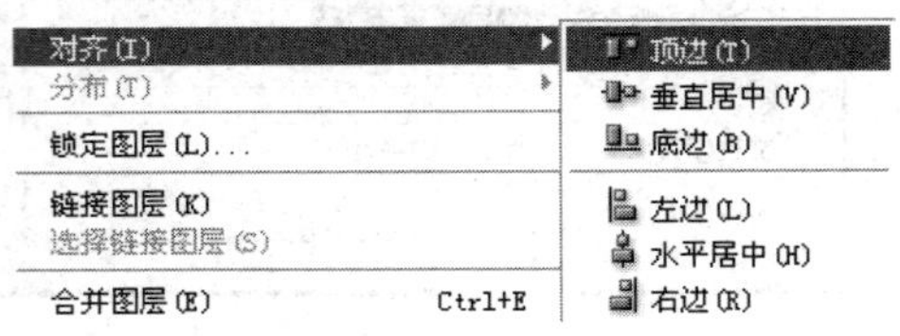

图 11-59 “对齐”菜单

该菜单中各项的含义如下：

(1) 顶边：所有选取或链接的图层都以图层中顶端的像素对齐，或者与选区边框的顶边对齐。

(2) 垂直居中：所有选取或链接的图层都以图层中像素的垂直中心点对齐，或者与选区边框的垂直中心对齐。

(3) 底边：所有选取或链接的图层都以图层中底端的像素对齐，或者与选区边框的底边对齐。

(4) 左边：所有选取或链接的图层都以图层中左端的像素对齐，或者与选区边框的左边对齐。

(5) 水平居中：所有选取或链接的图层都以图层中像素的水平中心点对齐，或者与选区边框的水平中心对齐。

(6) 右边：所有选取或链接的图层都以图层中右端的像素对齐，或者与选区边框的右边对齐。

提示：具体的对齐效果可以参考第 9 章。

2. 分布图层

使用“分布”命令可以将当前选择的 3 个以上图层或链接图层图像进行分布调整。选择菜单中的“图层”→“分布”命令，弹出如图 11-60 所示的“分布”命令子菜单。

该菜单中各项的含义如下：

(1) 顶边：以所选图层中每个图层的顶端图像像素为基准均匀分布图层。

(2) 垂直居中：以所选图层中每个图层的垂直居中的图像像素为基准均匀分布图层。

(3) 底边：以所选图层中每个图层的底端图像像素为基准均匀分布图层。

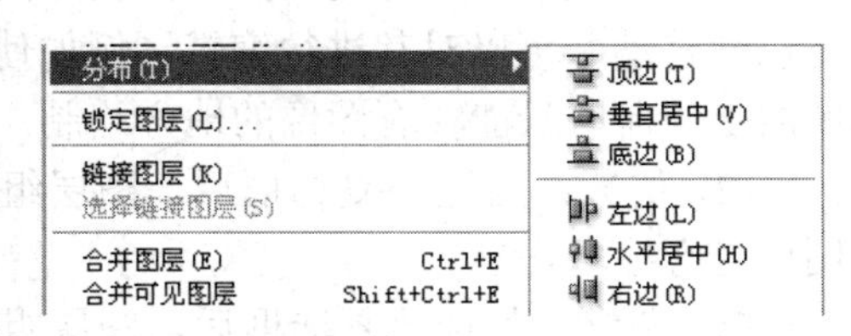

图 11-60 “分布”菜单

(4) 左边：以所选图层中每个图层的左端图像像素为基准均匀分布图层。

(5) 水平居中：以所选图层每个图层中的水平居中的图像像素为基准均匀分布图层。

(6) 右边：以所选图层中每个图层的右端图像像素为基准均匀分布图层。

提示：具体的分布效果可以参考第 9 章。

11.6 合并图层

合并图层可以将当前编辑的图像在磁盘中占用的空间减小，缺点是文件重新打开后，合并后的图层将不能拆分。

1. 合并所有图层

合并所有图层就是拼合图像，使用拼合图像可以将多图层图像以可见图层的模式合并为一个图层，被隐藏的图层将会被删除。执行菜单中的“图层”→“拼合图像”命令，即可拼合图像；如果文件中存在隐藏的图层，执行此命令，将弹出警告对话框，单击“确定”按钮，即可完成拼合。

2. 向下合并图层

向下合并图层可以将当前图层与下面的一个图层合并，执行菜单中的“图层”→“合并图层”命令或按组合键 Ctrl+E，即可完成当前图层与下一图层的合并。

3. 合并所有可见图层

合并所有可见图层可以将调板中显示的图层合并为一个图层，隐藏图层不被删除。执行菜单中的“图层”→“合并可见图层”命令或按组合键 Shift+Ctrl+E，即可将显示的图层合并，合并过程如图 11-61 所示。

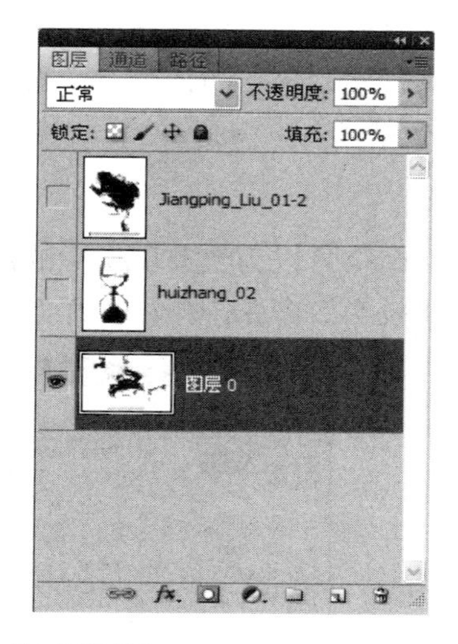

图 11-61　合并可见图层

4. 合并选择的或链接的图层

合并选择的或链接的图层可以将调板中被选择的图层或链接的图层合并为一个图层，方法是选择两个以上的图层或选择具有链接的图层后，执行菜单中的“图层”→“合并图层”命令或按组合键 Ctrl+E，即可将选择的图层或链接的图层合并为一个图层。

5. 盖印图层

盖印图层可以将调板中显示的图层合并到一个新图层中，原来的图层还存在。按组合键 Ctrl＋Shift＋Alt＋E，即可对文件执行盖印功能，如图 11-62 所示。

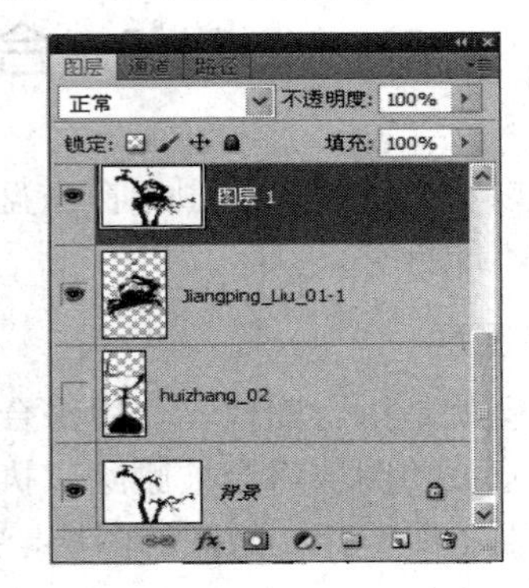

图 11-62　盖印图层

6. 合并图层组

合并图层组可以将整组中的图像合并为一个图层。在“图层”调板中选择图层组后，执行菜单中的“图层”→“合并组”命令，即可将图层组中的所有图层合并为一个单独图层。

11.7 图 层 样 式

图层样式指的是在图层中添加样式效果，从而为图层添加投影、外发光、内发光斜面与浮雕等效果。各个图层样式的使用方法与设置过程大体相同，本节主要讲解“投影”对话框中各选项的作用。

1. 投影

使用“投影”命令可以为当前图层中的图像添加阴影效果。执行菜单中的“图层”→“图层样式”→“投影”命令，即可打开如图 11-63 所示的“投影”对话框。

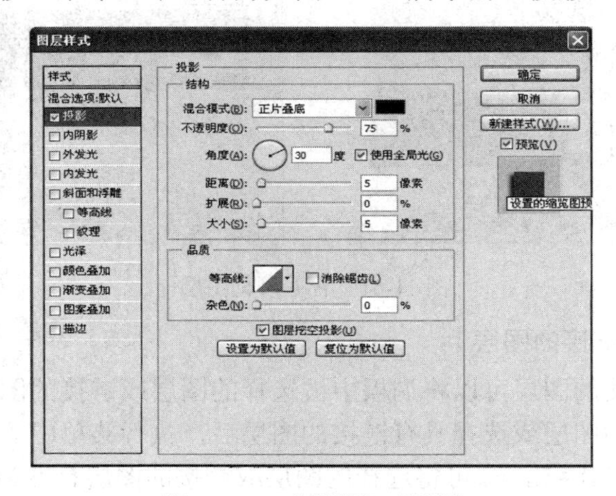

图 11-63　“投影”对话框

该对话框中各项的含义如下：

(1) 混合模式：用来设置在图层中的添加投影混合效果。

(2) 颜色：用来设置投影的颜色。

(3) 不透明度：用来设置投影的透明程度。

(4) 角度：用来设置光源照射下投影的方向，可以在文本框中输入文字或直接拖动角度控制杆。

(5) 使用全局光：勾选该复选框后，在图层中的所有样式都使用一个方向的光源。

(6) 距离：用来设置投影与图像之间的距离。

(7) 扩展：用来设置阴影边缘的细节。数值越大，投影越清晰；数值越小，投影越模糊。

(8) 大小：用来设置阴影的模糊范围。数值越大，范围越广，投影越模糊；数值越小，投影越清晰。

(9) 等高线：用来控制投影的外观现状。单击“等高线”图标右面的倒三角形按钮会弹出“等高线”下拉列表，在其中可以选择相应的投影外光，如图 11-64 所示。在“等高线”图标上双击可以打开“等高线编辑器”对话框，从中可以自定义等高线形状，如图 11-65 所示。

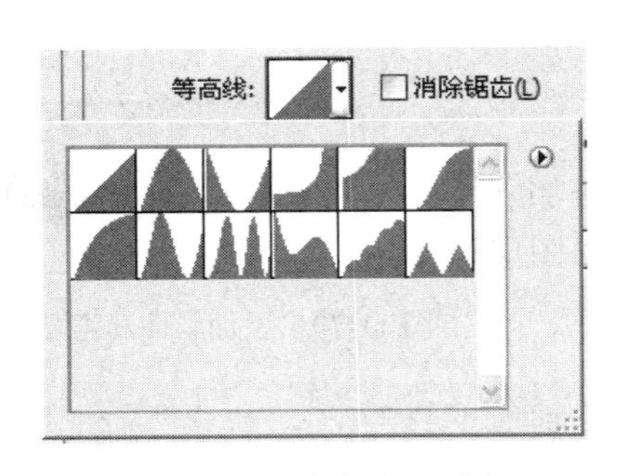

图 11-64　“等高线”列表

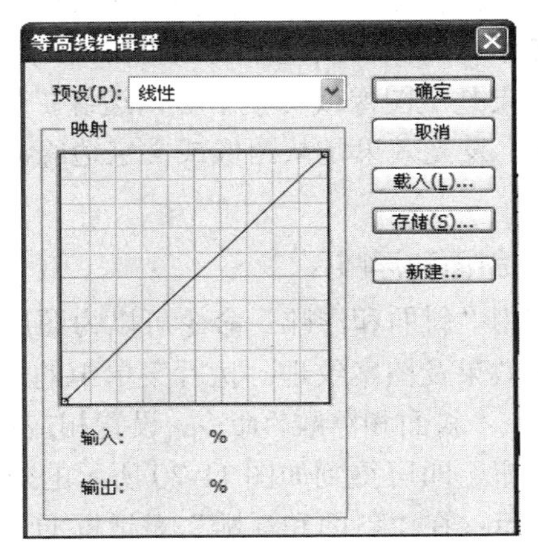

图 11-65　“等高线编辑器”对话框

(10) 消除锯齿：勾选此复选框，可以消除投影的锯齿，增加投影效果的平滑度。

(11) 杂色：用来添加投影杂色，数值越大，杂色越多。

设置相应的参数后，单击“确定”按钮，即可为图层添加投影效果，如图 11-66 所示。

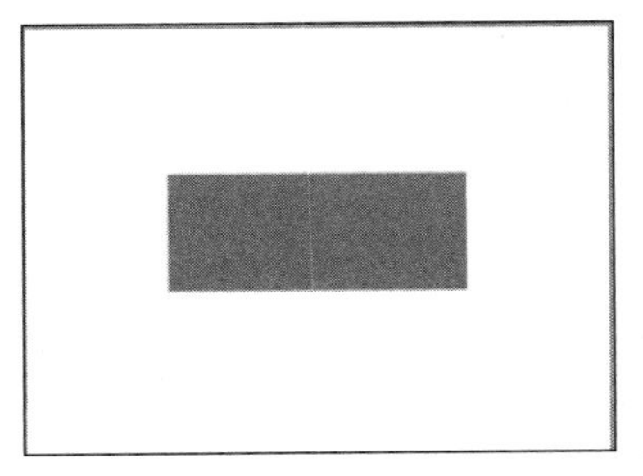

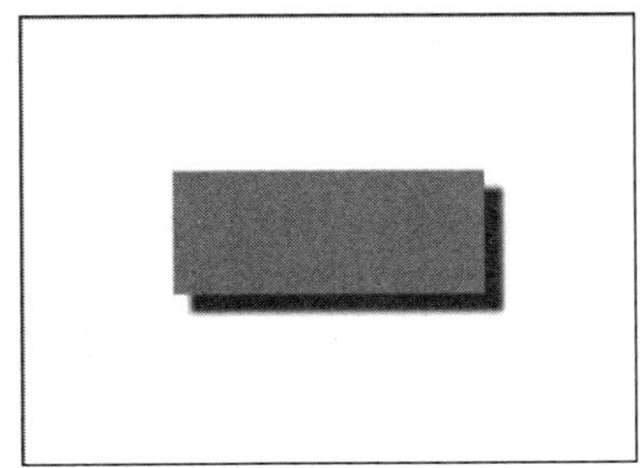

图 11-66　添加投影后的效果

2. 内阴影

使用“内阴影”命令可以使图层中的图像产生凹陷到背景中的感觉。执行菜单中的“图层”→“图层样式”→“内阴影”命令，设置相应参数后，单击“确定”按钮，即可得到如图 11-67 所示的效果。

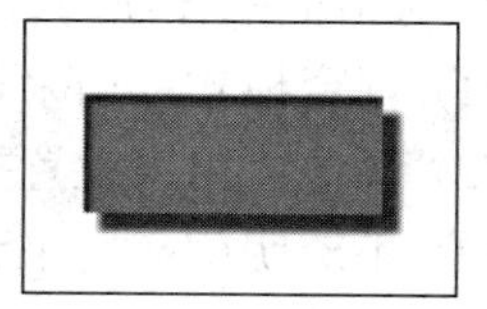

图 11-67 添加内阴影后的效果

3. 外发光

使用“外发光”命令可以在图层中的图像边缘产生向外发光的效果。执行菜单中的“图层”→“图层样式”→“外发光”命令，设置相应参数后，单击“确定”按钮，即可得到如图 11-68 所示的效果。

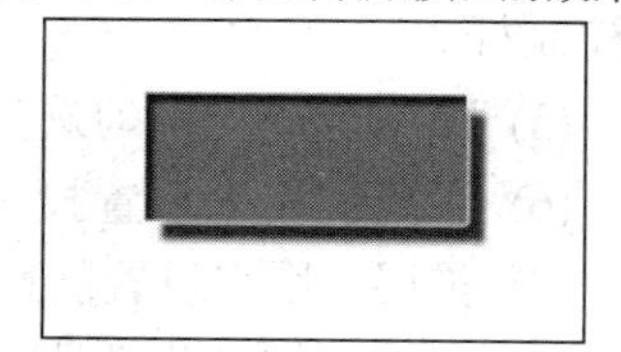

图 11-68 添加外发光后的效果

4. 内发光

使用“内发光”命令可以从图层中的图像边缘向内或从图像中心向外产生扩散发光效果。执行菜单中的“图层”→“图层样式”→“内发光”命令，设置相应参数后，单击“确定”按钮，即可得到如图 11-69 所示的效果。

提示： 在“内发光”对话框中勾选“居中”单选框，发光效果是从图像或文字中心向边缘扩散；勾选“边缘”单选框，发光效果是从图像或文字边缘向图像或文字中心扩散。

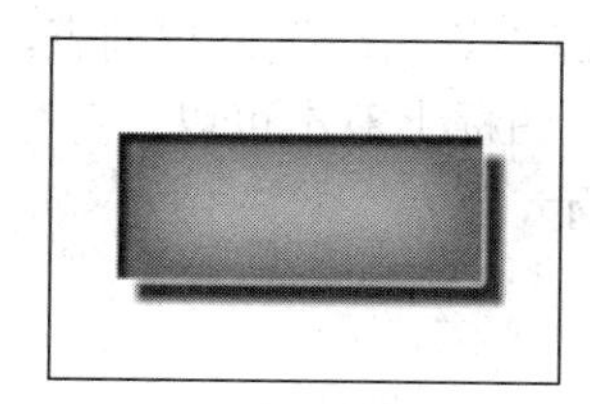

图 11-69 添加内发光后的效果

5. 斜面和浮雕

使用“斜面和浮雕”命令可以为图层中的图像添加立体浮雕效果及图案纹理。执行菜单中的“图层”→“图层样式”→“斜面和浮雕”命令，设置相应参数后，单击“确定”按钮，即可得到如图 11-70 所示的效果。

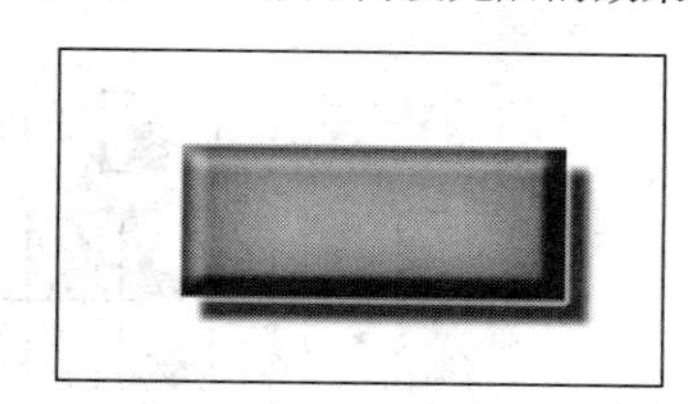

图 11-70 添加斜面和浮雕后的效果

提示： 在“斜面和浮雕”对话框的“样式”下拉列表中可以选择添加浮雕的选项，其中包括外斜面、内斜面、浮雕效果、枕状浮雕和描边浮雕五项。

6. 光泽

使用“光泽”命令可以为图层中的图像添加光源照射的光泽效果。执行菜单中的“图层”→“图层样式”→“光泽”命令，设置相应参数后，单击“确定”按钮，即可得到如图 11-71 所示的效果。

图 11-71 添加光泽后的效果

7. 颜色叠加

使用“颜色叠加”命令可以为图层中的图像叠加一种自定义颜色。执行菜单中的“图层”→“图层样式”→“颜色叠加”命令，设置相应参数后，单击“确定”按钮，即可得到如图 11-72 所示的效果。

图 11-72 添加颜色叠加后的效果

8. 渐变叠加

使用“渐变叠加”命令可以为图层中的图像叠加一种自定义或预设的渐变颜色。执行菜单中的“图层”→“图层样式”→“渐变叠加”命令，设置相应参数后，单击“确定”按钮，即可得到如图 11-73 所示的效果。

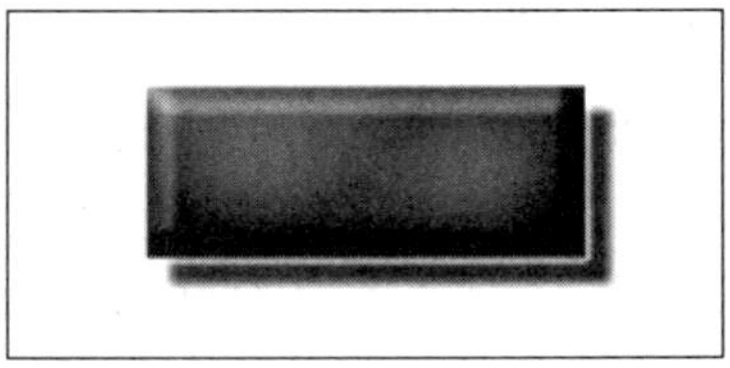

图 11-73　添加渐变叠加后的效果

9. 图案叠加

使用“图案叠加”命令可以为图层中的图像叠加一种自定义或预设的图案。执行菜单中的“图层”→“图层样式”→“图案叠加”命令，设置相应参数后，单击“确定”按钮，即可得到如图 11-74 所示的效果。

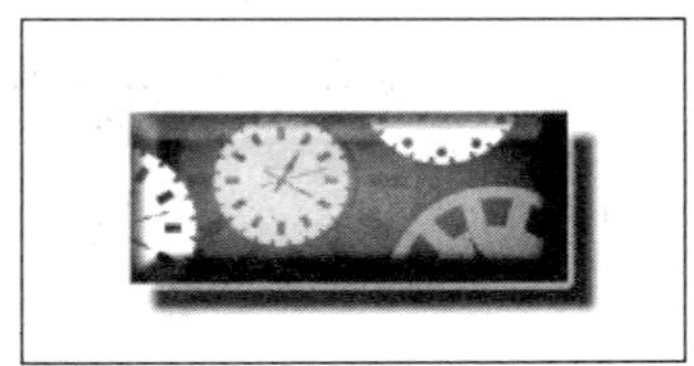

图 11-74　添加图案叠加后的效果

10. 描边

使用“描边”命令可以为图层中的图像添加内部、居中或外部的单色、渐变或图案效果。执行菜单中的“图层”→“图层样式”→“描边”命令，设置相应参数后，单击“确定”按钮，即可得到如图 11-75 所示的效果。

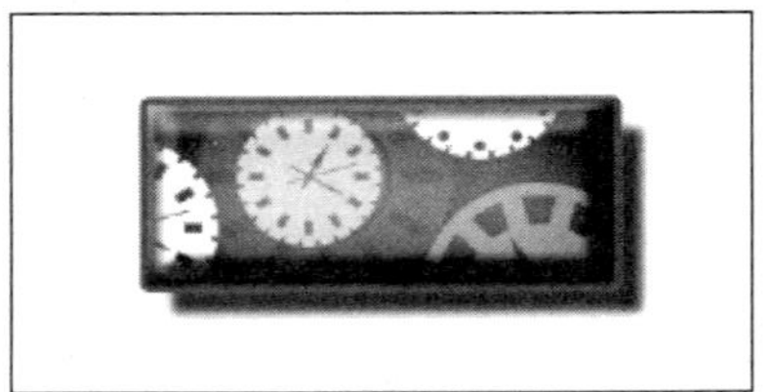

图 11-75　添加描边后的效果

提示：在应用“描边”样式时，一定要将它与“编辑”菜单下的“描边”命令区别开。“图层样式”中的“描边”添加的是样式，“编辑”菜单下的“描边”填充的是像素。

11.8　应用填充或调整图层

应用“新建填充图层”或“新建调整图层”命令，可以在不更改图像本身像素的情况下对图像整体进行改观。

11.8.1　创建填充图层

填充图层与普通图层具有相同的颜色混合模式和不透明度，也可以对其进行图层顺序调整、删除、隐藏、复制和应用滤镜等操作。

执行菜单中的“图层”→“新建填充图层”命令，即可打开子菜单，其中包括“纯色”、“图案”和“渐变”命令，选择相应命令后可以根据弹出的“拾色器”、“图案填充”和“渐变填充”进行设置。默认情况下创建填充图层后，系统会自动生成一个图层蒙版，如图 11-76 所示。

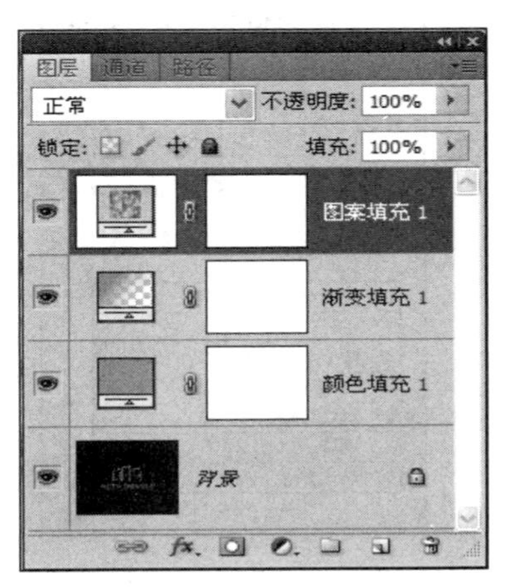

图 11-76　新建填充图层

11.8.2 创建调整图层

使用“新建调整图层”命令可以对图像的颜色或色调进行调整，与“图像”菜单中的“调整”命令不同的是，它不会更改原图像中的像素。执行菜单中的“图层”→“新建调整图层”命令，系统会弹出该命令的子菜单，包括“色阶”、“色彩平衡”、“色相/饱和度”等命令。所有的修改都在新增的“调整”调板中进行，如图 11-77 所示。调整图层和填充图层一样拥有设置混合模式和不透明度的功能，如图 11-78 所示。

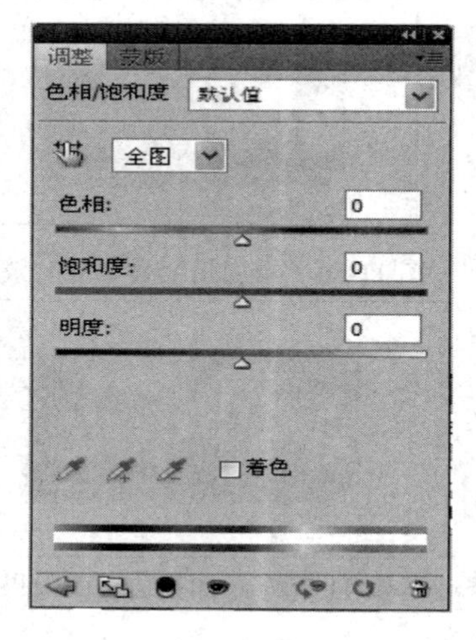

图 11-77 “调整”调板

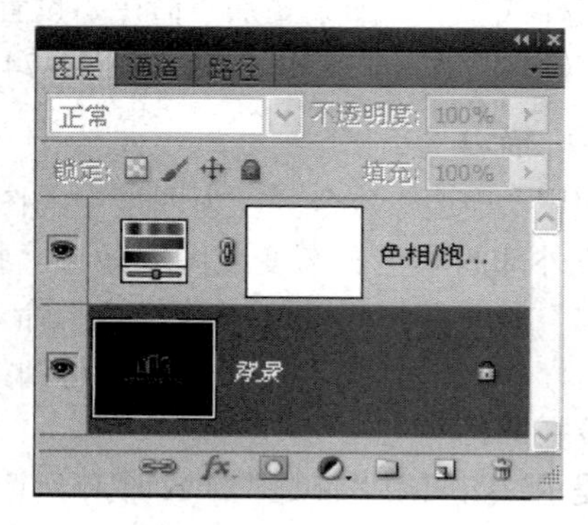

图 11-78 调整图层

“调整”调板中各项(图 11-78 中最下面从左至右的 7 个按钮)的含义如下：

(1) 返回到调整列表：单击该按钮可以转换到打开“调整”图层时的默认状态，如图 11-79 所示。

(2) 展开与收缩调板：单击该按钮可以将调板在展开与收缩之间转换。

(3) 剪贴图层：创建的调整图层对下面的所有图层都起作用，单击此按钮可以只对当前图层起到调整效果，如图 11-80 所示。

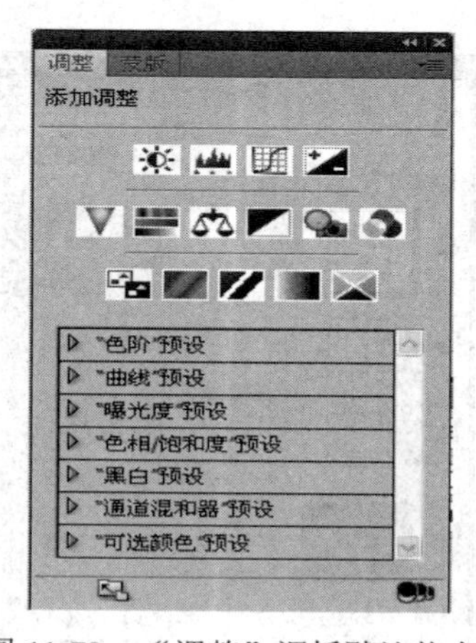

图 11-79 “调整”调板默认状态

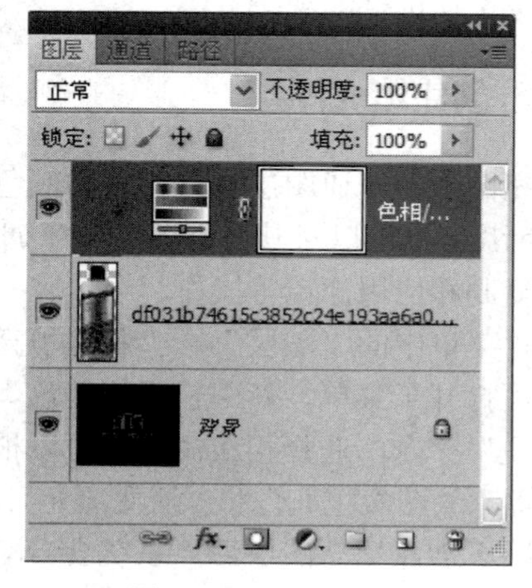

图 11-80 剪贴调整

(4) 隐藏调整图层：单击该按钮可以将当前调整图层在显示与隐藏之间转换。

(5) 查看上一状态：单击该按钮可以看到上一次调整的效果。

(6) 复位：单击此按钮可恢复到调板的最初打开状态。

(7) 删除：单击此按钮可将当前调整图层删除。

提示：新建的填充或调整图层其合并、复制与删除的操作都与普通图层相同。

【范例】 上色技巧——通过创建调整图层为黑白照片上色。

本范例主要让大家了解“创建调整图层”命令在调整图像颜色方面的使用方法。操作步骤如下：

(1) 执行菜单中的“文件”→“打开”命令或按组合键 Ctrl+O，打开自己喜欢的黑白照片，如图 11-81 所示。

(2) 打开素材后，使用(快速选择工具)在素材中的皮肤上创建选区，如图 11-82 所示。

图 11-81 素材

图 11-82 创建选区

(3) 选区创建完毕后，单击“调整”调板中创建新的“色相/饱和度调整图层”图标，打开“色相/饱和度”调整调板，设置相应的参数值，如图 11-83 所示。

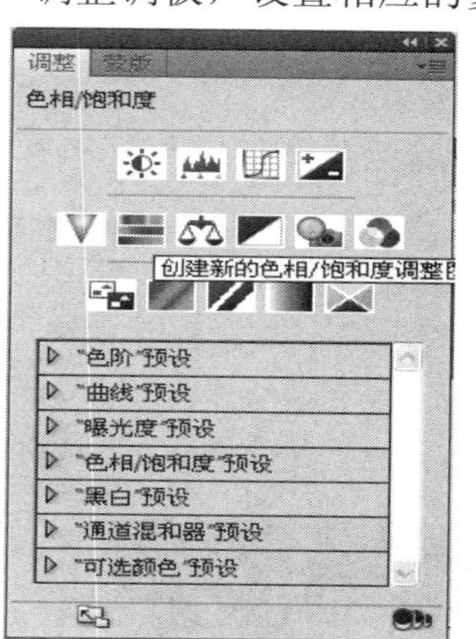

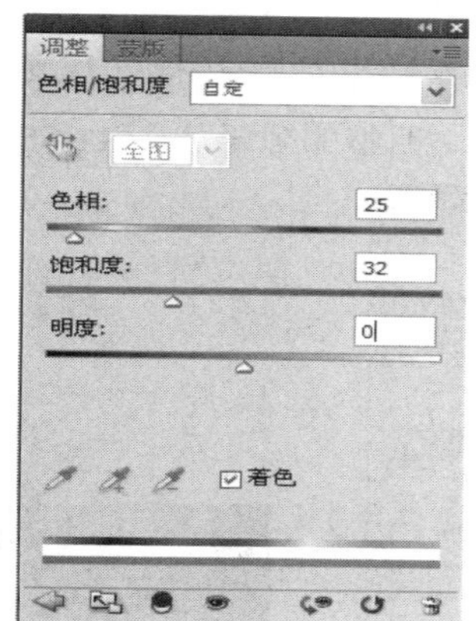

图 11-83 调整“色相/饱和度”

(4) 设置完毕后，调整的效果如图 11-84 所示。

图 11-84 调整后的效果

(5) 使用 (快速选择工具)在头发上创建选区，执行菜单中的“图层”→“新建调整图层”→“色相”→“饱和度”命令，打开“新建调整图层”对话框，单击“确定”按钮，打开“色相/饱和度”调整调板，其中的参数值设置如图 11-85 所示。

(6) 设置完毕后，调整的效果如图 11-86 所示。

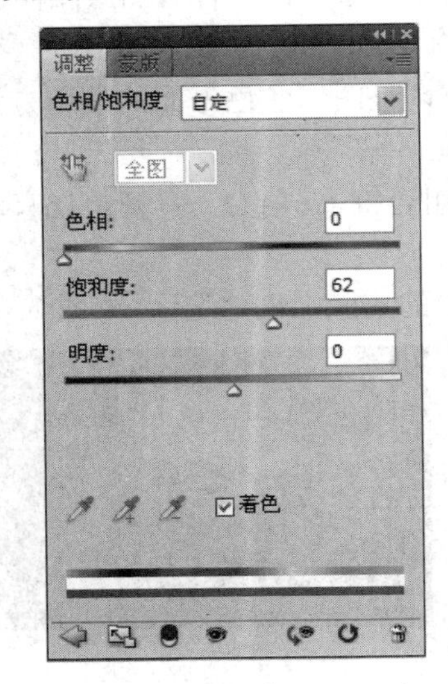

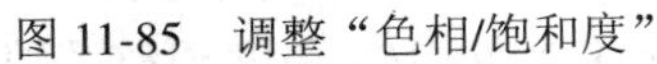

图 11-85 调整“色相/饱和度” 图 11-86 调整后的效果

(7) 使用 (多边形套索工具)在眼球上创建选区，执行菜单中的“图层”→“新建调整图层”→“黑白”命令，打开“新建调整图层”对话框，单击“确定”按钮，打开“黑白”调整调板，其中的参数值设置如图 11-87 所示。

(8) 设置完毕后，调整的效果如图 11-88 所示。

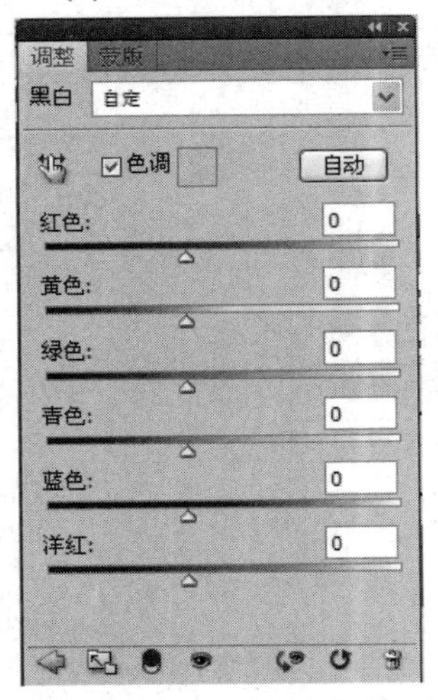

图 11-87 调整“色相/饱和度” 图 11-88 调整后的效果

(9) 使用 (多边形套索工具)在人物嘴唇上创建选区，执行菜单中的“图层”→“新建调整图层”→“色相/饱和度”命令，打开“新建调整图层”对话框，单击“确定”按钮，打开“色相/饱和度”调整调板，其中的参数值设置如图 11-89 所示。

(10) 设置完毕后，调整的效果如图 11-90 所示。

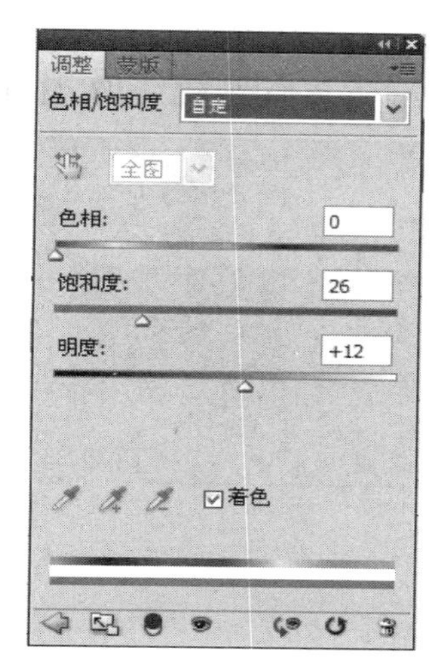

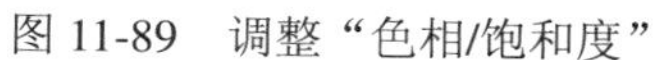

图 11-89 调整“色相/饱和度”

图 11-90 调整后的效果

(11) 使用(快速选择工具)在衣服上创建选区，执行菜单中的“图层”→“新建调整图层/色相/饱和度”命令，打开“新建调整图层”对话框，单击“确定”按钮，打开“色相/饱和度”调整调板，其中的参数值设置如图 11-91 所示。

(12) 设置完毕后，最终效果如图 11-92 所示。

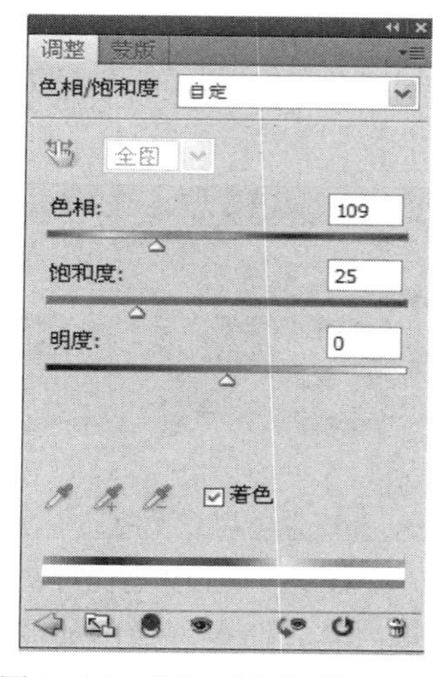

图 11-91 调整“色相/饱和度”

图 11-92 最终效果

11.9 智能对象

图像转换成智能对象后，将图像缩小，再复原到原来大小后，图像的像素不会丢失。智能对象还支持多层嵌套功能和应用滤镜并将应用的滤镜显示在智能对象图层的下方。

11.9.1 创建智能对象

执行菜单中的“图层”→“智能对象”→“转换为智能对象”命令，可以将图层中的单个图层、多个图层转换成一个智能对象或将选取的普通图层与智能对象图层转换成一个智能对象。转换成智能对象后，图层缩略图会出现一个表示智能对象的图标，如图 11-93 所示。

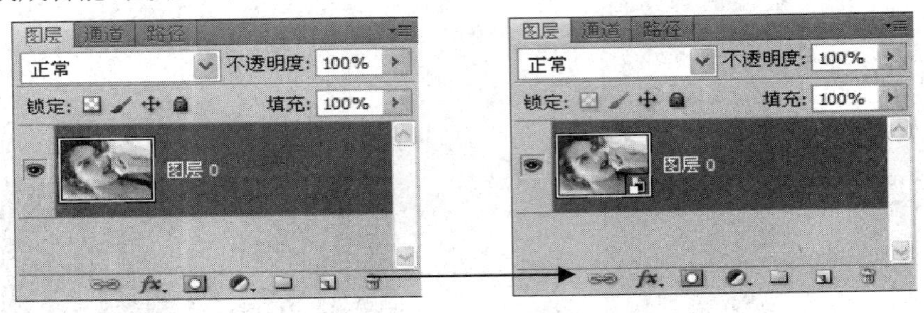

图 11-93 转换为智能对象

11.9.2 编辑智能对象

编辑智能对象可以对智能对象的源文件进行编辑，修改并储存源文件后，对应的智能对象会随之改变。

【练习】 编辑智能对象。

本练习主要让大家了解对智能对象的编辑方法。操作步骤如下：

(1) 执行菜单中的“文件”→“打开”命令或按组合键 Ctrl+O，打开自己喜欢的图片，如图 11-94 所示。

(2) 打开图片后，执行菜单中的“图层”→“智能对象”→“转换为智能对象”命令，将背景图层转换成智能对象，如图 11-95 所示。

图 11-94 素材

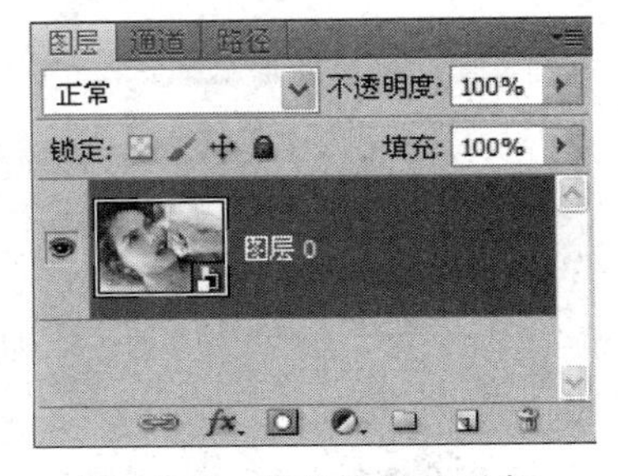

图 11-95 转换为智能对象

(3) 执行菜单中的“图层”→“智能对象”→“编辑内容”命令，弹出如图 11-96 所示的警告对话框。

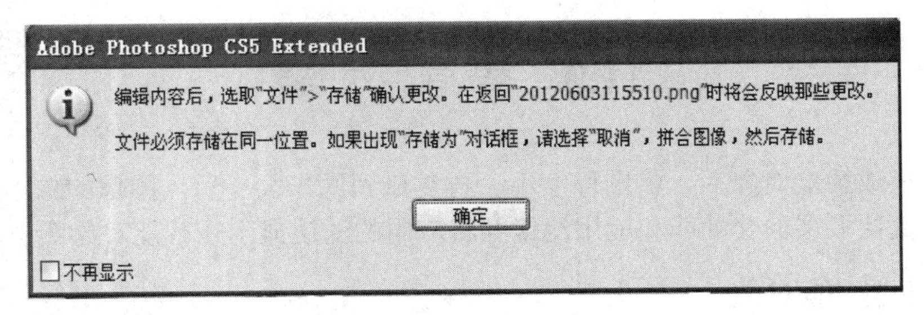

图 11-96 警告对话框

(4) 单击“确定”按钮，系统弹出编辑文件图像，如图 11-97 所示。

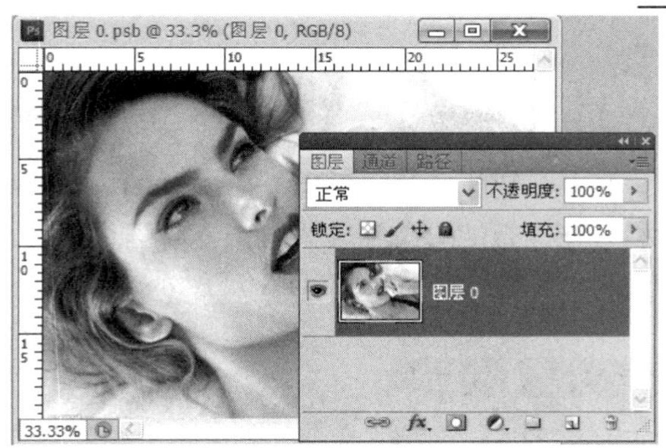

图 11-97　编辑内容

(5) 使用(快速选择工具)在图像中创建一个选区，单击“调整”调板中的“创建新的色相/饱和度调整图层”按钮，打开“色相/饱和度”调板，其中的参数值设置如图 11-98 所示。

(6) 设置完毕后，调整的效果如图 11-99 所示。

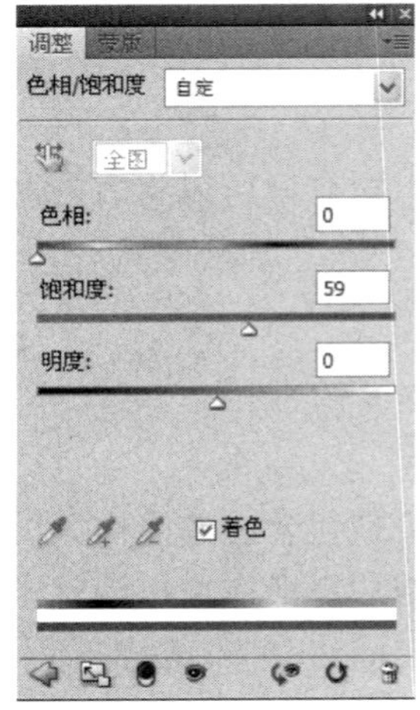

图 11-98　调整“色相/饱和度”

图 11-99　调整后的效果

(7) 关闭编辑文件“图层 0”，弹出如图 11-100 所示的对话框。

(8) 单击“是”按钮，此时会发现智能对象已经跟随发生了变化，效果如图 11-101 所示。

图 11-100　提示对话框

图 11-101　变化的智能对象

11.9.3 导出智能对象

执行菜单中的“图层”→“智能对象”→“导出内容”命令，可以将智能对象的内容按照原样导出到任意驱动器中，智能对象将采用 PSB 或 PDF 格式储存。

执行菜单中的“图层”→“智能对象”→“替换内容”命令，可以用重新选取的图像来替换掉当前文件中的智能对象的内容，如图 11-102 所示。

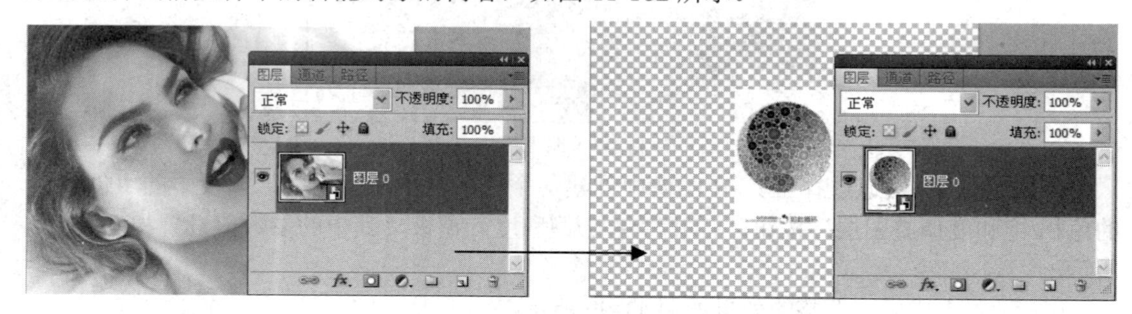

图 11-102 替换内容

11.9.4 转换智能对象为普通图层

执行菜单中的“图层”→“智能对象”→“转换到图层”命令，可以将智能对象变成普通图层，智能对象拥有的特性将会消失。

11.10 修　　边

当移动或粘贴选区内容时，选区边框周围的一些像素也会被包含在选区内。这样会在移动或粘贴选区内容时在选区周围出现锯齿或晕圈。使用“修边”命令可以清除不需要的边缘像素。

11.10.1 去边

“去边”命令是用含纯色的邻近像素的颜色替换选区边缘像素的颜色，例如在红色背景中移动蓝色选区对象，此时会出现红色边缘。执行“去边”命令，打开“去边”对话框，设置“宽度”后，单击“确定”按钮，去边后的效果如图 11-103 所示。

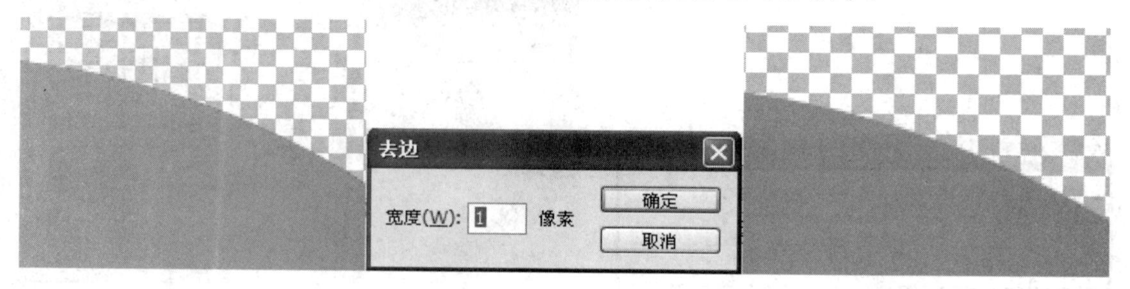

图 11-103 去边

11.10.2 移去黑色杂边

“移去黑色杂边”命令可以去除在黑色背景移动选区后的多余黑色边缘像素。

11.10.3 移去白色杂边

“移去白色杂边”命令可以去除在白色背景移动选区后的多余白色边缘像素。

【范例】 通过混合模式制作合成效果。

本范例主要让大家了解“混合模式”和“图层样式”命令在调整图像颜色方面的使用方法。操作步骤如下：

(1) 执行菜单中的“文件”→“新建”命令或按组合键 Ctrl+N，打开“新建”对话框，其中的参数值设置如图 11-104 所示。

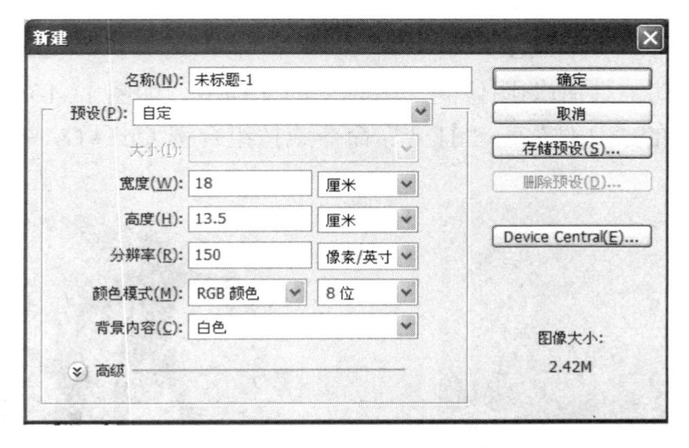

图 11-104 “新建”对话框

(2) 设置完毕单击“确定”按钮，将前景色设置为“R：130，G：170，B：192”、背景色设置为“R：188，G：210，B：232”，使用 (渐变工具)从上向下拖动填充线性渐变色，如图 11-105 所示。

图 11-105 创建选区

(3) 执行菜单中的“文件”→“打开”命令或按组合键 Ctrl+O，打开“风景”素材，如图 11-106 所示。

(4) 使用 (魔术橡皮擦工具)设置“容差”为“80”，不勾选“连续”复选框，在天空处单击去掉天空的颜色像素，如图 11-107 所示。

图 11-106 “风景”素材

图 11-107 去掉天空

(5) 使用 (移动工具)拖动图像到“新建”的文档中，如图 11-108 所示。

(6) 执行菜单中的“文件”→“打开”命令或按组合键 Ctrl+O，打开人物素材，如图 11-109 所示。

图 11-108 移动图像

图 11-109 “人物”素材

(7) 使用 (移动工具)拖动图像到“新建”的文档中，将新得到的图层转换为智能对象，如图 11-110 所示。

(8) 使用 (横排文字工具)在页面中输入白色文字，如图 11-111 所示。

图 11-110 移动并转换为智能对象

图 11-111 输入文字

(9) 复制图层并将其水平翻转，按组合键 Ctrl+A 选取图像，选择“背景”图层，执行菜单中的“选择”→“修改”→“边界”命令，打开“边界选区”对话框，设置“宽度”为“20”，单击“确定”按钮，效果如图 11-112 所示。

(10) 新建一个图层并填充背景色，执行菜单中的“图层”→“图层样式”→“斜面和浮雕”命令，打开“斜面和浮雕”对话框，其中的参数设置如图 11-113 所示。

图 11-112　设置边界

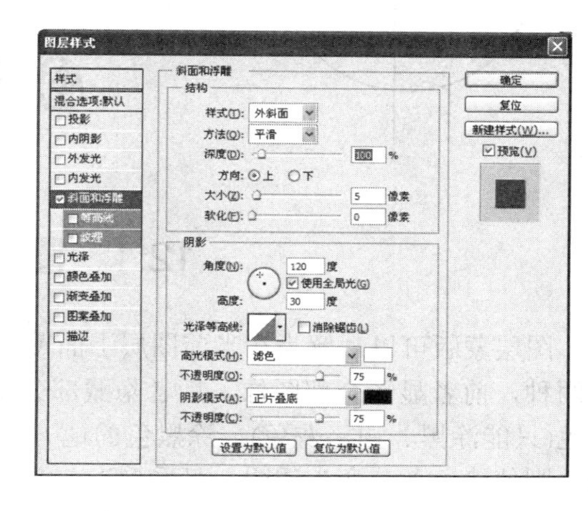

图 11-113　“斜面和浮雕”对话框

(11) 在“斜面和浮雕”对话框的左侧选择“投影”，打开“投影”对话框，其中的参数设置如图 11-114 所示。

(12) 设置完毕单击“确定”按钮，再为人物添加一个倒影。至此本例制作完毕，最终效果如图 11-115 所示。

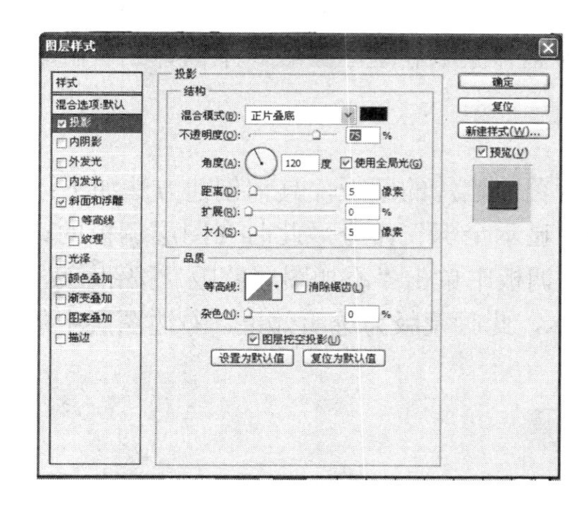

图 11-114　“投影”对话框

图 11-115　最终效果

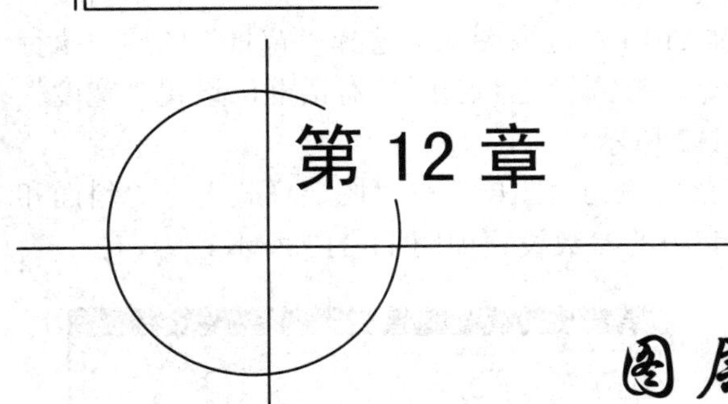

第 12 章

图层蒙版的运用

12.1 图层蒙版

图层蒙版可以理解为在当前图层上面覆盖一层玻璃片，这种玻璃片有透明和黑色不透明两种，前者显示全部图像，后者隐藏部分图像。可用各种绘图工具在蒙版(即玻璃片)上涂色(只能涂黑、白、灰色)，涂黑色的地方蒙版变为不透明，看不见当前图层的图像；涂白色则使涂色部分变为透明，可看到当前图层上的图像；涂灰色使蒙版变为半透明，透明的程度由涂色的深浅决定。

图层蒙版可以用来在图层与图层之间创建无缝的合成图像，并且不会破坏图层中的图像像素，从而更加容易重新编辑效果不理想的图像。

12.1.1 创建图层蒙版的方法

在实际应用中往往需要在图像中创建不同的蒙版，在创建蒙版的过程中不同的样式会创建不同的图层蒙版。创建的图层蒙版可以分为整体蒙版和选区蒙版。下面介绍各种蒙版的创建方法。

1. 整体图层蒙版

整体图层蒙版是指创建一个将当前图层进行覆盖遮片的蒙版，具体创建方法如下：

(1) 执行菜单中的“图层”→“蒙版”→“显示全部”命令，此时在图层调板的该图层上便会出现一个白色蒙版缩略图；在“图层”调板中单击“添加图层蒙版”按钮，可以快速创建一个白色蒙版缩略图，如图 12-1 所示，此时蒙版为透明效果，右边图层中的图像像素还会被显示在左边图像中。

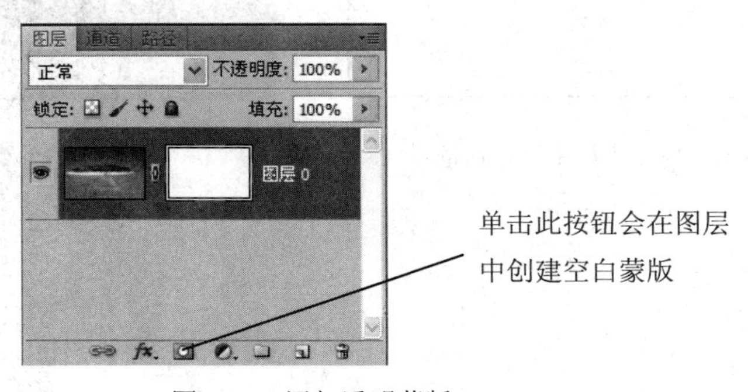

图 12-1　添加透明蒙版

(2) 执行菜单中的“图层”→“蒙版”→“隐藏全部”命令，此时在图层调板的该图层上便会出现一个黑色蒙版缩略图；在“图层”调板中按住 Alt 键单击“添加图层蒙版”按钮，可以快速创建一个黑色蒙版缩略图，如图 12-2 所示，此时蒙版为不透明效果。

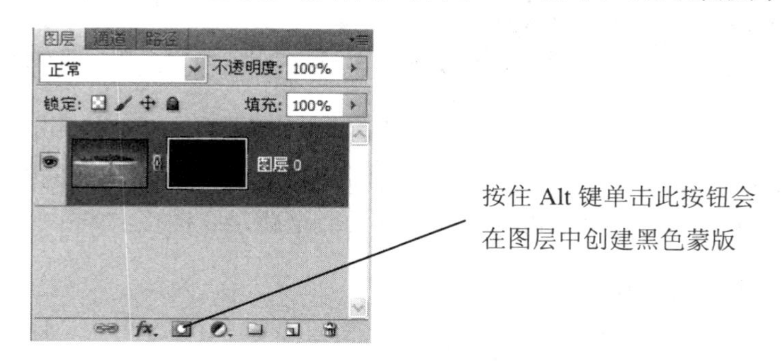

图 12-2　添加不透明蒙版

提示：在图层中添加空白蒙版后，会在整个图像中仍然显示当前图层中的图像；在图层中添加黑色蒙版后，会在整个图像中隐藏当前图层中的图像。

2．选区蒙版

如果图层中存在选区，执行菜单中的“图层”→“蒙版”→“显示选区”命令，或在“图层”调板中单击“添加图层蒙版”按钮，此时选区内的图像会被显示，选区外的图像会被隐藏，如图 12-3 所示。

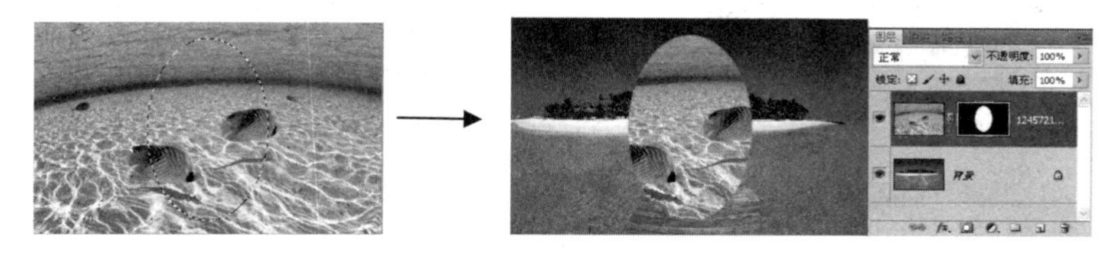

图 12-3　为选区添加透明蒙版

如果图层中存在选区，执行菜单中的“图层”→“蒙版”→“隐藏选区”命令，或在“图层”调板中按住 Alt 键单击“添加图层蒙版”按钮，此时选区内的图像会被隐藏，选区外的图像会被显示，如图 12-4 所示。

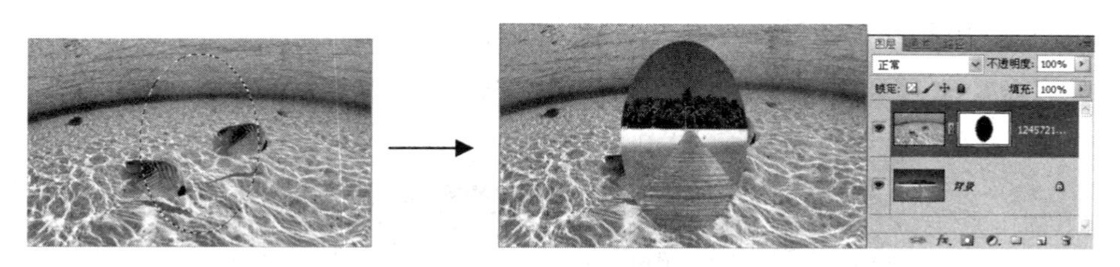

图 12-4　为选区添加不透明蒙版

12.1.2　链接和取消图层蒙版的链接

创建蒙版后，在默认状态下蒙版与当前图层中的图像是处于链接状态的，在图层缩略图与蒙版缩略图之间会出现一个链接图标，此时移动图像蒙版会跟随移动。执行菜单中的“图层”→“蒙版”→“取消链接”命令，会取消图像与蒙版之间的链接，此时图标会隐藏，移动图像蒙版不会跟随移动，如图 12-5 所示。

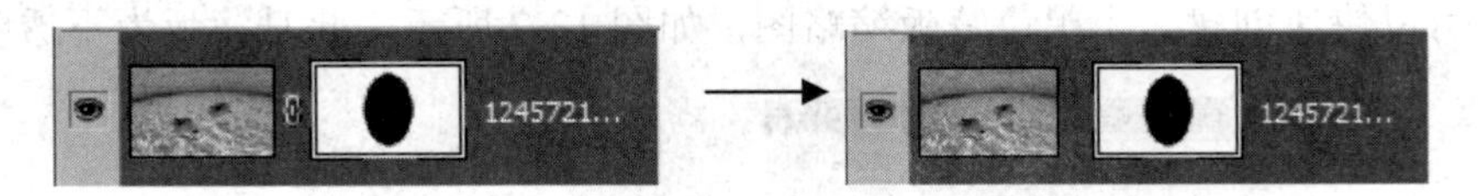

图 12-5 链接蒙版与取消链接蒙版

技巧：创建图层蒙版后，使用鼠标在图像缩略图与蒙版缩略图之间的图标上单击，即可解除蒙版的链接，在图标隐藏的位置单击又会重新建立链接。

12.1.3 启用和停用图层蒙版

创建蒙版后，执行菜单中的“图层”→“蒙版”→“停用”命令，或在蒙版缩略图上单击鼠标右键，在弹出的菜单中选择“停用图层蒙版”命令，此时在蒙版缩略图上会出现一个红叉，表示此蒙版应用被停用，如图 12-6 所示。再执行菜单中的“图层”→“蒙版”→“启用”命令，或在蒙版缩略图上单击右键，在弹出的菜单中选择“启用图层蒙版”命令，即可重新启用蒙版效果。

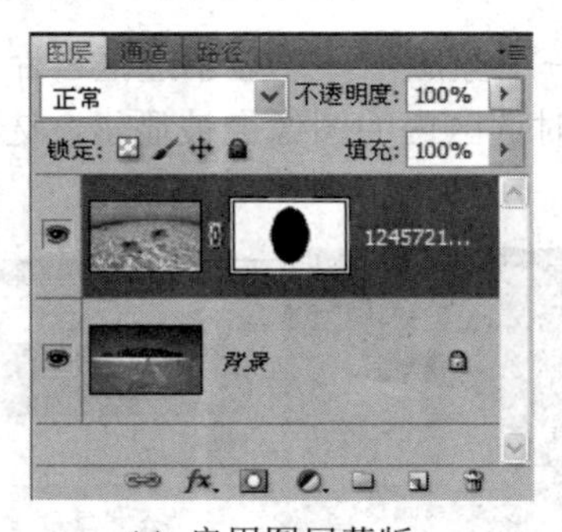

(a) 启用图层蒙版

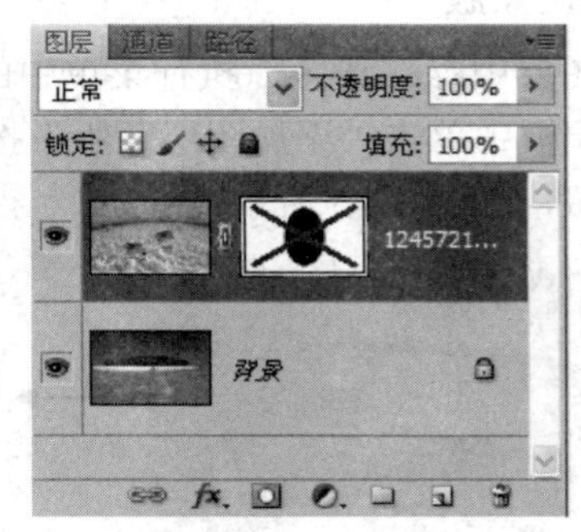

(b) 停用图层蒙版

图 12-6 启用与停用图层蒙版

12.1.4 删除图层蒙版

创建蒙版后，执行菜单中的“图层”→“蒙版”→“删除”命令，即可将当前应用的蒙版效果从图层中删除，图像恢复原来效果，如图 12-7 所示。

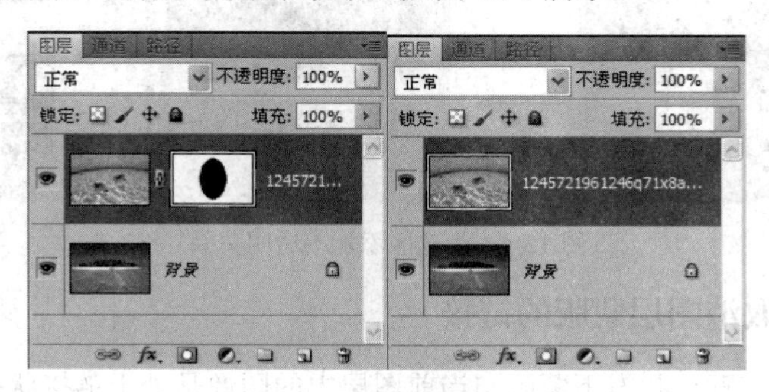

图 12-7 删除图层蒙版

12.1.5　应用图层蒙版

创建蒙版后，执行菜单中的“图层”→“蒙版”→“应用”命令，可以将当前应用的蒙版效果直接与图像合并，如图 12-8 所示。

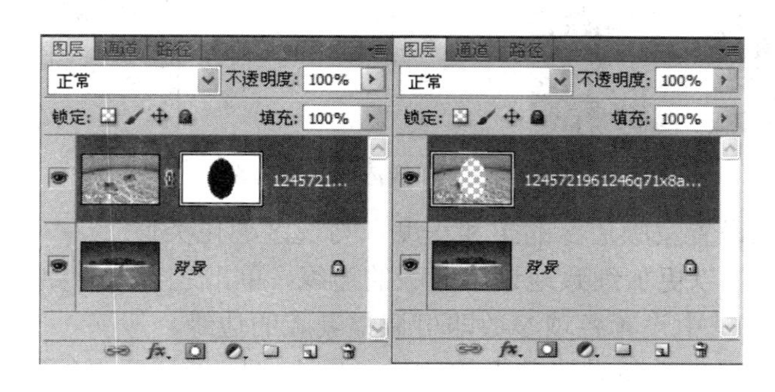

图 12-8　应用图层蒙版

12.1.6　“蒙版”调板

“蒙版”调板可以对创建的蒙版进行更加细致的调整，使图像合成更加细腻，使图像处理更加方便。创建蒙版后，执行菜单中的“窗口”→“蒙版”命令即可打开如图 12-9 所示的“蒙版”调板。

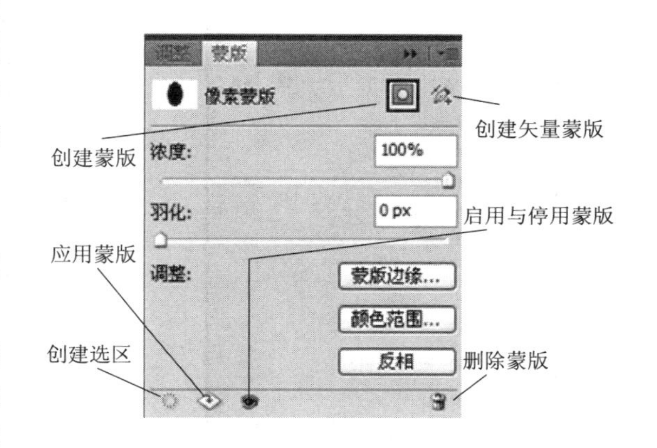

图 12-9　“蒙版”调板

该调板中各项的含义如下：

(1) 创建蒙版：用来为图像创建蒙版或在蒙版与图像之间选择。

(2) 创建矢量蒙版：用来为图像创建矢量蒙版或在矢量蒙版与图像之间选择。图像中不存在矢量蒙版时，只要单击该按钮，即可在该图层中新建一个矢量蒙版，如图 12-10 所示。

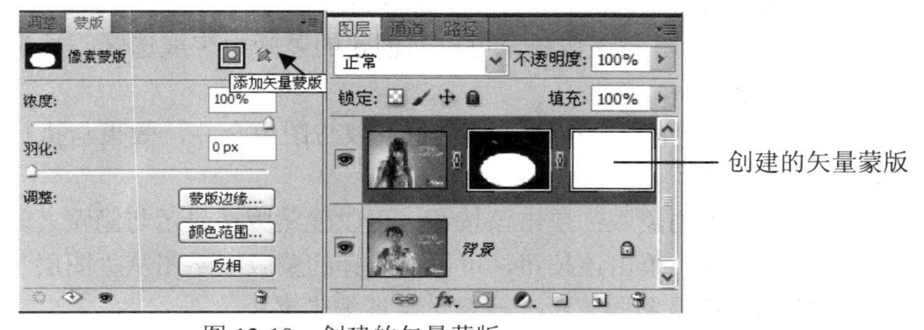

图 12-10　创建的矢量蒙版

(3) 浓度：用来设置蒙版中黑色区域的透明程度，数值越大，蒙版越透明，如图 12-11 所示。

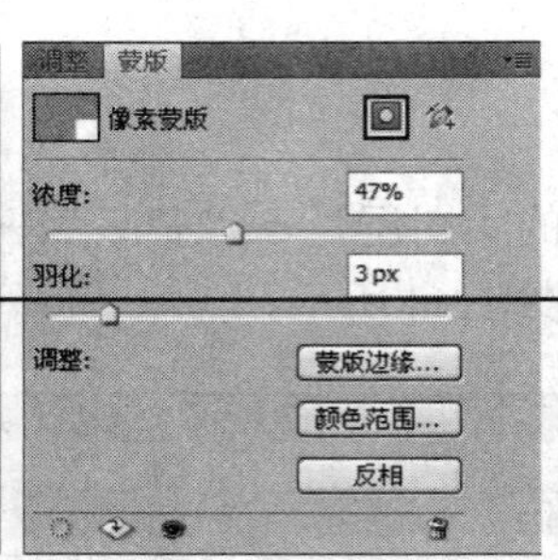

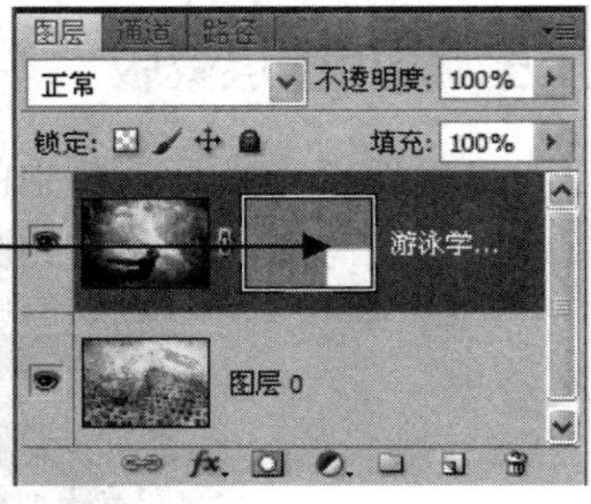

图 12-11 降低浓度后的蒙版

(4) 羽化：用来设置蒙版边缘的柔和程度，与选区羽化类似。

(5) 蒙版边缘：可以更加细致地调整蒙版的边缘，单击之会打开如图 12-12 所示的“调整蒙版”对话框，在其中设置各项参数即可调整蒙版的边缘。

(6) 颜色范围：用来重新设置蒙版的效果，单击之即可打开“色彩范围”对话框，如图 12-13 所示，具体使用方法与第 3 章中的“色彩范围”设置选区的方法一样。

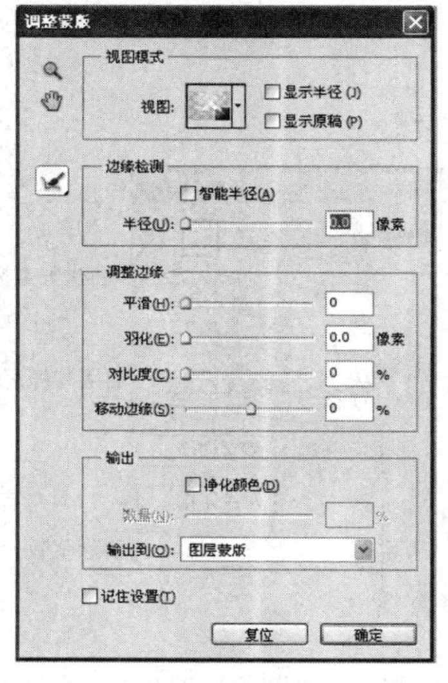

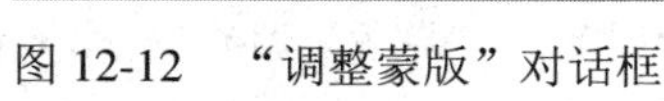
图 12-12 “调整蒙版”对话框

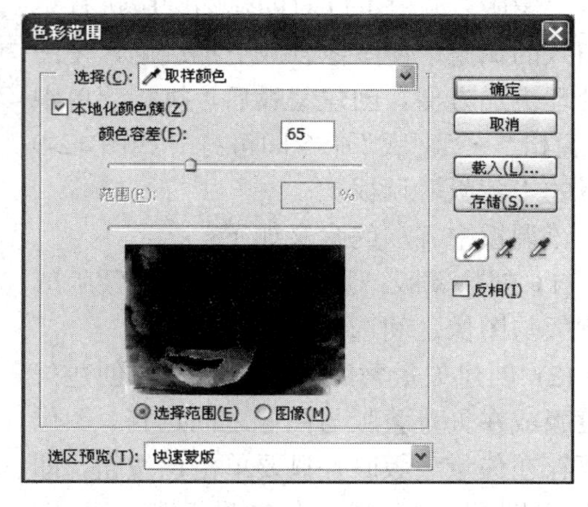

图 12-13 “色彩范围”对话框

(7) 反相：单击该按钮，可以将蒙版中的黑色与白色进行对换。

(8) 创建选区：单击该按钮，可以从创建的蒙版中生成选区，被生成选区的部分是蒙版中的白色部分。

(9) 应用蒙版：单击该按钮，可以将蒙版与图像合并，效果与执行菜单中的“图层”→“图层蒙版”→“应用蒙版”命令一致。

(10) 启用与停用蒙版：单击该按钮，可以使蒙版在显示与隐藏之间转换。

(11) 删除蒙版：单击该按钮，可以将选择的蒙版缩略图从“图层”调板中删除。

【练习 1】 编辑蒙版技巧——通过画笔编辑蒙版。

本练习主要让大家了解使用(画笔工具)编辑蒙版的方法。操作步骤如下：

(1) 执行菜单中的“文件”→“打开”命令或按组合键 Ctrl+O，打开自己喜欢的图片，如图 12-14 和图 12-15 所示。

图 12-14 风景 1

图 12-15 风景 2

(2) 使用(移动工具)拖动“风景 1”文件中的图像到“风景 2”文件中，此时“风景 1”中的图像会出现在“风景 2”文件的“图层 1”中，执行菜单中的“图层”→“蒙版”→“显示全部”命令，此时在“图层 1”上便会出现一个白色蒙版缩略图，如图 12-16 所示。

(3) 将前景色设置为“黑色”，选择(画笔工具)，设置相应的画笔“大小”和“硬度”，如图 12-17 所示。

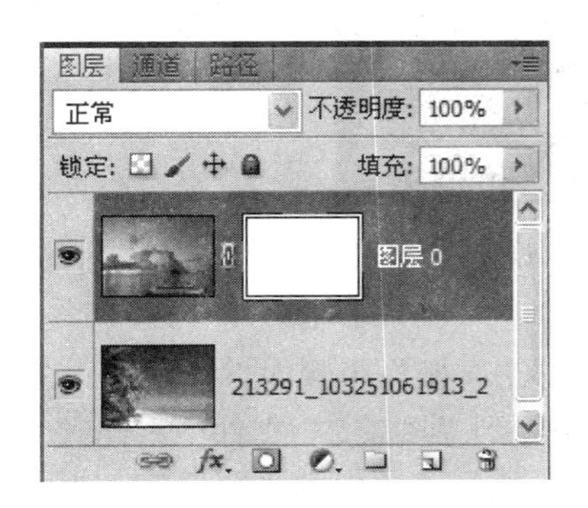

图 12-16 图层调板

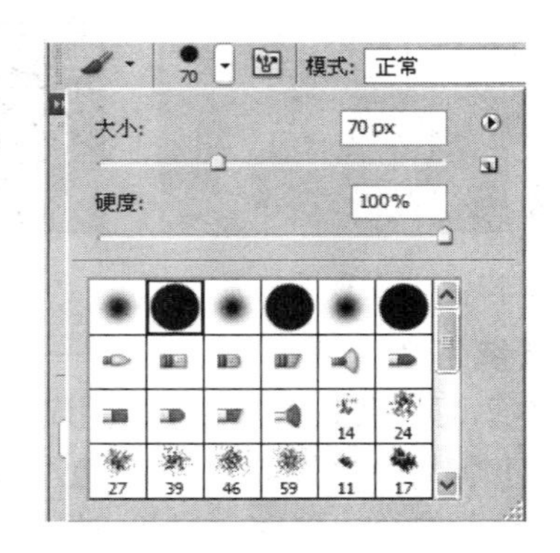

图 12-17 选择并设置画笔

(4) 使用(画笔工具)在图像中涂抹，此时 Photoshop 会自动对空白蒙版进行编辑，效果如图 12-18 所示。

图 12-18 画笔编辑蒙版

技巧：使用(画笔工具)编辑蒙版，前景色为黑色时，画笔涂抹的位置会显示下一层中的图像；前景色为灰色时，涂抹的位置会以半透明的样式显示当前图层中的图像；前景色为白色时，涂抹的位置只会显示当前图层的图像。

【练习 2】 编辑蒙版技巧——通过橡皮擦编辑蒙版。

本练习主要让大家了解使用(橡皮擦工具)编辑蒙版的方法。操作步骤如下：

(1) 使用 (移动工具)拖动“风景 1”文件中的图像到“风景 2”文件中，此时“风景 1”中的图像会出现在“风景 2”文件的“图层 1”中，执行菜单中的“图层”→“蒙版”→“显示全部”命令，此时在“图层 1”上便会出现一个白色蒙版缩略图，设置前景色为“白色”、背景色为“黑色”，选择 (橡皮擦工具)，设置相应的画笔“大小”和“硬度”，如图 12-19 所示。

(2) 使用 (橡皮擦工具)在图像中涂抹，此时 Photoshop 会自动对空白蒙版进行编辑，效果如图 12-20 所示。

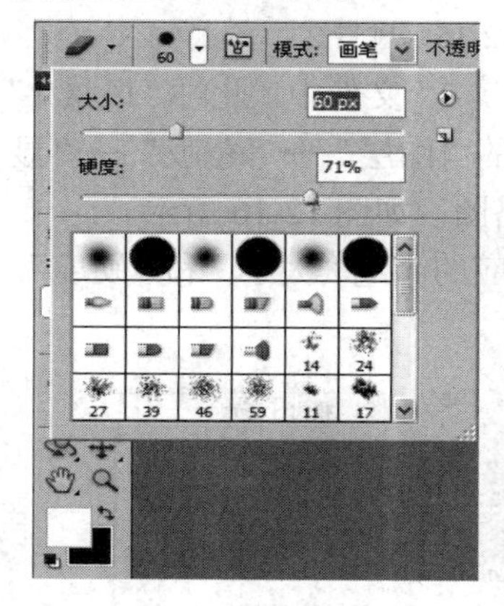

图 12-19　设置橡皮擦

图 12-20　使用橡皮擦编辑蒙版

【练习 3】 编辑蒙版技巧——通过选区编辑蒙版。

本练习主要让大家了解使用选区工具编辑蒙版的方法。操作步骤如下：

(1) 使用 (移动工具)拖动“风景 1”文件中的图像到“风景 2”文件中，此时“风景 1”中的图像会出现在“风景 2”文件的“图层 1”中，执行菜单中的“图层”→“蒙版”→“显示全部”命令，此时在“图层 1”上便会出现一个白色蒙版缩略图，使用 (矩形选框工具)设置“羽化”为“25 px”，在图像中创建矩形选区，如图 12-21 所示。

(2) 将所创建的选区填充为黑色，效果如图 12-22 所示。

图 12-21　创建选区

图 12-22　选区编辑蒙版

【练习 4】 编辑蒙版技巧——通过渐变工具编辑蒙版。

本练习主要让大家了解使用渐变工具编辑蒙版的方法。操作步骤如下：

(1) 使用 (移动工具)拖动“风景 1”文件中的图像到“风景 2”文件中，此时“风景 1”中的图像会出现在“风景 2”文件的“图层 1”中，执行菜单中的“图层”→“蒙版”

→“显示全部”命令，此时在“图层 1”上便会出现一个白色蒙版缩略图。

(2) 设置前景色为“黑色”、背景色为“白色”，选择(渐变工具)设置“渐变样式”为“线性渐变”、“渐变类型”为“从前景色到背景色”，使用(渐变工具)在图像中水平拖动，效果如图 12-23 所示。

图 12-23　渐变工具编辑蒙版

12.1.7　用贴入命令创建图层蒙版

在图像中创建选区，再执行“贴入”命令，可以创建显示选区图层蒙版，如图 12-24 所示。

12.1.8　用外部粘贴命令创建图层蒙版

在图像中创建选区，再执行“外部粘贴”命令，可以创建隐藏选区图层蒙版，如图 12-25 所示。

图 12-24　贴入

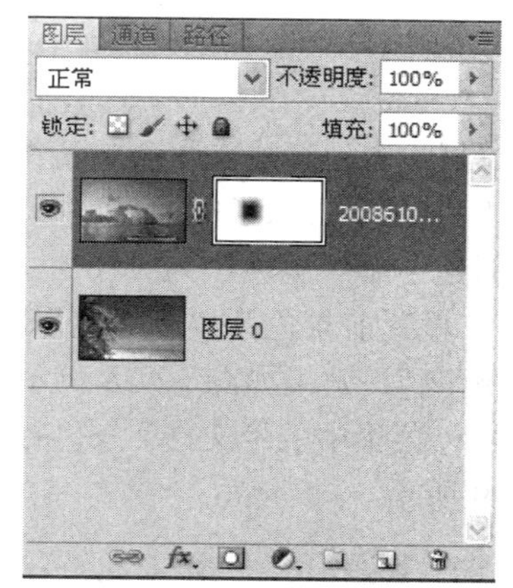

图 12-25　外部粘贴

12.1.9　创建剪贴蒙版

使用“创建剪贴蒙版”命令可以为图层添加剪贴蒙版效果。剪贴蒙版是使用基底图层中图像的形状来控制上面图层中图像的显示区域，执行菜单中的“图层”→“创建剪贴蒙版”命令，可以得到剪贴蒙版效果，如图 12-26 所示。

图 12-26 创建剪贴蒙版

技巧：在“图层”调板的两个图层之间按住 Alt 键，此时光标会变成形状，单击即可转换上面的图层为剪贴蒙版图层；在剪贴蒙版的图层间单击，此时光标会变成形状，单击可以取消剪贴蒙版设置，如图 12-27 所示。

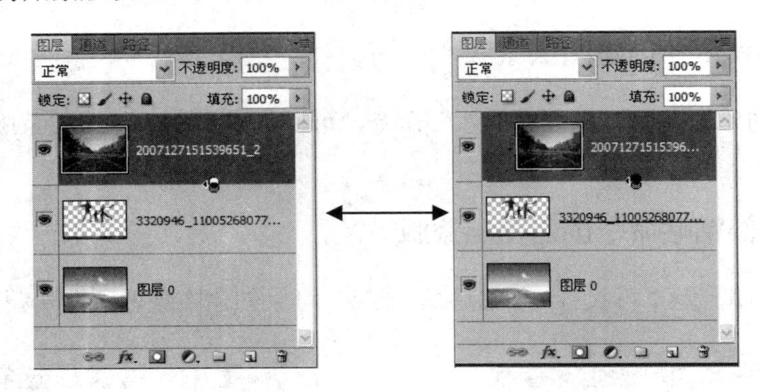

图 12-27 剪贴蒙版

【范例】 通过剪贴蒙版命令制作蒙版效果图像。

本范例主要让大家了解通过剪贴蒙版来创建蒙版的方法。操作步骤如下：

(1) 新建一个“宽度”为“18 厘米”、“高度”为“13.5 厘米”、“分辨率”为“150”的空白文档，设置前景色为“草绿色”、背景色为“青绿色”，使用(渐变工具)在背景中填充“径向渐变”，效果如图 12-28 所示。

(2) 执行菜单中的“文件”→“打开”命令或按组合键 Ctrl+O，打开自己喜欢的素材，如图 12-29 所示。

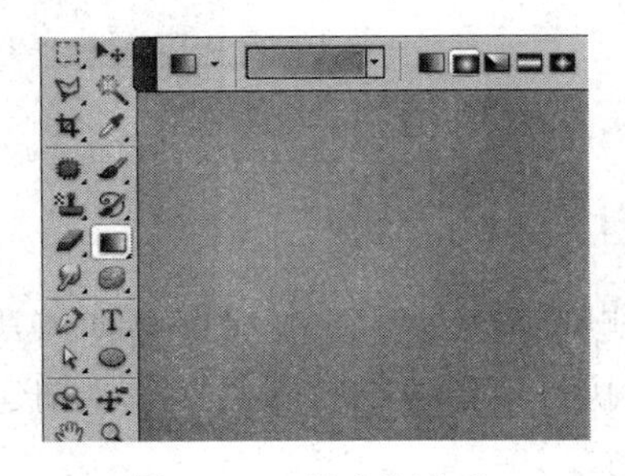

图 12-28 填充渐变色

图 12-29 素材

(3) 使用▶✢(移动工具)拖动素材中的图像到新建文档中，此时会在调板中新建一个“图层 1”，按住 Ctrl 键单击“图层 1”缩略图，调出图像的选区，如图 12-30 所示。

图 12-30　调出选区

(4) 在“图层 1”下面新建一个“图层 2”，将前景色设置为“黄色”，按组合键 Alt + Delete 将选区填充为“黄色”，按组合键 Ctrl + T 调出变换框，拖动控制点将图像放大，效果如图 12-31 所示。

图 12-31　变换

(5) 按 Enter 键确定，按住 Ctrl 键单击“图层 1”缩略图，调出图像的选区，选择“图层 1”，在“图层”调板中单击“创建新的填充或调整图层”按钮，在弹出的菜单中选择“阈值...”，如图 12-32 所示。

(6) 此时系统会打开“阈值”调整调板，设置参数如图 12-33 所示。

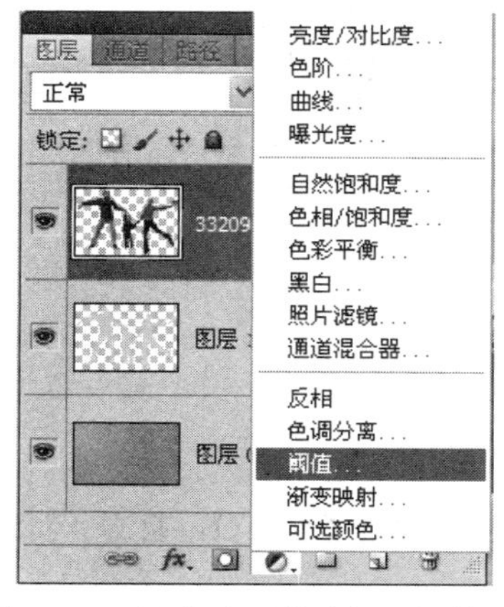

图 12-32　调出选区并选择“阈值...”

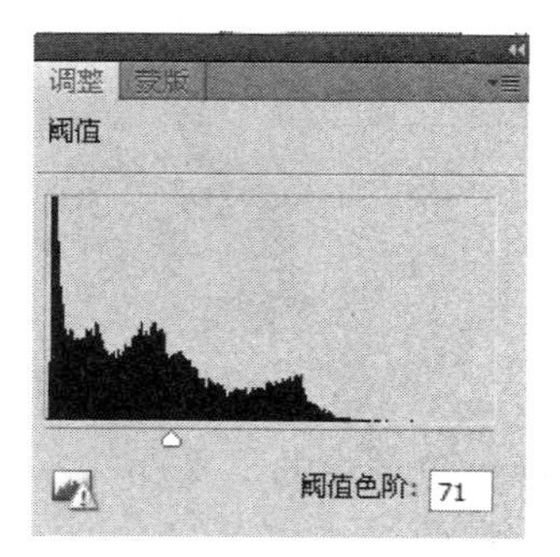

图 12-33　阈值调整

(7) 调整后的效果如图 12-34 所示。

图 12-34 调整后的效果

(8) 复制“图层 1”得到“图层 1 副本”，单击“添加图层蒙版”按钮，为图层添加一个空白蒙版，如图 12-35 所示。

图 12-35 复制图层并创建蒙版

(9) 使用▣(渐变工具)在蒙版中从左上角向中心拖动“从黑色到白色”的“线性渐变”，效果如图 12-36 所示。

图 12-36 渐变色编辑蒙版

(10) 执行菜单中的“文件”→“打开”命令或按组合键 Ctrl+O，打开一个风景素材，如图 12-37 所示。

(11) 使用▣(移动工具)拖动素材中的图像到新建文档中，如图 12-38 所示。

图 12-37　风景素材

图 12-38　移动素材

(12) 执行菜单中的“图层”→“创建剪贴蒙版”命令，为图层创建一个剪贴蒙版，如图 12-39 所示。

(13) 最终效果如图 12-40 所示。

图 12-39　创建剪贴蒙版

图 12-40　最终效果

12.2　矢量蒙版

矢量蒙版的作用与图层蒙版类似，只是创建或编辑矢量蒙版时要使用钢笔工具或形状工具。选区、画笔、渐变工具不能编辑矢量蒙版。

12.2.1　创建矢量蒙版

矢量蒙版可以直接创建空白蒙版和黑色蒙版，执行菜单中的“图层”→“矢量蒙版”→“显示全部或隐藏全部”命令，即可在图层中创建白色或黑色矢量蒙版。“图层”调板中的“矢量蒙版”显示效果与“图层蒙版”显示效果相同，这里就不多讲了。当在图像中创建路径后，执行菜单中的“图层”→“矢量蒙版”→“当前路径”命令，即可在路径中建立矢量蒙版。

【练习】 在矢量蒙版中添加形状。

本练习主要让大家了解在已经创建的矢量蒙版中添加形状的方法。操作步骤如下：

(1) 使用(移动工具)拖动“风景 1”文件中的图像到“风景 2”文件中，此时“风景 1”中的图像会出现在“风景 2”文件的“图层 1”中，执行菜单中的“图层”→“矢量蒙版”→“显示全部”命令，此时在“图层 1”上便会出现一个白色矢量蒙版缩略图，如图12-41所示。

图 12-41 矢量蒙版

(2) 选择(自定义形状工具)，在“属性栏”中单击“路径”按钮，选择一个“爪印”图形，如图12-42所示。

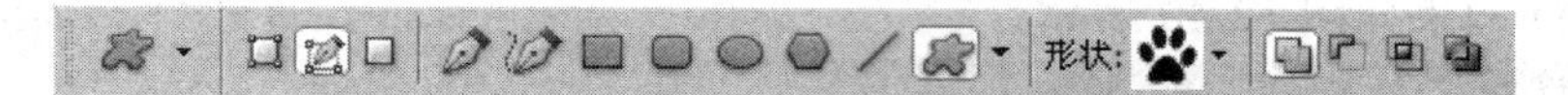

图 12-42 选择形状

(3) 使用(自定义形状工具)在图像中绘制路径，效果如图12-43所示。

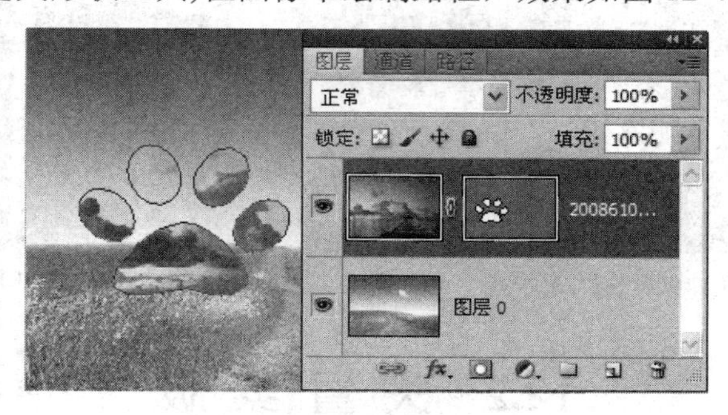

图 12-43 矢量蒙版

技巧：如果在“属性栏”中设置样式为“从路径区域减去”，绘制路径后，矢量蒙版会将路径内的图像保留。

12.2.2 变换矢量蒙版

矢量蒙版创建后，可以通过“变换”命令对其进行变换，效果如图12-44所示。

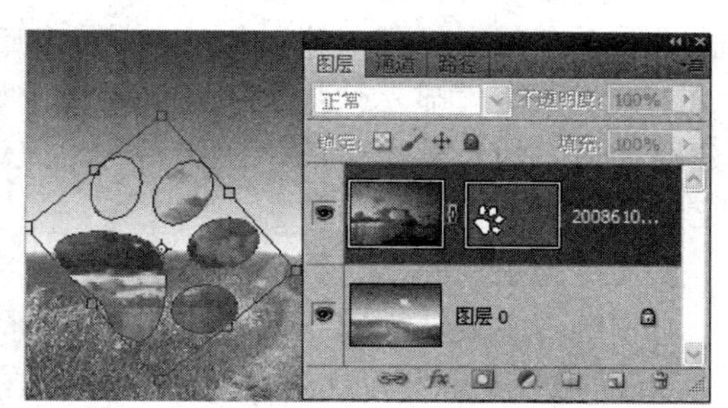

图 12-44 变换矢量蒙版

12.2.3　启用与停用矢量蒙版

创建矢量蒙版后，执行菜单中的“图层”→“矢量蒙版”→“停用”命令，或在蒙版缩略图上单击鼠标右键，在弹出的菜单中选择“停用矢量蒙版”命令，此时在蒙版缩略图上会出现一个红叉，表示此蒙版应用被停用，如图 12-45 所示。再执行菜单中的“图层”→“矢量蒙版”→“启用”命令，或在蒙版缩略图上单击鼠标右键，在弹出的菜单中选择“启用矢量蒙版”命令，即可重新启用矢量蒙版效果。

(a) 启用矢量蒙版

(b) 停用矢量蒙版

图 12-45　启用与停用矢量蒙版

12.2.4　删除矢量蒙版

创建矢量蒙版后，执行菜单中的“图层”→“矢量蒙版”→“删除”命令，即可将当前应用的矢量蒙版效果从图层中删除，图像恢复原来效果，如图 12-46 所示。

图 12-46　删除矢量蒙版

提示： 矢量蒙版的具体编辑与图层蒙版之间有许多共性，编辑方法也类似。

12.3　操 控 变 形

操控变形功能为 Photoshop CS5 新增的功能，该功能能够通过添加的显示网格和图钉对图层中的图像进行变形，从而使僵化的变换变得更具柔性，使变换后的图像效果更加自然。

在图像中选择图层后，执行菜单中的“编辑”→“操控变形”命令，此时系统会自动为图像添加上网格进行显示，并将选项栏变为操控变形时对应的效果，如图 12-47 所示。

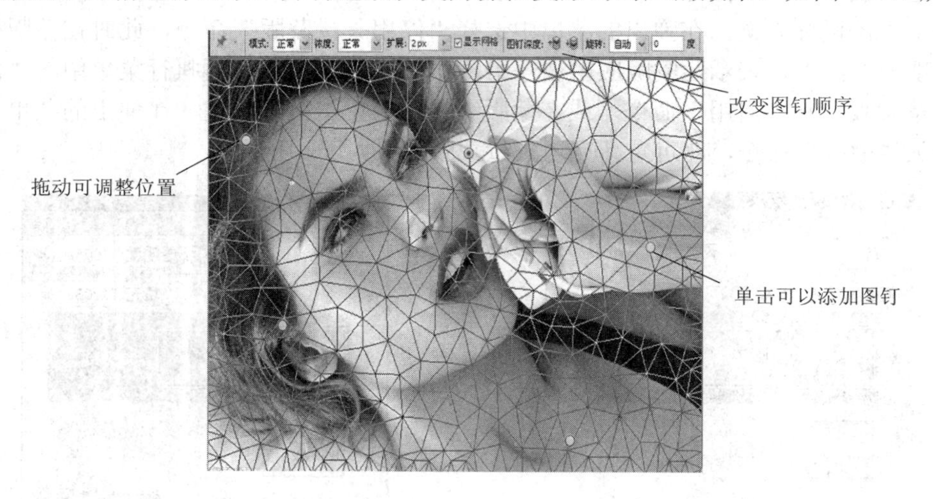

图 12-47 操控变形属性栏

该属性栏中各项的含义如下：

(1) 模式：用来设置变形时的样式。

- 正常：默认刚性。
- 刚性：更刚性的变形。
- 扭曲：适用于校正变形。

(2) 浓度：用来设置网格显示的密度以控制变形的品质。

(3) 扩展：用来扩展与收缩变换区域。

(4) 显示网格：在变换时显示网格。

(5) 图钉深度：用来控制图钉所处的层次，用以分辨多个图钉的顺序。

(6) 旋转：控制图钉旋转角度。

技巧：在图像上单击创建图钉后，使用鼠标在图钉上拖动，可以调整图像，如图 12-48 所示。

图 12-48 操控过程

技巧：在图像上单击创建图钉后，如果感觉太多，可以在图钉处按住 Alt 键，即可将此处的图钉清除，清除过程如图 12-49 所示。

图 12-49　清除图钉过程

技巧：创建图钉后，在图钉处按住 Alt 键，此时会出现一个圆形旋转框，拖动鼠标即可在该图钉所在位置图像上进行变形，如图 12-50 所示。

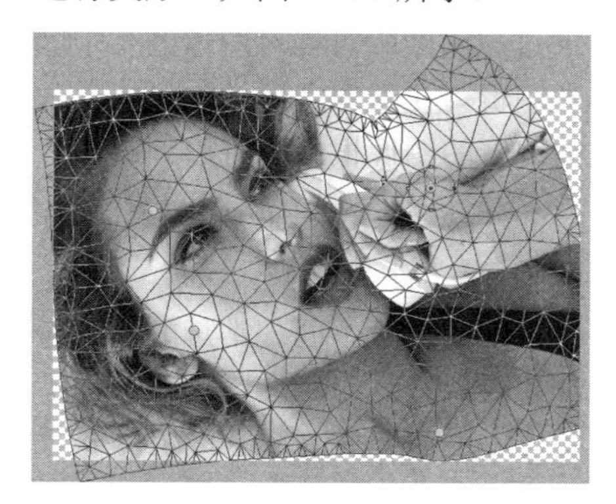

图 12-50　变换图钉

第 13 章 蒙版与通道的基本运用

13.1 蒙版的基本概念

在 Photoshop CS5 中，通过应用蒙版可以对图像的某个区域进行保护，在处理其他位置的图像时，该区域将不会被编辑。在处理完后，如果感觉效果不满意，只要将蒙版取消即可还原图像，此时会发现被编辑的图像根本没有遭到破坏。总之，蒙版可以对图像起到保护作用。

1. 蒙版的概念

蒙版是一种选区，但它与常规的选区不同。常规的选区表现了一种操作趋向，即将对所选区域进行处理；而蒙版却相反，它是对所选区域进行保护，让其免于操作，而对非掩盖的地方应用操作，通过蒙版可以创建图像的选区，也可以对图像进行抠图。

2. 蒙版的原理

蒙版就是在原来的图层上加上一个看不见的图层，其作用就是显示和遮盖原来的图层。它使原图层的部分图像消失(透明)，但并没有删除掉，而是被蒙版给遮住了。蒙版是一个灰度图像，所以可以使用所有处理灰度图的工具去处理，如画笔工具、橡皮擦工具、部分滤镜等。

13.2 快 速 蒙 版

在 Photoshop CS5 中，快速蒙版指的是在当前图像上创建一个半透明的图像。快速蒙版模式使用户可以将任何选区作为蒙版进行编辑，而不必使用“通道”调板，在查看图像时也可如此。将选区作为蒙版来编辑的优点是几乎可以使用任何 Photoshop 工具或滤镜修改蒙版。比如创建了一个选区，进入快速蒙版模式后，可以使用画笔扩展或收缩选区，使用滤镜设置选区边缘，通过对选区工具创建的选区进行填充来增加或减小蒙版范围，因为快速蒙版不是选区。

当在快速蒙版模式中工作时，“通道”调板中会出现一个临时快速蒙版通道。但是，所有的蒙版编辑都是在图像窗口中完成的。

13.2.1　创建快速蒙版

在工具箱中单击“以快速蒙版模式编辑”按钮，即可进入快速蒙版编辑状态，如图 13-1 所示。

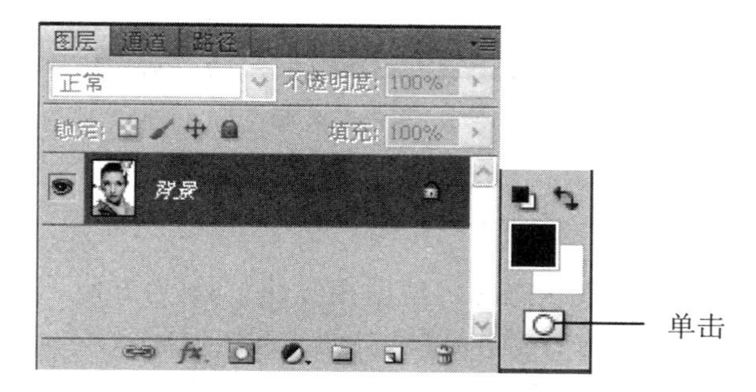

图 13-1　快速蒙版

当图像中存在选区时，单击“以快速蒙版模式编辑”按钮后，默认状态下，选区内的图像为可编辑区域，选区外的内容为受保护区域，如图 13-2 所示。

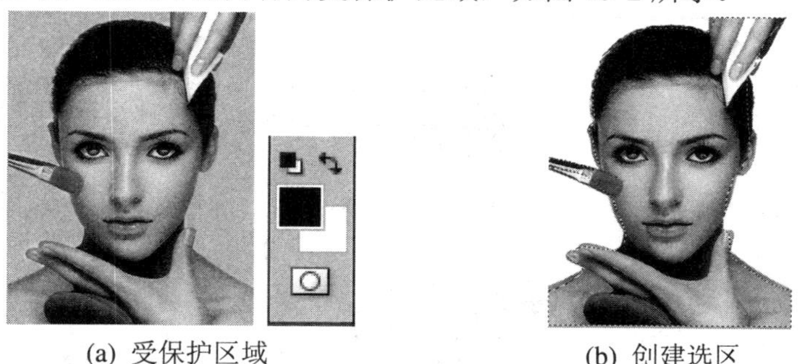

(a) 受保护区域　　(b) 创建选区

图 13-2　为选区创建快速蒙版

13.2.2　更改蒙版颜色

蒙版颜色是指覆盖在图像中保护图像某区域的透明颜色，默认状态下为“红色”，“透明度”为“50%”。双击“以快速蒙版模式编辑”按钮，即可弹出如图 13-3 所示的“快速蒙版选项”对话框。

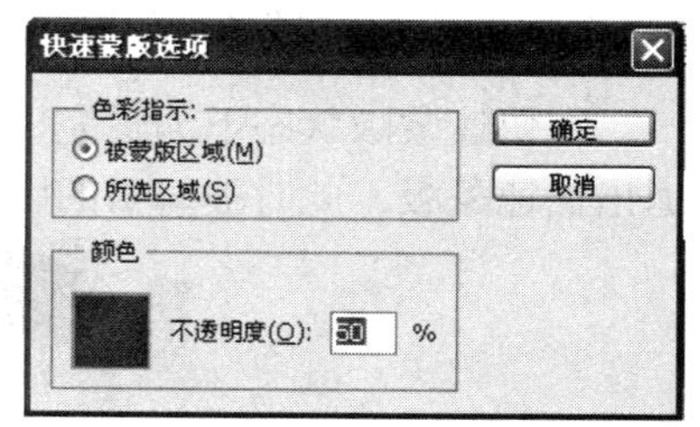

图 13-3　“快速蒙版选项”对话框

该对话框中各项的含义如下：

(1) 色彩指示：用来设置在快速蒙版状态时遮罩的显示位置。

- 被蒙版区域：快速蒙版中有颜色的区域代表被蒙版的范围，没有颜色的区域则是选区范围。
- 所选区域：快速蒙版中有颜色的区域代表选区范围，没有颜色的区域则是被蒙版的范围。

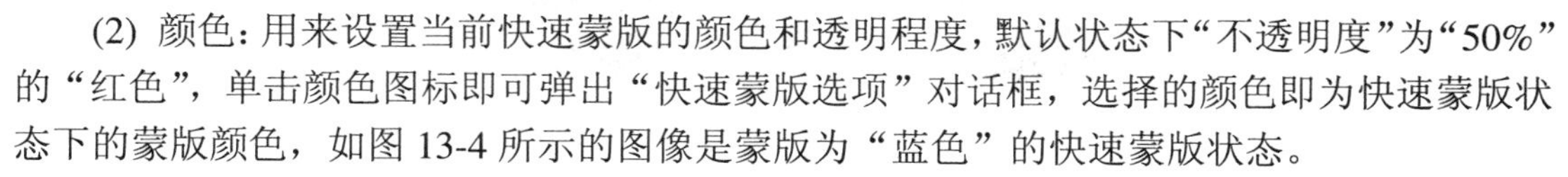

(2) 颜色：用来设置当前快速蒙版的颜色和透明程度，默认状态下“不透明度”为“50%”的“红色”，单击颜色图标即可弹出“快速蒙版选项”对话框，选择的颜色即为快速蒙版状态下的蒙版颜色，如图 13-4 所示的图像是蒙版为“蓝色”的快速蒙版状态。

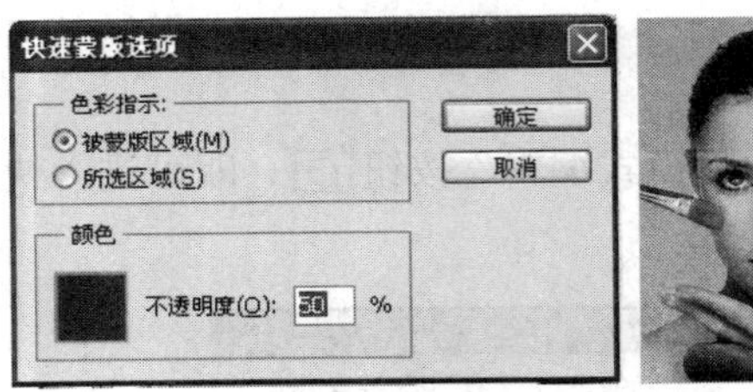

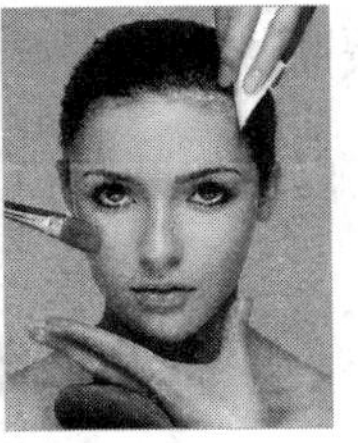

图 13-4 更改蒙版颜色为“蓝色”

13.2.3 编辑快速蒙版

进入快速蒙版模式编辑状态时，使用相应的工具(为方便讲解，这里使用画笔工具进行操作)可以对创建的快速蒙版重新编辑。在默认状态下，使用深色在可编辑区域填充时，即可将其转换为保护区域的蒙版；使用浅色在蒙版区域填充时，即可将其转换为可编辑状态，如图 13-5 所示。单击变换框，此时可编辑区域的变换效果与对选区内的图像变换效果一致，如图 13-6 所示。

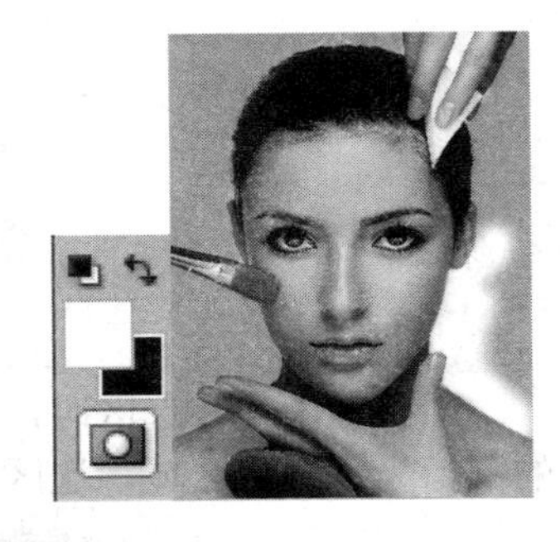

图 13-5 涂抹蒙版

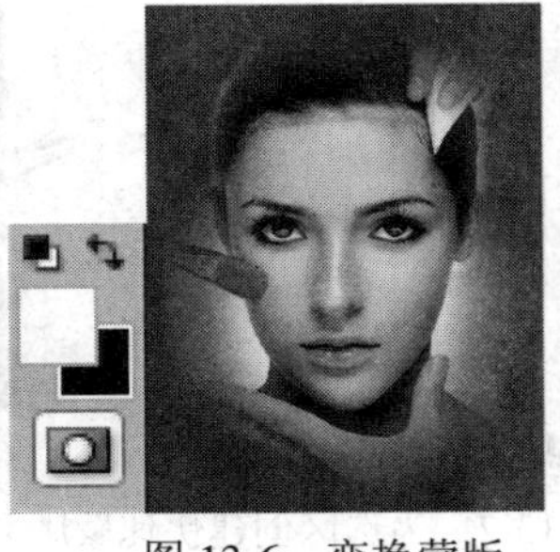
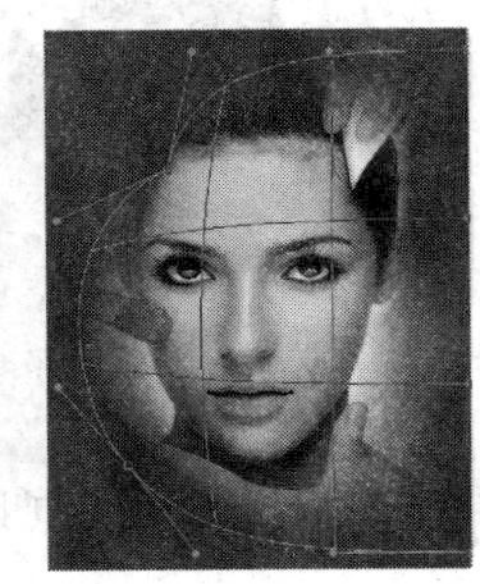

图 13-6 变换蒙版

技巧：① 当使用橡皮擦对蒙版进行编辑时，产生的编辑效果正好与画笔相反。
② 使用灰色涂抹的位置会出现半透明效果，转换成选区后边缘会非常柔和。

13.2.4 退出快速蒙版

在快速蒙版状态下编辑完毕后，单击工具箱中的“以标准版模式编辑”按钮，即可退出快速蒙版，此时被编辑的区域会以选区显示，如图 13-7 所示。

图 13-7 转换为标准模式

技巧：按住 Alt 健单击“以快速蒙版模式编辑”按钮，可以在不打开“快速蒙版选项”对话框的情况下，自动切换“被蒙版区域”和“所选区域”选项，蒙版会根据所选的选项而变化，如图 13-8 所示。

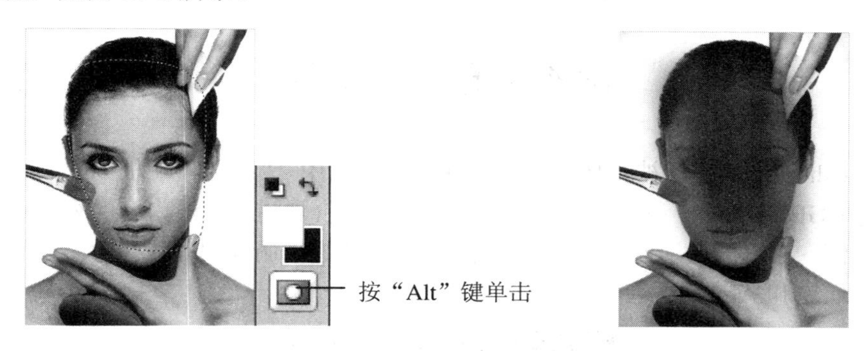

图 13-8　快速蒙版

13.3　通道的基本概念

在 Photoshop 中，通道是存储不同类型信息的灰度图像。

颜色信息通道是在打开新图像时自动创建的。图像的颜色模式决定了所创建的颜色通道的数目。例如，RGB 图像的每种颜色(红色、绿色和蓝色)都有一个通道，并且还有一个用于编辑图像的复合通道。

Alpha 通道将选区存储为灰度图像。可以添加 Alpha 通道来创建和存储蒙版，这些蒙版用于处理或保护图像的某些部分。

专色通道指定用于专色油墨印刷的附加印版。

一个图像最多可有 56 个通道。所有的新通道都具有与原图像相同的尺寸和像素数目。

通道所需要的文件大小由通道中的像素信息决定。某些文件格式(包括 TIFF 和 Photoshop 格式)将压缩通道信息并且可以节约空间。当从弹出菜单中选择“文档大小”时，未压缩文件的大小(包括 Alpha 通道和图层)将显示在窗口底部状态栏的最右边。

1. 通道的概念

通道指独立存放图像的颜色信息的原色平面。我们可以把通道看做是某一种色彩的集合，如蓝色通道，记录的就是图像中不同位置蓝色的深浅(即蓝色的灰度)，除了红色外，在该通道中不记录其他颜色的信息。大家知道，绝大部分的可见光可以用红、绿、蓝三原色按不同的比例和强度混合来表示，将三原色的灰度分别用一个颜色通道来记录，最后合成各种不同的颜色。计算机的显示器使用的就是这种 RGB 模型显示颜色，Photoshop 中默认的颜色模式也是 RGB。

2. 通道的原理

通道通常是指将对应颜色模式的图像按照颜色存放在“通道”调板中，通过单独调整一个颜色的通道，可以更改整个图像的色调，Alpha 通道能够创建和存储图像的选区并可以对其进行相应的编辑，专色通道可以对有要求的图像进行专色的输出。

提示：只要以支持图像颜色模式的格式储存文件即可保留颜色通道。只有以 Adobe photoshop、PDF、PICT、TIFF 或 Raw 格式储存文件时，才能保留 Alpha 通道。DCS 2.0 格式只保留专色通道。用其他格式储存文件时可能会导致通道信息丢失。

13.4 通道基础运用

在 Photoshop 中，通道被整体存放在“通道”调板中，“通道”调板列出图像中的所有通道，对于 RGB、CMYK 和 Lab 图像，将最先列出复合通道。通道内容的缩略图显示在通道名称的左侧，在编辑通道时会自动更新缩略图。“通道”调板中一般包含复合通道、颜色通道、专色通道和 Alpha 通道，如图 13-9 所示。

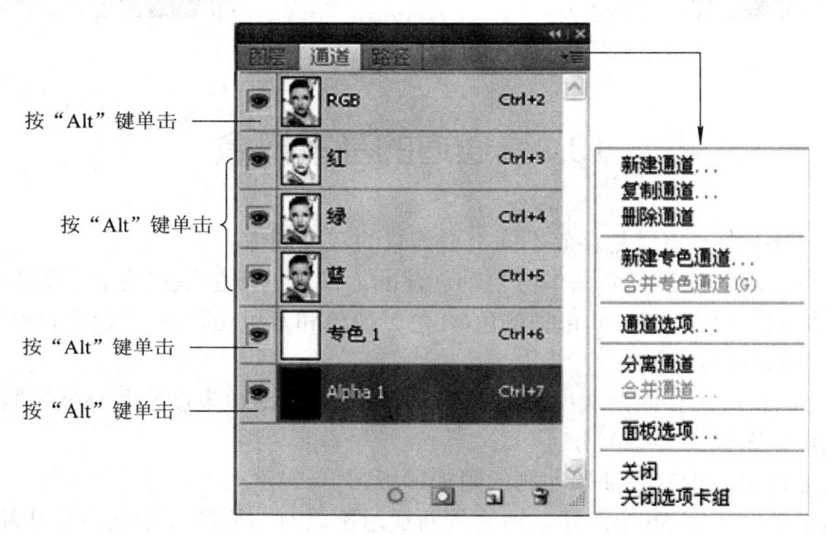

图 13-9 通道调板

技巧：利用快捷键可以在复合通道与单色通道、专色通道和 Alpha 通道之间转换，按组合键 Ctrl+– 可以直接选择复合通道，按组合键 Ctrl+1、2、3、4、5…可以快速选择单色通道、专色通道和 Alpha 通道。

13.4.1 新建 Alpha 通道

新建 Alpha 通道的方法如下：

(1) 在“通道”调板中单击“创建新通道”按钮，此时就会在“通道”调板中新建一个黑色 Alpha 通道，如图 13-10 所示。

(2) 在弹出的菜单中选择“新建通道”命令(见图 13-9)，打开“通道选项”对话框，如图 13-11 所示。在其中可以设置新建 Alpha 通道的设置选项，单击“确定”按钮即可新建一个 Alpha 通道。

提示：对话框中的各项参数与“快速蒙版选项”中的参数类似。

技巧：按住 Alt 键单击“创建新通道”按钮，同样会弹出“通道选项”对话框。

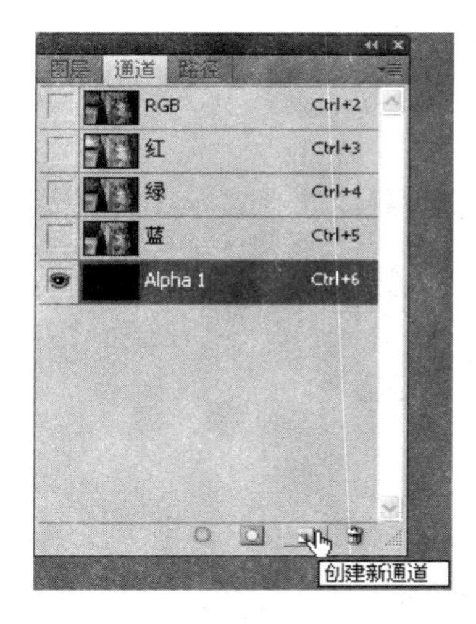

图 13-10　新建通道

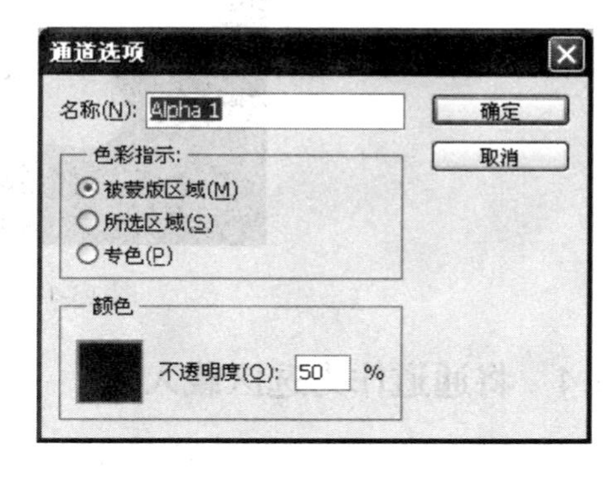

图 13-11　“通道选项”对话框

13.4.2　复制与删除通道

复制与删除通道的方法如下：

(1) 在“通道”调板中拖动选择的通道到“创建新通道”按钮上，即可得到一个该通道的副本，如图 13-12 所示。

(2) 在“通道”调板中拖动选择的通道到“删除通道”按钮上，即可将当前通道从“通道”调板中删除，如图 13-13 所示。

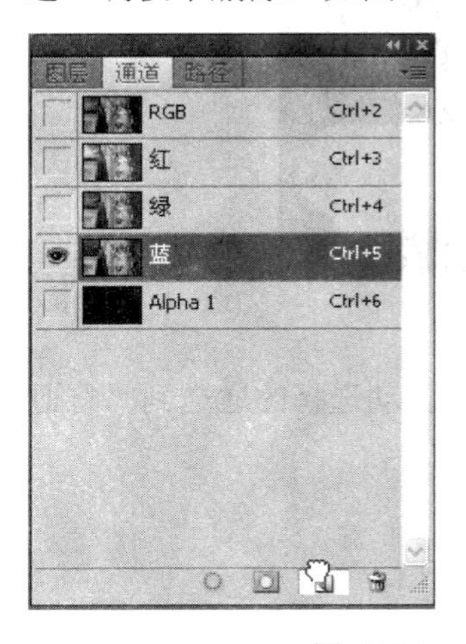

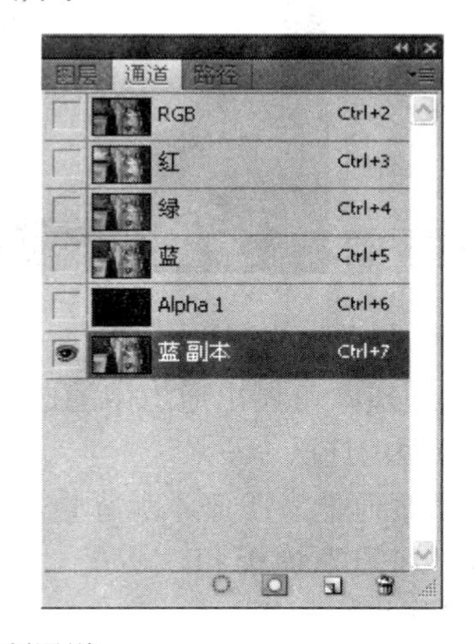

图 13-12　复制通道

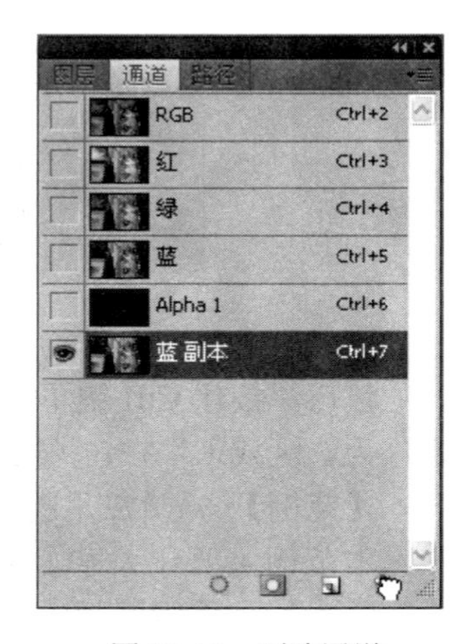

图 13-13　删除通道

13.4.3　编辑 Alpha 通道

创建 Alpha 通道后，可以通过相应的工具或命令对创建的 Alpha 通道进行进一步的编辑。在“通道”调板中将 Alpha 通道前面的小眼睛显示出来，可以更加直观地编辑通道，此时的编辑方法与编辑快速蒙版类似。默认状态下，通道中黑色部分为保护区域，白色区域为可编辑位置，如图 13-14 所示。

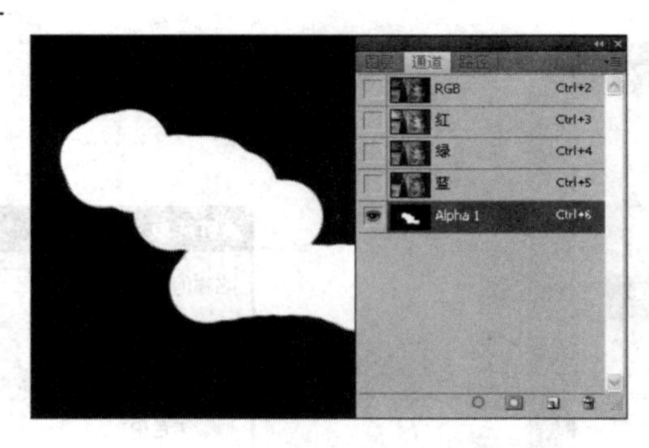

图 13-14 编辑 Alpha 通道

13.4.4 将通道作为选区载入

在“通道”调板中选择要载入选区的通道后，单击“将通道作为选区载入”按钮，此时就会将通道中的浅色区域作为通道载入，如图 13-15 所示。

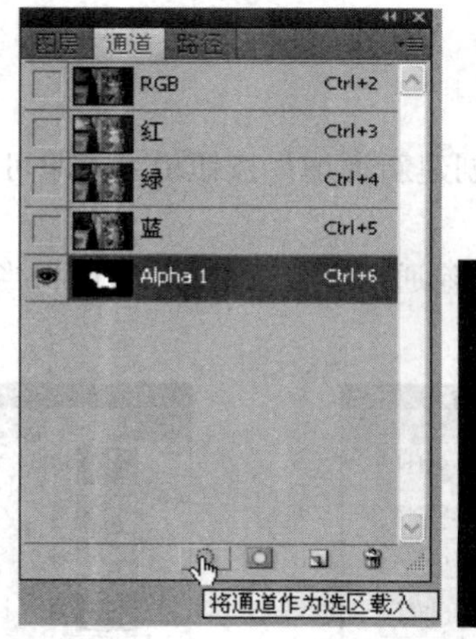

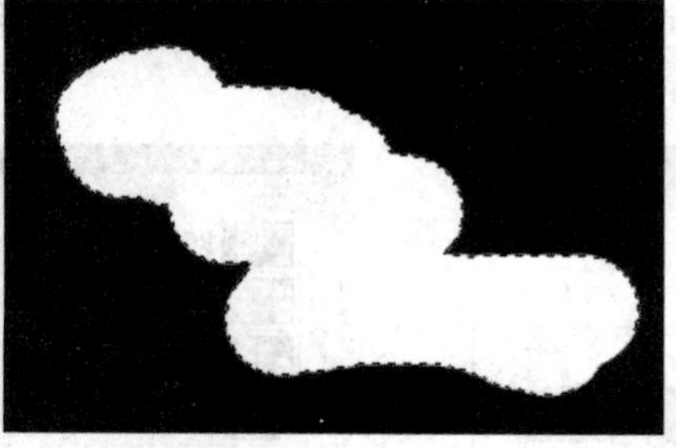

图 13-15 载入通道选区

技巧：按住 Ctrl 键单击选择的通道，可调出通道中的选区，拖动选择的通道到“将通道作为选区载入”按钮上，即可调出选区。

【范例】 通道应用技巧——通过通道为图像添加背景。

本范例主要让大家了解使用“通道”调板和(画笔工具)编辑蒙版的方法。操作步骤如下：

(1) 执行菜单中的“文件”→“打开”命令或按组合键 Ctrl+O，打开自己喜欢的素材，如图 13-16 所示。

图 13-16 素材

(2) 执行菜单中的“窗口”→“通道”命令，打开“通道”调板，选择一个对比较大的通道，这里选择“蓝”通道。按住 Ctrl 键单击“蓝”通道，调出选区，如图 13-17 所示。

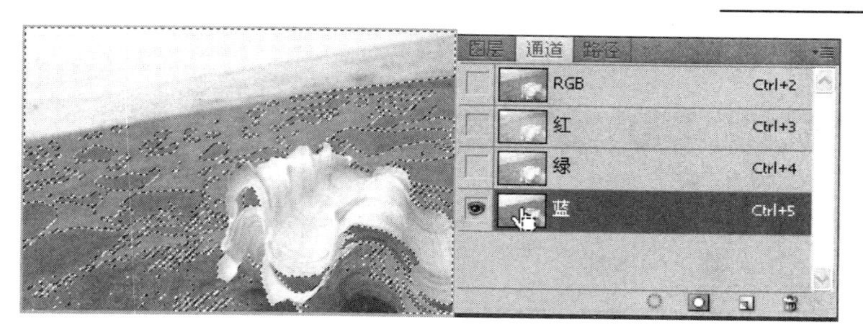

图 13-17　“通道”调板

(3) 转换到“图层”调板中新建图层，将前景色设置为“白色”，按组合键 Alt+Delete 填充前景色，如图 13-18 所示。

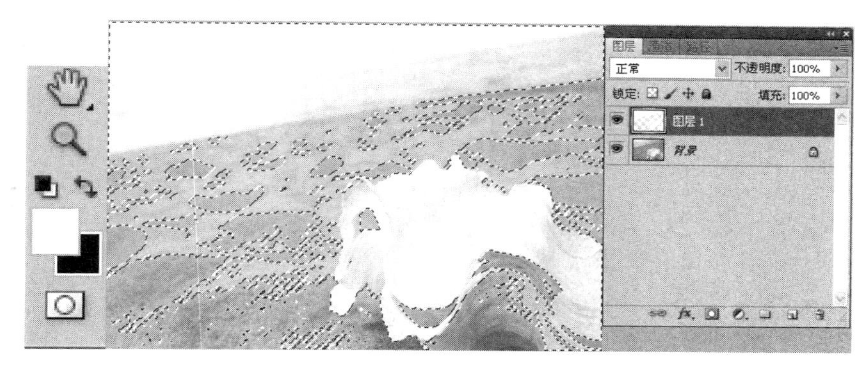

图 13-18　填充前景色

(4) 按组合键 Ctrl+D 去掉选区，将前景色设置为“黑色”，单击“添加图层蒙版”按钮，添加空白蒙版后，使用(画笔工具)在海面上进行涂抹，效果如图 13-19 所示。

(5) 使用(画笔工具)在海面与陆地的边缘进行细致的涂抹后，完成本例的制作，效果如图 13-20 所示。

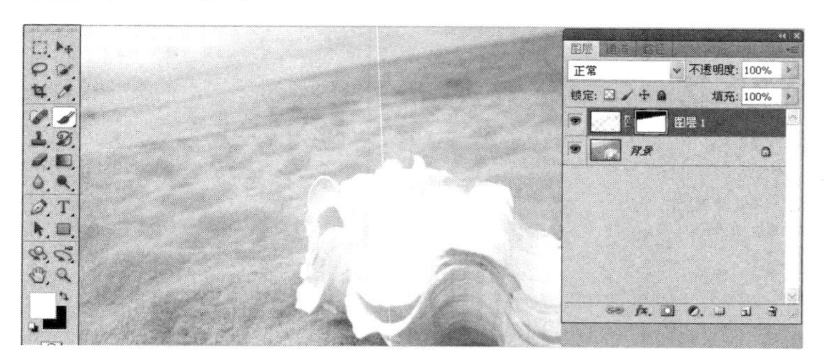

图 13-19　编辑蒙版

图 13-20　最终效果图

13.4.5　创建专色通道

创建专色通道的方法如下：

(1) 在“通道”调板的弹出菜单中选择“新建专色通道”命令，可以打开“新建专色通道”对话框，如图 13-21 所示。设置“油墨特性”的“颜色”和“密度”后，单击“确定”按钮，即可在调板中新建一个专色通道，如图 13-22 所示。

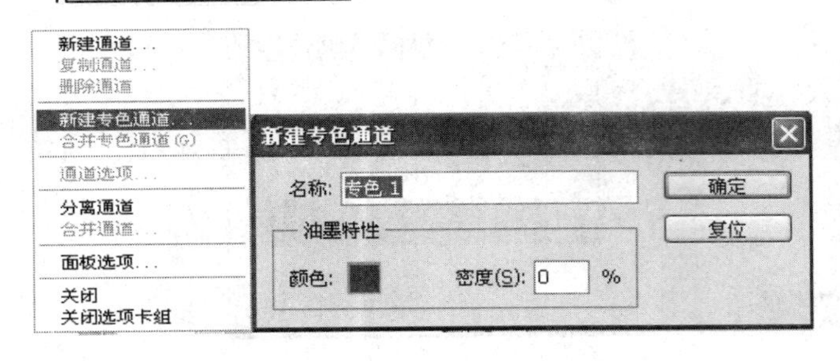

图 13-21 “新建专色通道”对话框

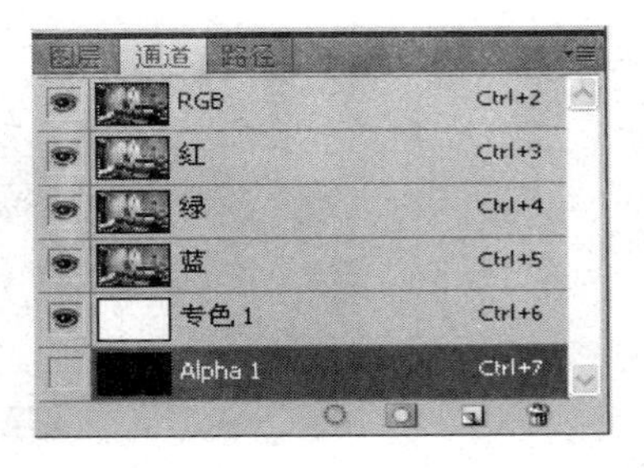

图 13-22 “通道”调板

(2) 如果在图像中存在选区，创建专色通道的方法与无选区相同，只是在专色通道中可以看到选区内的专色，如图 13-23 所示。

图 13-23 带选区时新建的专色通道

(3) 如果通道中存在 Alpha 通道，只要使用鼠标双击 Alpha 通道的缩略图，即可打开“通道选项”对话框，在对话框中只要选择“专色”单选框，单击“确定”按钮，此时就会发现 Alpha 通道已经转换成了专色通道，如图 13-24 所示。

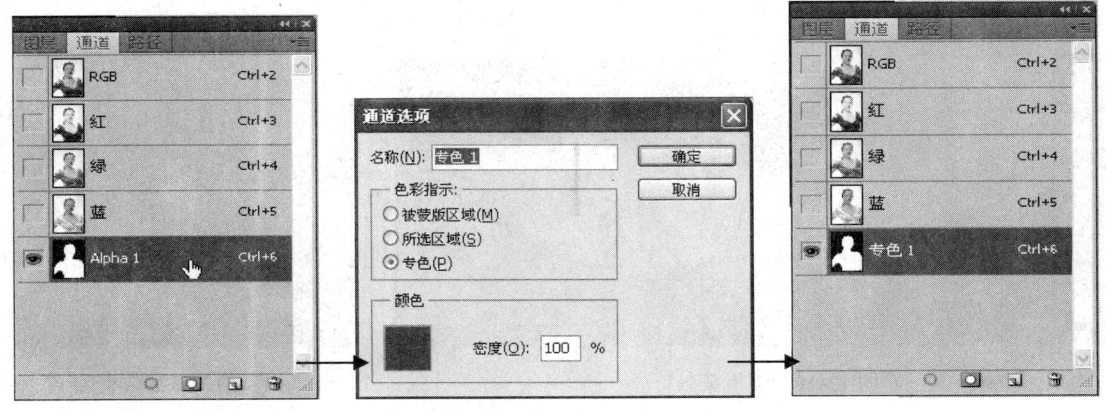

图 13-24 转换 Alpha 通道为专色通道

技巧：如果在专色通道中使用定制色彩，就不要为创建的专色重新命名了。如果重新命名了该通道，色彩就会被其他应用程序干扰。

13.4.6 编辑专色通道

创建专色通道后，可以使用画笔、橡皮擦或滤镜命令对其进行相应的编辑。

(1) 将前景色设置为“白色”，使用(画笔工具)在图像中进行涂抹，此时会将专色进行收缩，如图 13-25 所示。

(2) 将前景色设置为“黑色”，使用(画笔工具)在图像中进行涂抹，此时会将专色进行扩展，如图 13-26 所示。

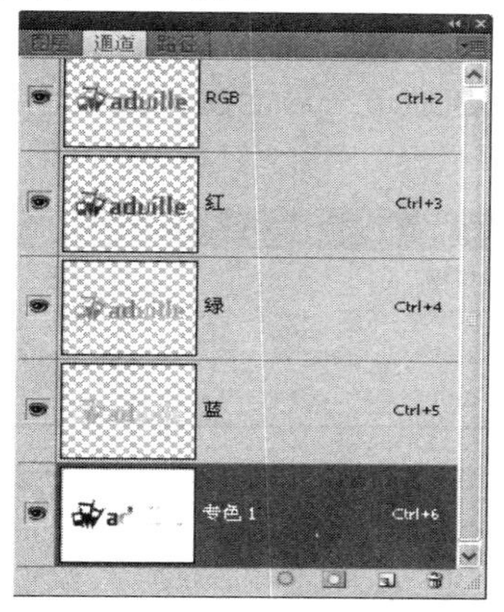

图 13-25　收缩专色

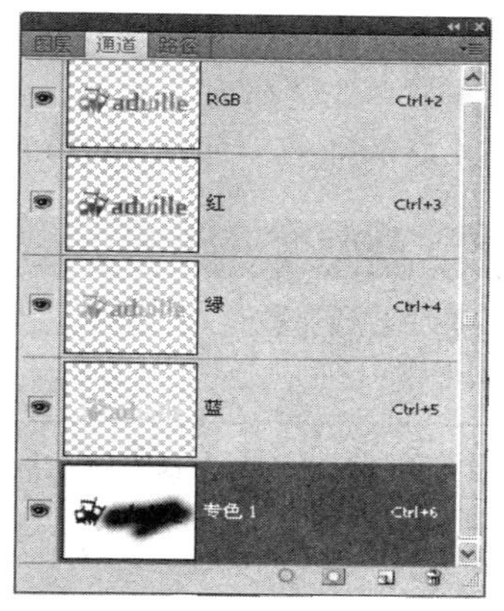

图 13-26　扩展专色

提示：更改通道的蒙版显示颜色与快速蒙版的改变方法相同。Alpha 通道一般用来储存选区，专色通道是一种预先混合的颜色，当只需要在部分图像上打印一种或两种颜色时，常使用专色通道。该通道经常使用在徽标或文字上，用来加强视觉效果以引人注意。

13.5　分离与合并通道

在 Photoshop“通道”调板中存在的通道是可以进行重新拆分和拼合的，拆分后可以得到不同通道下的图像显示的灰度效果。将分离并单独调整后的图像通过“合并通道”命令可以将图像还原为彩色，只是在设置的通道图像不同时会产生颜色差异。

13.5.1　分离通道

分离通道可以将图像从彩色图像中拆分出来，从而显示原本的灰度图像，具体操作方法为：在“通道”的弹出菜单中选择“分离通道”命令，即可将图像拆分为组成彩色图像的灰度图像。图 13-27 所示的效果为分离前后的显示图像效果对比。

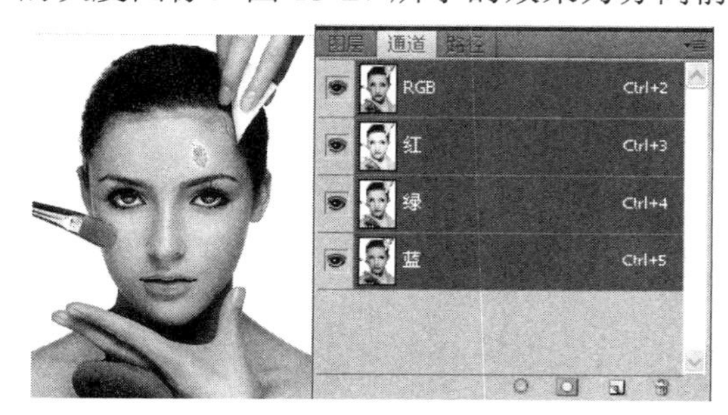

(a) 拆分前

(b) 拆分后

图 13-27 分离通道的对比效果

13.5.2 合并通道

合并通道可以将分离后并调整完毕的图像合并。单击“通道”调板下拉菜单中的“合并通道”选项，系统会弹出如图 13-28 所示的“合并通道”对话框。在“模式”下拉列表中选择“RGB 颜色”，在“通道”文本框中输入数量为“3”。

调整完毕后单击“确定”按钮，会弹出“合并 RGB 通道”对话框，在“指定通道”选项中指定合并后的通道，如图 13-29 所示。

图 13-28 “合并通道”对话框

图 13-29 “合并 RGB 通道”对话框

设置完毕后单击“确定”按钮，完成合并效果，如图 13-30 所示。

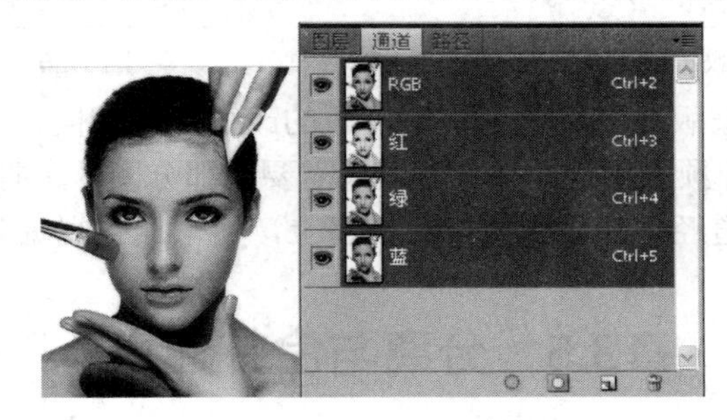

图 13-30 合并通道

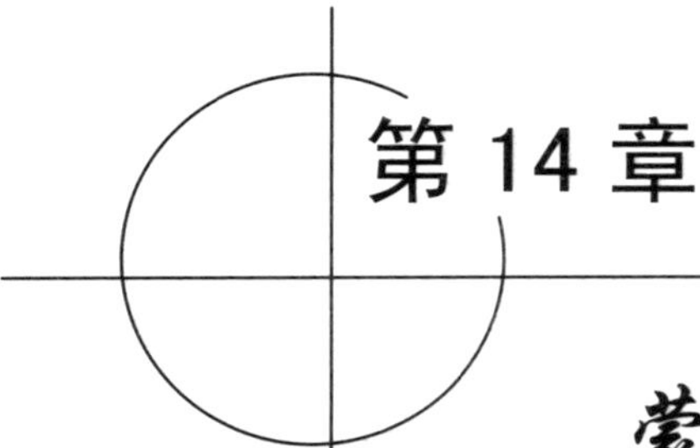

第 14 章　蒙版与通道的高级运用

14.1　“自动对齐图层”与“混合图层”命令

在 Photoshop 中，应用“自动对齐图层”与“混合图层”命令可以为多个拍摄同处的照片自动创建出全景照片效果或混合效果。

14.1.1　自动对齐图层

利用“自动对齐图层”命令可以快速将多张照片拼合成一张宽幅全景照并自动计算完成色调调整，为摄影者提供了非常方便的制作工具，既快速又简单。选择多个图层后，执行菜单中的“编辑”→“自动对齐图层”命令，会弹出如图 14-1 所示的“自动对齐图层”对话框。

该对话框中各项的含义如下：

(1) 投影：用来设置多图层堆栈时的校正方法。

- 自动：自动确定最佳投影。
- 透视：只允许透视图像变换。
- 拼贴：只允许图像的旋转、缩放和平移。
- 圆柱：只允许圆柱体图像变换。
- 球面：只允许球形图像变换。
- 调整位置：只允许图像平移。

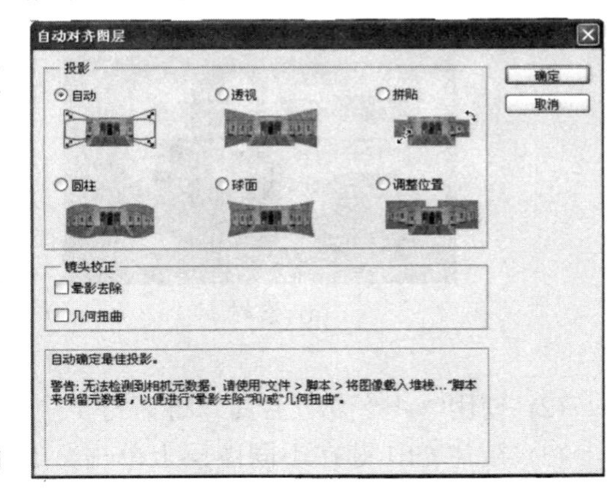

图 14-1　“自动对齐图层”对话框

(2) 镜头校正：快速修整图像中的晕影和几何扭曲。

- 晕影去除：去除图像中的晕影和修整曝光度。
- 几何扭曲：对摄影时产生的透视扭曲进行校正。

14.1.2　自动混合图层

利用“自动混合图层”命令可以快速将多图层中的图像进行对齐并添加图层蒙版，使图层之间更加融合。选择多个图层后，执行菜单中的“编辑”→“自动混合图层”命令，会弹出如图 14-2 所示的“自动混合图层”对话框。

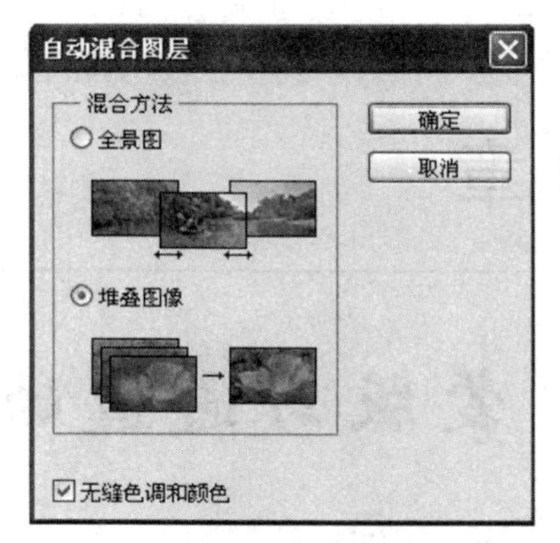

图 14-2 “自动混合图层”对话框

该对话框中各项的含义如下：

(1) 混合方法：用来设置多图层堆栈时的混合效果。

- 全景图：将重叠的图像混合成一个全景图。
- 堆叠图像：混合每个区域间的最佳细节(最适合于对齐的图像)。

(2) 无缝色调和颜色：调整颜色和色调以便进行无缝混合。

【范例】 通过自动对齐图层命令制作全景照片。

本范例主要让大家了解使用“自动对齐图层”命令将多个图像制作成全景照片的方法。操作步骤如下：

(1) 执行菜单中的“文件”→“打开”命令或按组合键 Ctrl+O，打开图片素材，如图 14-3 所示。

(a) 素材 1

(b) 素材 2

图 14-3 素材

(2) 使用“移动工具”将素材 1 中的图像拖动到素材 2 中，如图 14-4 所示。

(3) 按住 Ctrl 键在不同图层上单击，选择各个图层，如图 14-5 所示。

图 14-4 “图层”调板

图 14-5 选择图层

(4) 执行菜单中的“编辑”→“自动对齐图层”命令，打开“自动对齐图层”对话框，勾选“自动”单选框，其他参数不变，如图 14-6 所示。

(5) 单击“确定”按钮，效果如图 14-7 所示。

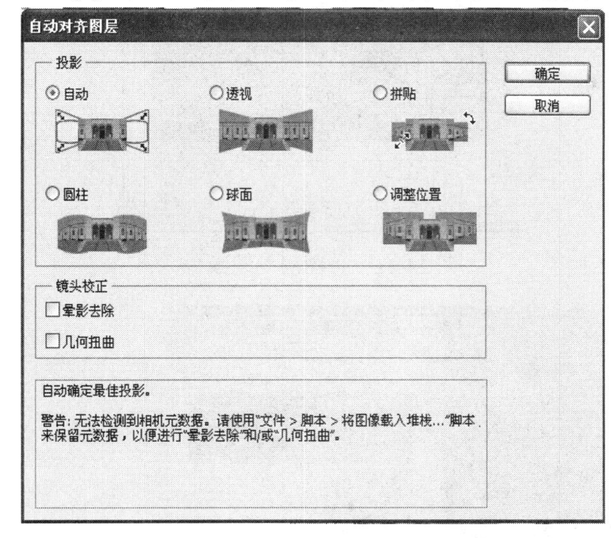

图 14-6　“自动对齐图层”对话框

图 14-7　自动对齐后

【范例】 通过自动混合图层命令制作混合合成图像。

本范例主要让大家了解使用“自动混合图层”命令制作合成图像的方法。操作步骤如下：

(1) 执行菜单中的“文件”→“打开”命令或按组合键 Ctrl+O，打开图片素材，如图 14-8 所示。

(2) 按组合键 Ctrl+J 复制背景图层，得到图层 1，执行菜单中的“编辑”→“变换”→“水平翻转”命令，将图像进行水平翻转，效果如图 14-9 所示。

图 14-8　素材

图 14-9　翻转

(3) 将背景与图层一同选取，执行菜单中的“编辑”→“自动混合图层”命令，打开“自动混合图层”对话框，勾选“全景图”单选框，如图 14-10 所示。

(4) 设置完毕后单击“确定”按钮，此时在“图层”调板中会自动出现一个黑色蒙版，如图 14-11 所示。

(5) 选择图层 1 中的蒙版缩略图，将前景色设置为“白色”，使用(画笔工具)在图像中进行涂抹，效果如图 14-12 所示。

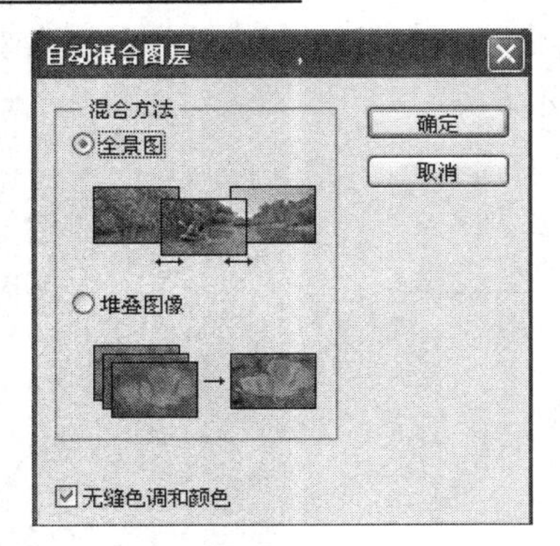

图 14-10 “自动混合图层”对话框

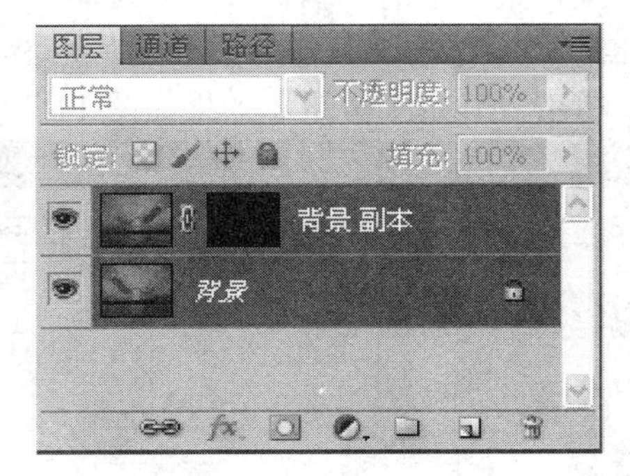

图 14-11 “图层”蒙版

图 14-12 编辑蒙版

(6) 使用(画笔工具)在图像中进行涂抹，效果如图 14-13 所示。

(7) 此时本例制作完成，效果如图 14-14 所示。

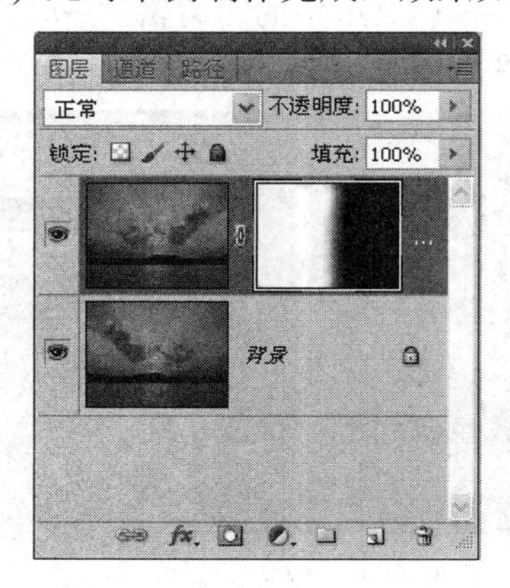

图 14-13 编辑蒙版

图 14-14 最终效果

14.2 应用图像与计算

在 Photoshop 中使用“应用图像”或“计算”命令可以通过通道与蒙版的结合而使图像混合更加细致，调出更加完美的选区，生成新的通道和创建新文档。

14.2.1　应用图像

“应用图像”可以将源图像的图层或通道与目标图像的图层或通道进行混合，从而创建出特殊的混合效果。执行菜单中的“图像”→“应用图像”命令，即可打开“应用图像”对话框，如图 14-15 所示。

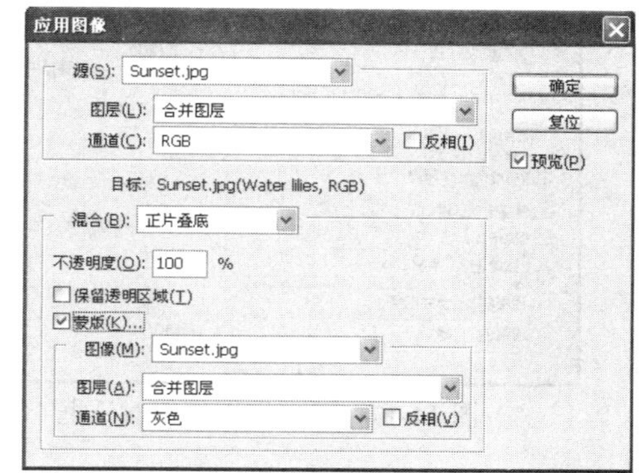

图 14-15　“应用图像”对话框

该对话框中各项的含义如下：

(1) 源：用来选择与目标图像相混合的源图像文件。

- 图层：如果源文件是多图层文件，则可以选择源图像中相应的图层作为混合对象。
- 通道：用来指定源文件参与混合的通道。
- 反相：勾选该复选框可以在混合时使用通道内容的负片。

(2) 目标：当前工作的文件图像。

- 混合：设置图像的混合模式。
- 不透明度：设置图像混合效果的强度。

(3) 保留透明区域：勾选该复选框，可以将效果只应用于目标图层的不透明区域而保留原来的透明区域。如果该图像只存在背景图层那么该选项将不可用。

(4) 蒙版：可以应用图像的蒙版进行混合，勾选该复选框，将弹出蒙版设置。

- 图像：在下拉菜单中选择包含蒙版的图像。
- 图层：在下拉菜单中选择包含蒙版的图层。
- 通道：在下拉菜单中选择作为蒙版的通道。
- 反相：勾选该复选框，可以在计算时使用蒙版的通道内容的负片。

技巧：因为“应用图像”命令是基于像素对像素的方式来处理通道的，所以只有图像的宽、高和分辨率相同时，才可以对两个图像应用此命令。

【范例】 通过应用图像命令制作混合效果。

本范例主要让大家了解应用“应用图像”命令制作合成图像混合效果的方法。操作步骤如下：

(1) 执行菜单中的“文件”→“打开”命令或按组合键 Ctrl+O，打开图片素材，如图 14-16 所示。

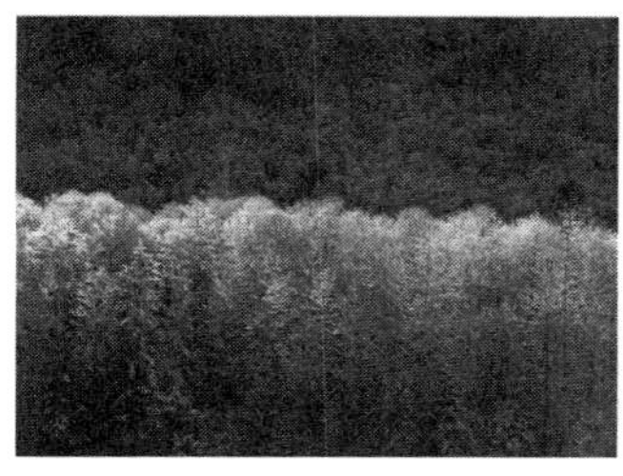

(a) 素材 1

(b) 素材 2

图 14-16　素材

(2) 选择素材 1，执行菜单中的“图像”→“应用图像”命令，打开“应用图像”对话框，设置“源”为素材 1，“通道”设置为“绿”，设置“混合”模式为“划分”，勾选“蒙版”复选框，设置“通道”为“绿”，如图 14-17 所示。

(3) 设置完毕后单击“确定”按钮，本例制作完成，效果如图 14-18 所示。

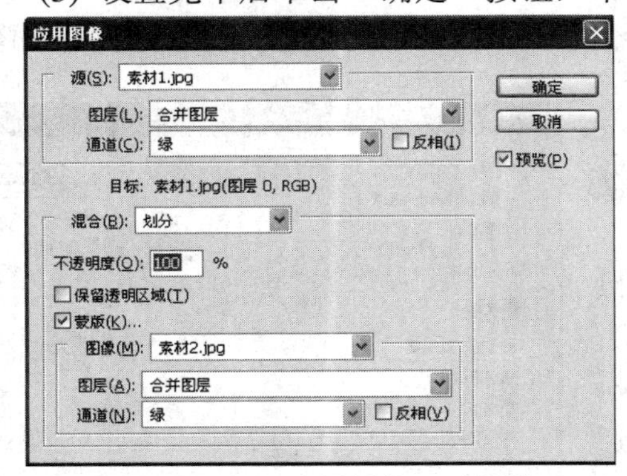

图 14-17 “应用图像”对话框

图 14-18 最终效果

14.2.2 计算

使用“计算”命令可以混合两个来自一个或多个源图像的单个通道，从而得到新图像、新通道或当前图像的选区。执行菜单中的“图像”→“计算”命令，即可打开“计算”对话框，如图 14-19 所示。

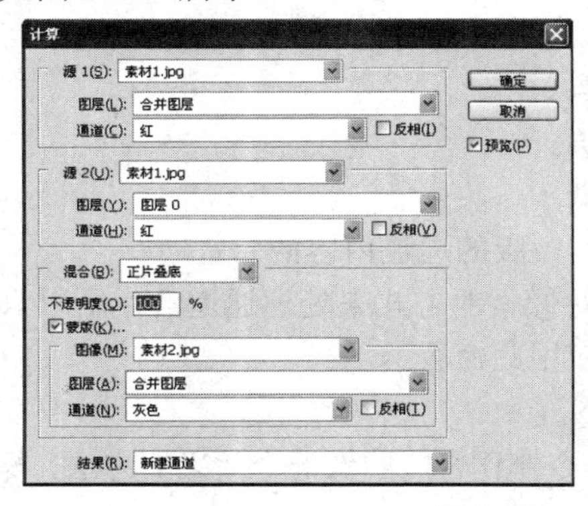

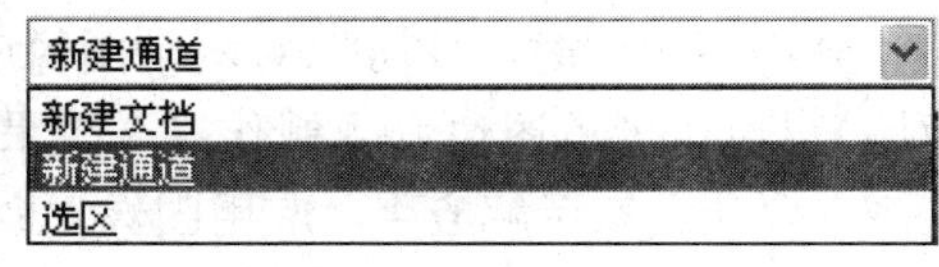

图 14-19 “计算”对话框

该对话框中各项的含义如下：

(1) 通道：用来指定源文件参与计算的通道，在“计算”对话框的“通道”下拉菜单中不存在复合通道。

(2) 结果：用来指定计算后出现的结果，包括新建文档、新建通道和选区。

- 新建文档：选择该项后，系统会自动生成一个多通道文档。
- 新建通道：选择该项后，将在当前文件中新建 Alpha1 通道。
- 选区：选择该项后，将在当前文件中生成选区。

【练习】 通过“计算”命令调整混合图像。

本练习主要让大家了解“计算”命令的使用方法。操作步骤如下：

(1) 执行菜单中的“文件”→“打开”命令或按组合键 Ctrl+O，打开图片素材，如图 14-20 所示。

(a) 图 1

(b) 图 2

图 14-20　素材

(2) 选择“图 1”素材，执行菜单中的“图像”→“计算”命令，打开“计算”对话框。在“源 1”部分设置“源”为“图 1”、“通道”为“红”，在“源 2”部分设置“源”为“图 2”、“通道”为“红”，设置“混合”为“亮光”，勾选“蒙版”复选框，设置“图像”为“风景.jpg”、“通道”为“灰色”，设置“结果”为“选区”，其他参数为默认值，如图 14-21 所示。

(3) 设置完毕后单击“确定”按钮，会发现在选择的“图 1”文档中生成了两个图像计算的选区，将选区填充为白色，效果如图 14-22 所示。

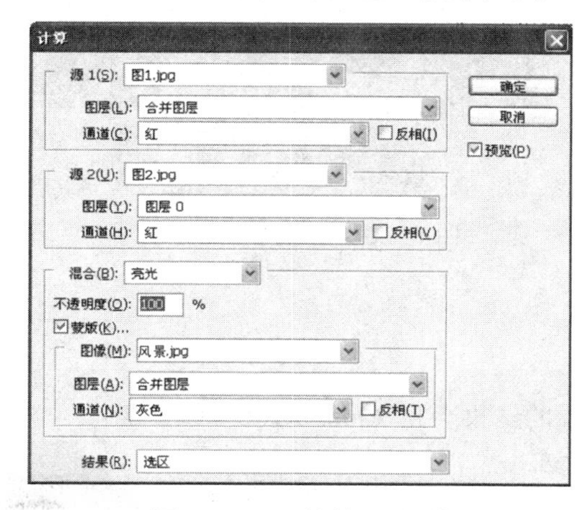

图 14-21　“计算”对话框

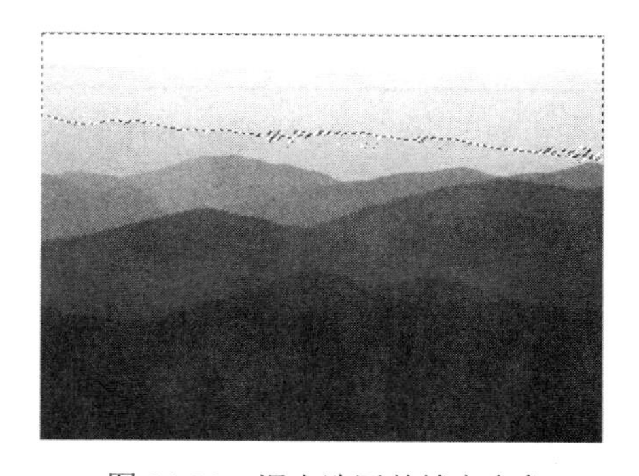
图 14-22　调出选区并填充白色

(4) 在“计算”对话框中，设置“结果”为“新建通道”，单击“确定”按钮，将在“通道”调板中新建一个 Alpha 通道，如图 14-23 所示。

(5) 在“计算”对话框中，设置“结果”为“新建文档”，单击“确定”按钮，系统会自动新建一个该混合后的图像文档，如图 14-24 所示。

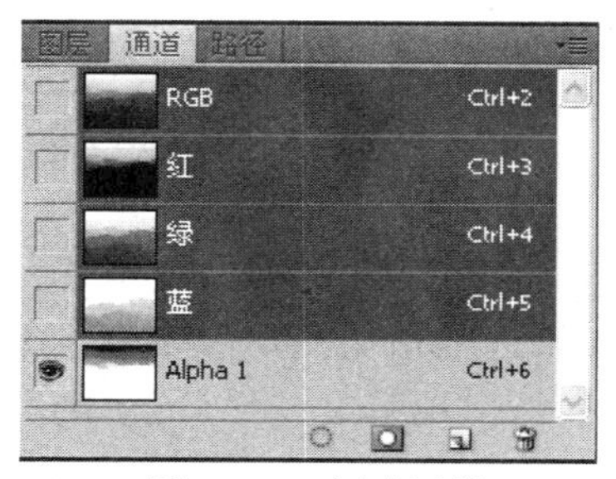

图 14-23　新建通道

图 14-24　新建文档

14.3 存储与载入选区

在 Photoshop 中存储的选区通常会被放置在 Alpha 通道中，再将选区进行载入时，被载入的选区就是存在于“通道”调板中的 Alpha 通道。

14.3.1 存储选区

在处理图像时创建的选区不止使用一次，如果想对创建的选区多次使用，就应该将其存储起来。对选区的存储可以通过“存储选区”命令来完成，比如在一张打开的图像中创建了一个选区，执行菜单中的“选择”→“存储选区”命令，即可打开“存储选区”对话框，如图 14-25 所示。单击“确定”按钮，即可将当前选区存储到 Alpha 通道中，如图 14-26 所示。

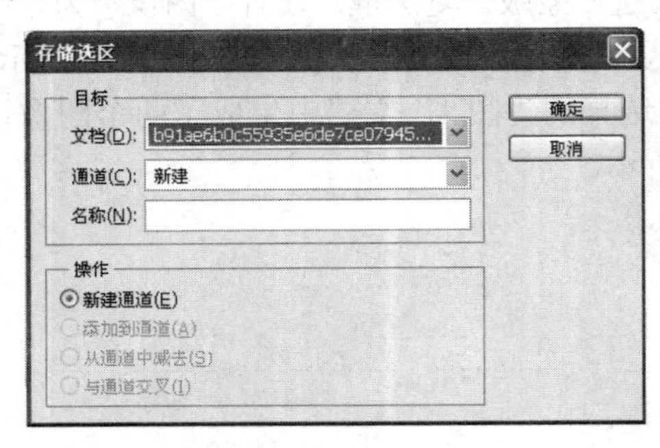

图 14-25 “存储选区”对话框

图 14-26 存储的选区

“存储选区”对话框中的各项含义如下：

(1) 文档：当前选区存储的文档。

(2) 通道：用来选择存储选区的通道。

(3) 名称：设置当前选区存储的名称，设置的结果会将 Alpha 通道名称替换。

(4) 新建通道：存储当前选区到新通道中，如果通道中存在 Alpha 通道，在存储新选区时，在对话框的“通道”中选择存在的 Alpha 通道时，操作部分的“新建通道”会变成“替换通道”，其他的选项会被激活，如图 14-27 所示。

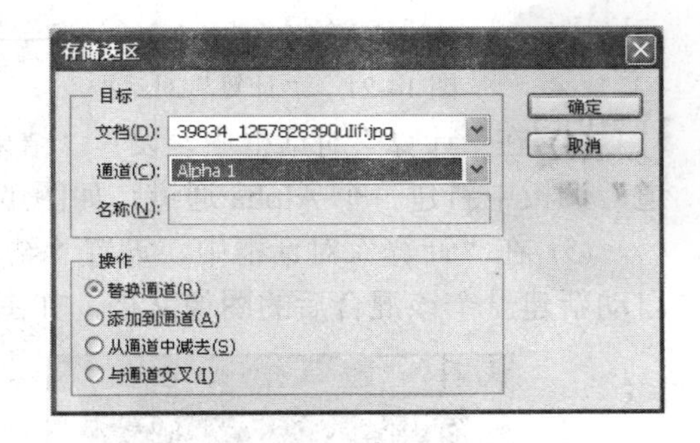

图 14-27 替换通道

(5) 替换通道：替换原来的通道。

(6) 添加到通道：在原有通道中加入新通道，如果选区相交，则会组合成新的通道。

(7) 从通道中减去：在原有通道中加入新通道，如果选区相交，则合成的选择区域会刨除相交的区域。

(8) 与通道交叉：在原有通道中加入新通道，如果选区相交，则合成的选择区域会只留下相交的部分。

【练习】 存储选区的方法。

本练习主要让大家了解“存储选区”命令的使用方法。操作步骤如下：

(1) 在图像中创建选区后，执行菜单中的“选择”→“存储选区”命令，即可将选区存储到 Alpha 通道中，可以参考图 14-25 和图 14-26 所示的效果。

(2) 在左边图像边缘创建一个椭圆选区，如图 14-28 所示。

(3) 执行菜单中的“选择”→“存储选区”命令，打开“存储选区”对话框，如图 14-27 所示，分别选择“替换通道”、“添加到通道”、“从通道中减去”和“与通道交叉”单选框，效果分别如图 14-29、图 14-30、图 14-31 和图 14-32 所示。

图 14-28　新建选区

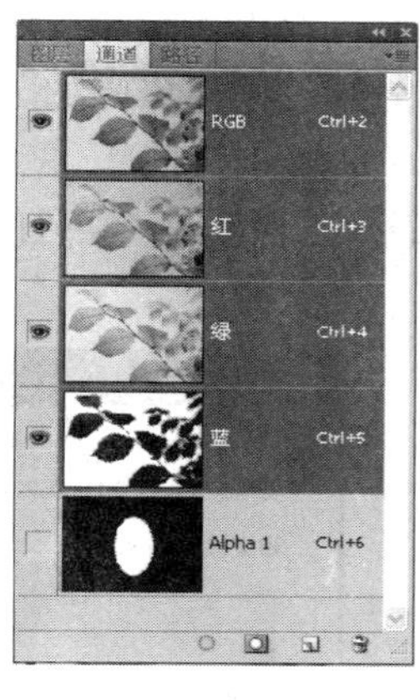

图 14-29　替换通道

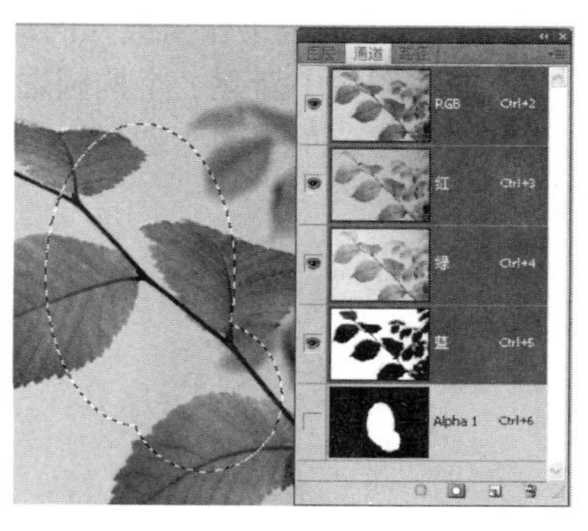

图 14-30　添加到通道

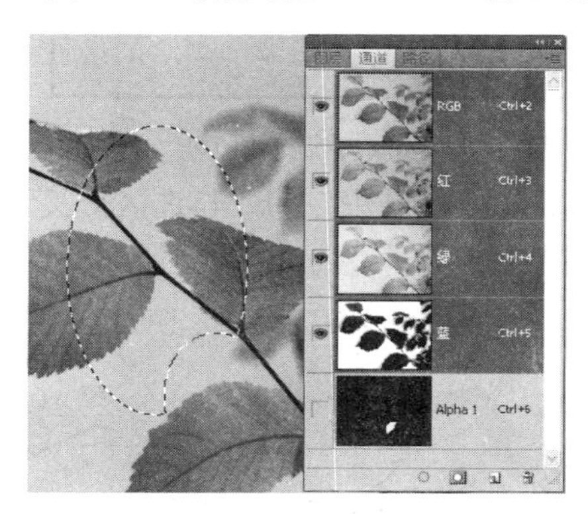

图 14-31　从通道中减去

图 14-32　与通道交叉

14.3.2　载入选区

存储选区后，在以后的应用中会经常用到存储的选区，下面就讲解将存储的选区载入的方法。当存储选区后，执行菜单中的“选择”→“载入选区”命令，可以打开“载入选区”对话框，如图 14-33 所示。

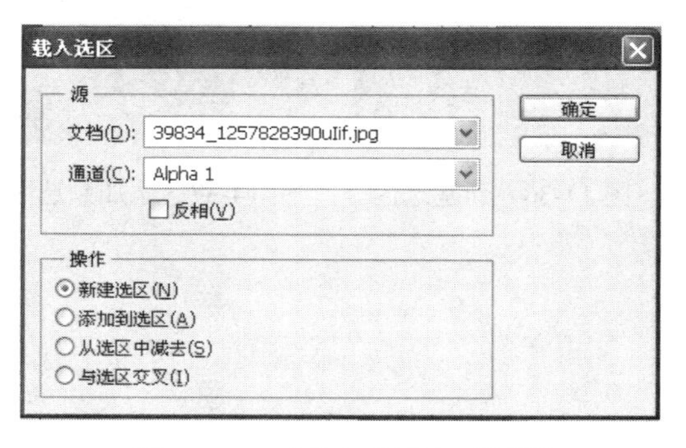

图 14-33　“载入选区”对话框

该对话框中各项的含义如下：

(1) 文档：要载入选区的当前文档。

(2) 通道：载入选区的通道。

(3) 反相：勾选该复选框，会将选区反选。

(4) 新建选区：载入通道中的选区。当图像中存在选区时，勾选此项可以替换图像中的选区，此时操作部分的其他选项会被激活。

(5) 添加到选区：载入选区时与图像的选区合成一个选区。

(6) 从选区中减去：载入选区时与图像中选区交叉的部分将被刨除。

(7) 与选区交叉：载入选区时与图像中选区交叉的部分将被保留。

【练习】 载入选区的方法。

本练习主要让大家了解“载入选区”命令的使用方法。本练习使用存储选区中的“新建通道”选项的效果作为载入的最初效果。操作步骤如下：

(1) 在图像中新建一个椭圆选区，如图 14-34 所示。

(2) 执行菜单中的“选择”→“载入选区”命令，打开如图 14-35 所示的“载入选区”对话框。

图 14-34 新建选区

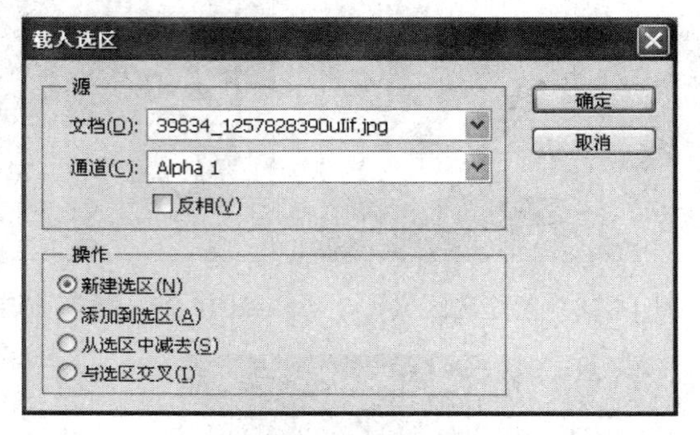

图 14-35 “载入选区”对话框

(3) 分别选择“新建选区”、“添加到选区”、“从选区中减去”和“与选区交叉”单选框，效果分别如图 14-36、图 14-37、图 14-38 和图 14-39 所示。

图 14-36 新建选区

图 14-37 添加到选区

图 14-38 从选区中减去

图 14-39 与选区交叉

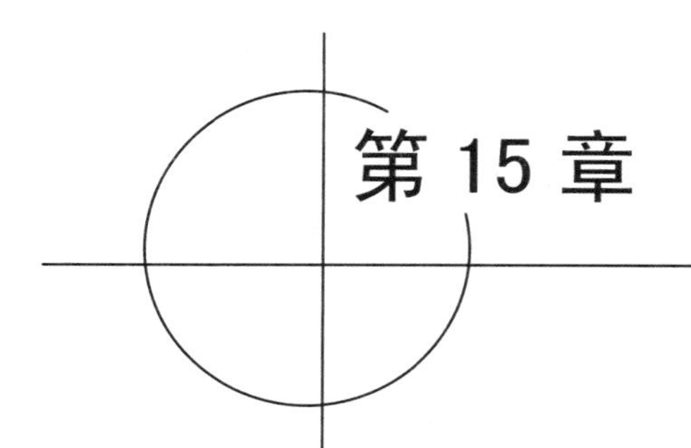

滤 镜 的 运 用

15.1　智 能 滤 镜

在 Photoshop CS5 中，智能滤镜可以在不破坏图像本身像素的条件下为图层添加滤镜效果，在“图层”调板中的显示就好比是图层样式，单击滤镜对应的名称可以重新打开“滤镜”对话框对其进行更符合主题的设置。

提示：对于没有对话框的滤镜，单击其名称会重新应用一次该滤镜命令。

15.1.1　创建智能滤镜

对“图层”调板中的“图层”应用滤镜后，原来的图像将会被取代：“图层”调板中的智能对象可以直接将滤镜添加到图像中，但是不破坏图像本身的像素。首先执行菜单中的“图层”→“智能对象”→“转换为智能对象”命令，即可将普通图层或背景图层变成智能对象，或执行菜单中的“滤镜”→“转换为智能滤镜”命令，此时会弹出如图 15-1 所示的提示对话框。然后单击“确定”按钮，即可将当前图层转换成智能对象图层，再执行相应的滤镜命令，就会在“图层”调板中看到该滤镜显示在智能滤镜的下方，如图 15-2 所示。

图 15-1　提示对话框

图 15-2　智能滤镜

15.1.2　编辑智能滤镜混合选项

在应用的滤镜效果名称上单击鼠标右键，在弹出的菜单中选择“编辑智能滤镜混合选项”选项，或双击 ，即可打开“混合选项”对话框，在该对话框中可以设置该滤镜在图层中的“模式”和“不透明度”，如图 15-3 所示。

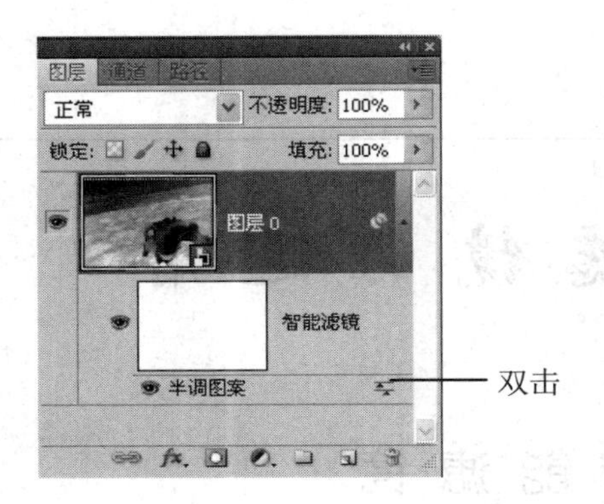

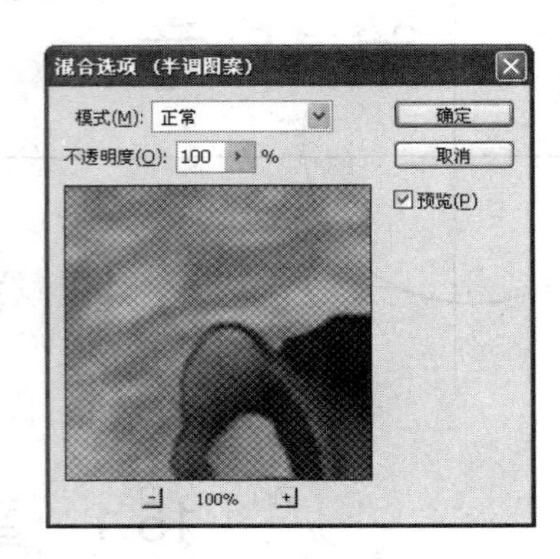

图 15-3 “混合选项”对话框

提示：创建“智能滤镜”后，在“图层”菜单中的“智能滤镜”才能被激活，选择相应的选项后可以对智能滤镜进行相应的编辑。

15.1.3 停用/启用智能滤镜

在“图层”调板中应用智能滤镜后，执行菜单中的“图层”→“智能滤镜”→“停用智能滤镜”命令，即可将当前使用的“智能滤镜”效果隐藏，还原图像原来的品质。此时“智能滤镜”子菜单中的“停用智能滤镜”命令变成“启用智能滤镜”命令，执行此命令即可启用智能滤镜，如图 15-4 所示。

(a) 停用智能滤镜

(b) 启用智能滤镜

图 15-4 “混合选项”对话框

技巧：在“图层”调板中“智能滤镜”前面的小眼睛位置单击，可以使智能滤镜在停用与启用之间转换。

15.1.4 删除与添加智能滤镜蒙版

执行菜单中的“图层”→“智能滤镜”→“删除智能滤镜蒙版”命令，即可将智能滤镜中的蒙版从“图层”调板中删除。此时“智能滤镜”子菜单中的“删除智能滤镜”

命令变成“添加智能滤镜”命令，执行此命令即可将蒙版添加到智能滤镜后面，如图 15-5 所示。

(a) 删除蒙版

(b) 添加蒙版

图 15-5　删除与添加智能滤镜蒙版

技巧：在“图层”调板中的“智能滤镜”效果名称上单击鼠标右键，在弹出的菜单中可以选择“删除”或“添加”智能滤镜蒙版。

15.1.5　停用/启用智能滤镜蒙版

执行菜单中的“图层”→“智能滤镜”→“停用智能滤镜蒙版”命令，即可将智能滤镜中的蒙版停用，此时会在蒙版上出现一个红叉。应用“停用智能滤镜蒙版”命令后，“智能滤镜”子菜单中的“停用智能滤镜蒙版”命令变成“启用智能滤镜蒙版”命令，执行此命令即可重新启用蒙版，如图 15-6 所示。

(a) 停用滤镜蒙版

(b) 启用滤镜蒙版

图 15-6　停用/启用智能滤镜蒙版

15.1.6　清除智能滤镜

执行菜单中的“图层”→“智能滤镜”→“清除智能滤镜”命令，即可将应用的智能滤镜从“图层”调板中删除，如图 15-7 所示。

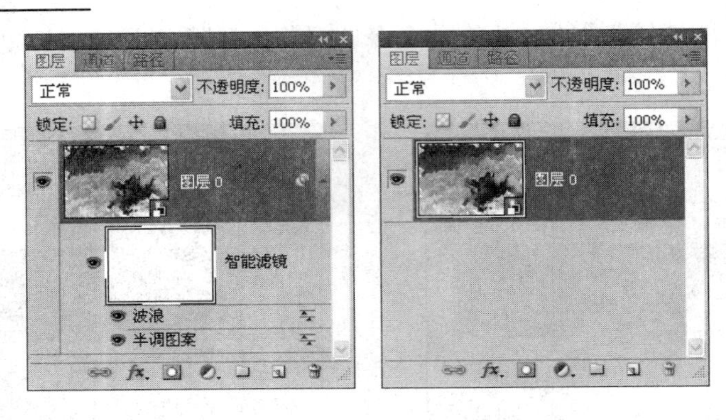

图 15-7 清除智能滤镜

15.1.7 改变滤镜顺序

在“图层”调板中使用鼠标直接在滤镜名称上上下拖动即可改变滤镜顺序，此时应用的滤镜效果也会跟随改变，如图 15-8 所示。

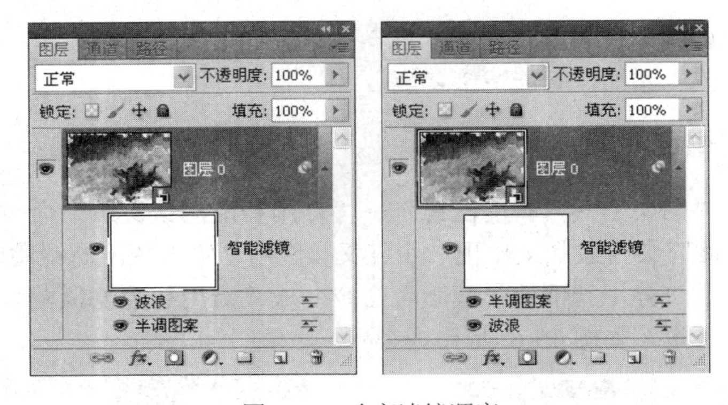

图 15-8 改变滤镜顺序

15.1.8 重新设置滤镜

在“图层”调板中使用鼠标直接在“木刻”滤镜名称上双击，此时便会打开如图 15-9 所示的“木刻”对话框，在对话框中可以重新设置各项参数。

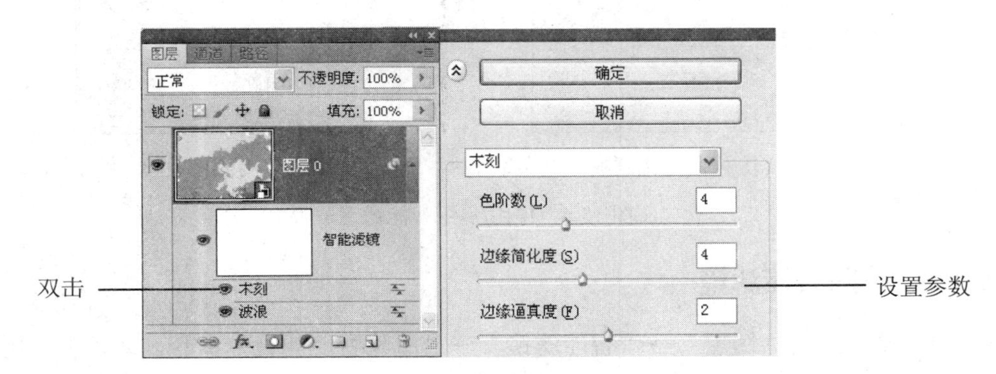

图 15-9 设置滤镜参数

15.2 滤 镜 库

使用“滤镜库”命令可以帮助读者在同一对话框中完成多个滤镜命令，并且可以重新改变使用滤镜的顺序或重复使用同一滤镜，从而得到不同的效果。在预览区中可以看到使用该滤镜得到的效果。执行菜单中的“滤镜”→“滤镜库”命令，可以打开如图 15-10 所示的对话框。

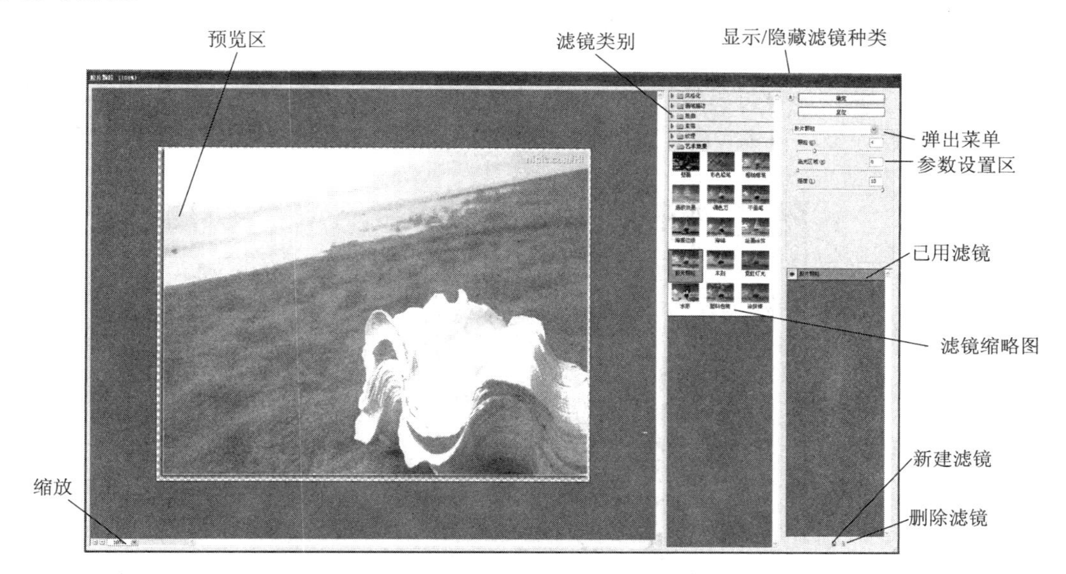

图 15-10　“滤镜库”对话框

该对话框中各项的含义如下：

(1) 预览区：预览应用滤镜后的效果。

(2) 滤镜类别：显示滤镜组中的所有滤镜，单击前面的倒三角形按钮即可将当前滤镜类型中的所有滤镜展开。

(3) 显示/隐藏滤镜种类：单击该按钮即可隐藏滤镜库中的滤镜类别和缩览图，只留下滤镜预览区，再次单击将重新显示滤镜类别。

(4) 弹出菜单：单击该按钮即可弹出滤镜类别中的所有滤镜名称，可以在下拉菜单中选择需要的滤镜。

(5) 参数设置区：在此处可以设置当前滤镜的各项参数。

(6) 已用滤镜：在此处可以选择已经应用过的滤镜，选择后可以在参数设置区对其重新设置。单击前面的小眼睛可以将选取的滤镜隐藏或显示，还可以通过拖动改变滤镜的顺序，从而改变滤镜的总体效果。

• 删除滤镜：单击此按钮，可以将当前选取的滤镜效果图层删除，同时滤镜效果也被删除。

• 新建滤镜：单击此按钮，可以创建一个滤镜效果图层，新建的滤镜效果图层可以使用滤镜效果。选取任何一个已存在的效果图层，再选择其他滤镜后该图层效果就会变成该滤镜的图层效果。

- 滤镜缩略图：显示当前滤镜类别中的滤镜效果缩略图。
- 缩放：单击加号按钮可以放大预览区中的图像，单击减号按钮可以缩小预览区中的图像。

技巧：在预览区中按住 Ctrl 键单击鼠标会将图像放大，按住 Alt 键单击鼠标会将图像缩小。当图像放大到超出预览区时使用鼠标即可拖动图像来查看图像的局部。

15.3 液　　化

使用“液化”滤镜命令可以使图像产生液体流动的效果，从而创建出局部推拉、扭曲、放大、缩小、旋转等特殊效果。执行菜单中的“滤镜”→“液化”命令，即可打开如图 15-11 所示的“液化”对话框。

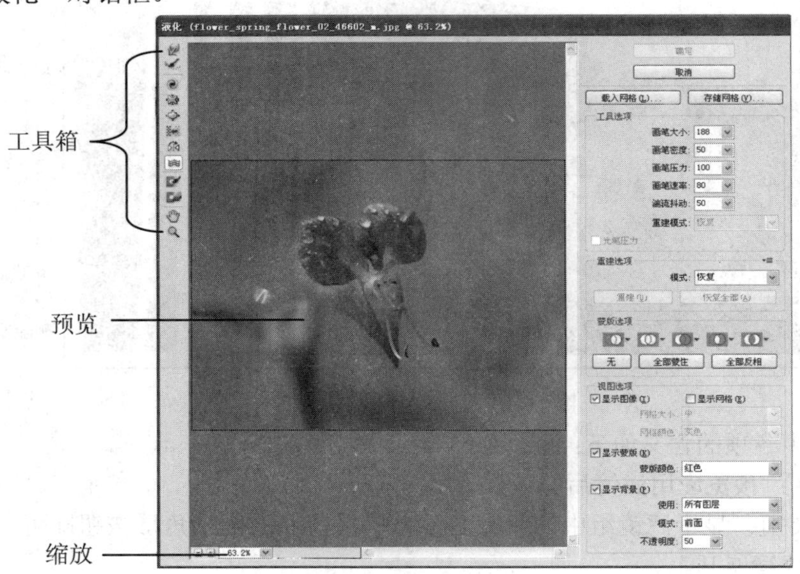

图 15-11　“液化”对话框

该对话框中各项的含义如下：

(1) 工具箱：用来存放液化处理图像的工具。

- (向前变形工具)：使用该工具在图像上拖动，会使图像向拖动方向产生弯曲变形效果，如图 15-12 所示。原图以“液化”对话框中的预览图像为准。

图 15-12　向前变形效果

- (重建工具)：使用该工具在图像上已发生变形的区域单击或拖动，可以使已变形图像恢复为原始状态，如图 15-13 所示。
- (顺时针旋转扭曲工具)：使用该工具在图像上单击时，可以使图像中的像素顺时针旋转，如图 15-14 所示。使用该工具在图像上单击鼠标时按住 Alt 键，可以使图像中的像素逆时针旋转，如图 15-15 所示。

图 15-13 重建效果

图 15-14 顺时针旋转效果

图 15-15 逆时针旋转效果

• (褶皱工具)：在图像上单击或拖动时，会使图像中的像素向画笔区域的中心移动，使图像产生收缩效果，如图 15-16 所示。

• (膨胀工具)：在图像上单击或拖动时，会使图像中的像素从画笔区域的中心向画笔边缘移动，使图像产生膨胀效果。该工具产生的效果正好与(褶皱工具)产生的效果相反，如图 15-17 所示。

• (左推工具)：在图像上拖动时，图像中的像素会以相对于拖动方向左垂直的方向在画笔区域内移动，使其产生挤压效果，如图 15-18 所示；按住 Alt 键拖曳鼠标时，图像中的像素会以相对于拖动方向右垂直的方向在画笔区域内移动，使其产生挤压效果，如图 15-19 所示。

图 15-16 褶皱收缩效果

图 15-17 膨胀效果

图 15-18 左推效果

图 15-19 右推效果

• (镜像工具)：在图像上拖动时，图像中的像素会以相对于拖动方向右垂直的方向产生镜像效果，如图 15-20 所示；按住 Alt 键拖动鼠标时，图像中的像素会以相对于拖动方向左垂直的方向产生镜像效果，如图 15-21 所示。

• (湍流工具)：在图像上拖动时，图像中的像素会平滑地混合在一起，使用该工具可以十分轻松地在图像上产生与火焰、波浪或烟雾相似的效果，如图 15-22 所示。

图 15-20 左镜像效果

图 15-21 右镜像效果

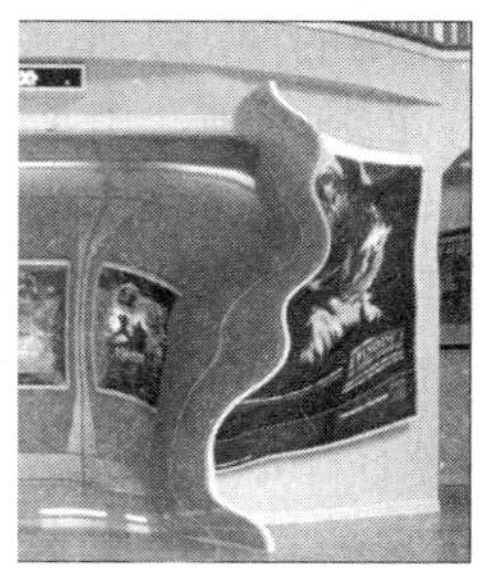

图 15-22 湍流效果

• (冻结蒙版工具)：在图像上拖动时，图像中画笔经过的区域会被冻结，冻结后的区域不会受到变形的影响，如图 15-23 所示图像的红色区域就是预览区中的被冻结部分。使用(向前变形工具)在图像上拖动后经过冻结的区域图像不会被变形，如图 15-24 所示。

• (解冻蒙版工具)：在图像上已经冻结的区域上拖动时，画笔经过的地方将会被解冻，如图 15-25 所示。

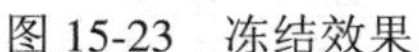

图 15-23　冻结效果　　图 15-24　向前变形液化效果　　图 15-25　解冻效果

• (缩放工具)：用来缩放预览区的视图，在预览区内单击鼠标会将图像放大，按住 Alt 键单击鼠标会将图像缩小。

• (抓手工具)：当图像放大到超出预览框时，使用该工具可以移动图像查看局部。

提示：“液化”对话框中除了选择(缩放工具)外，按住 Ctrl 键在预览区单击鼠标也会将图像变大。

(2) 工具选项：用来设置选择相应工具时的设置参数。

• 画笔大小：用来控制选择工具的画笔宽度。

• 画笔密度：用来控制画笔与图像像素的接触范围。数值越大，范围越广。

• 画笔压力：用来控制画笔的涂抹力度。压力为 0 时，将不会对图像产生影响。

• 画笔速率：用来控制重建、膨胀等工具在图像中单击或拖动时的扭曲速度。

• 湍流抖动：用来控制湍流工具混合像素时的紧密程度。

• 重建模式：用来控制重建工具在重建图像时的模式。

• 画笔压力：在计算机连接数位板时，该选项会被激活，勾选该复选框后，可以通过绘制时使用的压力大小来控制工具绘制效果。

(3) 重建选项：用来设置恢复图像的设置参数。

• 模式：在下拉菜单中可以选择重建的模式，包括恢复、刚性、生硬、平滑和松散五项。

• 重建：单击此按钮可以完成一次重建效果，单击多次可完成多次重建效果。

• 恢复全部：单击此按钮可以去掉图像的所有液化效果，使其恢复到初始状态。即使冻结区域存在液化效果，单击此按钮同样可以将其恢复到初始状态。

(4) 蒙版选项：用来设置与图像中存在的蒙版、通道等效果的混合选项。

• (替换选区)：显示原图像中的选区、蒙版或透明度，如图 15-26 所示。

图 15-26　替换选区

- (添加到选区)：显示原图像中的蒙版，可以将冻结区域添加到选区蒙版，如图 15-27 所示。

图 15-27　添加到选区

- (从选区中减去)：从冻结区域减去选区或通道的区域，如图 15-28 所示。

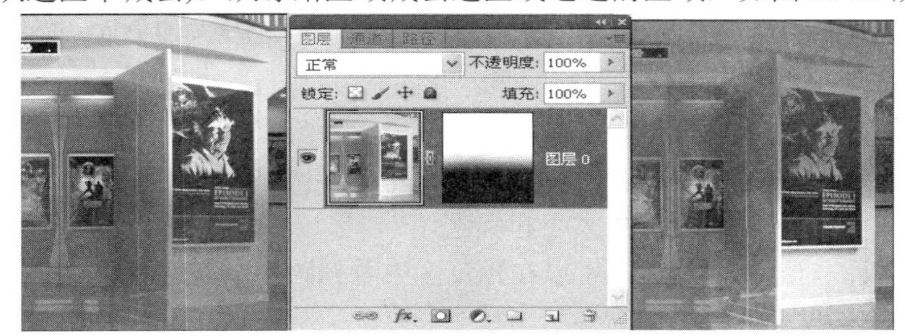

图 15-28　从选区中减去

- (与选区交叉)：只有冻结区域与选区或通道交叉的部分可用，如图 15-29 所示。

图 15-29　与选区交叉

- (反相选区)：将冻结区域反选，如图 15-30 所示。

图 15-30　反相选区

- 无：单击此按钮，可以将图像中的所有冻结区域解冻，如图 15-31 所示。
- 全部蒙版：单击此按钮，可以将整个图像冻结，如图 15-32 所示。
- 全部反相：单击此按钮，可以将冻结区域与非冻结区域调转，如图 15-33 所示。

图 15-31　解冻

图 15-32　全部蒙版

图 15-33　全部反相

(5) 视图选项：用来设置预览区域的显示状态。

- 显示图像：勾选此复选框，可以在预览区中看到图像。
- 显示网格：勾选此复选框，可以在预览区中看到网格，此时“网格大小”和“网格颜色”被激活，从中可以设置网格大小和颜色。
- 显示蒙版：勾选此复选框，可以在预览区中看到图像中冻结区域被掩盖。
- 蒙版颜色：设置冻结区域的颜色。
- 显示背景：勾选此复选框，可以设置在预览区中看到“图层”调板中的其他图层。
- 使用：在下拉菜单中可以选择在预览区中显示的图层。
- 模式：设置其他显示图层与当前预览区中图像的层叠模式，如前面、后面和混合等。
- 不透明度：设置其他图层与当前预览区中图像之间的不透明度。

(6) 预览区域：用来显示编辑过程的窗口。

打开一张自己喜欢的图像后，执行菜单中的“滤镜”→“液化”命令，在对话框中使用各种工具在图像中涂抹可以对图像进行液化处理，图 15-34 所示为应用“液化”前后的效果对比图。

(a) 液化前

(b) 液化后

图 15-34　液化图像对比图

15.4 镜头校正

使用“镜头校正”滤镜命令可以对摄影时产生的镜头缺陷进行校正，例如桶形失真、枕形失真、晕影以及色差等。执行菜单中的“滤镜”→“镜头校正”命令，即可打开如图 15-35 和图 15-36 所示的“镜头校正”对话框。

图 15-35　自定调整状态下的镜头校正

图 15-36　自动校正状态下的镜头校正

“镜头校正”对话框中各项的含义如下：

1. 工具部分

(1) (移去扭曲工具)：使用该工具可以校正镜头枕形或桶形失真，从中心向外拖动鼠标会使图像向外凸起，从边缘向中心拖动鼠标会使图像向内收缩(凹陷)，如图 15-37 所示。

图 15-37　凸起与凹陷

(2) (拉直工具)：使用该工具在图像中绘制一条直线，可以将图像重新拉直到横轴或纵轴，如图 15-38 所示。

图 15-38　按纵轴调整角度

(3) (移动网格工具)：使用该工具在图像中拖动可以移动网格，使其重新对齐。

(4) (缩放工具)：用来缩放预览区的视图，在预览区内单击鼠标会将图像放大，按住 Alt 键单击鼠标会将图像缩小。

(5) (抓手工具)：当图像放大到超出预览框时，使用该工具可以移动图像察看局部。

2. 设置部分

(1) 设置：用来选择一个预设的控件设置。

(2) 移去扭曲：通过输入数值或拖动控制滑块，对图像进行校正处理。当输入的数值为负值或向左拖动控制滑块时可以修复枕形失真；当输入的数值为正值或向右拖动控制滑块时可以修复桶形失真。

(3) 色差：用来校正图像的色差。

- 修复红/青边：通过输入数值或拖动控制滑块来调整图像内围绕边缘细节的红边和青边。
- 修复蓝/黄边：通过输入数值或拖动控制滑块来调整图像内围绕边缘细节的蓝边和黄边。

(4) 晕影：用来校正由于镜头缺陷或镜头遮光处理不正确而导致的图像边缘较暗现象。

- 数量：调整围绕图像边缘的晕影量。
- 中点：选择晕影中点可影响晕影校正的外延。

(5) 设置镜头默认值：如果图像中包含“相机”、“镜头”、“焦距”等信息，单击该按钮，可以将其设置为默认值。

3. 变换部分

(1) 垂直透视：用来校正图像的顶端或底端的垂直透视。

(2) 水平透视：用来校正图像的左侧或右侧的水平透视。

(3) 角度：用来校正图像旋转角度，与 (拉直工具)类似。

(4) 比例：用来调整图像大小，但不影响文件大小。

4. 其他部分

(1) 预览：勾选该复选框后，可以在原图中看到校正结果。

(2) 显示网格：勾选该复选框后，可以在预览工作区为图像显示网格以便对齐。

(3) 大小：控制显示网格的大小。

(4) 颜色：控制显示网格的颜色。

5. 预览部分

预览部分用来显示当前校正图像并可以进行调整。

6. 自动校正

自动校正功能按照不同的相机快速调整并校正扭曲。

(1) 自动缩放图像：勾选该复选框后图像会自动填满当前图像的画布。

(2) 边缘：选择对校正图像边缘的填充方式。

- 透明度：以透明像素填充。
- 边缘扩展：以图像边缘的像素进行扩展填充。
- 黑色：使用黑色填充校正边缘。
- 白色：使用白色填充校正边缘。

(3) 搜索条件：选取相机的制造商、型号、镜头型号。

(4) 镜头配置文件：当前选取镜头对应的校正参数。

使用“自动校正”时，只要选择相机、镜头等选项，即可自动对图像进行校正，如图 15-39 所示。

图 15-39　自动校正

15.5 消　失　点

使用“消失点”滤镜命令中的工具可以在创建的图像选区内进行克隆、喷绘、粘贴图像等操作。所做的操作会自动应用透视原理，按照透视的比例和角度自动计算，自动适应对图像的修改，大大节约了精确设计和制作多面立体效果所需的时间。使用“消失点”命令还可以将图像依附到三维图像上，系统会自动计算图像的各个面的透视程度。执行菜单中的“滤镜”→“消失点”命令，可打开如图 15-40 所示的“消失点”对话框。

图 15-40 “消失点”对话框

该对话框中各项的含义如下：

(1) (创建平面工具)：可以在预览编辑区的图像中单击创建平面的 4 个点，节点之间会自动连接成透视平面，在透视平面边缘上按住 Ctrl 键向外拖动时，会产生另一个与之配套的透视平面，创建过程如图 15-41 所示。

(a) 创建第一个平面

(b) 创建第二个平面

图 15-41 创建平面过程

(2) (编辑平面工具)：可以对创建的透视平面进行选择、编辑、移动和调整大小。存在两个平面时，按住 Alt 键拖动控制点可以改变两个平面的角度，如图 15-42 所示。此时选项栏中的“网格大小”和“角度”两个选项会被激活，可以用来更改平面中的网格密度和角度。

图 15-42 选项栏

- 网格大小：用来控制透视平面中网格的密度。数值越小，网格越多。
- 在透视平面边缘上按住 Ctrl 键向外拖动鼠标时，会产生另一个与之配套的透视平面，在“角度”对应的文本框中输入数值可以控制平面之间的角度。

提示：用(创建平面工具)创建平面以及用(编辑平面工具)编辑平面时，如果在创建或编辑的过程中节点连线成为“红色”或“黄色”，此时的平面将是无效平面。

(3) (选框工具)：在平面内拖动即可在平面内创建选区，如图 15-43 所示。按住 Alt 拖动选区可以将选区内的图像复制到其他位置，复制的图像会自动生成透视效果，如图 15-44 所示；按住 Ctrl 键拖动选区可以将选区停留的图像复制到创建的选区内，如图 15-45 所示。选择(选框工具)后，在对话框的选项栏中将会出现“羽化”、“不透明度”、“修复”和“移动模式”4 个选项，如图 15-46 所示。

图 15-43　创建选区

图 15-44　按住“Alt”键拖动选区

图 15-45　按住 Ctrl 键拖动选区

羽化：1　不透明度：100　修复：关　移动模式：目标

图 15-46　矩形工具选项栏

- 羽化：设置选区边缘的平滑程度。
- 不透明度：设置复制区域的透明程度。
- 修复：设置复制区域与背景的混合处理，包括关、明亮度和开。
- 移动模式：设置复制的模式，与按 Ctrl 键和 Alt 键相同。

(4) (图章工具)：该工具与软件工具箱中的(仿制图章工具)用法相同，只是多出了修复透视区域效果，按住 Alt 键在平面内取样，如图 15-47 所示，松开键盘，移动鼠标到需要仿制的地方按下鼠标拖动即可复制，复制的图像会自动调整所在位置的透视效果，如图 15-48 所示。选择(图章工具)后，在对话框中的选项栏中将会出现“直径”、“硬度”、“不透明度”、“修复”和“对齐”5 个选项，如图 15-49 所示。

图 15-47　取样

图 15-48　修复

直径：100　硬度：50　不透明度：100　修复：关　☑对齐

图 15-49　图章工具选项栏

• 直径：设置图章工具的画笔大小。

• 硬度：设置图章工具画笔边缘的柔和程度。

• 对齐：勾选该复选框后，复制的区域将会与目标选取点处于同一直线，不勾选该复选框，可以在不同位置复制多个目标点，复制的对象会自动调整透视效果。

技巧：按住 Shift 键单击可以将描边扩展到上一次单击处。

(5) (画笔工具)：使用该工具可以在图像内绘制选定颜色的画笔，在创建的平面内绘制的画笔会自动调整透视效果，如图 15-50 所示。选择该工具后，在对话框中的选项栏中将会出现“直径”、“硬度”、“不透明度”、“修复”和“画笔颜色”5 个选项，如图 15-51 所示。

图 15-50 绘制画笔

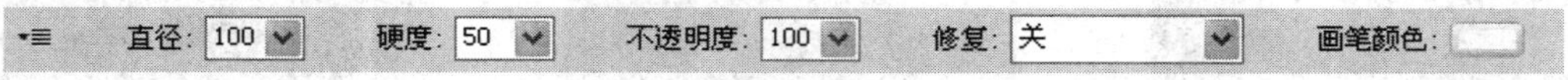

直径: 100 硬度: 50 不透明度: 100 修复: 关 画笔颜色:

图 15-51 画笔工具选项栏

(6) (变换工具)：使用该工具可以对选区复制的图像进行调整变换，如图 15-52 所示。还可以将复制“消失点”对话框中的其他图像拖动到多维平面内，并可以对其进行移动和变换，如图 15-53 所示。选择该工具后，在对话框的选项栏中将会出现“水平翻转”和“垂直翻转”两个选项，如图 15-54 所示。

图 15-52 变换复制的图像

图 15-53 变换复制的图像到多维平面内

□水平翻转 □垂直翻转

图 15-54 变换工具选项栏

• 水平翻转：勾选该复选框可以将变换的图像水平翻转。

• 垂直翻转：勾选该复选框可以将变换的图像垂直翻转。

(7) (吸管工具)：在图像中采集颜色，选取的颜色可作为画笔的颜色。

(8) (缩放工具)：用来缩放预览区的视图，在预览区内单击鼠标会将图像放大，按住 Alt 键单击鼠标会将图像缩小。

(9) (抓手工具)：当图像放大到超出预览框时，使用该工具可以移动图像察看局部。

15.6 “风格化”滤镜组

“风格化”滤镜组可以使图像产生印象派或其他绘画效果，其效果非常显著，几乎看不出原图效果。其中包括查找边缘、等高线、风、浮雕效果、扩散、拼贴、曝光过度、凸出和照亮边缘 9 种滤镜。图 15-55 所示为原图，图 15-56 和图 15-57 所示分别为应用“浮雕效果”和“凸出”滤镜后的效果。

图 15-55　原图

图 15-56　浮雕效果

图 15-57　凸出

15.7　“画笔描边”滤镜组

“画笔描边”滤镜组可以控制图像中笔刷描边的类型及形式。其中包括成角的线条、油墨轮廓、喷溅、喷色描边、强化的边缘、深色线条、烟灰墨和阴影线 8 种滤镜。图 15-58 所示为原图，图 15-59 和图 15-60 所示分别为应用“阴影线”和“喷溅”滤镜后的效果。

图 15-58　原图

图 15-59　阴影线

图 15-60　喷溅

15.8　“像素化”滤镜组

“像素化”滤镜可以将图像分块，使其看起来像由许多小块组成，其中包括彩块化、彩色半调、点状化、晶格化、马赛克、碎片和铜版雕刻 7 种滤镜。图 15-61 所示为原图，图 15-62 和图 15-63 所示分别为应用“晶格化”和“铜版雕刻”后的效果。

图 15-61　原图

图 15-62　晶格化

图 15-63　铜版雕刻

15.9 “扭曲”滤镜组

“扭曲”滤镜组可以生成发光、波纹、旋转及扭曲效果，其中包括波浪、波纹、玻璃、海洋波纹、极坐标、挤压、扩散亮光、切变、球面化、水波、旋转扭曲和置换 12 种滤镜。图 15-64 所示为原图，图 15-65 和图 15-66 所示分别为应用“旋转扭曲”和“水波”滤镜后的效果。

图 15-64 原图

图 15-65 旋转扭曲

图 15-66 水波

15.10 “渲染”滤镜组

“渲染”滤镜组可以在图像中创建云彩图案、光照效果等，其中包括分层云彩、光照效果、镜头光晕、纤维和云彩 5 种滤镜。图 15-67 所示为原图，图 15-68 和图 15-69 所示分别为应用“纤维”和“光照效果”滤镜后的效果。

图 15-67 原图

图 15-68 纤维

图 15-69 光照效果

提示：“渲染”滤镜组中的“云彩”滤镜可以在空白图层中应用，产生的效果为前景色与背景色之间的混合效果。

15.11 “模糊”滤镜组

“模糊”滤镜组可以对图像中的像素起到柔化作用，从而使图像产生模糊效果，其中包括表面模糊、动感模糊、方框模糊、高斯模糊、进一步模糊、径向模糊、镜头模糊、模糊、平均、特殊模糊和形状模糊 11 种滤镜。图 15-70 所示为原图，图 15-71 和图 15-72 所示分别为应用“径向模糊”和“特殊模糊”滤镜后的效果。

图 15-70　原图

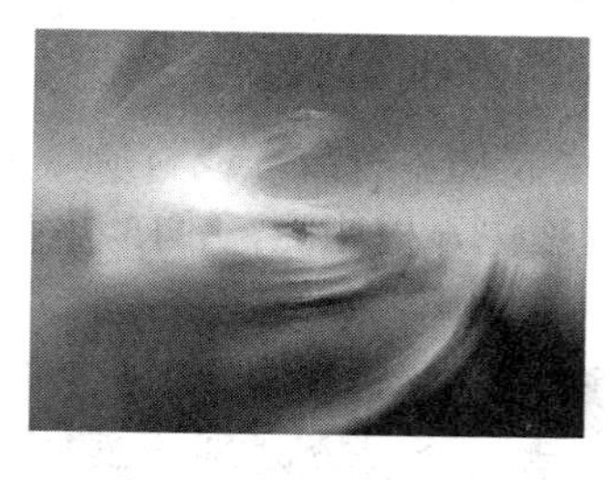
图 15-71　径向模糊

图 15-72　特殊模糊

15.12　“杂色”滤镜组

“杂色”滤镜组可以将图像中存在的噪点与周围像素融合，使其看起来不太明显，还可以在图像中添加许多杂色使之与图像转换成像素图案，其中包括减少杂色、蒙尘与划痕、添加杂色和中间值 4 种滤镜。图 15-73 所示为原图，图 15-74 和图 15-75 所示分别为应用“蒙尘与划痕”和“添加杂色”滤镜后的效果。

图 15-73　原图

图 15-74　蒙尘与划痕

图 15-75　添加杂色

15.13　“素描”滤镜组

“素描”滤镜组可以将图像转换成类似素描绘画的效果，其中包括半调图案、便条纸、粉笔和碳笔、铬黄、绘图笔、基底凸现、水彩画纸、撕边、石膏效果、碳笔、精碳笔、图章、网状和影印 14 种滤镜。图 15-76 所示为原图，图 15-77 和图 15-78 所示分别为应用“便条纸”和“水彩画纸”滤镜后的效果。

图 15-76　原图

图 15-77　便条纸

图 15-78　水彩画纸

15.14 “纹理”滤镜组

“纹理”滤镜组可以在图像中添加各种纹理或材质效果，其中包括龟裂缝、颗粒、马赛克拼贴、拼缀图、染色玻璃和纹理化 6 种滤镜。图 15-79 所示为原图，图 15-80 和图 15-81 所示分别为应用“马赛克拼贴”和“拼缀图”滤镜后的效果。

图 15-79　原图

图 15-80　马赛克拼贴

图 15-81　拼缀图

15.15 “艺术效果”滤镜组

“艺术效果”滤镜组可以在图像中模拟自然或传统介质，从而使作品更有绘画感觉或其他特殊效果，其中包括壁画、彩色铅笔、粗糙蜡笔、底纹效果、调色刀、干画笔、海报边缘、海绵、绘画涂抹、胶片颗粒、木刻、霓虹灯光、水彩、塑料包装和涂抹棒 15 种滤镜。图 15-82 所示为原图，图 15-83 和图 15-84 所示分别为应用“木刻”和“霓虹灯光”滤镜后的效果。

图 15-82　原图

图 15-83　木刻

图 15-84　霓虹灯光

15.16 “锐化”滤镜组

“锐化”滤镜组可以增强图像中相邻像素间的对比度，从而在视觉上使图像变得更加清晰，其中包括 USM 锐化、进一步锐化、锐化、锐化边缘和智能锐化 5 种滤镜。图 15-85 所示为原图，图 15-86 和图 15-87 所示分别为应用“进一步锐化”和“锐化边缘”滤镜后的效果。

图 15-85　原图

图 15-86　进一步锐化

图 15-87　锐化边缘

15.17　其他滤镜组

其他滤镜组中的滤镜是一组单独的滤镜，不适于任何滤镜组中的滤镜，该组中的滤镜可以用来偏移图像、调整最大值和最小值等，其中包括高反差保留、位移、自定、最大值和最小值 5 种滤镜。图 15-88 所示为原图，图 15-89 和图 15-90 所示分别为应用“高反差保留”和“位移”滤镜后的效果。

图 15-88　原图

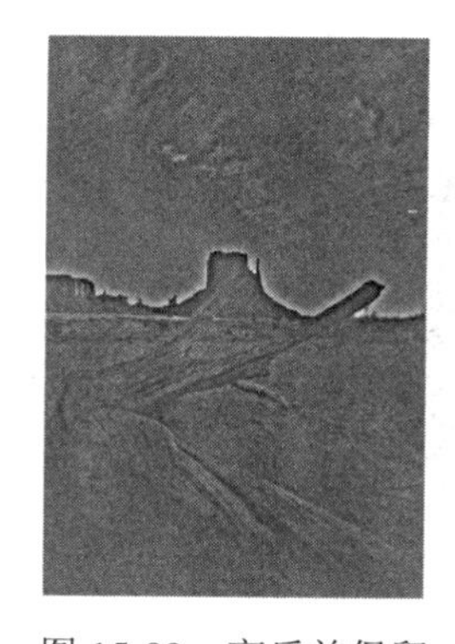

图 15-89　高反差保留

图 15-90　位移

【范例】 纹理背景。

本范例主要让大家了解“铜板雕刻”、“云彩”和“分成云彩”滤镜的使用方法。操作步骤如下：

(1) 新建空白文档，按键盘上的 D 键，将工具箱中的前景色设置为黑色，背景色设置为白色，执行菜单中的“滤镜”→“渲染”→“云彩”命令，效果如图 15-91 所示。

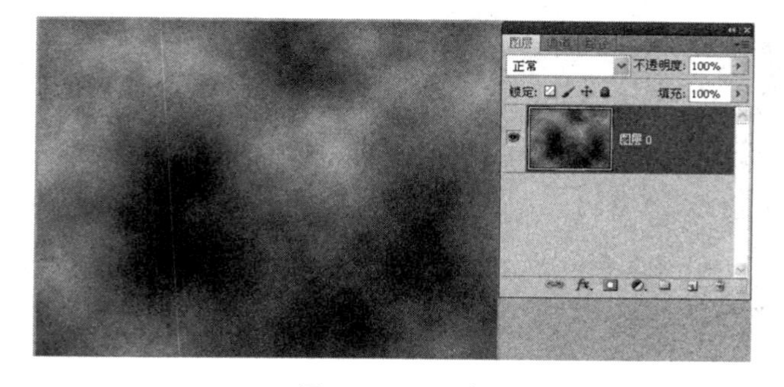

图 15-91　云彩

(2) 执行菜单中的“滤镜”→“渲染”→“分层云彩”命令，效果如图 15-92 所示。

(3) 执行菜单中的“滤镜”→“像素化”→“铜板雕刻”命令，打开“铜板雕刻”对话框，在“类型”下拉菜单中选择“中等点”选项，如图 15-93 所示。

图 15-92 分层云彩

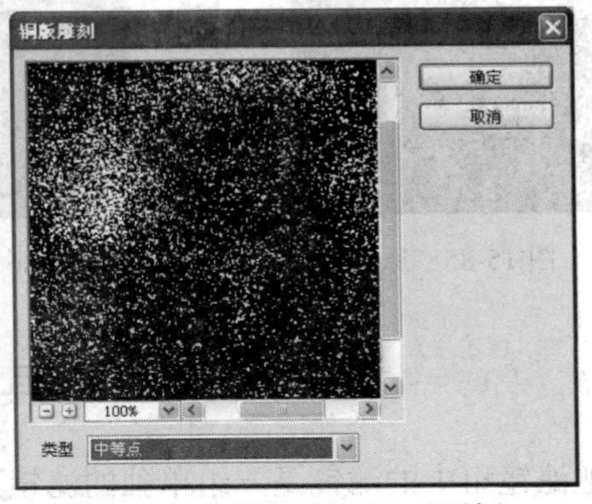

图 15-93 “铜版雕刻”对话框

(4) 设置完毕单击“确定”按钮，效果如图 15-94 所示。

(5) 在“图层”面板中拖动“背景”图层至“创建新图层”按钮上，复制“背景”图层得到“背景副本”图层，选择“背景副本”图层，执行菜单中的“滤镜”→“模糊”→“径向模糊”命令，打开“径向模糊”对话框，其中的参数设置如图 15-95 所示。

图 15-94 铜版雕刻

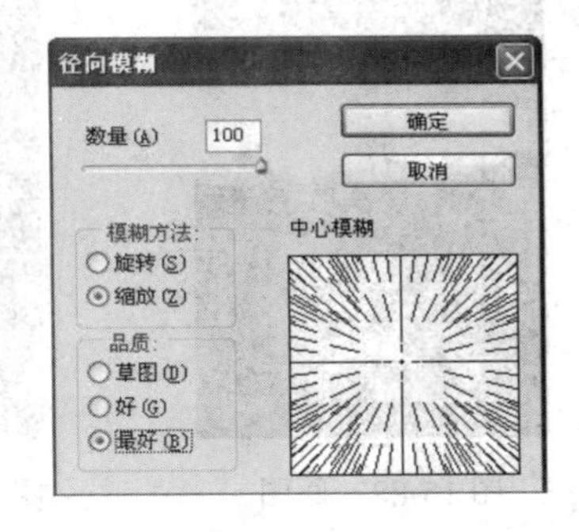

图 15-95 “径向模糊”对话框

(6) 设置完毕单击“确定”按钮，效果如图 15-96 所示。

(7) 选择“背景”图层，执行菜单中的“滤镜”→“模糊”→“径向模糊”命令，打开“径向模糊”对话框，其中的参数设置如图 15-97 所示。

图 15-96 模糊后

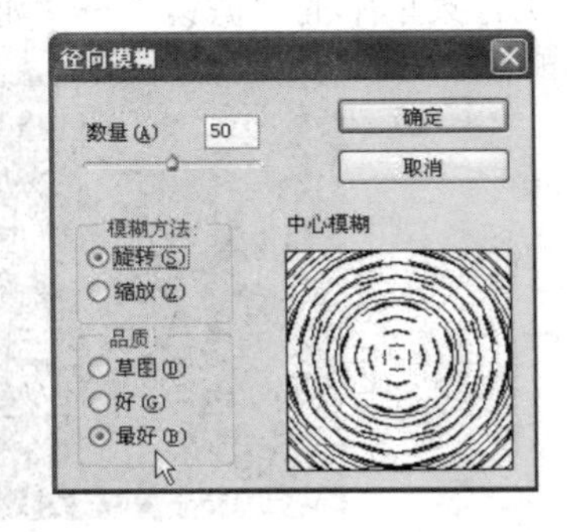

图 15-97 “径向模糊”对话框

(8) 设置完毕单击“确定”按钮，然后选择“背景副本”图层，设置该图层的“混合模式”为“变亮”，图像效果 15-98 所示。

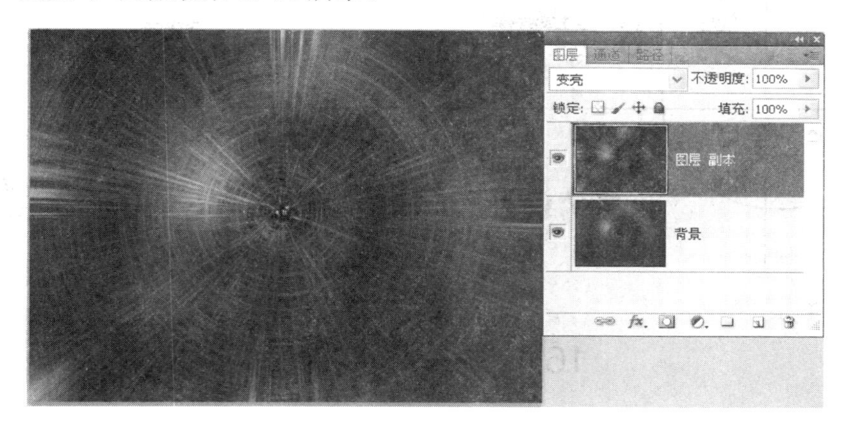

图 15-98　变亮模式

(9) 单击“图层”面板上的“创建新的填充或调整图层”按钮，在打开的菜单中选择“色相/饱和度”选项，打开“色相/饱和度”调整调板，其中的参数值设置如图 15-99 所示。

(10) 至此本例制作完毕，效果如图 15-100 所示。

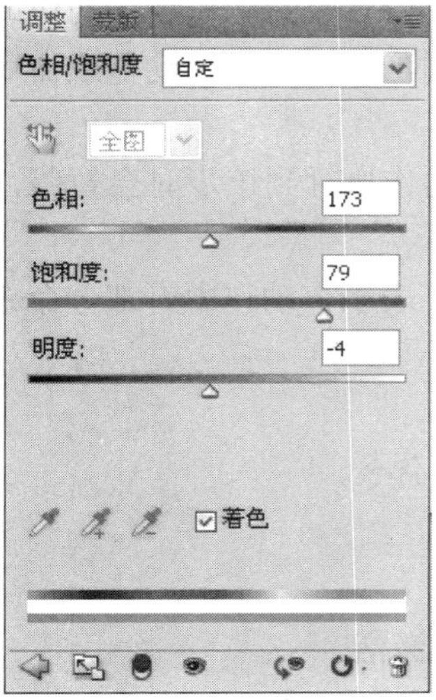

图 15-99　“色相/饱和度”调整调板

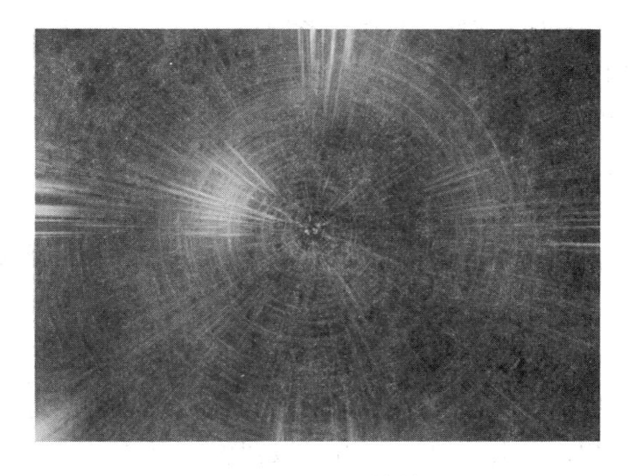

图 15-100　最终效果

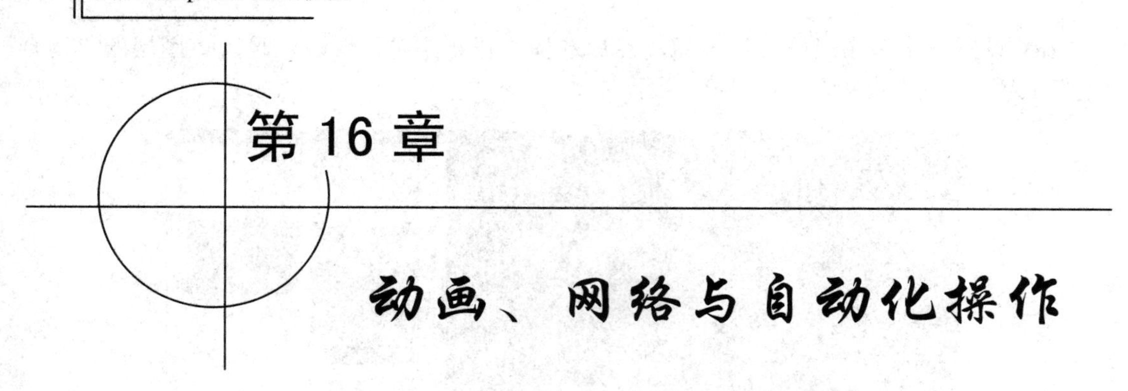

第16章 动画、网络与自动化操作

16.1 动作调板

在“动作”调板中创建的动作可以应用于其他与之模式相同的文件中，如此一来便可节省大量的时间。执行菜单中的“窗口”→“动作”命令，即可打开“动作”调板，该调板以标准模式和按钮模式两种形式存在。图16-1所示为展开时的“动作”调板。

该调板中各项的含义如下：

(1) 切换项目开关：当调板中出现该图标时，表示该图标对应的动作组、动作或命令可以使用；当调板中该图标处于隐藏状态时，表示该图标对应的动作组、动作或命令不可使用。

(2) 切换对话开关：当调板中出现该图标时，表示该动作执行到该步时会暂停，并打开相应的对话框，设置参数后，可以继续执行以后的动作。

提示：当动作前面的切换对话开关图标显示为红色时，表示该动作中有部分命令设置了暂停。

(3) 新建动作组：创建用于存放动作的组。

(4) 播放选定的动作：单击此按钮可以执行对应的动作命令。

(5) 开始记录：录制动作的创建过程。

(6) 停止播放/记录：单击该按钮可完成记录过程。

提示：“停止播放/记录”按钮只有在开始录制后才会被激活。

(7) 弹出菜单：单击此按钮将打开“动作”调板对应的命令菜单，如图16-2所示。

(8) 动作组：存放多个动作的文件夹。

(9) 记录的动作：包含一系列命令的集合。

(10) 新建动作：单击该按钮会创建一个新动作。

(11) 删除：可以将当前动作删除。

(12) 标准模式：选择命令并直接单击即可执行。

技巧：在“动作”调板中有些鼠标移动是不能被记录的，例如它不能记录使用画笔或铅笔工具等描绘的动作。但是“动作”调板可以记录文字工具输入的内容、形状工具绘制的图形和油漆桶进行的填充等过程。

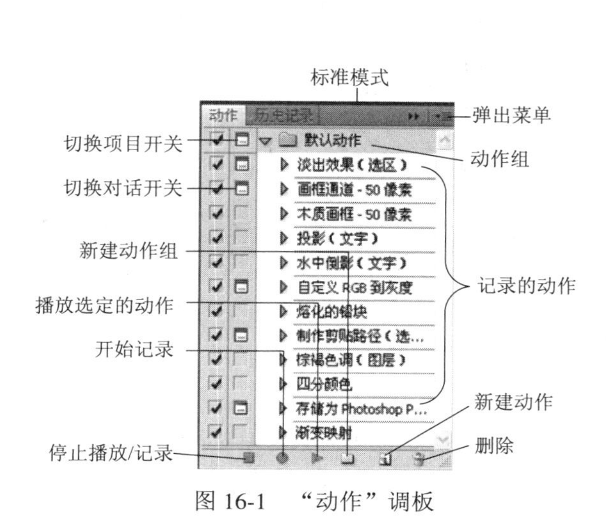

图 16-1　“动作”调板

按钮模式

新建动作...
新建组...
复制
删除
播放

开始记录
再次记录...
插入菜单项目...
插入停止...
插入路径

动作选项...
回放选项...

清除全部动作
复位动作
载入动作...
替换动作...
存储动作...

命令
画框
图像效果
LAB - 黑白技术
制作
流星
文字效果
纹理
视频动作

关闭
关闭选项卡组

图 16-2　弹出菜单

16.1.1　新建动作

在“动作”调板中可以自行定义一些自己喜欢的动作到调板中以备后用。新建动作的方法如下：

(1) 执行菜单中的“文件”→“打开”命令或按组合键 Ctrl+O，打开自己喜欢的素材，如图 16-3 所示。

(2) 执行菜单中的“窗口”→“动作”命令，打开“动作”调板，单击“新建动作”按钮，打开“新建动作”对话框，设置“名称”为“马赛克拼贴”，颜色为“黄色”，如图 16-4 所示。

图 16-3　素材

图 16-4　“新建动作”对话框

(3) 设置完毕单击“记录”按钮，执行菜单中的“滤镜”→“纹理”→“马赛克拼贴”命令，打开“马赛克拼贴”对话框，其中的参数值设置如图 16-5 所示。

(4) 设置完毕单击“确定”按钮，再单击“停止播放”→“记录”命令，此时即可完成动作的创建，效果如图 16-6 所示。

(5) 此时在“动作”调板中就可以看见创建的“拼贴”动作，转换到“按钮模式”会发现“拼贴”动作以蓝色按钮形式出现在调板中，如图 16-7 所示。

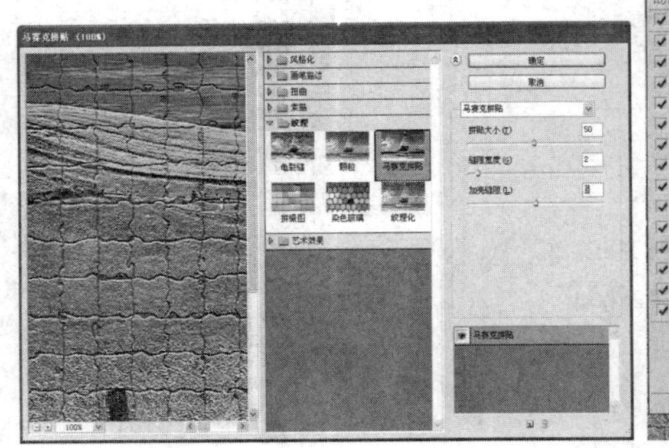

图 16-5 “拼贴”对话框

图 16-6 停止记录

图 16-7 动作调板

16.1.2 应用动作

在“动作”调板中创建动作后，可以将其应用到其他图像中，应用方法如下：

(1) 执行菜单中的“文件”→“打开”命令或按组合键 Ctrl+O，打开自己喜欢的素材，如图 16-8 所示。

(2) 在“动作”调板中选择之前创建的“马赛克拼贴”动作，单击“播放选定的动作”按钮，如图 16-9 所示。

(3) 此时就会看到素材应用了“马赛克拼贴”动作，效果如图 16-10 所示。

图 16-8 素材

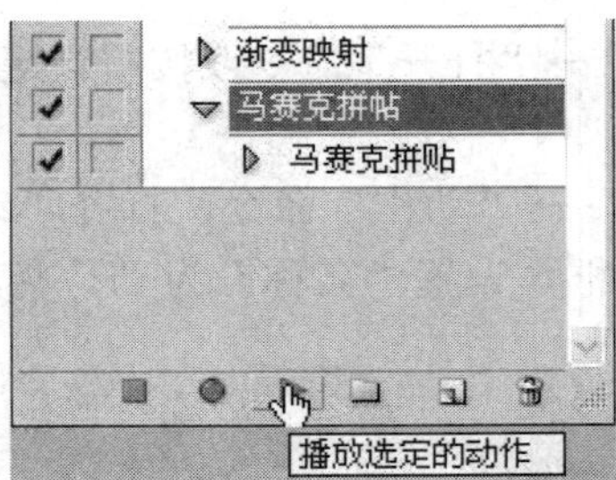

图 16-9 播放选定的动作

图 16-10 应用动作后

16.2 自动化工具

Photoshop CS5 提供的“自动化”命令可以十分轻松地完成大量的图像处理过程，从而减少工作时间，用于自动化的功能被放在“文件”→“自动”菜单中。

16.2.1 批处理

在“批处理”对话框中可以根据选择的动作将“源”部分文件夹中的图像应用指定的动作，并将应用动作后的所有图像都存放到“目标”部分设置的文件夹中。执行菜单中的“文件”→“自动”→“批处理”命令，即可打开“批处理”对话框，如图 16-11 所示。

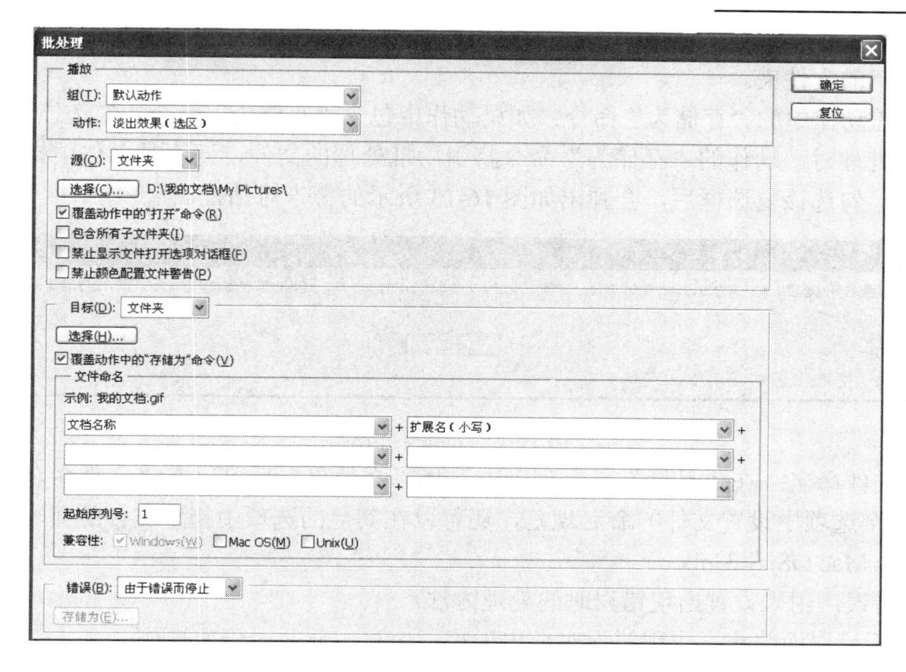

图 16-11　“批处理”对话框

该对话框中各项的含义如下：

(1) 播放：用来设置播放的动作组和动作。

(2) 源：设置要进行批处理的源文件。

• 源：可以在下拉列表中选择需要进行批处理的选项，包括文件夹、导入、打开的文件和 Bridge。

• 选择：用来选择需要进行批处理的文件夹。

• 覆盖动作中的“打开”命令：在进行批处理时会忽略动作中的“打开”命令。但是在动作中必须包含一个“打开”命令，否则源文件将不会打开。勾选该复选框后，会弹出如图 16-12 所示的警告对话框。

图 16-12　警告对话框

• 包含所有子文件夹：在执行“批处理”命令时，会自动对应用于选取文件夹中子文件夹中的所有图像。

• 禁止显示文件打开选项对话框：在执行“批处理”命令时，不打开文件选项对话框。

• 禁止颜色配置文件警告：在执行“批处理”命令时，可以阻止颜色配置信息的显示。

(3) 目标：设置将批处理后的源文件存储的位置。

• 目标：可以在下拉列表中选择批处理后文件的保存位置选项，包括无、储存并关闭和文件夹。

• 选择：在“目标”选项中选择“文件夹”后，会激活该按钮，主要用来设置批处理后文件保存的文件夹。

• 覆盖动作中的“存储为”命令：如果动作中包含“存储为”命令，勾选该复选框后，在进行批处理时，动作的“存储为”命令将引用批处理的文件，而不是动作中指定的文件名和位置。勾选该复选框后，会弹出如图 16-13 所示的警告对话框。

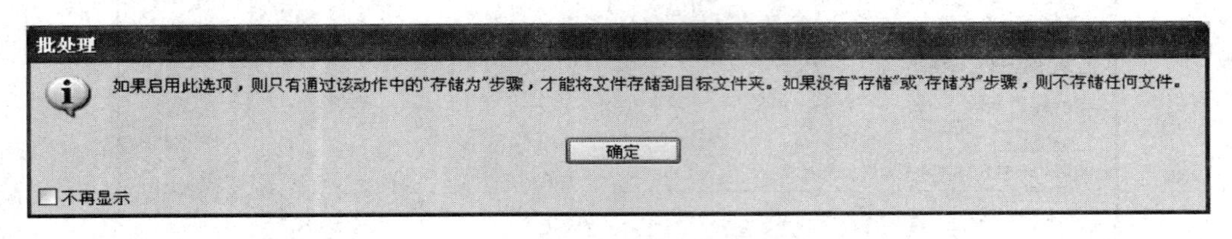

图 16-13　警告对话框

(4) 文件命名：在“目标”下拉列表中选择“文件夹”后可以在“文件命名”选项区域中的 6 个选项中设置文件的命名规范，还可以在其他的选项中指定文件的兼容性，包括 Windows、Mac OS 和 Unix。

(5) 错误：用来设置出现错误时的处理方法。

• 由于错误而停止：出现错误时会出现提示信息，并暂时停止操作。

• 将错误记录到文件：在出现错误时不会停止批处理的运行，但是系统会记录操作中出现的错误信息，单击下面的“存储为”按钮，可以选择错误信息存储的位置。

【练习】 快速转换技巧——应用批处理为整个文件夹中的图像应用“马赛克拼贴”。

本练习主要让大家了解“批处理”命令的使用方法。本练习中使用之前创建的“马赛克拼贴”动作。操作步骤如下：

(1) 执行菜单中的“文件”→“自动”→“批处理”命令，打开“批处理”对话框，在“播放”部分，选择之前创建的“马赛克拼贴”动作，在“源”下拉列表中选择“文件夹”，单击“选择”按钮，在弹出的“浏览文件夹”对话框中选择“风景”文件夹，单击“确定”按钮，如图 16-14 所示。

(2) 在“目标”下拉列表中选择“文件夹”，单击“选择”按钮，在弹出的“浏览文件夹”对话框中选择“执行马赛克”文件夹，单击“确定”按钮，如图 16-15 所示。

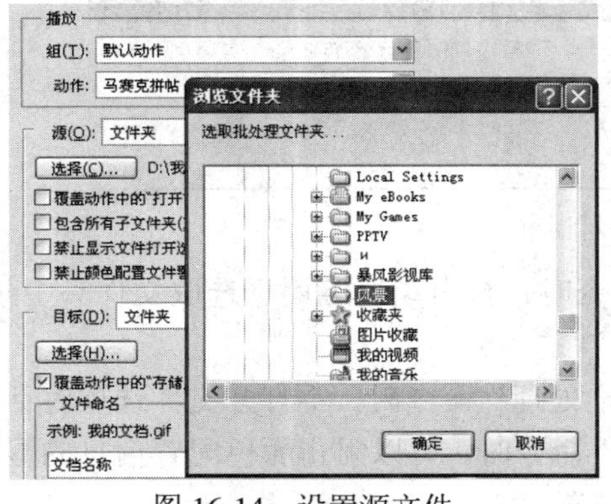

图 16-14　设置源文件

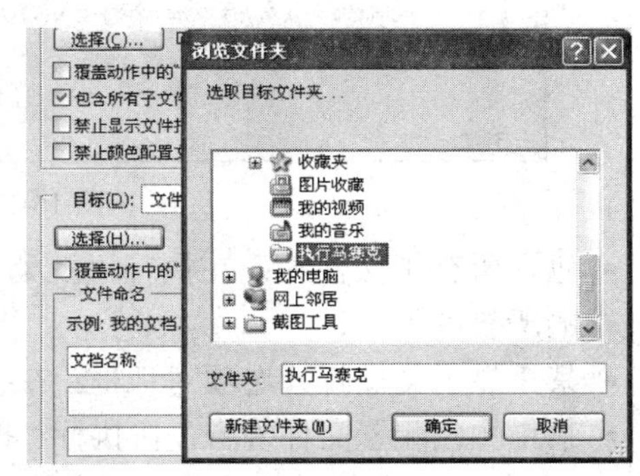

图 16-15　设置目标文件

(3) 全都设置完毕后，单击“批处理”对话框中的“确定”按钮，即可对“风景”中的文件执行“马赛克拼贴”滤镜并保存到“执行马赛克”文件夹中。

16.2.2　创建快捷批处理

应用“创建快捷批处理”命令创建图标后，只要将要应用该命令的文件拖动到图标上即可。执行菜单中的“文件”→“自动”→“创建快捷批处理”命令，即可打开“创建快捷批处理”对话框，如图 16-16 所示。

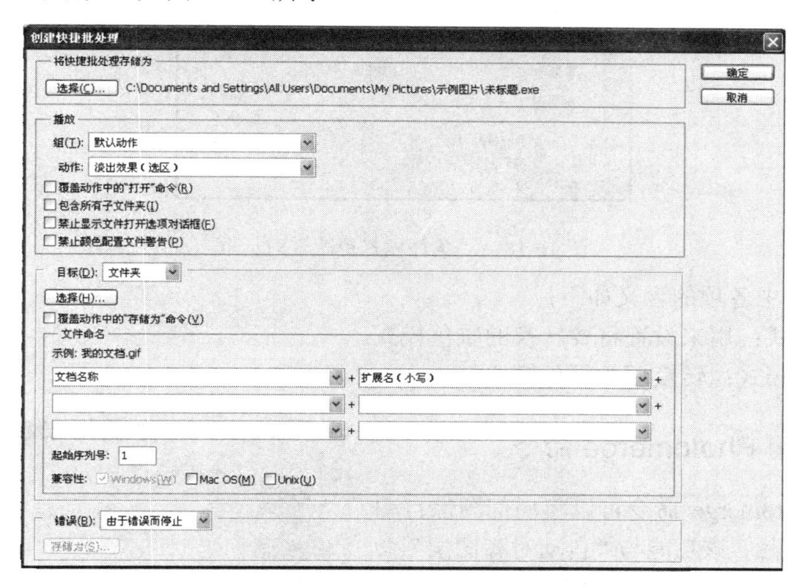

图 16-16　“创建快捷批处理”对话框

该对话框中各项的含义如下(重复或大致相同的选项设置就不做介绍了)：

将快捷批处理存储为：用来设置将生成的“创建快捷批处理”图标存储的位置。

16.2.3　裁剪并修齐照片

使用“裁剪并修齐照片”命令，可以自动将在扫描仪中一次性扫描的多个图像文件分成多个单独的图像文件，效果如图 16-17 所示。

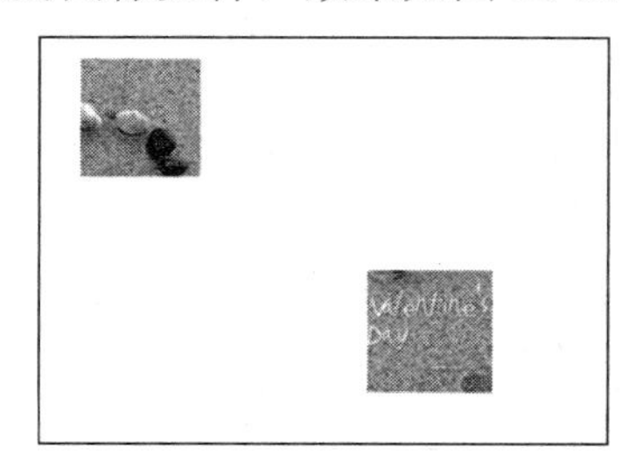

(a) 原图

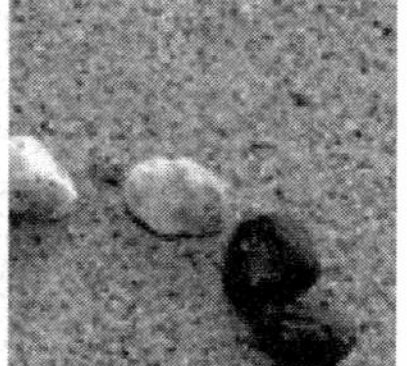

(b) 修齐后的效果

图 16-17　裁剪并修齐照片

16.2.4　更改条件模式

应用“条件模式更改”命令可以将当前选取的图像颜色模式转换成自定颜色模式。执行菜单中的“文件”→“自动”→“条件模式更改”命令，可以打开如图 16-18 所示的“条件模式更改”对话框。

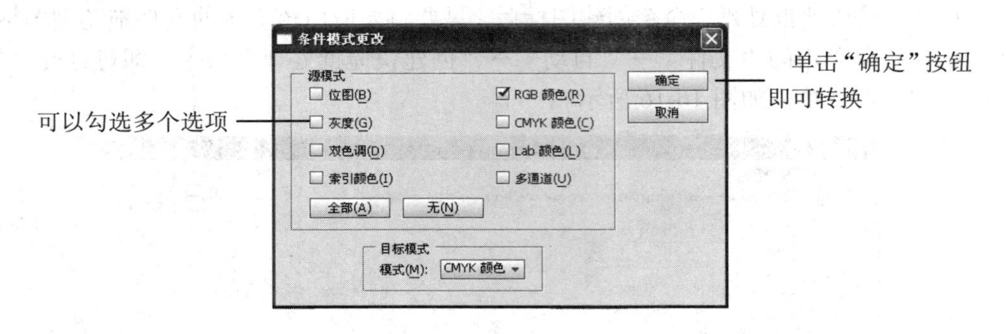

图 16-18 “条件模式更改”对话框

该对话框中各项的含义如下：

(1) 源模式：用来设置将要转换的颜色模式。

(2) 目标模式：转换后的颜色模式。

16.2.5 应用 Photomerge 命令

应用 Photomerge 命令可以将局部图像自动合成为全景照片，该功能与“自动对齐图层”命令相同。执行菜单中的“文件”→“自动”→“Photomerge”命令，可以打开如图 16-19 所示的“Photomerge”对话框。设置相应的转换“版面”，选择要转换的文件后，单击“确定”按钮，就可以将选择的文件转换为全景图片。

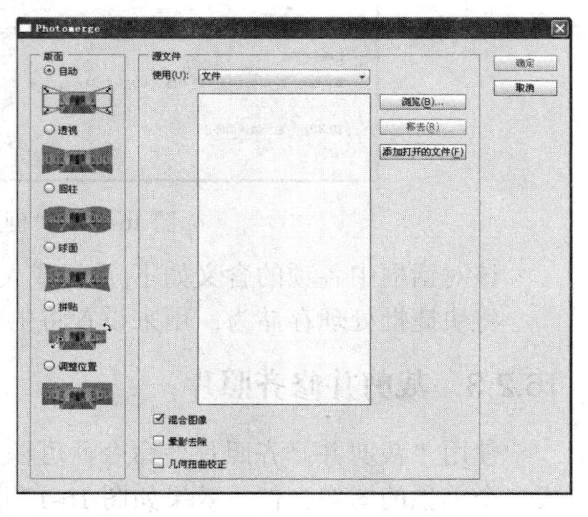

图 16-19 “Photomerge”对话框

该对话框中各项的含义如下：

(1) 版面：用来设置转换为前景图片时的模式。

(2) 使用：在下拉菜单中可以选择“文件和文件夹”。选择“文件”时，可以直接将选择的两个以上的文件制作成合并图像；选择 “文件夹”时，可以直接将选择的文件夹中的文件制作成合并图片。

(3) 混合图像：勾选该复选框，应用“Photomerge”命令后会直接套用混合图像蒙版。

(4) 晕影去除：勾选该复选框，可以校正摄影时镜头中的晕影效果。

(5) 几何扭曲校正：勾选该复选框，可以校正摄影时镜头中的几何扭曲效果。

(6) 浏览：用来选择合成全景图像的文件或文件夹。

(7) 移去：单击该按钮，可以删除列表中选择的文件。

(8) 添加打开的文件：单击该按钮，可以将软件中打开的文件直接添加到列表中。

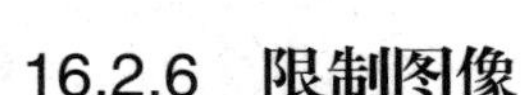

16.2.6 限制图像

使用“限制图像”命令可以将当前图像在不改变分辨率的情况下改变高度与宽度。执行菜单中的“文件”→“自动”→“限制图像”命令，可以打开如图 16-20 所示的“限制图像”对话框。

16.2.7 镜头校正

使用“自动”菜单中的“镜头校正”命令可以对多个图像进行校正。执行菜单中的“文件”→“自动”→“镜头校正”命令，可以打开如图 16-21 所示的“镜头校正”对话框。

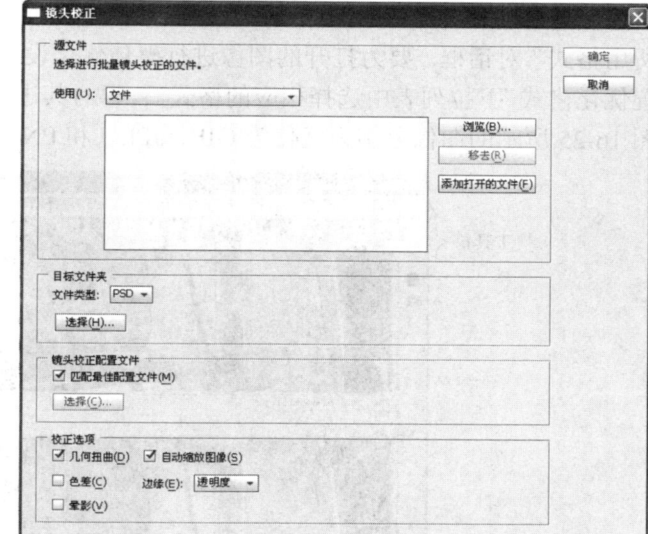

图 16-20 “限制图像”对话框　　图 16-21 “镜头校正”对话框

该对话框中各项的含义如下：

(1) 源文件：用来选择进行批处理的文件。

- 使用：在下拉列表中选择文件或文件夹选项。
- 浏览：查找文件。
- 移去：将选择的文件删除。
- 添加打开的文件：在 Photoshop 中打开添加的文件。

(2) 目标文件夹：用来设置要进行校正后存储的位置。

(3) 校正选项：用来设置对照片进行校正的选项。

16.3 优化图像

当我们创建的图像非常大时，在网络中传输的速度会非常慢，这就要求我们在进行网页创建和利用网络传送图像时，要在保证一定质量和显示效果的同时尽可能压缩图像文件的大小。当前常见的 Web 图像格式有三种：JPEG 格式、GIF 格式和 PNG 格式。JPEG 与 GIF 格式大家已司空见惯，而 PNG(Portable Network Graphics)格式则是一种新兴的 Web 图像格式。以 PNG 格式保存的图像一般都很大，甚至比 BMP 格式还大一些，这对于 Web 图像来说无疑是致命的杀手，因此很少被使用。对于连续色调的图像最好使用 JPEG 格式进行压缩，而对于不连续色调的图像最好使用 GIF 格式进行压缩，以使图像质量和图像大小有一个最佳的平衡点。

16.3.1 设置优化格式

处理用于网络上传输的图像格式时，既要多保留原有图像的色彩质量又要使其尽量少占用空间，这时就要对图像进行不同格式的优化设置。打开图像后，执行菜单中的“文件”→“存储为 Web 和设备所用格式”命令，即可打开如图 16-22 所示的“存储为 Web 和设备所用格式”对话框。要为打开的图像进行整体优化设置，只要在“优化设置区域”中的“设置优化格式”下拉列表中选择相应的格式后，再对其进行颜色和损耗等设置即可。图 16-23～图 16-25 所示的图像分别为优化为 GIF、JPEG 和 PNG 格式时的设置选项。

图 16-22 “存储为 Web 和设备所用格式”对话框

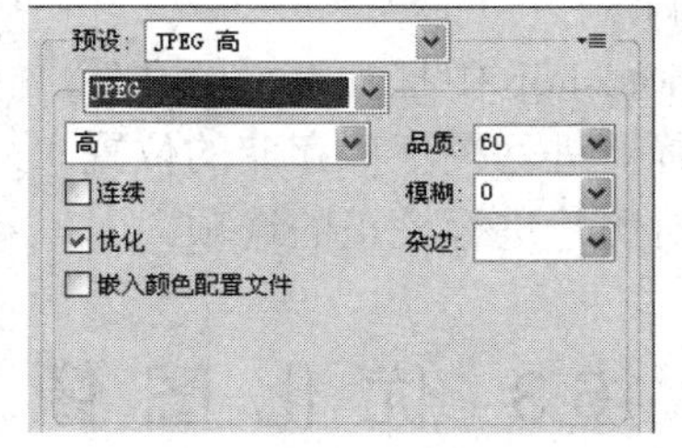

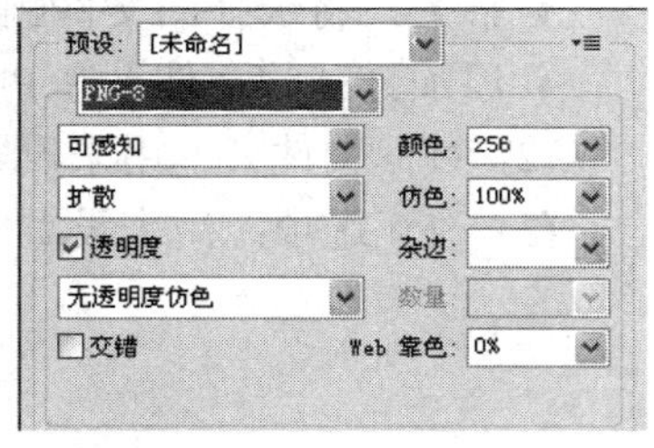

图 16-23 GIF 格式优化选项　图 16-24 JPEG 格式优化选项　图 16-25 PNG 格式优化选项

提示：选择不同的格式后，可以对原稿与优化后的图像进行比较。

16.3.2 应用颜色表

当将图像优化为 GIF 格式、PNG 格式和 WBMP 格式后，可以通过“存储为 Web 和设备所用格式”对话框中的“颜色表”部分对颜色进行进一步设置，如图 16-26 所示。

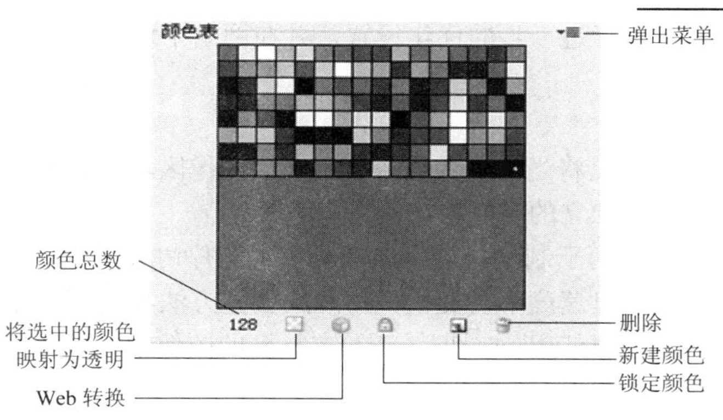

图 16-26　颜色表

该对话框中各项的含义如下：

(1) 颜色总数：显示“颜色表”调板中颜色的总和。

(2) 将选中的颜色映射为透明：在“颜色表”调板中选择相应的颜色后，单击该按钮，可以将当前优化图像中的选取颜色转换成透明的。

(3) Web 转换：可以将在“颜色表”调板中选取的颜色转换成 Web 安全色。

(4) 锁定颜色：可以将在“颜色表”调板中选取的颜色锁定，被锁定的颜色样本在右下角会出现一个被锁定的方块图标，如图 16-27 所示。

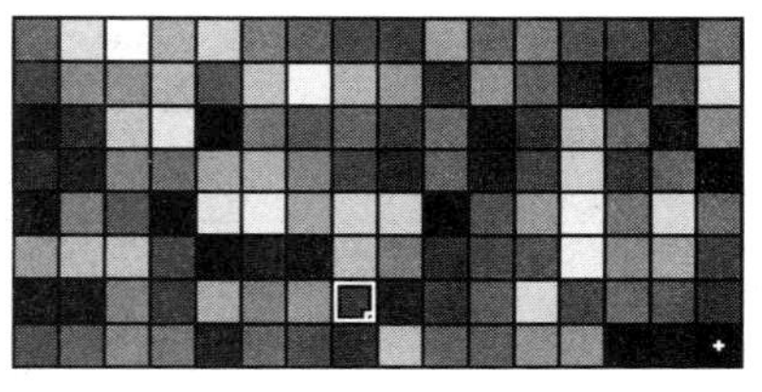

图 16-27　锁定颜色

提示：将锁定的颜色样本选取再单击“锁定颜色”按钮会将锁定的颜色样本解锁。

(5) 新建颜色：单击该按钮可以将使用(吸管工具)吸取的颜色添加到“颜色表”调板中，新建的颜色样本会自动处于锁定状态。

(6) 删除：在“颜色表”调板中选择颜色样本后，单击此按钮可以将选取的颜色样本删除，或者直接拖动到删除按钮上将其删除。

16.3.3　图像大小

颜色设置完毕后还可以通过“存储为 Web 和设备所用格式”对话框中的“图像大小”选区对优化的图像进一步设置输出大小，如图 16-28 所示。

图 16-28　图像大小

“图像大小”选区中各项的含义如下：

(1) 新建长宽：用来设置修改图像的宽度和长度。

(2) 百分比：设置缩放比例。

(3) 品质：可以在下拉列表中选择一种插值方法，以便对图像重新取样。

16.4　设置网络图像

对处理的图像进行优化处理后，可以将其应用到网络上。如果在图片中添加了切片，可以对图像的切片区域进行进一步的优化设置，并在网络中进行连接和显示切片设置。

16.4.1 创建切片

使用(切片工具)可以将当前图像分成若干个小图像区域，将图片放在 Web 页中时，每个切片都可以作为一个独立的文件存储。

(切片工具)主要应用于制作网页中，把一个大图片切成多个小图片，这样从网上下载或打开拥有图片的网页时速度都会变快。切片的创建方法与使用(矩形选框工具)绘制矩形选区的方法相似，只要使用(切片工具)在打开的图像中按照颜色分布使用鼠标在上面拖动即可创建切片，如图 16-29 所示。

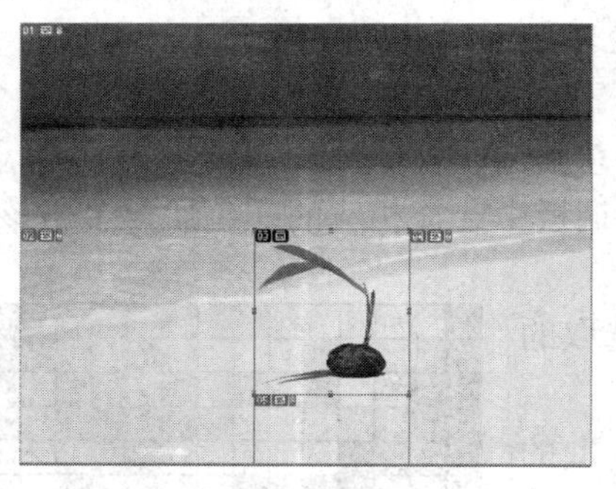

(a) 在植物上拖出切片

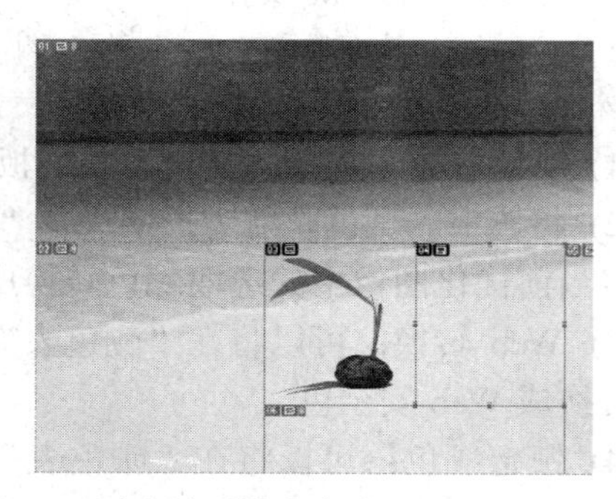

(b) 在颜色分布相似的位置创建切片

图 16-29 创建切片

提示： 在图像中创建切片时，要将图像中颜色范围相近的区域创建成一个切片，这样可以对其进行更加细致的优化。

选择(切片工具)后，选项栏中会显示针对该工具的一些属性设置，如图 16-30 所示。

图 16-30 切片工具选项栏

该选项栏中各项的含义如下：

(1) 样式：用来设置创建切片的方法，包括正常、固定大小和固定长宽比。

(2) 宽度/高度：用来固定切片的大小或比例。

(3) 基于参考线的切片：按照创建参考线的边缘建立切片。

16.4.2 编辑切片

使用(切片选择工具)可以对已经创建的切片进行链接与调整编辑。

选择(切片选择工具)后，选项栏中会显示针对该工具的一些属性设置，如图 16-31 所示。

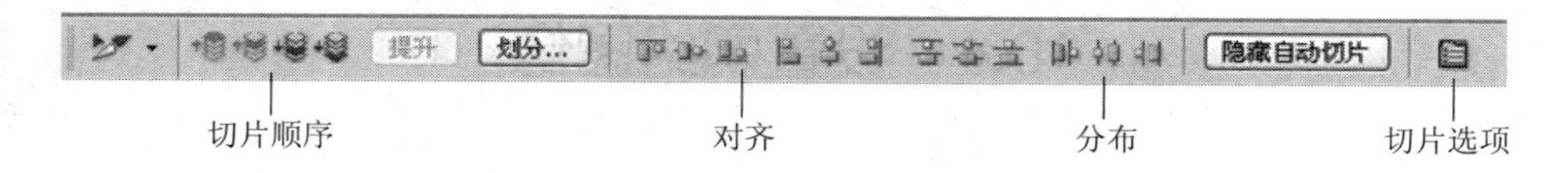

图 16-31 切片选择工具选项栏

该选项栏中各项的含义如下：

(1) 切片顺序：用来设置当前切片的置放顺序，从左到右的 4 个按钮依次表示为置为顶层、上移一层、下移一层和置为底层。

(2) 提升：用来将未形成的虚线切片转换成正式切片。该选项只有在未形成的切片上单击，在出现虚线的切片时，才可以被激活。单击该按钮后，虚线切片会变成当前的用户切片，如图 16-32 所示。

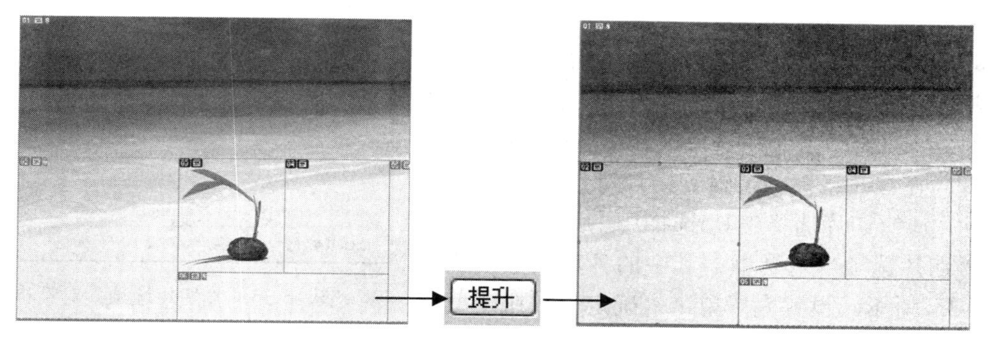

图 16-32　提升切片

(3) 划分：对切片进行进一步的划分。单击此按钮会弹出如图 16-33 所示的“划分切片”对话框。

该对话框中各项的含义如下：

- 水平划分为：水平均匀分割当前切片。
- 垂直划分为：垂直均匀分割当前切片。

(4) 隐藏自动切片：单击该按钮，可以将为形成切片的虚线隐藏和显示。

(5) 切片选项：单击该按钮，可以打开对当前切片的“切片选项”对话框，在其中可以设置相应的参数，如图 16-34 所示。

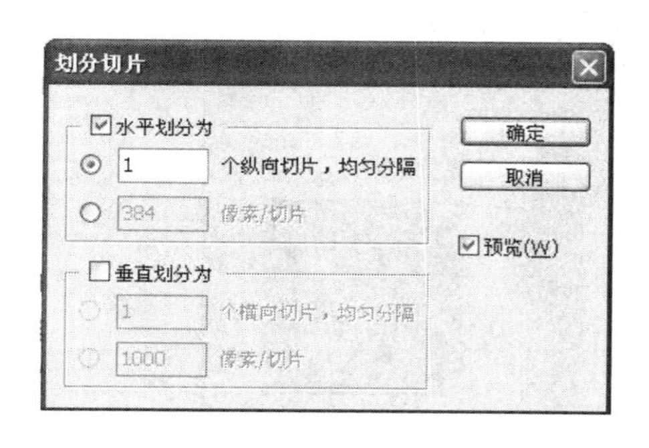

图 16-33　“划分切片”对话框

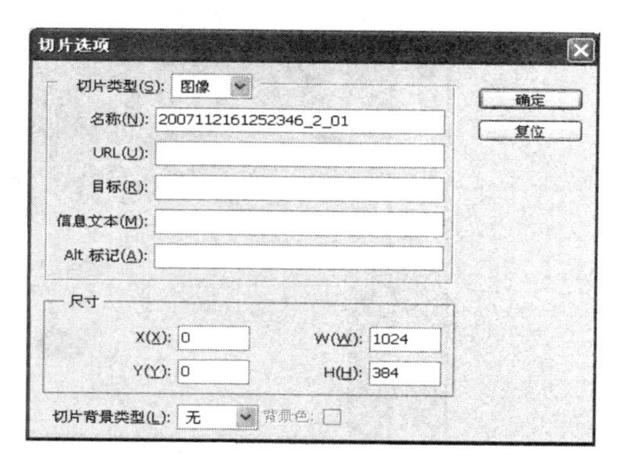

图 16-34　“切片选项”对话框

该对话框中各项的含义如下：

- 切片类型：输出切片的设置，包括图像、无图像和表。
- 名称：显示当前选择的切片名称，也可以自行定义。
- URL：在网页中单击当前切片可以链接的网址。
- 目标：设置打开网页的方式，包括“blank(在新窗口中打开链接)”、“self(在原窗口中打开链接)”、“parent(在上一层窗口中打开链接)”和“top(取代所有视窗中的内容)”。

• 信息文本：在网页中当鼠标移动到当前切片上时，网络浏览器下方信息行中显示的内容。

• Alt 标记：在网页中当鼠标移动到当前切片上时，弹出提示信息。当网页上不显示图片时，图片位置将显示“Alt 标记”框中的内容。

• 尺寸：X 和 Y 代表当前切片的坐标，W 和 H 代表当前切片的宽度和高度。

• 切片背景类型：设置切片背景在网页中的显示类型。在下拉菜单中包括无、杂色、白色、黑色和其他。当选择“其他”选项时，会弹出“拾色器”对话框，在该对话框中可设置切片背景的颜色。

使用(切片选择工具)选择“切片 03”并双击，打开“切片选项”对话框，其中的各项参数设置如图 16-35 所示。设置完毕单击“确定”按钮即可完成编辑。

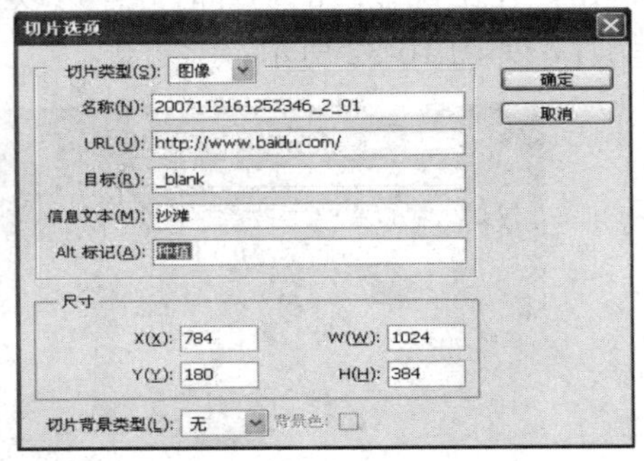

图 16-35 “切片选项”对话框

16.4.3 将切片连接到网络

将切片连接到网络的操作步骤如下：

(1) 设置完选择的切片后，执行菜单中的“文件”→“存储为 Web 和设备所用格式”命令，打开“存储为 Web 和设备所用格式”对话框，使用(切片选择工具)选择不同切片后，可以在“优化设置区域”对选择的切片进行优化，将所有切片都设置为 JPEG 格式，如图 16-36 所示。

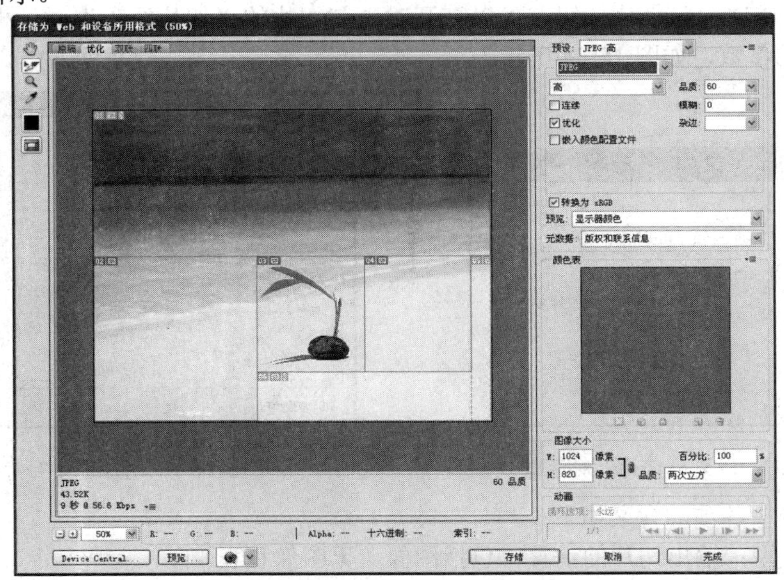

图 16-36 “存储为 Web 和设备所用格式”对话框

技巧：在“存储为 Web 和设备所用格式”对话框中，使用(切片选择工具)双击切片和在文件中使用工具箱中的(切片选择工具)双击切片时弹出的“切片选项”对话框设置的选项是相同的。

(2) 设置完毕单击“存储”按钮，打开“将优化结果存储为”对话框，设置“格式”为“HTML 和图像”，如图 16-37 所示。

(3) 设置完毕单击“保存”按钮，在存储的位置中找到保存的“高空攀岩”HTML 文件，打开后将鼠标移动到“切片 03”所在的位置上时，可以看到鼠标指针下方和窗口左下角会出现该切片的预设信息，如图 16-38 所示。

图 16-37　“将优化结果存储为”对话框

图 16-38　网页

(4) 在“切片 03”的位置单击，就会自动跳出“百度”的主页，如图 16-39 所示。

图 16-39　“百度”主页

技巧：在“存储为 Web 和设备所用格式”对话框中双击切片，系统会自动打开之前设置的切片选项，如果没有可以重新设置，如图 16-40 所示。如果在“切片类型”列表中选择“无图像”，会显示如图 16-41 所示的“切片选项”对话框。

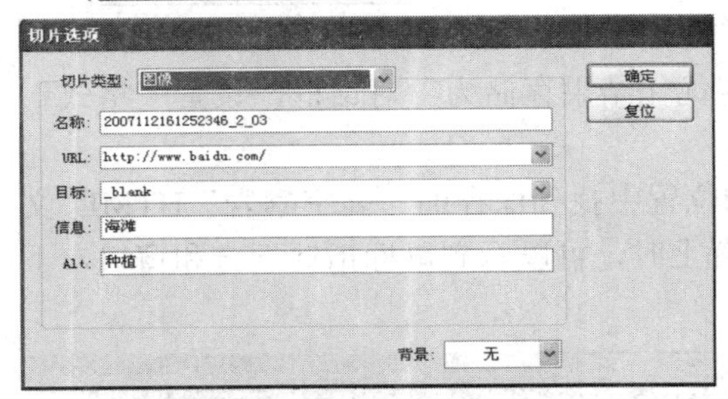

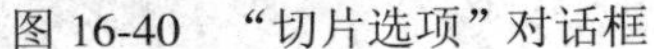

图 16-40 “切片选项”对话框

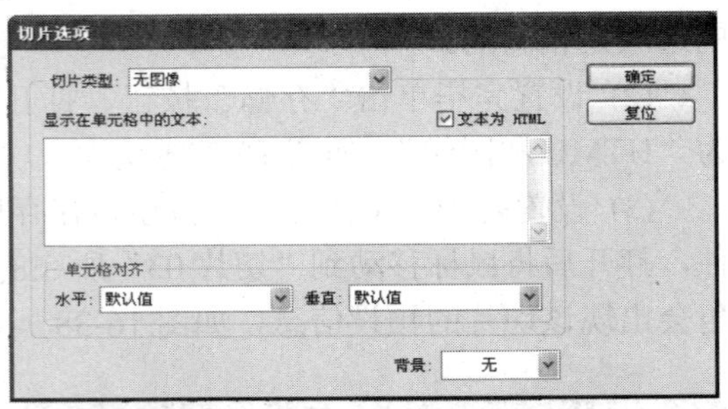

图 16-41 “切片选项”对话框(切片类型为“无图像”)

16.5 动　画

在 Photoshop CS5 中通过“动画”调板和“图层”调板的结合可以创建一些简单的动画效果，将设置的动画设置为 GIF 格式动画时，可以直接将其导入到网页中，并以动画形式显示。

16.5.1 创建动画

创建动画的操作步骤如下：

(1) 执行菜单中的“文件”→“打开”命令或按组合键 Ctrl+O，打开连拍的动画素材，如图 16-42 所示。

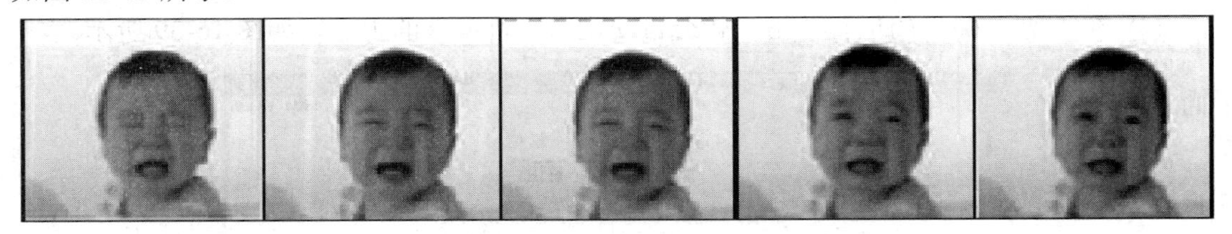

图 16-42 素材

(2) 执行菜单中的“窗口”→“动画”命令，打开“动画”对话框，单击“复制所选帧”按钮，创建第二帧，在“图层”调板中选择“背景副本”图层，如图 16-43 所示。

(3) 将“图层 2”隐藏，如图 16-44 所示。

(4) 动画制作完成，最终效果如图 16-45 所示。

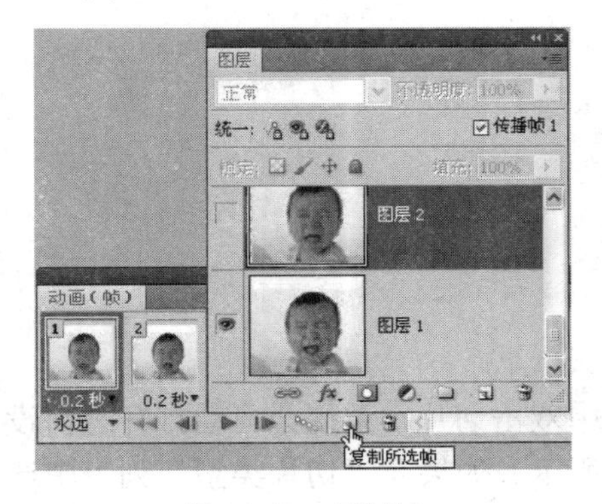

图 16-43 复制帧

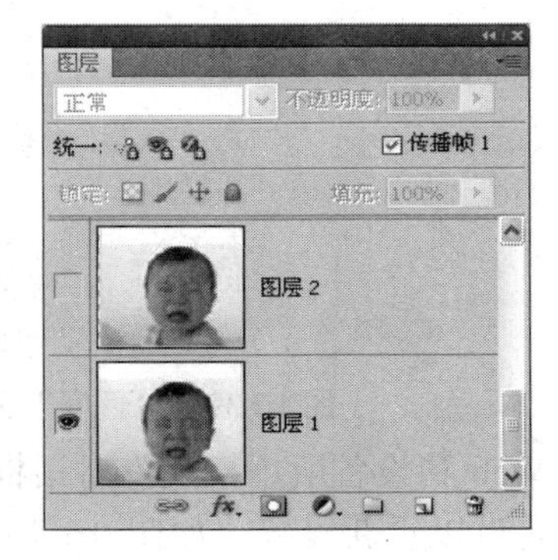

图 16-44 调整

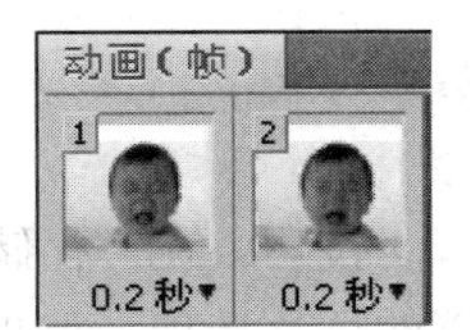

图 16-45 完成动画

16.5.2　设置过渡

过渡帧就是系统会自动在两个帧之间添加位置、不透明度或效果产生均匀变化的帧。设置过渡的过程如下：

(1) 动画创建完成后，选择“动画”调板中的第一帧，单击“过渡动画帧”按钮，如图 16-46 所示。

(2) 系统自动弹出如图 16-47 所示的“过渡”对话框。

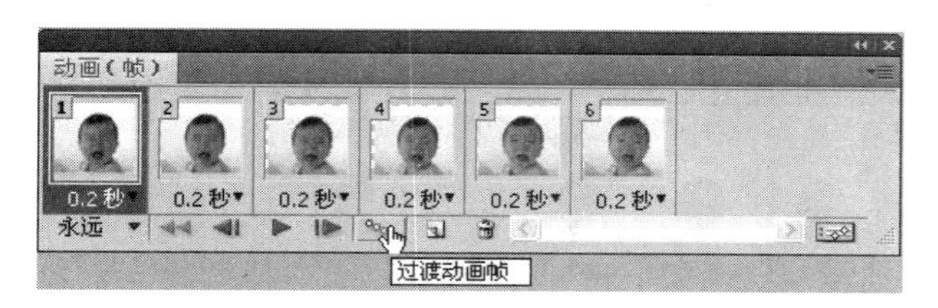

图 16-46　选择“过渡动画帧”按钮

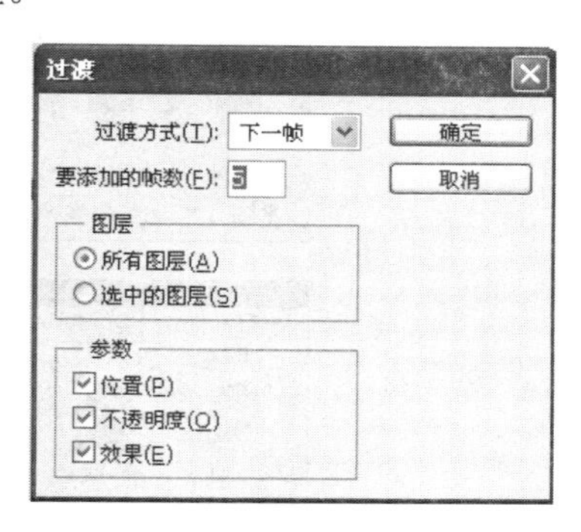

图 16-47　“过渡”对话框

该对话框中各项的含义如下：

- 过渡方式：用来选择当前帧与某一帧之间的过渡。
- 要添加的帧数：用来设置在两个帧之间要添加的过渡帧的数量。
- 图层：用来设置在“图层”调板中针对的图层。
- 参数：用来控制要改变帧的属性。

(3) 把所得图片导入动画中(参考图 16-43～图 16-45)，设置完毕单击“确定”按钮，完成过渡设置，如图 16-48 所示。

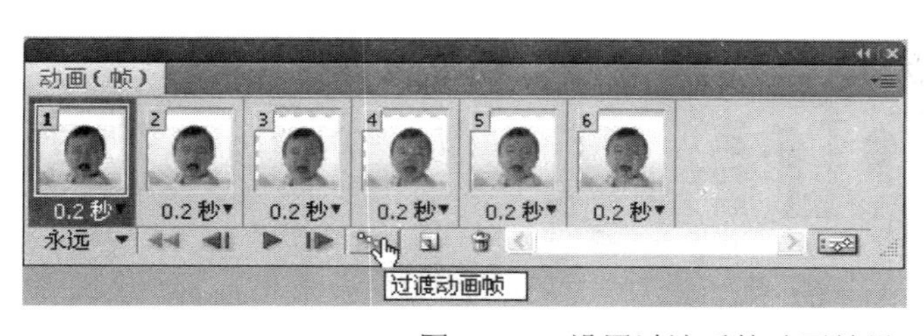

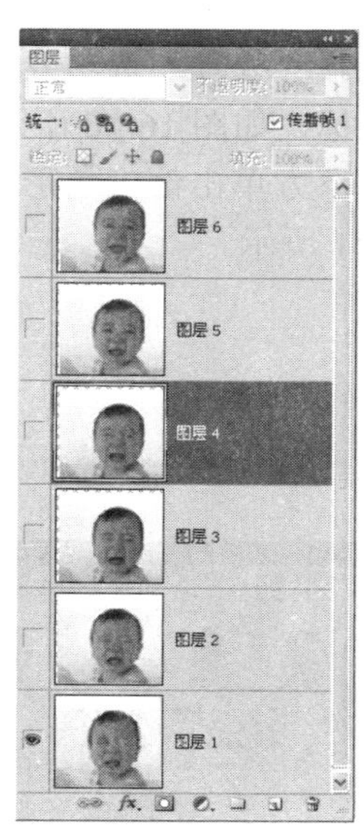

图 16-48　设置过渡后的动画效果

16.5.3 预览动画

动画过渡设置完成后，单击“动画”调板中的“播放动画”按钮，就可以在文档窗口中观看创建的动画效果。此时“播放动画”按钮会变成“停止动画”按钮，单击“停止动画”按钮，可以停止正在播放的动画。在对话框左下角的“选择循环选项”永远 中可以选择播放的次数和设置播放次数，如图 16-49 所示。

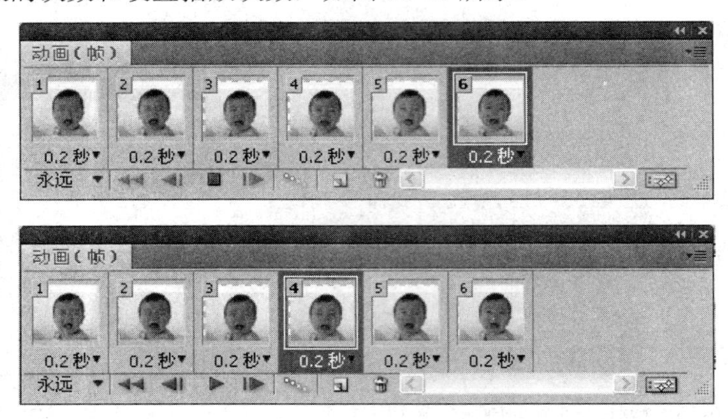

图 16-49 动画播放

技巧：选择相应的帧后，直接单击“动画”调板中的“删除”按钮，可以将其删除，或者直接拖动选择的帧到“删除”按钮上将其删除；在“图层”调板中删除图层可以将“动画”中的相关效果清除。

16.5.4 设置动画帧

在选择的帧上单击鼠标右键，在弹出的菜单中可以选择相应的处理方法。选择“不处理”选项表示上一帧透过当前帧的透明区域时可以看到，此时在帧的下方会出现一个图标；选择“处理”选项表示上一帧不会透过当前帧的透明区域，此时在帧的下方会出现一个图标，如图 16-50 所示；选择“自动”选项表示上一帧不会透过当前帧的透明区域。在帧的下方单击倒三角形按钮可以弹出下拉列表，在其中可以选择该帧停留的时间，如图 16-51 所示。

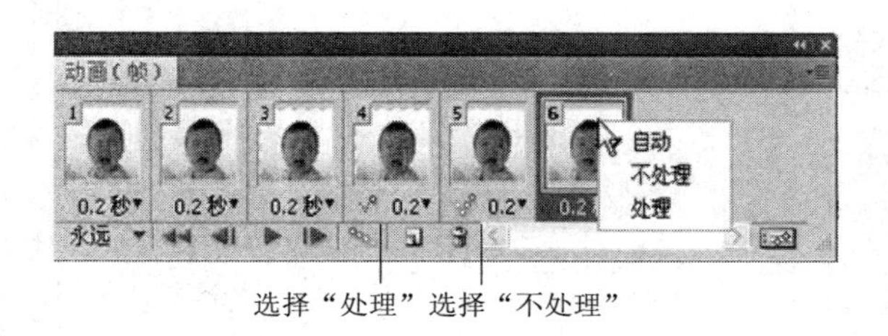

图 16-50 设置处理

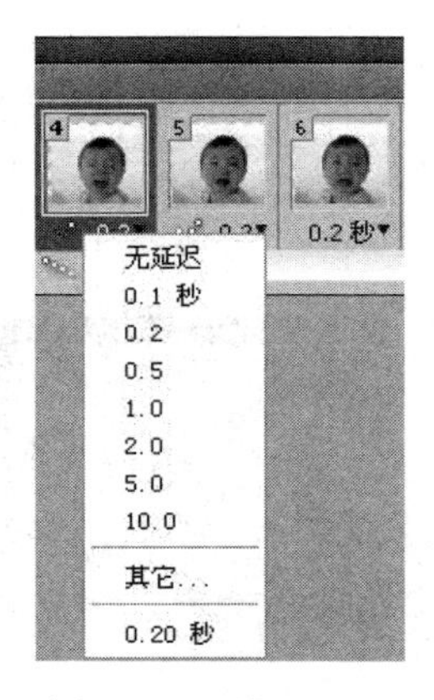

图 16-51 设置延迟

16.5.5 存储动画

创建动画后，一般要存储动画。GIF 格式是用于存储动画的最方便格式。执行菜单中的“文件”→“存储为 Web 和设备所用格式”命令，打开“存储为 Web 和设备所用格式”对话框，在“优化文件格式”下拉菜单中选择 GIF 格式，如图 16-52 所示。设置完毕单击“存储”按钮，打开“将优化结果存储为”对话框，设置“格式”为“仅限图像”(GIF)，如图 16-53 所示。单击“保存”按钮即可存储动画。

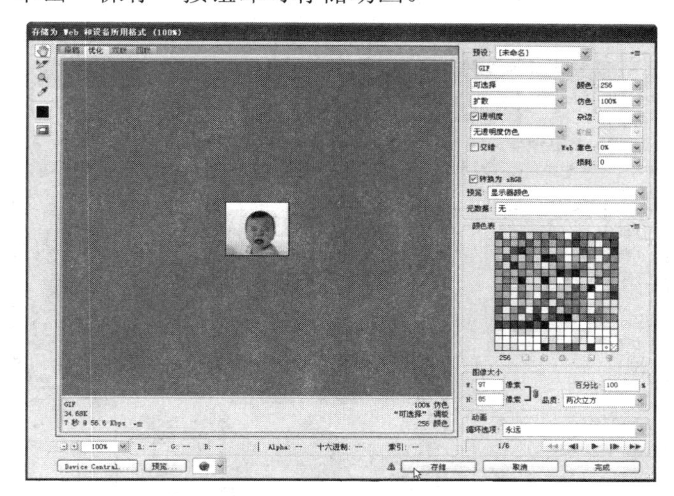

图 16-52 “存储为 Web 和设备所用格式”对话框

图 16-53 “将优化结果存储为”对话框

提示：将制作的动画存储为 GIF 格式后，只要找到存储的位置，在文件上双击，系统便可以自动播放动画。

16.6 使用 Bridge

使用 Photoshop CS5 自带的 Bridge CS5 可以更好地对文件和图片进行分类与管理。本节将简单介绍 Bridge 的使用方法。

16.6.1 Bridge CS5 的界面介绍

执行菜单中的“文件”→“在 Bridge 中浏览”命令，或在选项栏中直接单击“启动 Bridge”图标，系统会打开如图 16-54 所示的 Bridge CS5 界面。

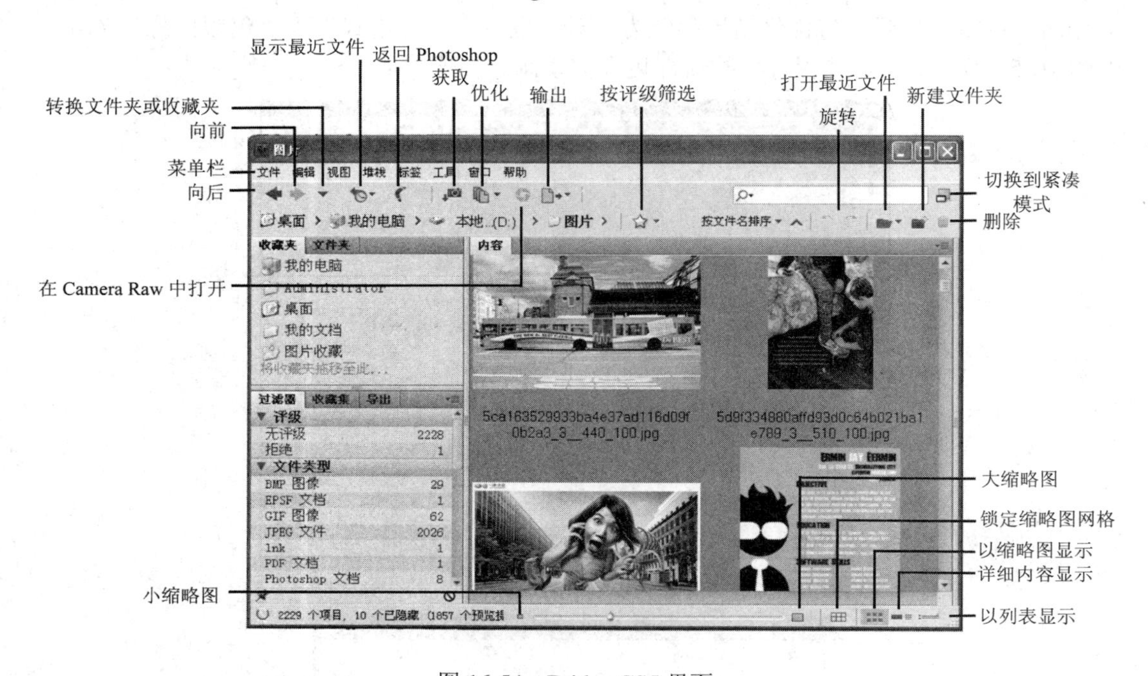

图 16-54 Bridge CS5 界面

该对话框中各项的含义如下：

(1) 菜单栏：用来存放该软件中执行命令的位置。

(2) 转换到文件夹或收藏夹：单击该按钮会自动转换到文件夹列表或收藏夹列表中，并在内容区域显示该内容。

(3) 向后/向前：单击相应按钮可以在浏览的多个文件夹中的上一级与下一级文件夹之间转换。

(4) 显示最近文件：显示最近使用的文件，或转到最近访问的文件夹。

(5) 返回 Photoshop：单击该按钮可以返回到 Photoshop 界面。

(6) 获取：单击该按钮可以显示连接的数码相机中的照片。

(7) 优化：设置文件的显示类别。

(8) 在 Camera Raw 中打开：将当前选择的图像在 Camera Raw 中打开以进行编辑。

(9) 输出：将文件转换成 Web 所用格式或 PDF 格式。

(10) 按评级筛选：用来在“内容”调板中以事先定义的等级进行显示。

(11) 旋转：单击可以将图片以顺时针或逆时针 90 度旋转。

(12) 打开最近文件：选择最近使用的文件后，单击该按钮可以在 Photoshop 中打开此文件。

(13) 新建文件夹：单击该按钮将在当前的显示内容中新建一个文件夹。

(14) 切换到紧凑模式：单击该按钮将转换显示为简洁模式。

(15) 删除：单击该按钮可将选择的图像删除。

(16) 小缩略图：单击左面的图标可以缩小缩略图，单击右边的图标可以放大缩略图，拖动控制滑块可以快速放大与缩小。

(17) 大缩略图：单击该按钮后在“内容”调板中可以显示图像的大缩略图。

(18) 锁定缩略图网格：单击该按钮后可以将缩略图之间的网格锁定。

(19) 以缩略图显示：单击该按钮后在“内容”调板中可以将图像以缩略图的方式显示。

(20) 详细内容显示：单击该按钮后在“内容”调板中可以显示除缩略图以外的该图像的详细信息。

(21) 以列表显示：单击后在“内容”调板中将以列表的形式显示缩略图。

16.6.2　显示选择内容

执行菜单中的“窗口”→“滤镜”命令，打开“过滤器”调板，在“文件类型”标签中选择 GIF 格式，此时将在“内容”调板中显示该文件夹中的所有 GIF 文件，如图 16-55 所示。

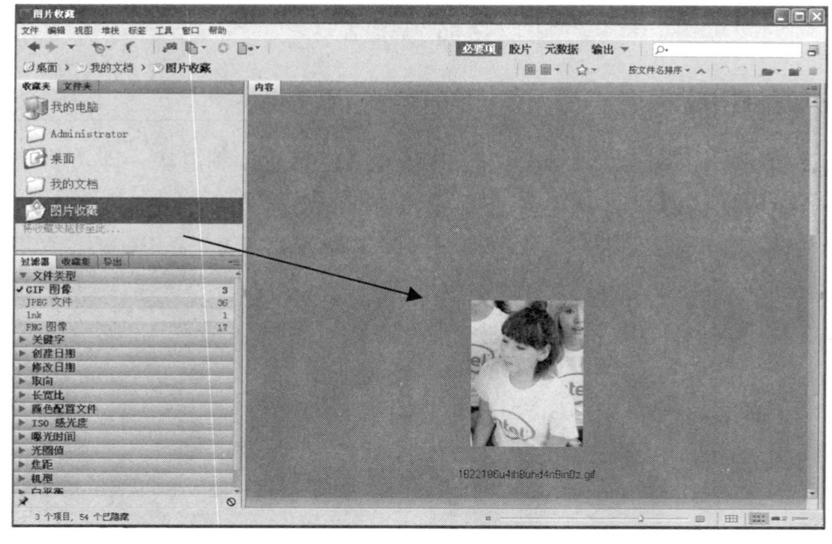

图 16-55　显示选择内容

16.6.3　局部放大

执行菜单中的“窗口”→“预览”命令，打开“预览”调板，在“内容”调板中选择文件后，在“预览”调板中单击即可出现局部放大效果，如图 16-56 所示。

提示：在局部放大区域拖动可以改变显示位置，单击即可取消局部放大。

技巧：按键盘上的加号“+”键和减号“-”键可以对局部放大图像再进行缩放，每按一次“+”键的缩放比例分别是 200%、400%及 800%；如果是滚轮鼠标，也可以滚动鼠标中键进行缩放；在局部放大选框单击鼠标会取消局部放大功能。

提示：拖动界面底部的缩放控制滑块，可以调整“内容”调板中显示缩略图的大小。

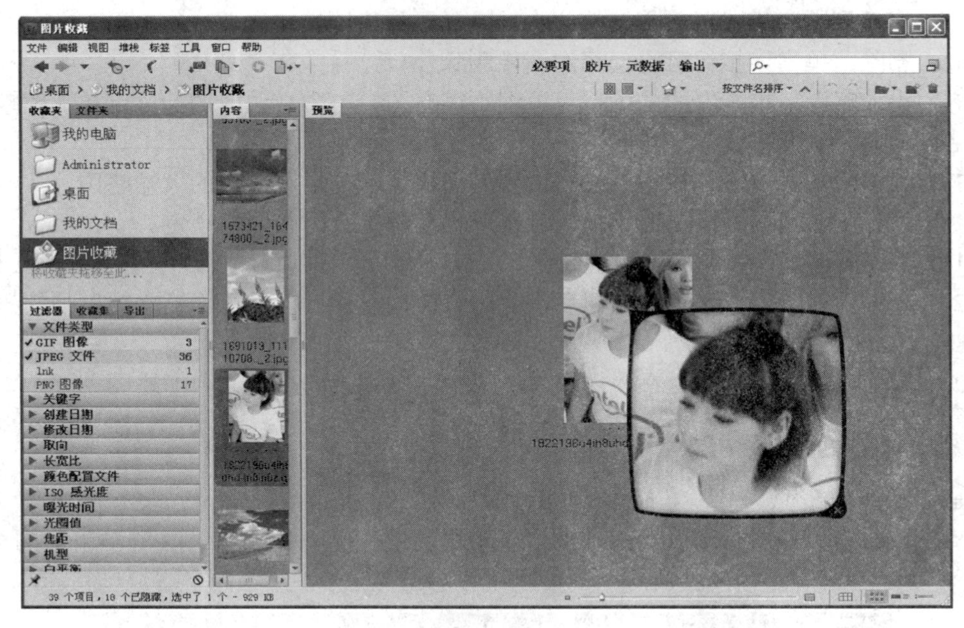

图 16-56 局部放大

16.6.4 缩放缩略图

在 Bridge CS5 中直接拖动大缩略图与小缩略图之间的控制滑块，即可将“内容”面板中的图像缩略图进行放大与缩小显示，如图 16-57 所示。

(a) 放大

(b) 缩小

图 16-57 缩放缩略图

技巧：使用鼠标直接在“大缩略图”和“小缩略图”按钮上单击，即可对“内容”面板中的缩略图进行放大与缩小。

16.6.5 添加标记

在“内容”调板中选择缩略图后，执行菜单中的“标签”命令，在弹出的菜单中可以选择为该缩略图进行评级的选项，评级内容为从“★”到“★★★★★”，如图 16-58 所示。

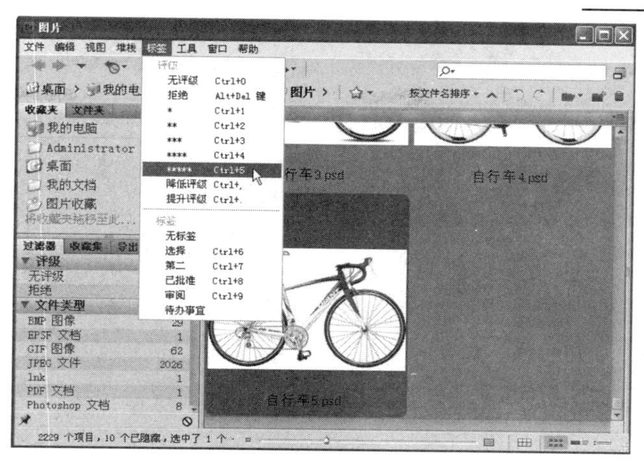

图 16-58　添加星标

16.6.6　更改显示模式

执行菜单中的“视图”命令，在弹出的菜单中可以选择显示的模式，包括全屏预览、幻灯片放映、审阅模式和紧凑模式，其中默认情况下全屏预览与幻灯片放映相似，如图 16-59～图 16-61 所示。

图 16-59　全屏预览与幻灯片放映模式

图 16-60　审阅模式

图 16-61　紧凑模式

技巧：进入其他显示模式后，按 Esc 键可恢复到标准模式。

16.6.7　选择多个图像

在“内容”调板中按住 Shift 键单击缩略图，可以将这些缩略图都显示在“预览”调板中，如图 16-62 所示。按组合键 Ctrl+G 可以将选取的多个缩略图进行叠加放置，这样既便于管理又可节省空间，如图 16-63 所示，按组合键 Ctrl+Shift+G 可以取消组合。

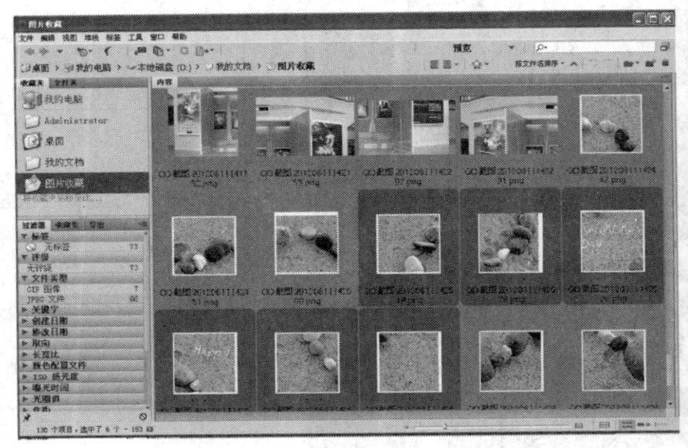

图 16-62　选择多个图像

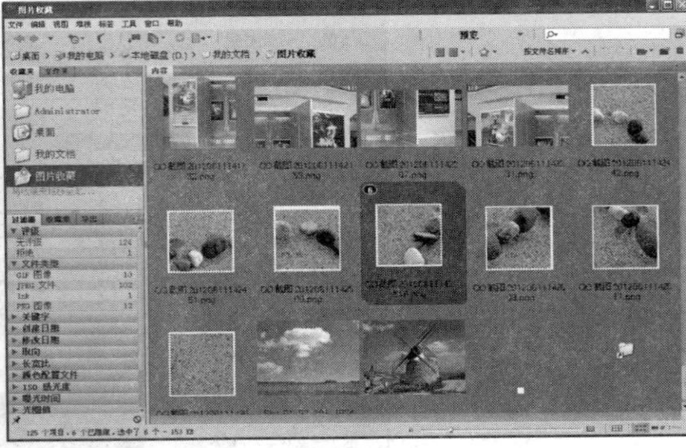

图 16-63　叠加放置

16.6.8　大批量重命名图像

通过“批重命名”命令可以将选择的图像按照自己的想法进行批量命名，在 Bridge 中选择多个图像，如图 16-64 所示。执行菜单中的“工具”→“批重命名”命令，即可打开“批重命名”对话框，如图 16-65 所示。

图 16-64　选择多个图像

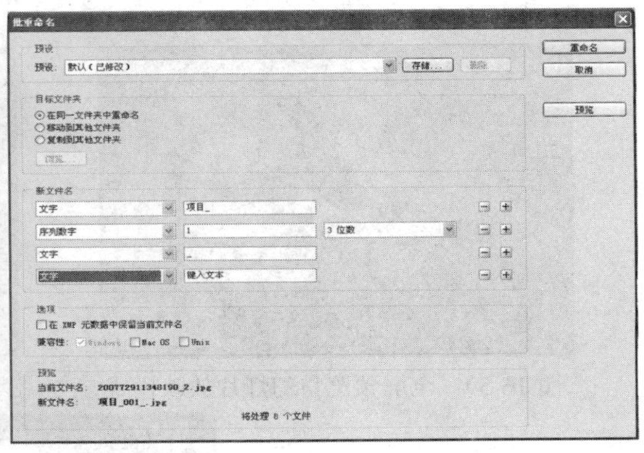

图 16-65　“批重命名”对话框

设置完毕单击“重命名”按钮，即可完成多个图像的命名，如图 16-66 所示。

图 16-66　完成多个图像的命名

16.6.9 删除文件

在“内容”调板中选择相应的文件后，单击“删除”按钮，便可将选取的文件删除；直接拖动选取的文件到“删除”按钮也可以将其删除；选择相应的文件后单击键盘上的 Delete 键同样可以将其删除。

16.7 查看图像信息

使用“信息”调板可以显示鼠标在当前图像任意位置和使用工具的相关信息。执行菜单中的“窗口”→“信息”命令，即可打开“信息”调板，如图 16-67 所示。

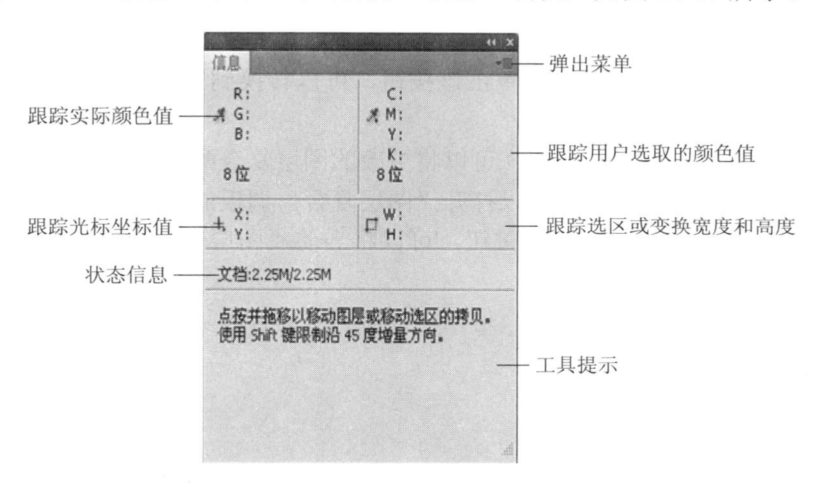

图 16-67　“信息”调板

该调板中各项的含义如下：

(1) 跟踪实际颜色值：实时显示当前鼠标所在位置的颜色值(RGB 颜色)。

(2) 跟踪光标坐标值：实时显示当前鼠标所在位置的 X 轴和 Y 轴的坐标值。

(3) 状态信息：显示当前文档的相关信息。

(4) 弹出菜单：单击该按钮，可以打开“信息”调板的弹出菜单。

(5) 跟踪用户选取的颜色值：实时显示当前鼠标所在位置的颜色值(CMYK 颜色)。

(6) 跟踪选区或变换宽度和高度：实时显示选框或形状的高度和宽度。

(7) 工具提示：实时显示使用工具的相关信息。

提示：打开图像后，就可以看到关于当前文件的状态信息，与状态栏中出现的信息一致；打开图像后，当使用某个工具时，会在“信息”调板中看到有关该工具的相关信息。

16.8 复合图层

通过“图层复合”调板可以在单个文件中创建、管理和查看多个版面效果。执行菜单中的“窗口”→“图层复合”命令，即可打开“图层复合”调板，如图 16-68 所示。

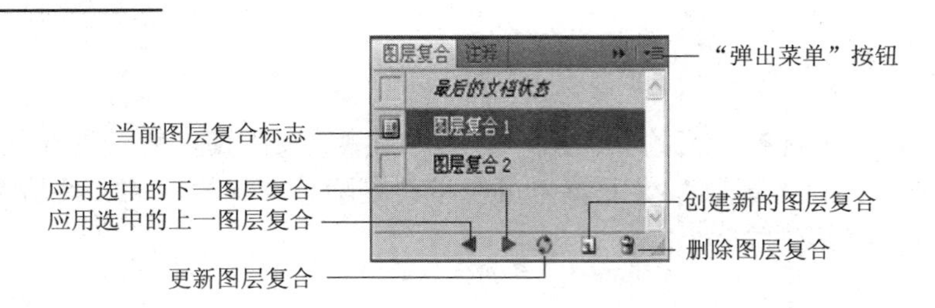

图 16-68 "图层复合"调板

该调板中各项的含义如下：

(1) 当前图层复合标志：显示该图层为当前图层复合。

(2) 应用选中的下一图层复合：单击该按钮，可以转换到当前图层复合的下一个图层复合。

(3) 应用选中的上一图层复合：单击该按钮，可以转换到当前图层复合的上一个图层复合。

(4) 更新图层复合：单击该按钮，可以将更改的图层复合配置自动更新。

(5) 弹出菜单：单击该按钮，可以打开"图层复合"调板的弹出菜单。

(6) 创建新的图层复合：单击该按钮，可以将当前"图层"调板对应的效果创建为一个图层复合。

(7) 删除图层复合：单击该按钮，可以将当前图层复合删除。

16.8.1 创建图层复合

创建图层复合的操作步骤如下：

(1) 执行菜单中的"文件"→"打开"命令或按组合键 Ctrl+O，打开自己喜欢的素材，如图 16-69 所示。

(2) 在"图层复合"调板中单击"创建新的图层复合"按钮，打开"新建图层复合"对话框，如图 16-70 所示。

图 16-69 素材

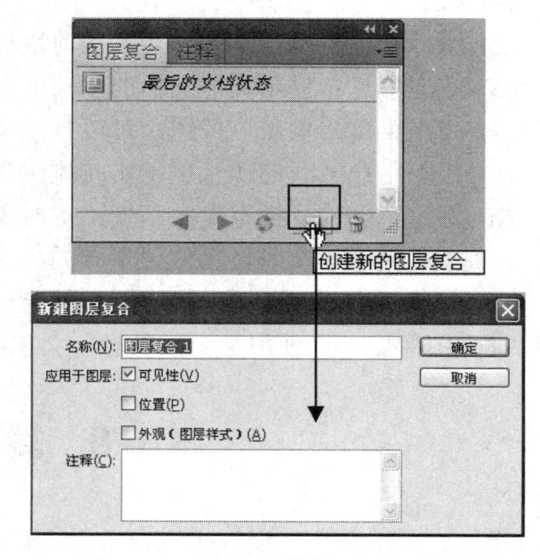

图 16-70 "新建图层复合"对话框

该对话框中各项的含义如下：

① 名称：用来设置新建图层复合的名称。

② 应用于图层：用来设置图层复合记录的图层的类别和属性。

- 可见性：表示图层是显示还是隐藏。
- 位置：表示图层在图像中的位置。
- 外观：表示是否将图层样式应用于图层和图层的混合模式。

③ 注释：用来添加说明性的文字。

(3) 在“新建图层复合”对话框中单击“确定”按钮，在“图层复合”调板中会出现刚才设置名称的图层复合，如图 16-71 所示。

(4) 在“图层”调板中隐藏一个图层，如图 16-72 所示。

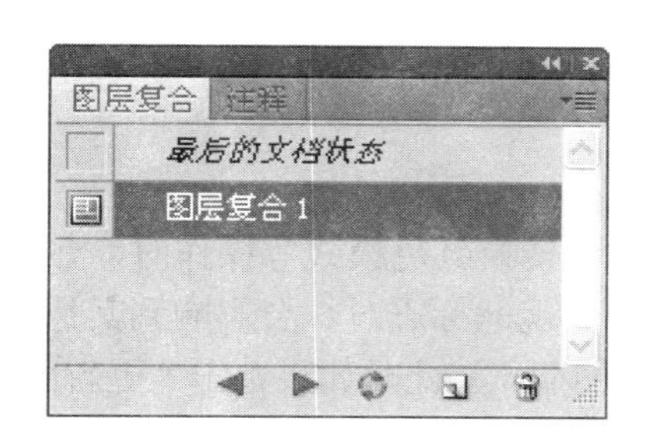

图 16-71　新建的图层复合

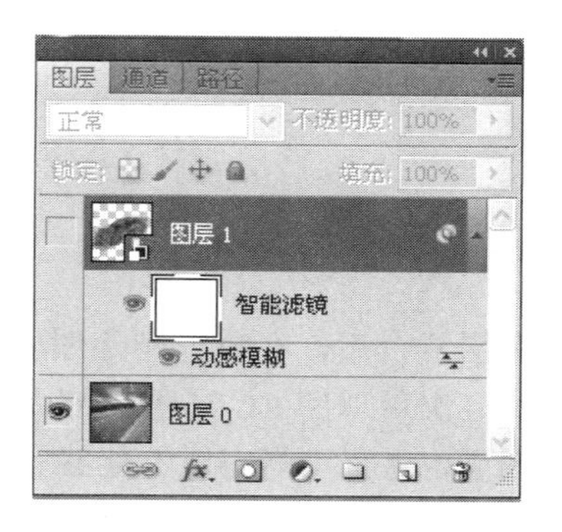

图 16-72　隐藏效果

(5) 在“图层复合”调板中单击“创建新的图层复合”按钮，在打开的“新建图层复合”对话框中设置参数后，单击“确定”按钮，在“图层复合”调板中会出现刚才设置名称的图层复合，如图 16-73 所示。选择“图层复合 2”后，会显示与之相对应的图像效果，如图 16-74 所示。

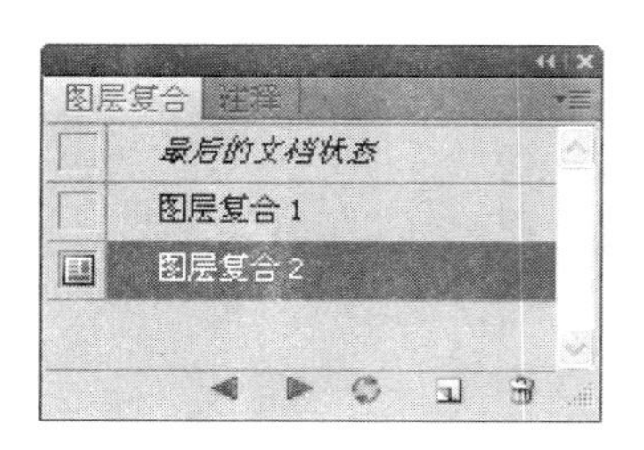

图 16-73　新建的图层复合

图 16-74　隐藏效果

(6) 在“图层复合”调板中选择“图层复合 1”，效果如图 16-75 所示。

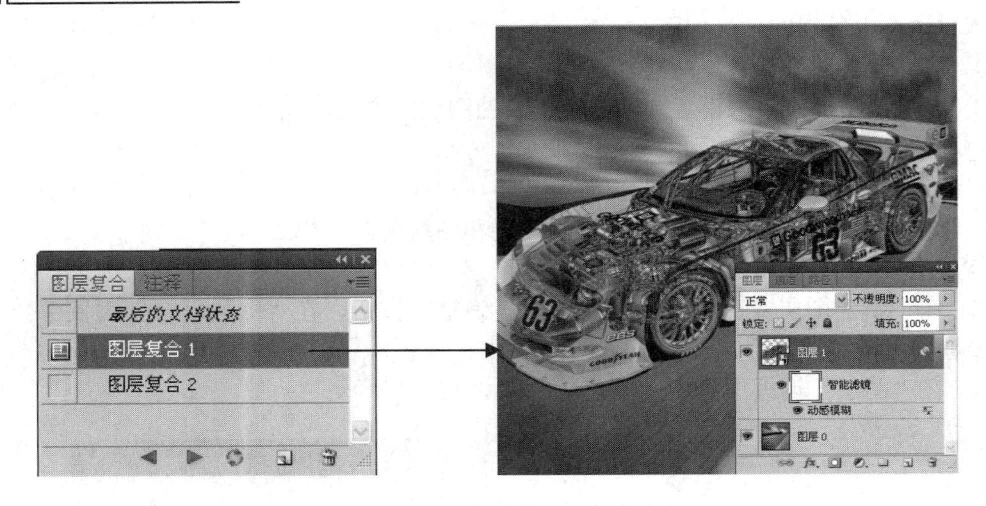

图 16-75　新建的图层复合

16.8.2　图层复合警告

创建图层复合后，在执行删除图层、合并图层或转换颜色模式等操作时，在“图层复合”调板中会出现如图 16-76 所示的警告标志。当出现此标志时，会影响到其他图层复合所涉及的图层，更有可能出现不能够完成图层复合的后果。此时如果单击“更新图层复合”按钮，会将调整后的效果作为最新的图层复合存在。

单击警告图标，系统会弹出如图 16-77 所示的提示信息。该信息提醒此图层复合无法正常恢复。

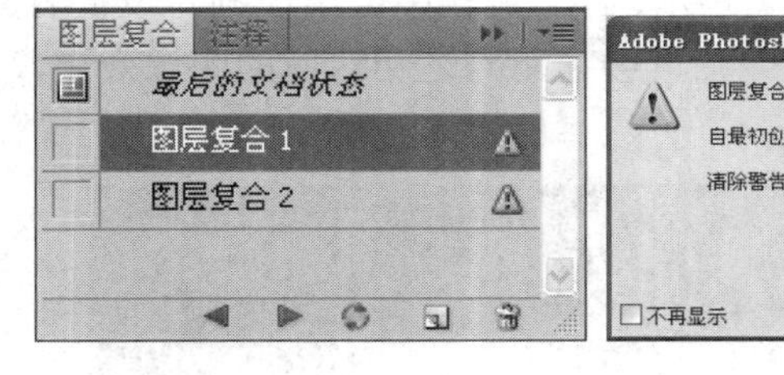

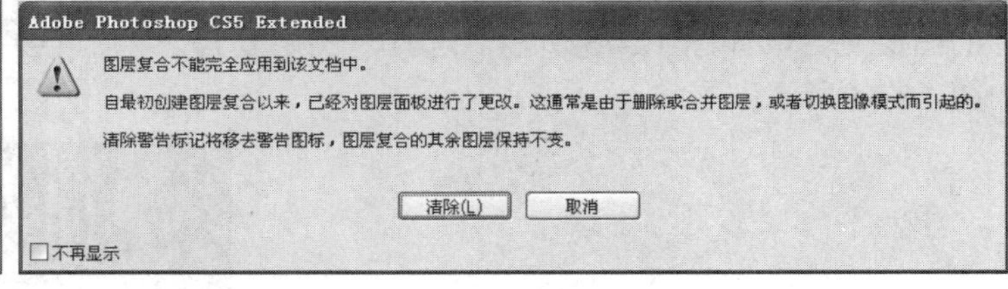

图 16-76　警告标志　　　　图 16-77　提示信息

在警告图标上单击鼠标右键，在弹出的菜单中可以选择“清除图层复合警告”或“清除所有图层复合警告”选项，如图 16-78 所示。

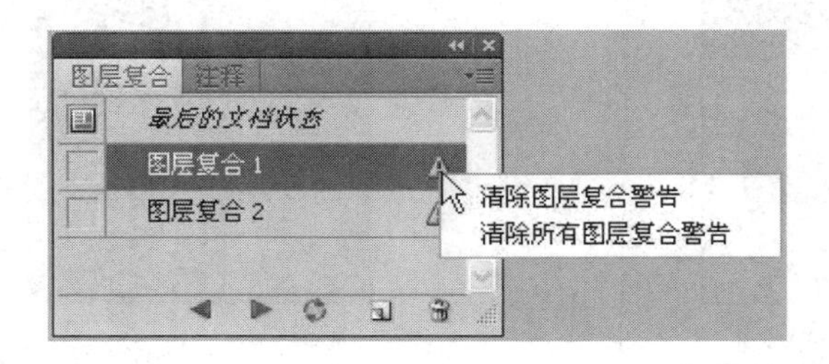

图 16-78　图层复合选项

16.8.3　弹出菜单

在“图层复合”调板中单击“弹出菜单”按钮，将弹出如图 16-79 所示的下拉菜单。

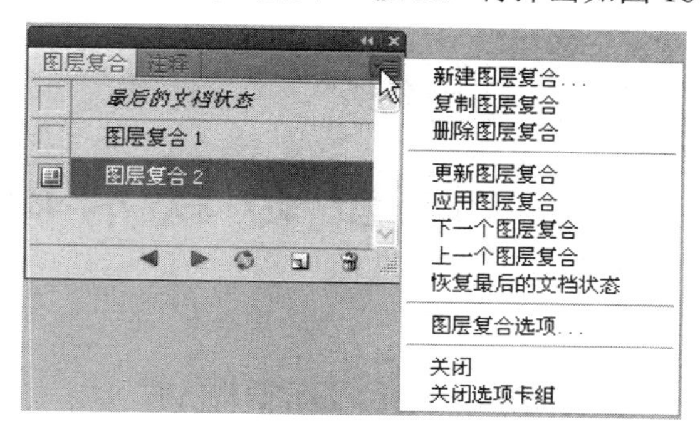

图 16-79　“弹出菜单”的下拉菜单

该下拉菜单中各项的含义如下：

(1) 复制图层复合：用来将当前图层复合后复制一个副本。

(2) 删除图层复合：用来在“图层复合”调板中删除当前图层复合。

(3) 更新图层复合：用来将当前图层复合中修改后的效果更新为最新的图层复合。

(4) 应用图层复合：选择此选项，可以将选中的图层复合变为当前图层复合。

(5) 下一个图层复合：选择此选项，可以转换到当前图层复合的下一个图层复合。

(6) 上一个图层复合：选择此选项，可以转换到当前图层复合的上一个图层复合。

(7) 恢复最后的文档状态：选择此选项，可以在“图层复合”调板中直接转换到最后的文档状态选项，如图 16-80 所示。

(8) 图层复合选项：选择此选项会打开“图层复合选项”对话框，如图 16-81 所示。可以在对话框中对选择的图层复合进行修改。

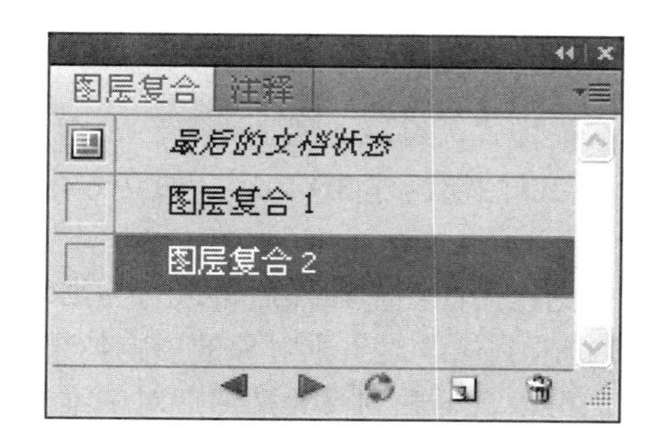

图 16-80　图层复合

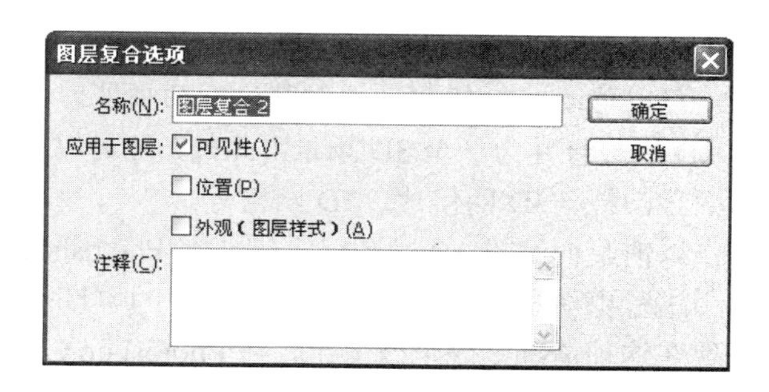

图 16-81　“图层复合选项”对话框

第 17 章 3D 与技术成像

17.1 3D 功能概述

Photoshop CS 可以打开和处理由 Adobe Acrobat 3D Version 8、3D Studio Max、Alias、Maya 以及 GoogleEarth 等程序创建的 3D 文件。打开 3D 文件时可以保留它们的纹理、渲染和光照信息，3D 模型放在 3D 图层上，3D 对象的纹理出现在 3D 图层下面的条目中，如图 17-1、图 17-2 所示。

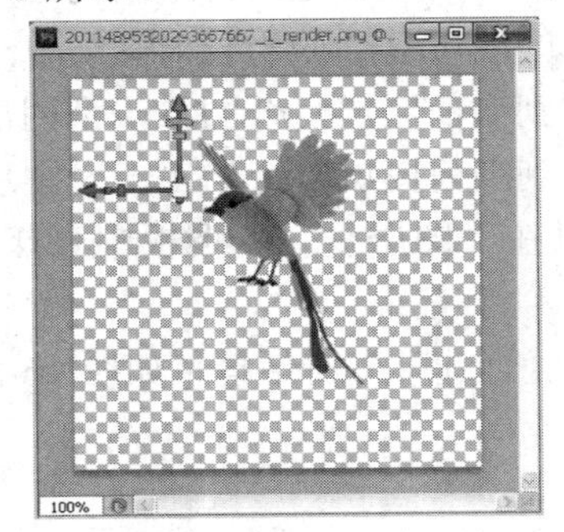

图 17-1 3D 建模

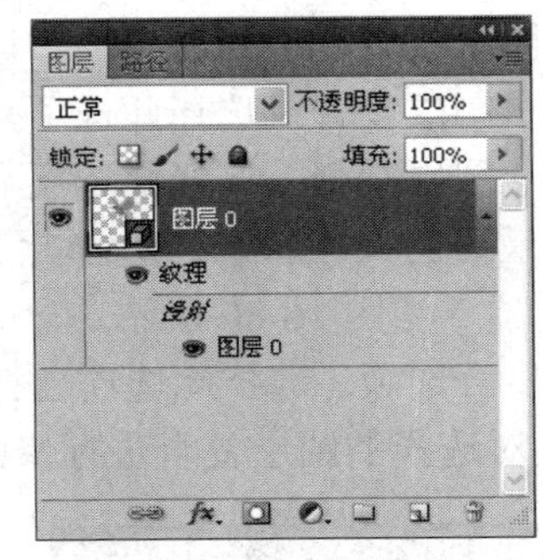

图 17-2 图层

可以移动 3D 模型，或对其进行动画处理、更改渲染模式、编辑或添加光照，或将多个 3D 模型合并为一个 3D 场景。此外，还可以基于一个 2D 图层创建 3D 内容，如立方体、球面、圆柱、3D 明信片、3D 网格等。

以前我们编辑 3D 贴图时，需要在 Photoshop CS 中处理贴图图片，然后再进入三维软件中进行更新和应用，在 Photoshop CS 中调整时无法直接看到修改对三维对象的影响结果。而现在这种情况则完全改变了，在 Photoshop CS 中我们可以直接看到修改贴图后对三维对象最终效果的影响，还可以将纹理作为独立的 2D 文件打开并编辑，或使用 Photoshop CS 画图和调整工具，直接在模型上编辑纹理。

提示：Photoshop CS 支持 U3D、3DS、OBJ、KMZ、DAE 格式的 3D 文件。

17.2 使用 3D 工具

使用 3D 对象工具可以修改 3D 模型的位置或大小，使用 3D 相机工具则可以修改 3D

场景视图。如果用户的系统支持 OpenGL，还可以使用 3D 轴来控制 3D 模型。

17.2.1 移动、旋转和缩放模型

使用 3D 对象编辑工具可以移动、旋转和缩放 3D 模型。当操作 3D 模型时，相机视图保持固定。打开一个 3D 文件，如图 17-3 所示。图 17-4 所示为 3D 对象编辑工具，图 17-5 所示为对象旋转工具栏。

图 17-3 3D 文件

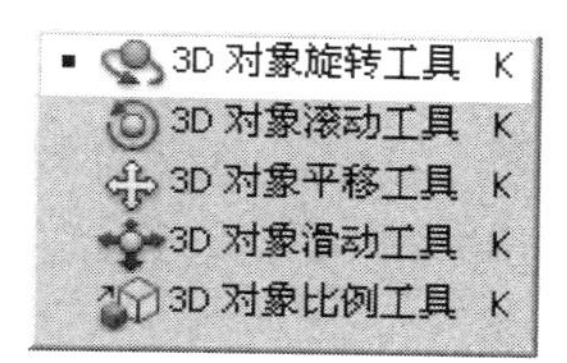

图 17-4 3D 对象编辑工具

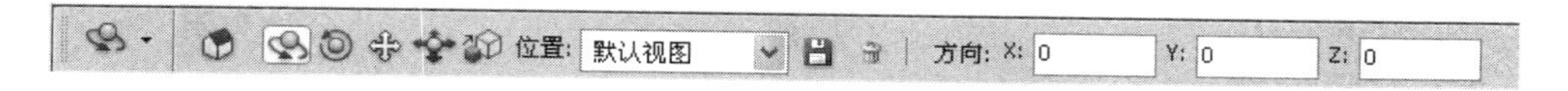

图 17-5 对象旋转工具栏

该工具栏中各项的含义如下：

(1) 旋转：使用 3D 对象旋转工具上下拖动可以使模型围绕其 X 轴旋转，如图 17-6 所示；两侧拖动可围绕其 Y 轴旋转，如图 17-7 所示；按住 Alt 键的同时拖动则可以滚动模型。

图 17-6 X 轴旋转

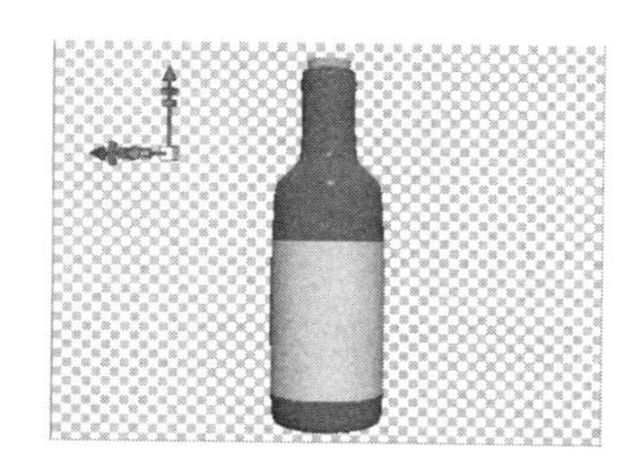

图 17-7 Y 轴旋转

(2) 滚动：使用 3D 对象滚动工具在两侧拖动可以使模型围绕其 Z 轴旋转，如图 17-8 所示。

(3) 平移：使用 3D 对象平移工具在两侧拖动可沿水平方向移动模型；上下拖动可沿垂直方向移动模型；按住 Alt 键的同时拖动可沿 X/Z 方向移动模型。

(4) 滑动：使用 3D 对象滑动工具在两侧拖动可沿水平方向移动模型，如图 17-9 所示；上下拖动可将模型移近或移远，如图 17-10 所示；按住 Alt 键的同时拖动可沿 X/Y 方向移动模型。

(5) 比例：使用 3D 比例工具上下拖动可放大或缩小模型；按住 Alt 键的同时拖动可沿 Z 方向缩放。

(6) 返回到初始对象位置：单击该按钮，可以将视图恢复为文档打开时的状态。

图 17-8 Z 轴旋转

图 17-9 放大

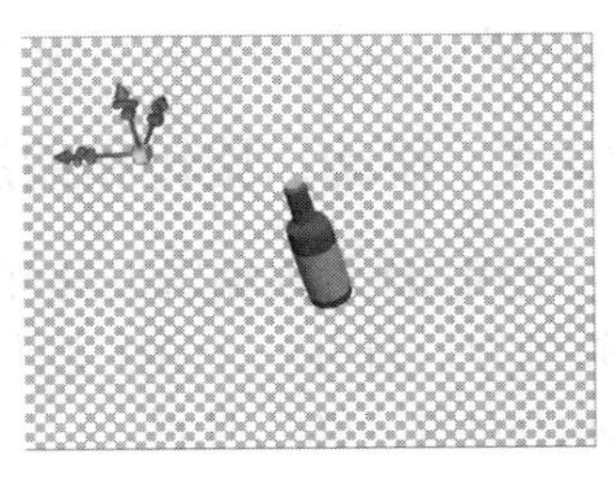
图 17-10 缩小

(7) 使用预设位置：在工具选项栏的“位置”下拉列表中可以选择一个预设的位置。单击该按钮，可以将模型的当前位置保存为预设的视图，可在“位置”下拉列表中选择该视图，包括“左视图”(如图 17-11 所示)、“仰视图”(如图 17-12 所示)、“俯视图”(如图 17-13 所示)等。如果要根据数字精确定义模型的位置、旋转和缩放，可在选项栏右侧的文本框中输入数值。

图 17-11 左视图

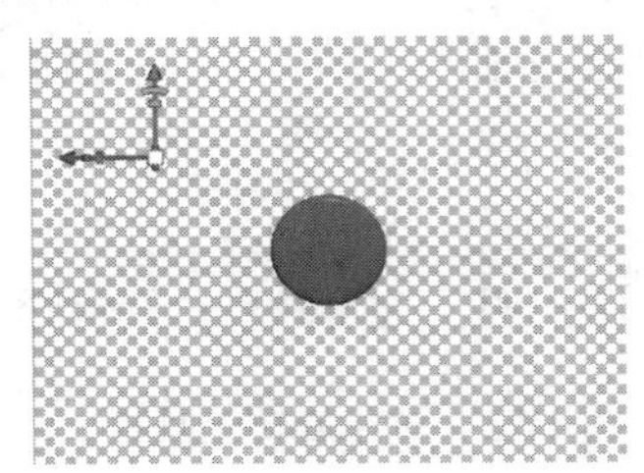
图 17-12 仰视图

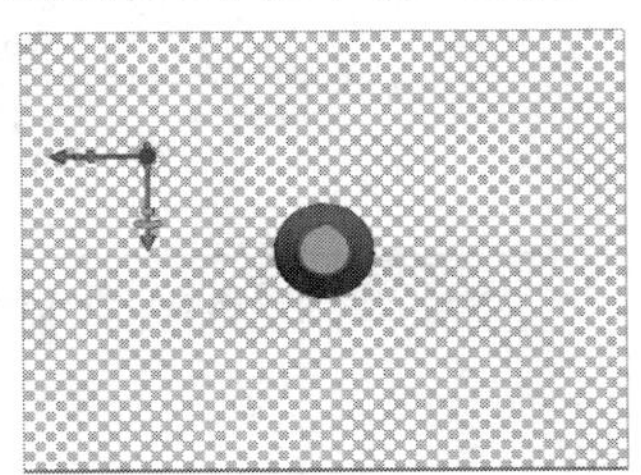
图 17-13 俯视图

提示：按住 Shift 键进行拖动，可以将旋转、拖移、滑动或缩放工具限制为沿某一方向运动。

执行“视图”→“显示”→“3D 轴”命令，可以显示或隐藏 3D 轴。显示 3D 轴以后，将光标放在 3D 轴的不同位置，单击并拖动鼠标即可移动、旋转和缩放 3D 对象。

① 如果要沿着 X、Y 或 Z 轴移动模型，可将光标放在任意轴的锥尖上，然后向相应的方向拖动。

② 如果要将移动限制在某个对象平面，可以将光标放在两个轴交叉的区城，两个轴之间会出现一个黄色的平面图标，此时向任意方向拖动即可。

③ 如果要旋转模型，可单击轴尖内弯曲的旋转线段，此时会出现旋转平面的黄色圆环，围绕 3D 轴中心沿顺时针或逆时针方向拖动圆环即可旋转模型。要进行幅度更大的旋转，可将鼠标向远离 3D 轴的方向移动，如图 17-14 所示。

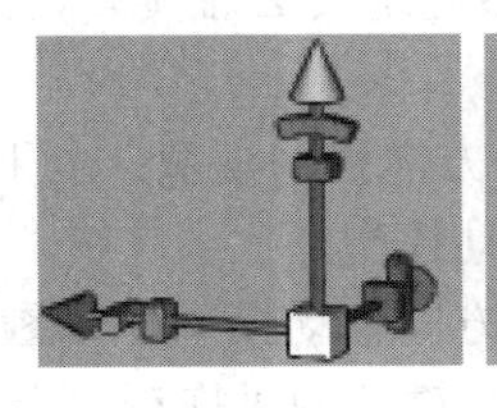
(a) 移动

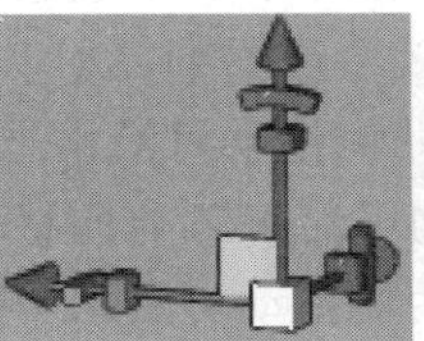
(b) 限制平面移动

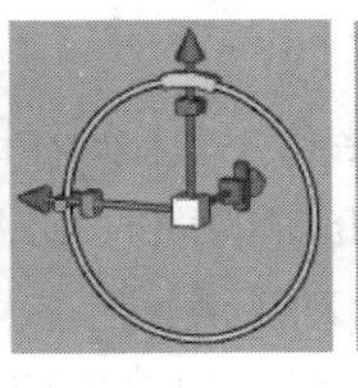
(c) 旋转

图 17-14 3D 轴的移动及旋转

④ 如果要调整模型的大小，可向上或向下拖动 3D 轴中的中心立方体。

⑤ 如果要沿轴压扁或拉长模型，可以将某个彩色的变形立方体朝中心立方体拖动，或向远离中心立方体的位置拖动，如图 17-15 所示。

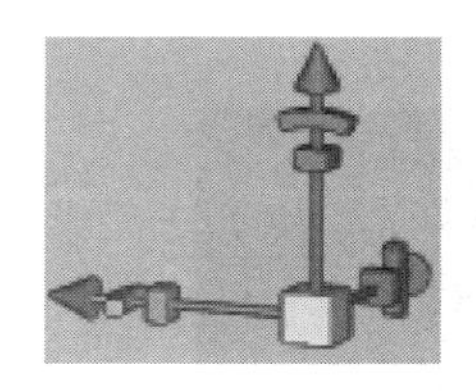

(a) 缩放

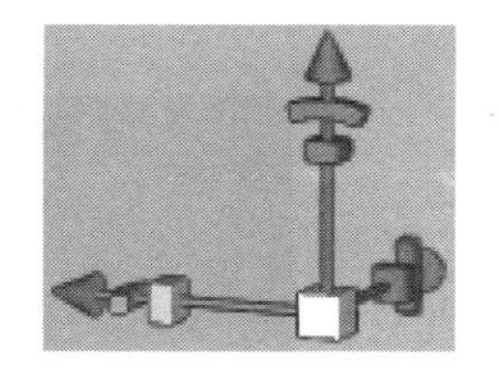

(b) 压扁和拉长

图 17-15　3D 轴的缩放、压扁和拉长

17.2.2　移动 3D 相机

使用 3D 相机工具可以移动相机视图，同时保持 3D 对象的位置不变。图 17-16 所示为 3D 模型在原始相机位置的效果，图 17-17 所示为 3D 相机工具，图 18-18 所示为 3D 工具选项栏。

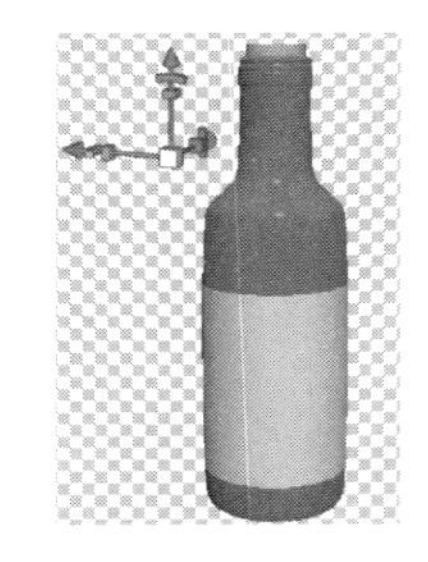

图 17-16　3D 模型

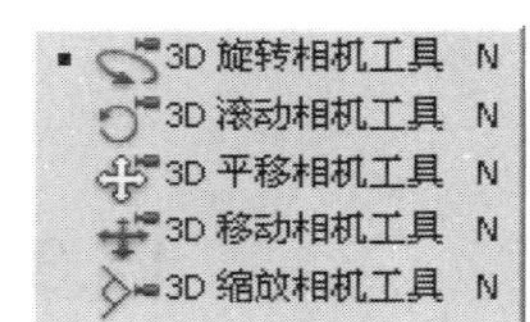

图 17-17　3D 相机工具

图 17-18　3D 相机工具选项栏

该选项栏中各项的含义如下：

(1) 旋转：使用 3D 旋转相机工具拖动鼠标可以将相机沿 X 或 Y 方向环绕移动，如图 17-19 所示；按住 Ctrl 键的同时进行拖移可以滚动相机。

(2) 滚动：使用 3D 滚动相机工具拖动可以滚动相机，如图 17-20 所示。

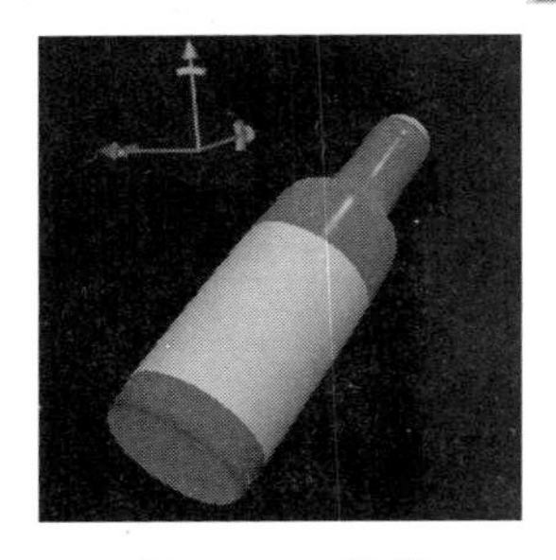

图 17-19　旋转

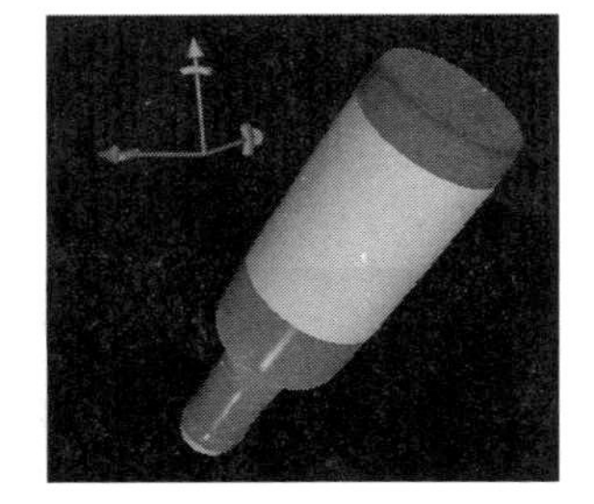

图 17-20　滚动

(3) 平移：使用 3D 平移相机工具拖动可以将相机沿 X 或 Y 方向平移，如图 17-21 所示；按住 Ctrl 键的同时拖动可沿 X 或 Z 方向平移。

(4) 移动：使用 3D 移动相机工具拖动可以移动相机(Z 转换和 Y 旋转)，如图 17-22 所示；按住 Ctrl 键的同时拖动可沿 Z/X 方向移动(Z 平移和 X 旋转)。

(5) 缩放：使用 3D 缩放相机工具拖动可以更改 3D 相机的视角，如图 17-23 所示。

最大视角为 180°。

图 17-21 平移

图 17-22 移动

图 17-23 缩放

(6) 返回到初始位置：按下该按钮后，可以将相机恢复为初始的位置，即打开文档时的状态。

(7) 使用预设视图：在工具选项栏的“视图”下拉列表中可以选择一个预设的视图。如果单击该按钮，则可将相机的当前位置保存为预设的视图，可在“位置”下拉列表中选择该视图。如果要根据数字精确定义相机位置，可在右侧的文本框中输入 3D 相机在 X、Y 和 Z 轴上的位置。

17.3 3D 面 板

选择 3D 图层后，3D 面板中会显示与之关联的 3D 文件组件，面板顶部列出了文件中的网格、材料和光源，面板底部显示了在面板顶部选择的 3D 组件的相关选项。

17.3.1 3D 场景设置

使用 3D 场景设置可以设置渲染模式、选择要在其上绘制的纹理或创建横截面。打开一个 3D 模型，如图 17-24 所示。单击 3D 面板中的“场景”按钮，然后在面板顶部选择一个“场景”条目，如图 17-25 所示。

图 17-24 3D 模型

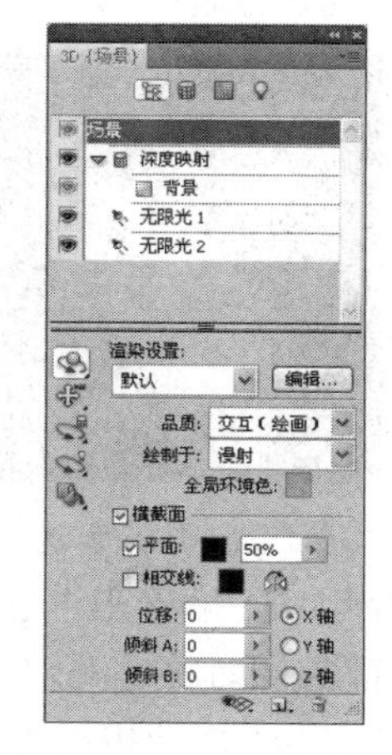

图 17-25 3D 场景面板

3D 场景面板中各项的含义如下：

- 渲染设置：可在下拉列表中指定模型的渲染预设，如果要自定选项，可单击“编辑”按钮。
- 品质：用来设置 3D 模型的显示品质。品质越高，屏幕的刷新速度越慢。
- 绘制于：直接在 3D 模型上绘画时，可使用该菜单选择要在其上绘制的纹理映射。
- 全局环境色：设置在反射表面上可见的全局环境光的颜色。该颜色与用于特定材料的环境色相互作用。
- 横截面：选择“横截面”选项后，可创建以所选角度与模型相交的平面横截面。这样，可以切入模型内部，查看里面的内容，如图 17-26 所示。此时，下面的选项可以使用。选择“平面”，可显示创建横截面的相交平面，并设置平面颜色和不透明度；选择“相交线”，会以高亮显示横截面平面相交的模型区域，单击颜色块可以选择高光颜色；按下翻转横截面按钮，可将模型的显示区域更改为相交平面的反面，如图 17-27 所示；“位移”设置可沿平面的轴移动平面，而不更改平面的斜度，如图 17-28 所示；“倾斜”设置可以将平面朝其任一可能的倾斜方向旋转至 360°。
- 切换地面按钮：地面是反映相对于 3D 模型的地面位置的网格，单击该按钮，可以在下拉菜单中选择显示或隐蔽地面、3D 轴、3D 光源等。

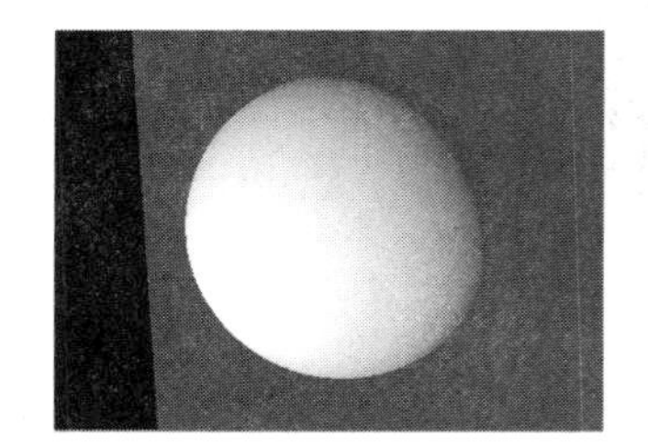

图 17-26　横截面

图 17-27　相交线

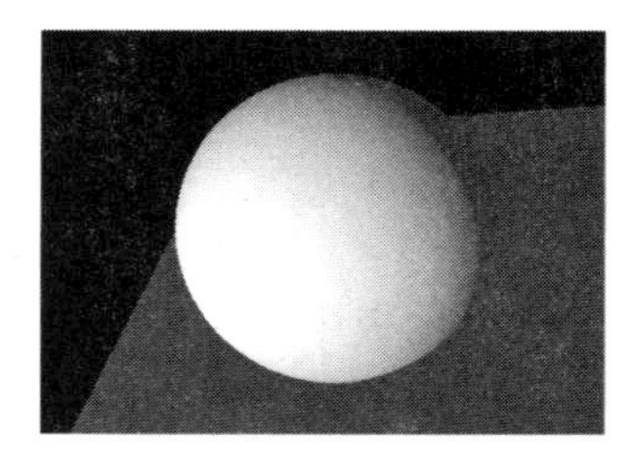

图 17-28　位移

提示：面板中的工具右下角都有一个黑色的小三角，在工具上单击鼠标可以显示隐藏工具。使用这些工具可以移动、旋转或缩放对象，操作方式与工具箱中的主要 3D 工具相同。

17.3.2　3D 网格设置

单击 3D 面板顶部的网格按钮，面板中会显示如图 17-29 所示的选项。

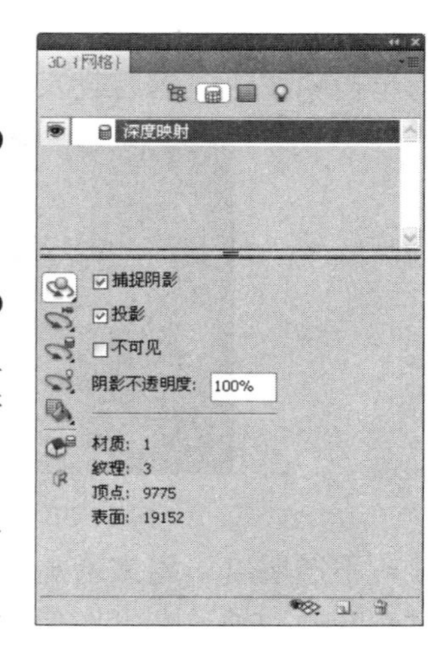

图 17-29　网格面板

网格面板中各项的含义如下：

- 当前选择的网格：3D 模型中的每个网格都会出现在 3D 面板顶部的单独线条上，单击一个网格时，将在面板底部显示网格信息，包括应用于网格的材料和纹理数量以及其中所包含的顶点和表面的数量。
- 显示/隐藏网格：单击网格名称旁边的眼睛图标可以显示或隐藏网格。
- 捕捉阴影：在“光线跟踪”渲染模式下，控制选定的网格是否在其表面显示来自其他网格的阴影。
- 投影：在“光线跟踪”渲染模式下，控制选定的网格是否在其他网格表面产生投影，但必须设置光源才能产生阴影。

- 不可见：隐藏网格，但显示其表面的所有阴影。
- 阴影不透明度：设置阴影的透明度。

17.3.3 3D 材料设置

单击 3D 面板顶部的材质按钮，界面中会列出在 3D 文件中使用的材料，如图 17-30 所示。如果模型包含多个网格，则每个网格可能会有与之关联的特定材料。单击按钮可以打开一个下拉材质列表，如图 17-31 所示。

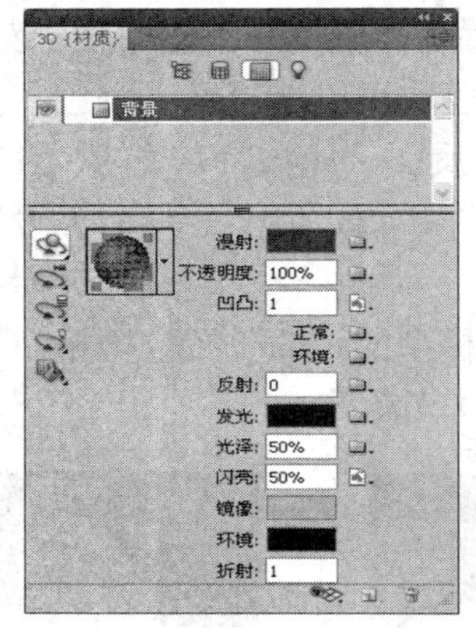

图 17-30 材质面板

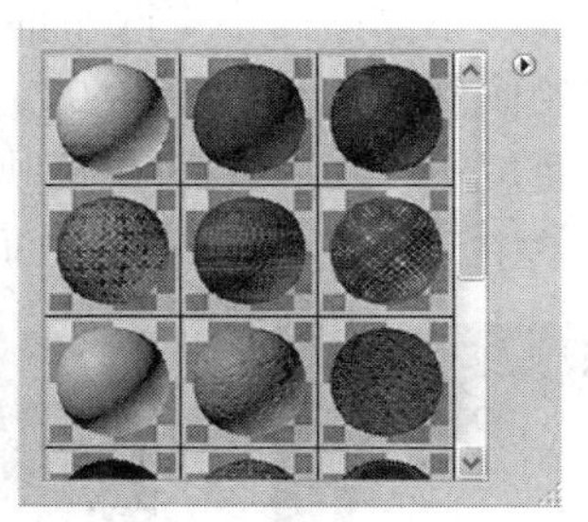

图 17-31 材质列表

材质面板中各项的含义如下：

- 当前选择的材质：单击一个材质名称，面板底部会显示该材质所使用的特定纹理映射。某些纹理映射(如“漫射”和“凹凸”)通常依赖于 2D 文件来提供创建纹理的特定颜色或图案。材质所使用的 2D 纹理映射也会作为“纹理”出现在“图层”面板中。
- 纹理映射菜单图标：单击该图标，可以打开一个下拉菜单，可以选择菜单中的命令来创建、载入、打开、移去或编辑纹理映射的属性。
- 漫射：材质的颜色，它可以是实色或任意的 2D 内容，如图 17-32 所示。图 17-33 所示为单击按钮，然后载入一个图像文件贴在模型表面的效果。

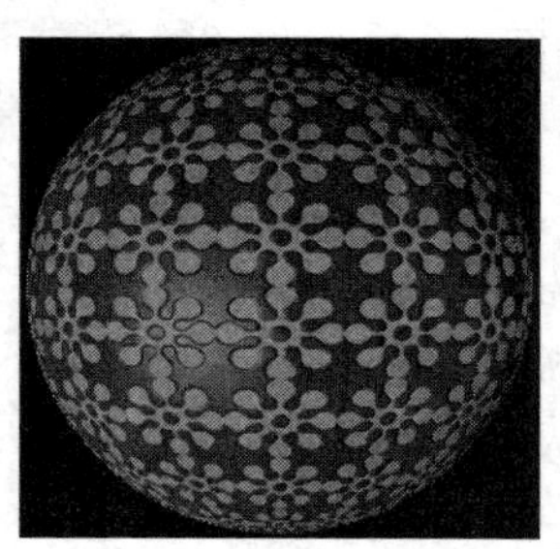

图 17-32 原图

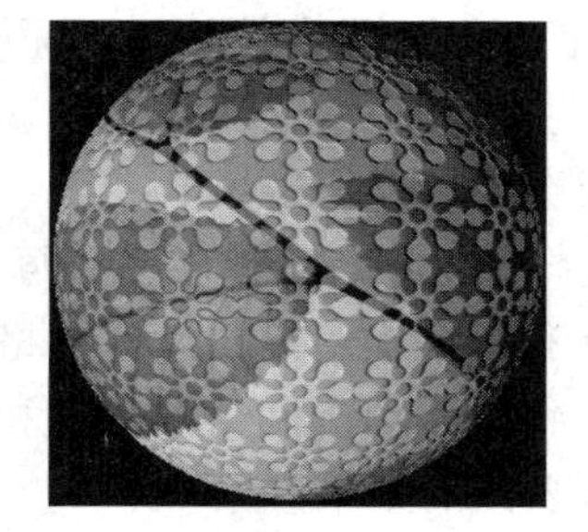

图 17-33 载入图像效果

- 不透明度：用来增加或减小材质的不透明度。
- 凹凸：通过灰度图像在材质表面创建凹凸效果，而并不实际修改网格。灰度图像中较亮的值可创建突出的表面区域，较暗的值可创建平坦的表面区域。例如，图 17-34 所示为使用的贴图文件，图 17-35 所示为它在模型表面生成的凹凸效果。

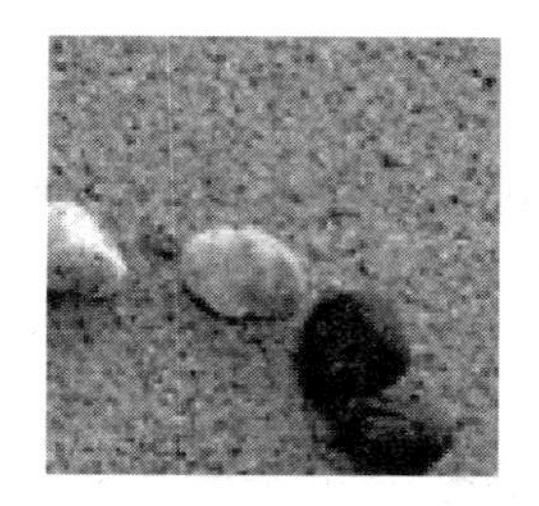

图 17-34　贴图文件

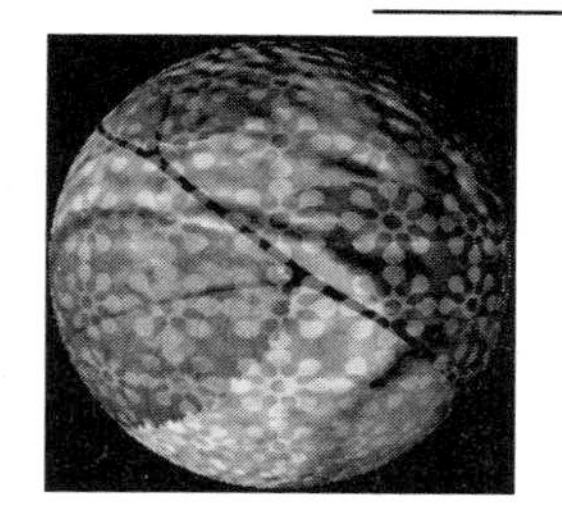

图 17-35　凹凸效果

- 正常：像凹凸映射纹理一样，正常映射会增加表面细节。
- 环境：设置在反射表面上可见的环境光的颜色。该颜色与用于整个场景的全局环境色相互作用。
- 反射：设置反射率，当两种反射率不同的介质(如空气和水)相交时光线方向发生改变，即产生反射。新材料的默认值是 1.0(空气的近似值)。
- 发光：定义不依赖于光照即可显示的颜色，可创建从内部照亮 3D 对象的效果。
- 光泽：定义来自光源的光线经表面反射，折回到人眼中的光线数量。
- 闪亮：定义“光泽度”设置所产生的反射光的散射。低反光度(高散射)会产生更明显的光照，而焦点不足；高反光度(低散射)会产生不太明显、更亮、更耀眼的高光。
- 镜像：可以为镜面属性设置显示的颜色，例如高光光泽度和反光度。
- 环境：可储存 3D 模型周围环境的图像。环境映射会作为球面全景来应用，可以在模型的反射区域中看到环境映射的内容。
- 折射：可增加 3D 场景、环境映射和材质表面上其他对象的反射。

17.3.4　3D 光源设置

单击 3D 面板顶部的光源按钮，面板中会显示如图 17-36 所示的选项。3D 光源可以从不同角度照亮模型，从而添加逼真的深度和阴影。

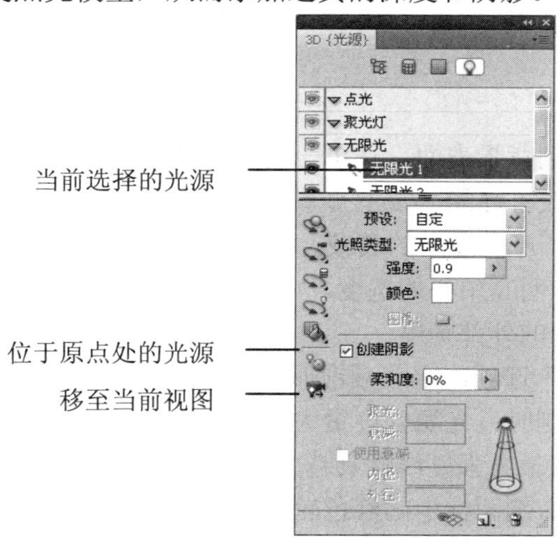

图 17-36　3D 面板

3D 面板中各项的含义如下：

- 预设：可在下拉列表中选择光照样式，如图 17-37 所示。图 17-38 所示为选择“狂欢节”样式的效果。

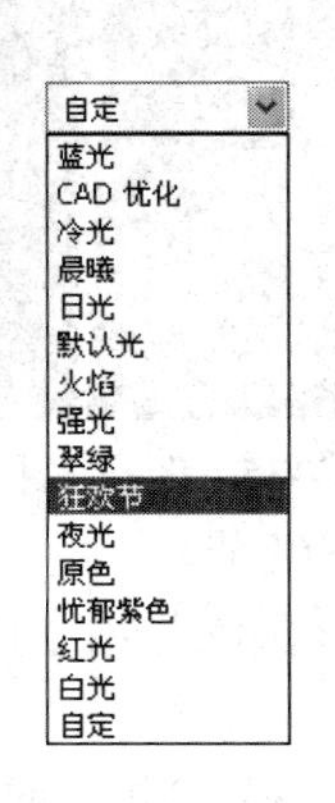

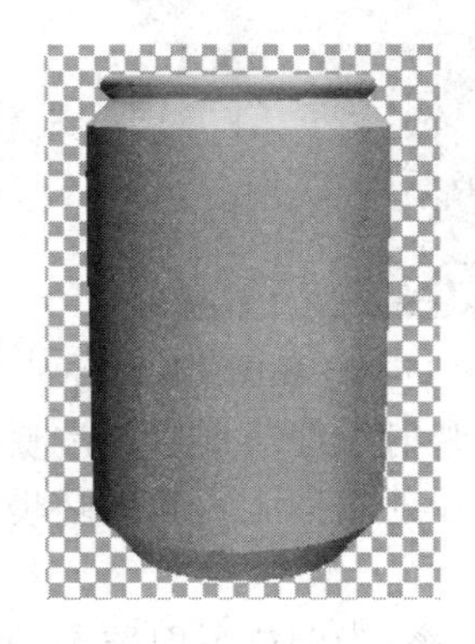

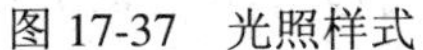

图 17-37 光照样式　　　　图 17-38 “狂欢节”样式效果

• 光照类型：可在下拉列表中选择光照类型，包括点光、聚光灯、无限光和基于图像。点光显示为小球，聚光灯显示为锥形，无限光显示为直线。

提示：点光像灯泡一样，可以向各个方向照射；聚光灯能照射出可调整的锥形光线；无限光像太阳光，可以从一个方向平面照射。

• 强度/颜色：选择列表中的光源后，可调整它的亮度，单击颜色块，可以打开“拾色器”设置光源的颜色，如图 17-39、图 17-40 所示。

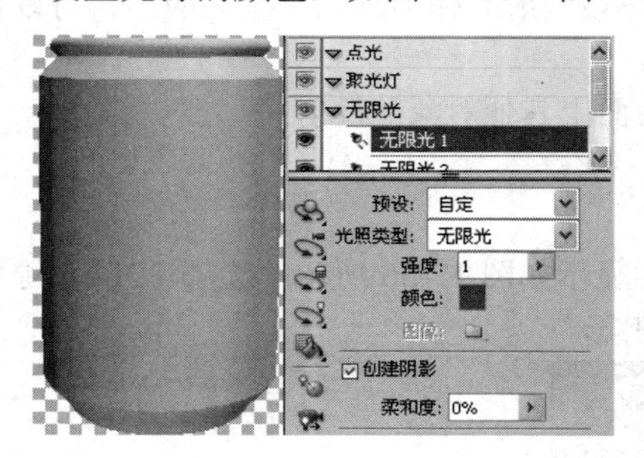

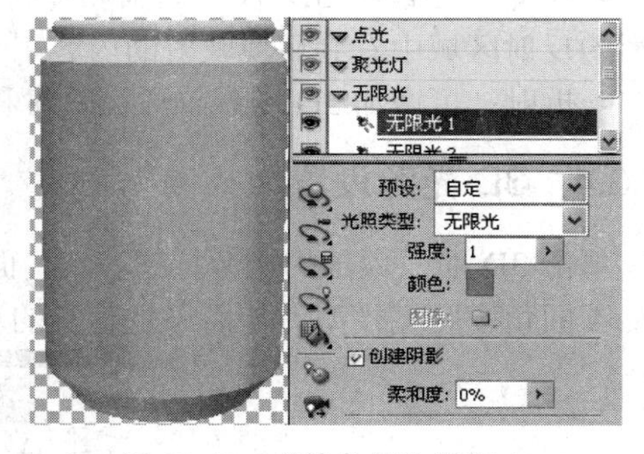

图 17-39 “拾色器”设置(1)　　　　图 17-40 “拾色器”设置(2)

• 创建阴影：创建从前景表面到背景表面、从单一网格到其自身或从一个网格到另一个网格的投影。取消选择时可稍微改善性能。

• 柔和度：可以模糊阴影边缘，产生逐渐的衰减。

• 聚光：(仅限聚光灯)设置光源明亮中心的宽度。

• 衰减：(仅限聚光灯)设置光源的外部宽度。

• 使用衰减：“内径”和“外径”选项决定衰减锥形以及光源强度随对象距离的增加而减弱的速度。对象接近“内径”限制时，光源强度最大；对象接近“外径”限制时，光源强度为零；处于中间距离时，光源从最大强度线性衰减为零。如果将光标放在“聚光”、“衰减”、“内径”和“外径”选项上，右侧图标中的红色轮廓会指示受影响的光源元素，如图 17-41～图 17-44 所示。

提示：必须启用 OpenGL 绘图才能显示 3D 轴、地面和光源，可执行“编辑”→“选项”→“性能”命令，在打开的对话框中勾选“启用 OpenGL 绘图”选项来启用该功能。

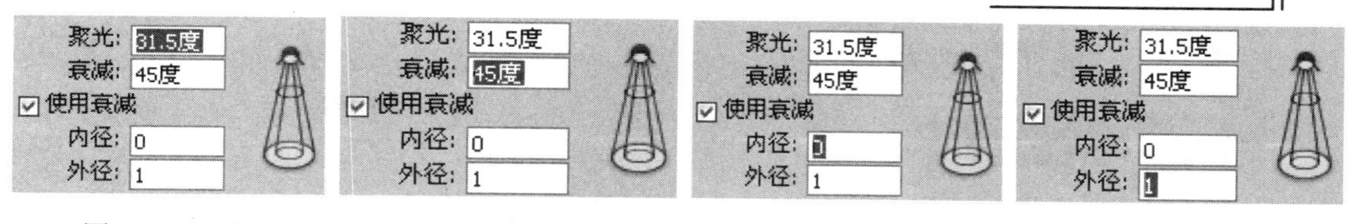

图 17-41　聚光　　图 17-42　衰减　　图 17-43　内径　　图 17-44　外径

17.4　创建和编辑 3D 模型的纹理

在 Photoshop 中打开 3D 文件时，纹理作为 2D 文件与 3D 模型一起导入，它们的条目显示在“图层”面板中，嵌套于 3D 图层下方，并按照散射、凹凸、光泽度等类型编组。可以使用绘画工具和调整工具来编辑纹理，也可以创建新的纹理。

17.4.1　重新参数化纹理映射

如果 3D 模型的纹理没有正确映射到网格，在 Photoshop CS 中打开这样的文件时，纹理会在模型表面产生扭曲，如产生多余的接缝、图案拉伸或挤压。执行“3D”→“重新参数化”命令，可以将纹理重新映射到模型，从而校正扭曲。如图 17-45 所示为执行该命令弹出的对话框，图 17-46 为原图，选择“低扭曲度”，可以使纹理图案保持不变，但会在模型表面产生较多接缝，如图 17-47 所示；选择“较少接缝”，会使模型上出现的接缝数量最小化，这会产生更多的纹理拉伸或挤压，如图 17-48 所示。

图 17-45　重新参数化

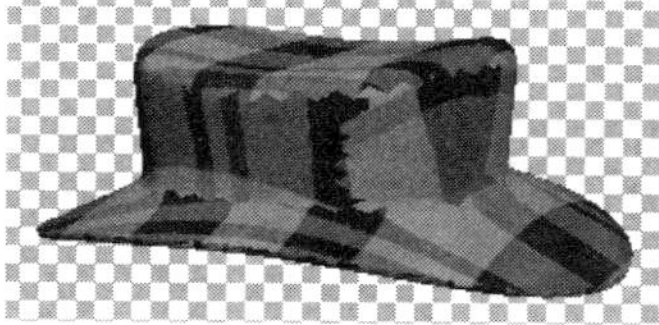
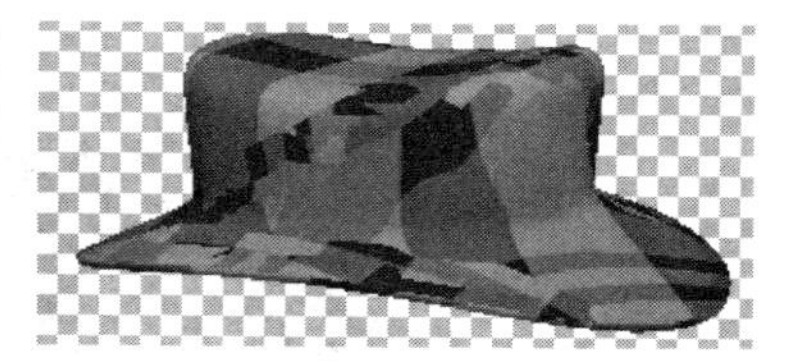

图 17-46　原图　　图 17-47　低扭曲度　　图 17-48　较少接缝

17.4.2　创建 UV 叠加

3D 模型上多种材料所使用的漫射纹理文件可将应用于模型上不同表面的多个内容区域编组，这个过程叫做 UV 映射，它使 2D 纹理映射中的坐标与 3D 模型上的特定坐标相匹配，使 2D 纹理可正确地绘制在 3D 模型上。

双击“图层”面板中的纹理，如图 17-49 所示，打开纹理文件，执行“3D”→“创建 UV 叠加”下拉菜单中的命令，如图 17-50 所示，UV 叠加将作为附加图层添加到纹理文件的“图层”面板中。

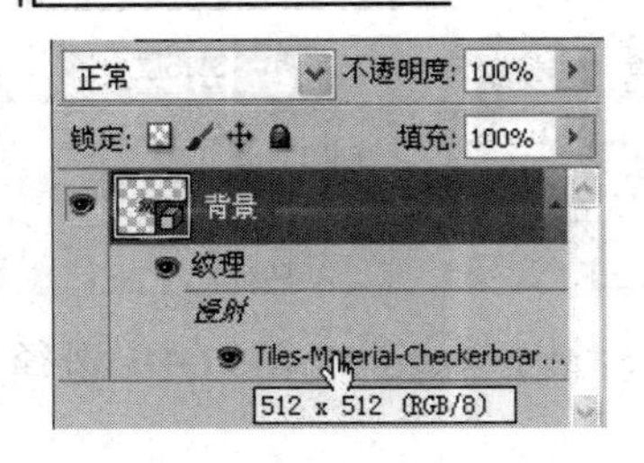

图 17-49 双击“图层”面板

图 17-50 创建 UV 叠加

“创建 UV 叠加”下拉菜单中各项的含义如下：

- 线框：显示 UV 映射的边缘数据。
- 着色：显示使用实色渲染模式的模型区域。
- 正常映射：显示转换为 RGB 值的几何常值，R=X、G=Y、B=Z。

17.4.3 实战——创建并使用重复的纹理拼贴

重复纹理由网格图案中完全相同的拼贴构成。重复纹理可以提供更逼真的模型表面覆盖、使用更少的存储空间，并且可以改善渲染性能。

(1) 执行菜单中的“文件”→“打开”命令或按组合键 Ctrl+O，打开自己喜欢的素材，如图 17-51 所示。

(2) 执行“3D”→“新建拼贴绘画”命令，可创建包含 9 个完全相同的拼贴的图案，图像尺寸保持不变，如图 17-52 所示。下面将单个拼贴存储为可重复拼贴的纹理文件。单击“3D”面板中的材质按钮，按下 Ctrl+S 快捷键将该文件保存，如图 17-53 所示。

图 17-51 素材

图 17-52 重复拼贴

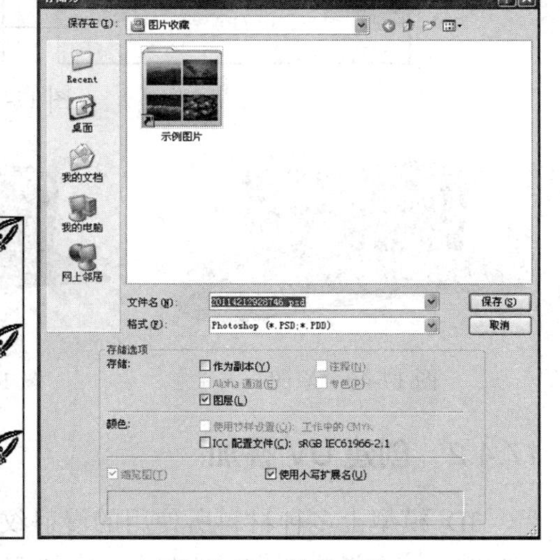

图 17-53 保存文件

(3) 执行“3D”→“从图层新建形状”→“帽形”命令，如图 17-54 所示。单击 3D 面板中的“材质”按钮，然后在列表中选择要贴图的表面，再单击“漫射”右侧的图标，如图 17-55 所示，选择“载入纹理”命令载入保存的纹理，将它贴在模型表面，如图 17-56 所示。

提示： 使用绘画工具、滤镜或其他技术编辑拼贴时，对一个拼贴所做的修改会自动出现在其他拼贴中。

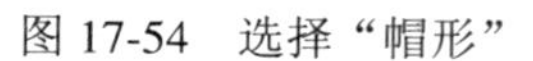
图 17-54　选择“帽形”

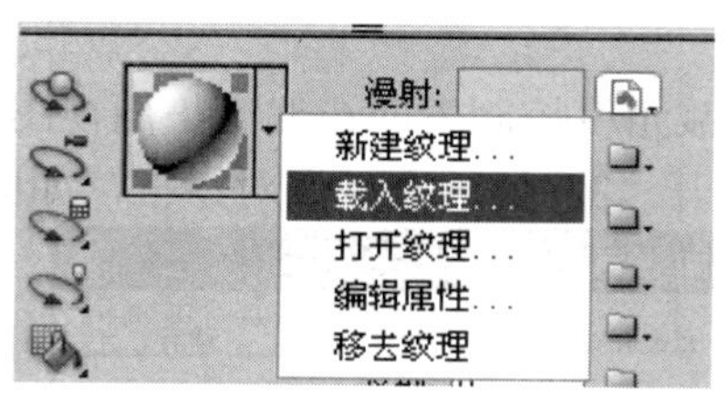

图 17-55　“漫射”右侧的图标

图 17-56　最终效果

17.5　在 3D 模型上绘画

可以使用任何 Photoshop CS 绘画工具直接在 3D 模型上绘画，使用选择工具将特定的模型区域设为目标，或让 Photoshop CS 识别并高亮显示可绘画的区域。使用 3D 菜单命令可清除模型区域，从而访问内部或隐藏的部分，以便进行绘画。

17.5.1　选择要绘画的表面

对于内部包含隐藏区域或者结构复杂的模型，可以使用任意选择工具在 3D 模型上创建选区，限定要绘画的区域，如图 17-57 所示。然后从 3D 菜单中选择一个命令，将其他部分隐藏，如图 17-58 所示。

3D 菜单命令中各项的含义如下：

- 隐藏最近的表面：只隐藏 2D 选区内的模型多边形的第一个图层，如图 17-59 所示。
- 仅隐藏封闭的多边形：选择该命令后，“隐藏最近的表面”命令只会影响完全包含在选区内的多边形。取消选择，将隐藏选区所接触到的所有多边形。
- 反转可见表面：使当前可见表面不可见及不可见表面可见。
- 显示所有表面：使所有隐藏的表面再次可见。

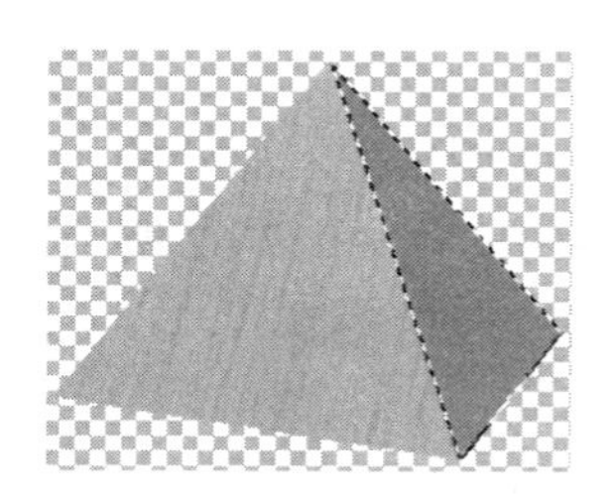
图 17-57　建立选区

隐藏最近的表面(H)　Alt+Ctrl+X
仅隐藏封闭的多边形(Y)
反转可见表面(I)
显示所有表面(U)　Alt+Shift+Ctrl+X

图 17-58　3D 菜单命令

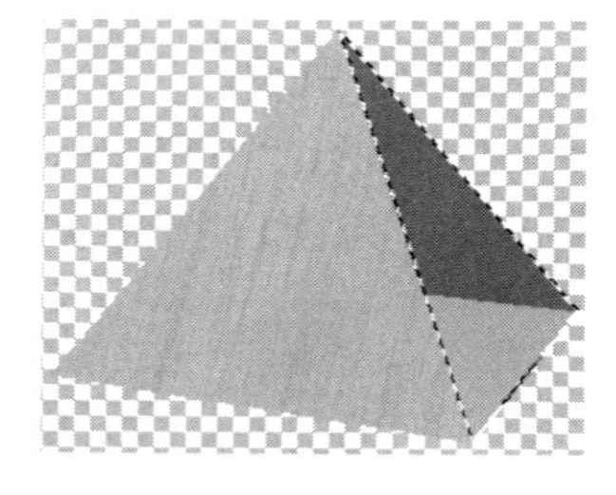
图 17-59　隐藏最近的表面

17.5.2　标识可绘画区域

由于模型视图不能提供与 2D 纹理之间一一对应的关系，所以直接在模型上绘画与直接在 2D 纹理映射上绘画是不同的。因此，只观看 3D 模型，将无法明确判断是否可以成功地在某些区域绘画。执行“3D”→“选择可绘画区域”命令，可以选择模型上可以绘画的最佳区域。

17.5.3 设置绘画衰减角度

在模型上绘画时，绘画衰减角度控制表面在偏离正面视图弯曲时的油彩使用量。执行“3D”→“绘画衰减”命令打开“3D 绘画衰减”对话框，如图 17-60 所示。

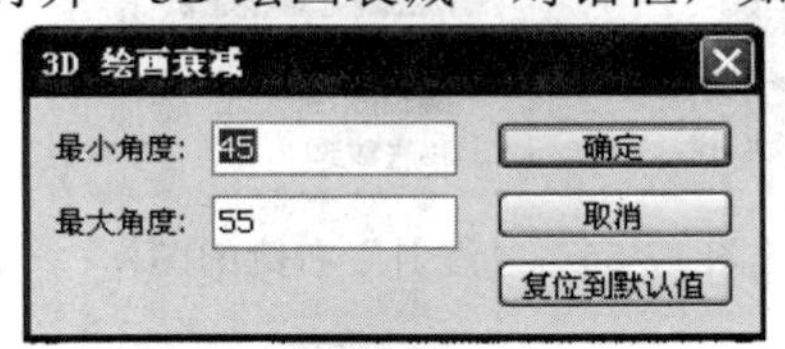

图 17-60 “3D 绘画衰减”对话框

该对话框中各项的含义如下：

- 最大角度：最大绘画衰减角度为 0°～90°。0°时，绘画仅应用于正对前方的表面，没有减弱角度；90°时，绘画可沿弯曲的表面(如球面)延伸至其可见边缘。
- 最小角度：最小衰减角度设置绘画随着接近最大衰减角度而渐隐的范围。例如，如果最大衰减角度是 45°，最小衰减角度是 30°，那么在 30°～45°的衰减角度之间，绘画不透明度将会从 100 减小到 0。

提示：如果要编辑 3D 模型本身的网络，则需要使用 3D 程序。

17.6 从 2D 图像创建 3D 对象

Photoshop 可以基于 2D 对象，如图层、文字、路径等生成各种基本的 3D 对象。创建 3D 对象后，可以在 3D 空间移动它、更改渲染设置、添加光源或将其与其他 3D 图层合并。

17.6.1 制作 3D 明信片

制作 3D 明信片的操作步骤如下：

(1) 执行菜单中的“文件”→“打开”命令或按组合键 Ctrl+O，打开自己喜欢的素材，如图 17-61 所示。

(2) 执行“3D”→“从图层新建 3D 明信片”命令，即可创建 3D 明信片。原始的 2D 图层会作为 3D 明信片对象的“漫射”纹理映射出现在“图层”面板中，如图 17-62 所示。

图 17-61 素材

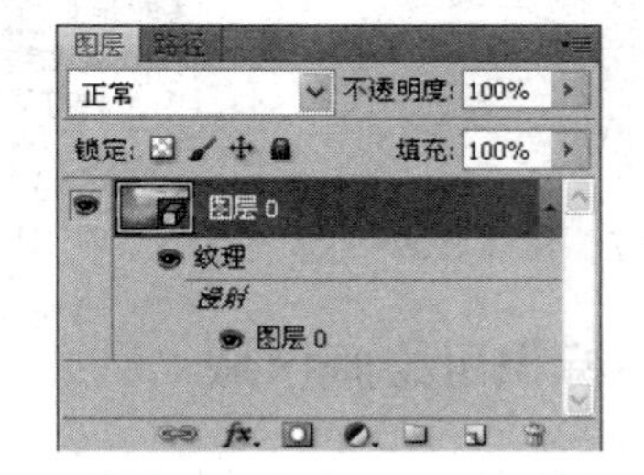

图 17-62 从图层新建 3D 明信片

(3) 使用 3D 对象旋转工具旋转明信片，可以从不同的透视角度观察它，如图 17-63、图 17-64 所示。

图 17-63　旋转明信片(1)

图 17-64　旋转明信片(2)

17.6.2　制作 3D 立体字

制作 3D 立体字的操作步骤如下：

(1) 新建文件，使用横排文字工具输入文字，如图 17-65 所示。

(2) 执行“3D”→“凸纹”→“文本图层”命令，弹出如图 17-66 所示的提示框，单击“是”按钮，将文字删格化。在弹出的“凸纹”对话框中，设置凸出深度为 10(如图 17-67 所示)，文字将产生立体效果，如图 17-68 所示。

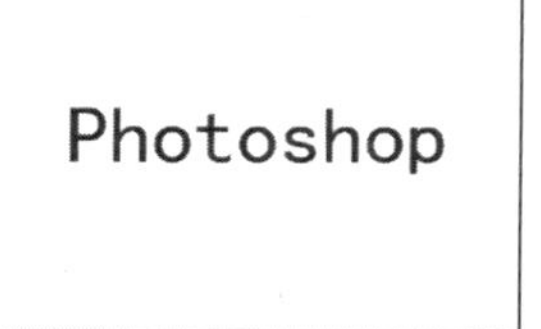

图 17-65　输入文字

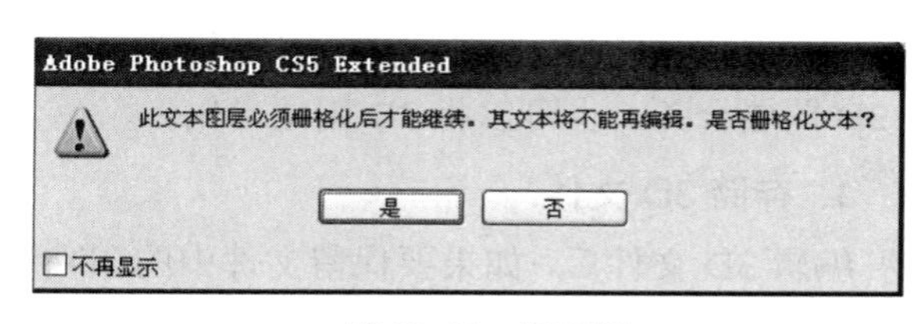

图 17-66　提示框

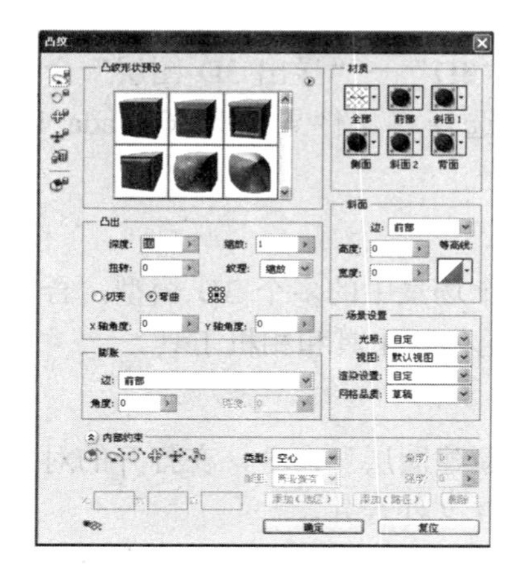

图 17-67　“凸纹”对话框

图 17-68　立体效果

(3) 将光标放在界面左上角的 3D 轴上拖动，调整文字的角度，单击“确定”按钮关闭对话框，效果如图 17-69 所示。

图 17-69　最终效果

提示：“3D”→“凸纹”下拉菜单中包括“图层蒙版”、“所选路径”、“当前选区”等命令，使用这些命令可以从图层蒙版、路径以及选区中创建

3D 对象。

17.7　创建 3D 体积

使用 Photoshop CS 可以打开和处理医学上的 DICOM 图像(.dc3、.dcm、.dic 或无扩展名)文件，并根据文件中的帧生成三维模型。

使用“文件”→“打开”命令可以打开一个 DICOM 文件，Photoshop CS 会读取文件中所有的帧，并将它们转换为图层。选择要转换为 3D 体积的图层以后，执行“3D”→“从图层新建体积”命令，就可以创建 DICOM 帧的 3D 体积。可以使用 Photoshop CS 的 3D 位置工具从任意角度查看 3D 体积，或更改渲染设置以更直观地查看数据。

17.8　存储和导出 3D 文件

在 Photoshop CS 中编辑 3D 对象时，可以栅格化 3D 图层、将其转换为智能对象，或者与 2D 图层合并，也可以将 3D 图层导出。

1. 存储 3D 文件

编辑 3D 文件后，如果要保留文件中的 3D 内容，包括位置、光源、渲染模式和横截面，可执行“文件”→“存储”命令，选择 PSD. PDF 或 TIFF 作为保存格式。

2. 导出 3D 文件

在“图层”面板中选择要导出的 3D 图层，执行“3D”→“导出 3D 图层”命令，打开“存储为”对话框，在“格式”下拉列表中可以选择将文件导出为 Collada DAE、WaveFron/OBJ、U3D 和 Google Earth 4 KMZ 格式。

3. 合并 3D 图层

执行“3D”→“合并 3D 图层”命令可以合并一个场景中的多个 3D 模型，合并后，可以单独处理每一个模型，或者同时在所有模型上使用位置工具和相机工具。

4. 合并 3D 图层和 2D 图层

打开一个 2D 文档，执行“3D”→“从 3D 文件新建图层”命令，在打开的对话框中选择一个 3D 文件，并将其打开，即可将 3D 文件与 2D 文件合并。

如果图层数量较多，为了在编辑对象时快速进行屏幕渲染，可执行“3D”→“自动隐藏图层以改善性能”命令，此后使用工具编辑 3D 对象时，所有 2D 图层会暂时隐藏，松开鼠标按键时，它们又会恢复显示。

5. 栅格化 3D 图层

在“图层”面板中选择 3D 图层，执行“3D”→“栅格化”命令，可以将 3D 图层转换为普通的 2D 图层。

6. 将 3D 图层转换为智能对象

在“图层”面板中选择 3D 图层，在面板菜单中选择“转换为智能对象”命令，可以将 3D 图层转换为智能对象。转换后，可保留 3D 图层中的 3D 信息，可以对它应用智能滤镜，或者双击智能对象图层，重新编辑原始的 3D 场景。

7. 联机浏览 3D 内容

执行“3D”→“联机浏览 3D 内容”命令，可链接到 Adobe 网站浏览与 3D 有关的内容，下载 3D 插件。

提示：如果同时打开了一个 2D 文件和一个 3D 文件，则可以直接将一个图层拖入另一个文件中。

17.9　3D 模型的渲染

执行“3D”→“渲染设置”命令，打开“3D 渲染设置”对话框，在对话框中可以指定如何绘制 3D 模型。如果指定每一个横截面的唯一设置，可单击横截面按钮 。设置选项后，如果要将其保存为自定义的预设，可单击存储按钮 ，需要使用时，可以在“预设”下拉列表中选择。如果要删除自定义预设，则单击删除按钮 。

17.9.1　渲染设置

单击“3D 渲染设置”对话框左侧的复选框，启用“表面”、“边缘”、“顶点”、“体积”或“立体”渲染，如图 17-70 所示，然后可以调整以下选项。

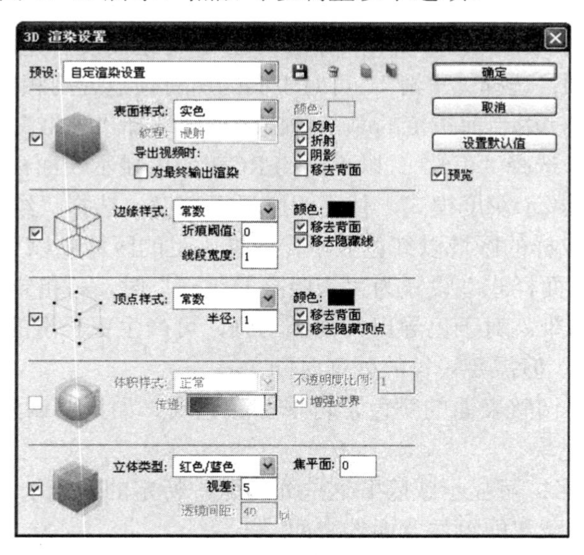

图 17-70　渲染设置

1. 选择渲染预设

“预设”选项下拉列表中包含了各种渲染预设。标准渲染预设为“实色”，即显示模型的可见表面。“线框”和“顶点”预设会显示底层结构。要合并实色和线框渲染，可选择“实色线框”预设。要以反映其最外侧尺寸的简单框来查看模型，可选择“外框”预设。如图 17-71 所示为渲染预设选项。

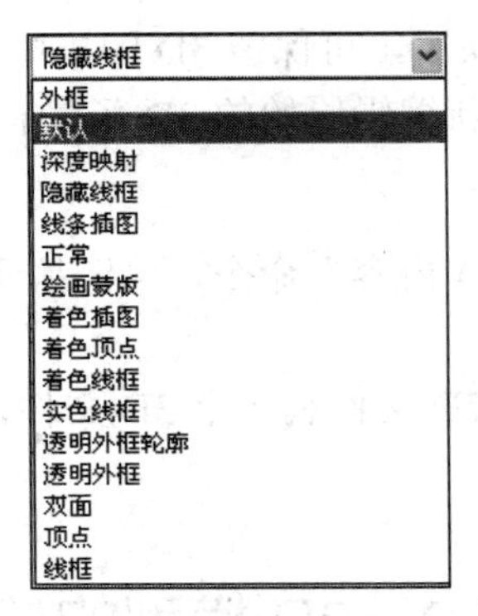

图 17-71　渲染预设选项

2．“表面”选项

“表面”选项决定了如何显示模型的表面，如图 17-72 所示。

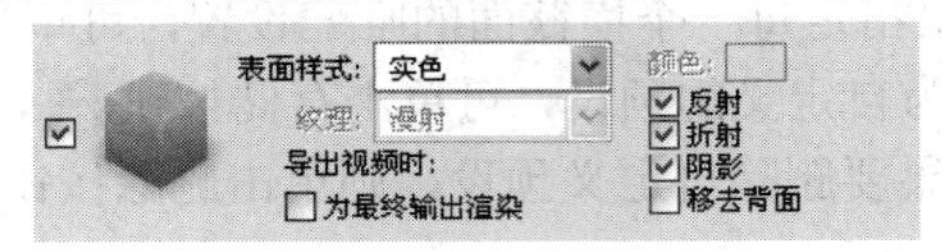

图 17-72　“表面”选项

“表面”选项中各项的含义如下：

(1) 表面样式：可选择以何种方式绘制表面。选择“实色”，可使用 OpenGL 显卡上的 GPU 绘制没有阴影或反射的表面；选择“光线跟踪”，可使用计算机主板上的 CPU 绘制具有阴影、反射和折射的表面；选择“未照亮的纹理”，可绘制没有光照的表面，而不仅仅显示选中的“纹理”选项；选择“平滑”，可对表面的所有顶点应用相同的表面标准，创建刻面外观；选择“常数”，用当前指定的颜色替换纹理；选择“外框”，可显示反映每个组件最外侧尺寸的对话框；选择“正常”，以不同的 RGB 颜色显示表面标准的 X、Y 和 Z 组件；选择“深度映射”，可显示灰度模式，使用明度显示深度；选择“绘画蒙版”，可绘制区域将以白色显示，过度取样的区域以红色显示，取样不足的区域则以蓝色显示。

(2) 纹理：当“表面样式”设置为“未照亮的纹理”时，可指定纹理映射。

(3) 为最终输出渲染：对于已导出的视频动画，可产生更平滑的阴影和逼真的颜色(来自反射的对象和环境)，但需要较长的处理时间。

(4) 颜色：如果要调整表面的颜色，可单击颜色块。如果要调整边缘或顶点颜色，可单击相应选项中的颜色块。

(5) 反射/折射/阴影：可显示或隐藏这些光线跟踪特定的功能。

(6) 移去背面：隐藏双面组件背面的表面。

3．“边缘”选项

“边缘”选项决定了线框线条的显示方式，如图 17-73 所示。

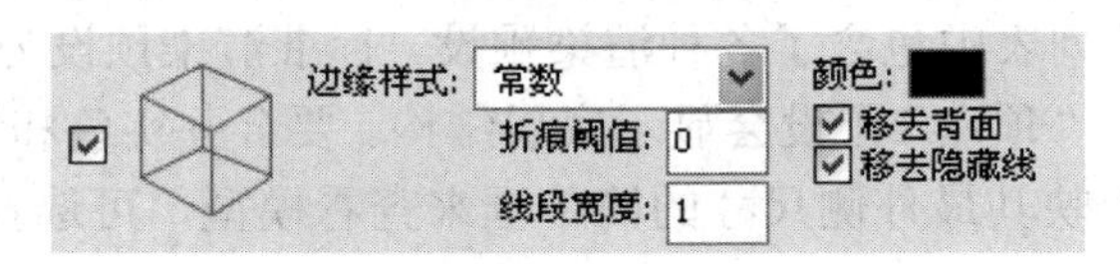

图 17-73　“边缘”选项

"边缘"选项中各项的含义如下：

(1) 边缘样式：反映用于以上"表面样式"的"常数"、"平滑"、"实色"和"外框"选项。

(2) 折痕阈值：当模型中的两个多边形在某个特定角度相接时，会形成一条折痕或线条，该选项可调整模型中的结构线条数量。如果边缘在小于该值设置(0～180)的某个角度相接，则会移去它们形成的线。若设置为 0，则显示整个线框。

(3) 线段宽度：指定宽度(以像素为单位)。

(4) 移去背面：隐藏双面组件背面的边缘。

(5) 移去隐藏线：移去与前景线条重叠的线条。

4. "顶点"选项

"顶点"选项用于调整顶点的外观，即组成线框模型的多边形相交点，如图 17-74 所示。

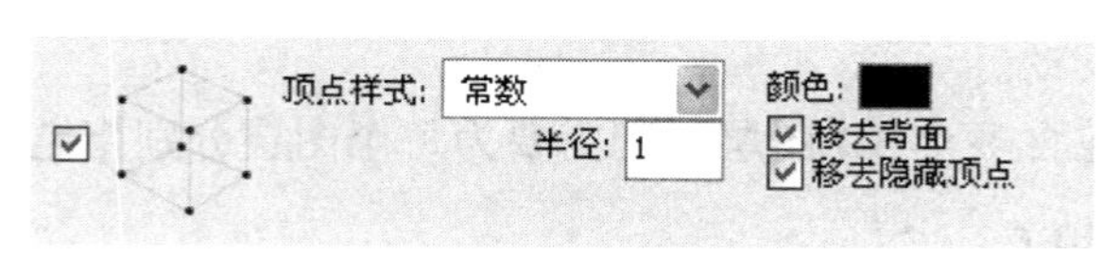

图 17-74 "顶点"选项

"顶点"选项中各项的含义如下：

(1) 顶点样式：反映用于以上"表面样式"的"常数"、"平滑"、"实物"和"外框"选项。

(2) 半径：决定每个顶点的像素半径。

(3) 移去背面：隐藏双面组件背面的顶点。

(4) 移去隐藏顶点：移去与前景顶点重叠的顶点。

5. "体积"选项

"体积"选项用于 DICOM 图像的体积设置，如图 17-75 所示。

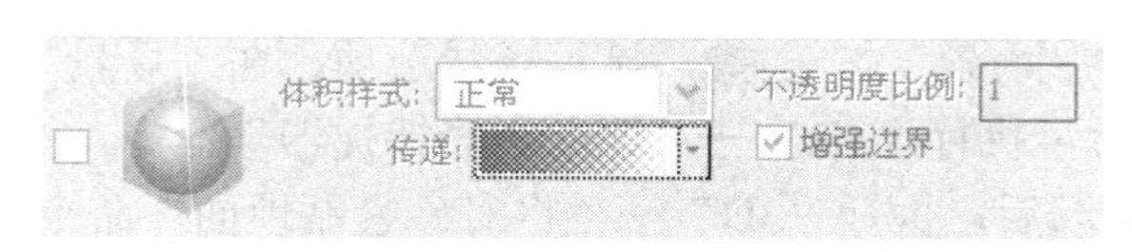

图 17-75 "体积"选项

"体积"选项中各项的含义如下：

(1) 体积样式：可选择一种体积样式，在不同的渲染模式下查看 3D 体积。

(2) 传递/不透明度比例：使用传递函数的渲染模式，使用 Photoshop 渐变来渲染体积中的值。渐变颜色和不透明度值与体积中的灰度值合并，以优化或高亮显示不同类型的内容。传递函数渲染模式只适用于灰度 DICOM 图像。

(3) 增强边界：保持边界不透明度的同时降低同质区域的不透明度。

6. "立体"选项

"立体"选项用于调整图像的设置，该图像将透过红蓝色玻璃查看，或打印成包括透镜镜头的对象，如图 17-76 所示。

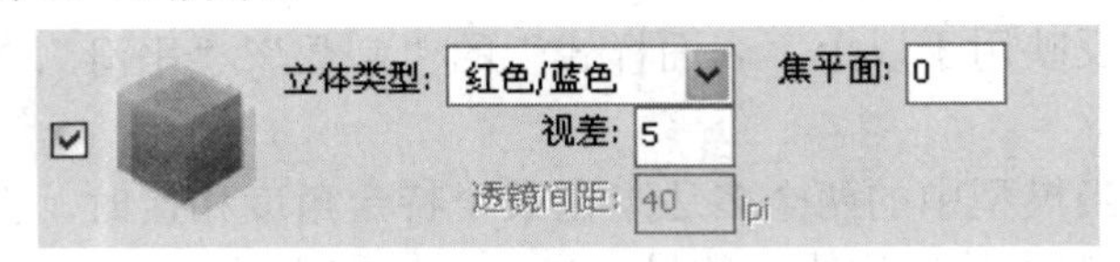

图 17-76 “立体”选项

“立体”选项中各项的含义如下：

(1) 立体类型：可以为透过彩色玻璃查看的图像指定“红色/蓝色”，或为透镜打印指定“垂直交错”。

(2) 视差：调整两个立体相机之间的距离。较高的设置会增大三维深度，减小景深，使焦点平面前后的物体呈现在焦点之外。

(3) 透镜间距：对于垂直交错的图像，指定“透镜镜头”每英寸包含多少线条数。

(4) 焦平面：确定相对于模型外框中心的焦平面的位置。输入负值可将平面向前移动，输入正值可将其向后移动。

提示：如果文档包含多个 3D 图层，则需要为每个图层分别指定渲染设置。

17.9.2 连续渲染选区

3D 模型的结构、灯光和贴图越复杂，渲染时间越长。为了提高工作效率，可以只渲染模型的局部，从中判断整个模型的最终效果，以便为修改提供参考。使用选框工具在模型上创建一个选区，执行“3D”→“连续渲染选区”命令，即可渲染选中的内容。

17.9.3 恢复连续渲染

在渲染 3D 模型时，如果进行了其他操作，就会中断渲染，执行“恢复连续渲染”命令可以重新恢复渲染 3D 模型。

17.9.4 地面阴影捕捉器

单击 3D 面板中的“场景”按钮，显示场景选项，在“场景”下拉列表中选择“光线跟踪最终效果”以后可执行“3D”→“地面阴影捕捉器”命令，捕捉模型投射在地面上的阴影。移动 3D 对象以后，执行“3D”→“将对象紧贴地面”命令，可以使其紧贴到 3D 地面上。

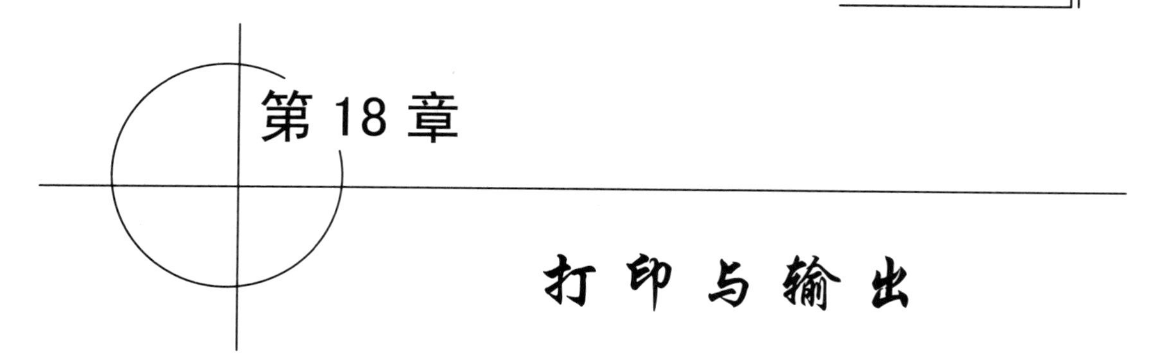

第 18 章　打印与输出

18.1　打　　印

执行“文件”→“打印”命令，打开“打印”对话框，如图 18-1 所示。在该对话框中可以预览打印作业并选择打印机、打印份数以及设置输出和色彩管理等选项。

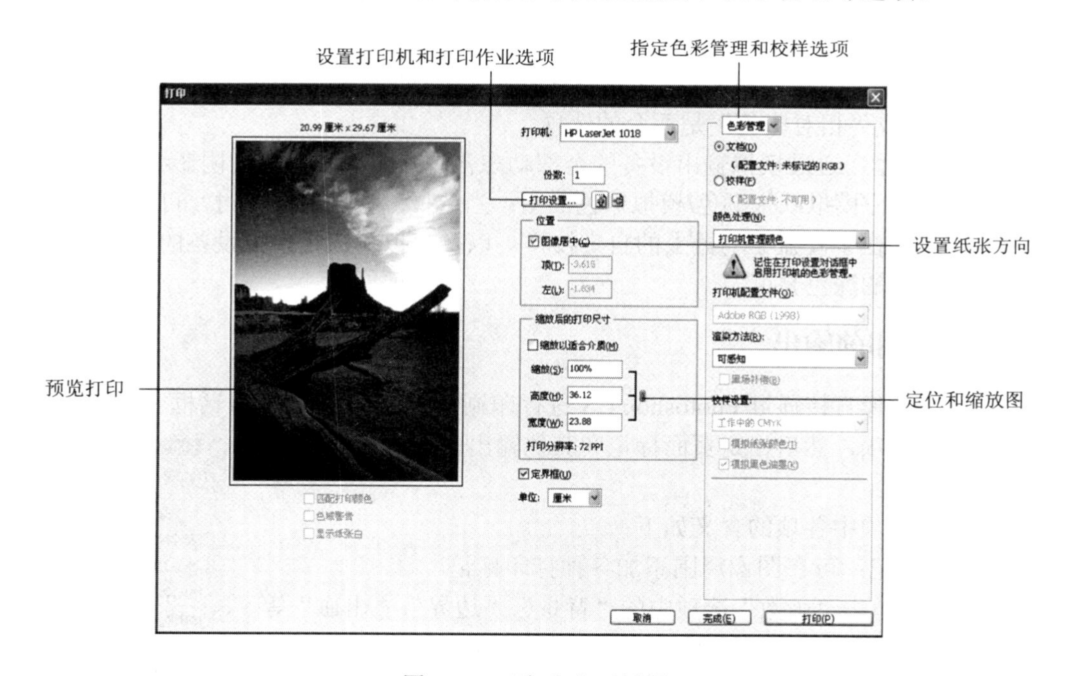

图 18-1　“打印”对话框

18.1.1　设置基本打印选项

基本打印选项如下：

(1) 打印机：在该选项的下拉列表中可以选择打印机。

(2) 份数：设置打印份数。

(3) 打印设置：单击该按钮，可以打开一个对话框设置纸张的方向、页面的打印顺序和打印页数。

(4) 位置：勾选“图像居中”，可以将图像定位于可打印区域的中心；取消勾选，则可在“顶”和“左”选项中输入数值定位图像，从而只打印部分图像。

(5) 缩放后的打印尺寸：如果勾选“缩放以适合介质”选项，可自动缩放图像至适合纸张的可打印区域；取消勾选，则可在“缩放”选项中输入图像的缩放比例，或者在“高度”和“宽度”选项中设置图像的尺寸。

(6) 定界框：未选择“图像居中”及“缩放以适合介质”时，勾选该项可调整定界框来移动或者缩放图像。

18.1.2 指定色彩管理

“打印”对话框右侧是色彩管理选项组，可通过调整色彩管理设置来获得尽可能好的打印效果。

(1) 文档/校样：勾选“文档”，可打印当前文档；勾选“校样”，可打印印刷校样。印刷校样用于模拟当前文档在印刷机上的输出效果。

(2) 颜色处理：用来确定是否使用色彩管理，如果使用，则需要确定将其用在应用程序还是打印设备中。

(3) 打印机配置文件：可选择适用于打印机和将要使用的纸张类型的配置文件。

(4) 渲染方法：指定 Photoshop 如何将颜色转换为打印机颜色空间。对于大多数照片而言，“可感知”或“相对比色”是适合的选项。

(5) 黑场补偿：通过模拟输出设备的全部动态范围来保留图像中的阴影细节。

(6) 校样设置/模拟纸张颜色/模拟黑色油墨：当选择“校样”选项时，可在该选项中选择以本地方式存在于硬盘驱动器上的自定校样，以及模拟颜色在模拟设备的纸张上的显示效果和模拟设备的深色亮度。

18.1.3 指定印前输出

如果要将图像直接通过 Photoshop CS 进行印刷，可单击“打印”对话框右上角的按钮，选择“输出”选项，然后指定页面标记和其他输出内容，如图 18-2 所示。

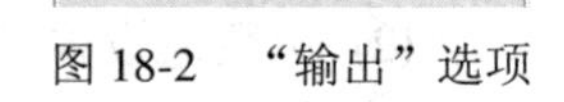

图 18-2 “输出”选项

“输出”选项中各项的含义如下：

(1) 打印标记：可在图像周围添加各种打印标记。

(2) 函数：单击“函数”选项中的“背景”、“边界”、“出血”等按钮，即可打开相应的选项设置对话框。其中“背景”用于选择要在页面上的图像区域外打印的背景色；“边界”用于在图像周围打印一个黑色边框；“出血”用于在图像内而不是在图像外打印裁切标记；“网屏”用于为印刷过程中使用的每个网屏设置网频和网点形状；“传递”用于调整传递函数，传递函数传统上用于补偿将图像传递到胶片时出现的网点补正或网点丢失情况。

(3) 插值：通过在打印时自动重新取样，减少低分辨率图像的锯齿状外观。

(4) 包含矢量数据：如果图像包含矢量图形，如形状和文字，勾选该项时，Photoshop

可以将矢量数据发送到 PostScript 打印机。

18.1.4　打印一份文件

如果要使用当前的打印选项打印一份文件，可执行“文件”→“打印一份”命令来操作，该命令无对话框。

18.2　陷　　印

在叠印套色版时，如果套印不准、相邻的纯色之间没有对齐，便会出现小的缝隙。出现这种情况时，通常都采用一种叠印技术(即陷印)来进行纠正。

执行“图像”→“陷印”命令，打开“陷印”对话框，如图 18-3 所示，其中的“宽度”代表了印刷时颜色向外扩张的距离。该命令仅用于 CMYK 模式的图像。图像是否需要陷印一般由印刷商确定，如果需要陷印，印刷商会告知用户要在“陷印”对话框中输入的数值。

图 18-3　“陷印”对话框

参 考 文 献

[1] 麓山文化. Photoshop CS5 平面广告设计经典 108 例. 北京：机械工业出版社，2010
[2] 林兆胜. Photoshop CS5 超级抠图宝典. 北京：清华大学出版社，2011
[3] 思维数码. 中文版 Photoshop CS5 应用大全. 北京：希望电子出版社，2011
[4] 李昔，黄艳兰，罗燕. 中文版 Photoshop CS5 图像处理典型实例. 北京：海洋出版社，2011
[5] 智丰工作室，邓文达，邓朝晖. Photoshop CS5 平面广告设计宝典. 北京：清华大学出版社，2011
[6] 飞龙视界. 中文版 Photoshop CS5 创意文字设计宝典. 北京：化学工业出版社，2011
[7] 高军锋. 中文版 Photoshop CS5 必练 102 例. 北京：清华大学出版社，2011
[8] 徐丽，徐杨. Photoshop CS5 广告设计完美表现技法. 北京：化学工业出版社，2012
[9] 兰立伟，徐亮，王磊. 网页设计完全学习手册. 北京：中国铁道出版社，2012
[10] 黄活瑜. Photoshop CS5 完美广告设计案例精解. 北京：科学出版社，2012